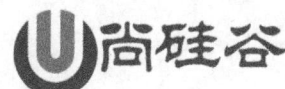 程序员硬核技术丛书

剑指大数据
Flink学习精要
Scala版

尚硅谷教育 ◎ 编著

电子工业出版社

Publishing House of Electronics Industry

北京·BEIJING

内 容 简 介

本书基于流行稳定版 Flink 1.13 进行讲解，从 Flink 数据处理思想开始讲起，带领读者深入理解 Flink 的基本架构，进而由浅入深结合具体案例进行讲解，详细剖析了 Flink 中 DataStream API 的使用，并对 Flink 中的时间语义、状态、容错机制等重要概念进行了详尽的阐释。同时，本书还对实际开发过程中常用的 Flink SQL、CEP 等高层级 API 进行了细致讲解，以电商网站中的实际应用为场景，提供了大量的代码实现。

本书分为 12 章：第 1～5 章，带领读者初步认识 Flink 并编写基本的 Flink 程序；第 6～10 章，深入探讨了 Flink 内部的高级应用。第 11～12 章，讲解了 Flink 提供的扩展功能。

本书适用于大数据的学习者与从业人员，以及院校大数据相关专业的学生，也是大数据学习的必备书籍。

未经许可，不得以任何方式复制或抄袭本书之部分或全部内容。
版权所有，侵权必究。

图书在版编目（CIP）数据

剑指大数据：Flink 学习精要：Scala 版 / 尚硅谷教育编著. —北京：电子工业出版社，2022.10
（程序员硬核技术丛书）
ISBN 978-7-121-44342-8

Ⅰ. ①剑… Ⅱ. ①尚… Ⅲ. ①数据处理软件 Ⅳ. ①TP274

中国版本图书馆 CIP 数据核字（2022）第 176835 号

责任编辑：李　冰
印　　刷：北京虎彩文化传播有限公司
装　　订：北京虎彩文化传播有限公司
出版发行：电子工业出版社
　　　　　北京市海淀区万寿路 173 信箱　邮编 100036
开　　本：850×1168　1/16　印张：19.5　字数：628 千字
版　　次：2022 年 10 月第 1 版
印　　次：2023 年 8 月第 2 次印刷
定　　价：105.00 元

凡所购买电子工业出版社图书有缺损问题，请向购买书店调换。若书店售缺，请与本社发行部联系，联系及邮购电话：（010）88254888，88258888。

质量投诉请发邮件至 zlts@phei.com.cn，盗版侵权举报请发邮件至 dbqq@phei.com.cn。

本书咨询联系方式：libing@phei.com.cn。

前 言

对于一家互联网公司来说,什么是最核心的资产呢?是产品、用户、运营,还是技术?

其实,在如今日臻成熟的互联网环境下,这些都已不再是最核心的竞争力了。以我们最熟悉的电商为例,平台产品的设计、网站搭建、技术选型、运营手段都已经有了一整套成熟的方案。我们甚至可以在 GitHub 上下载一套代码,就可以搭建起自己的电商网站。那么,对于一个电商企业,核心竞争力在哪里呢?

难道只有砸钱搞特价营销这一个大招了吗?

当然不是。其实,比用户更重要的资产是数据。

用户可能会快速流动,所有用户在网站上的行为都可以作为数据记录下来,收集起来进行统计分析。以往很多用户行为数据是不被重视的,而现在越来越多的公司发现,数据是一个巨大的宝藏。数据会"说话",它可以告诉我们平台的状态、用户的组成、用户的习惯和喜好,把更深层的信息展现在我们面前,让公司的策略更加合理。

如今数据的价值被不断地发掘,大数据分析已经成为互联网公司的标配,而且很多公司已经不仅仅用来做平台统计,更是作为了精准营销、个性化服务的切入点。

大数据处理一般分为离线处理和实时处理两种方式,处理引擎在架构上会有本质的不同。如今大数据技术的应用场景对实时性的要求已经越来越高,而 Flink 作为新一代开源大数据流处理引擎,有着良好的实时性和容错性,在近些年引起了业内极大的兴趣和关注。由于在实时分析领域的优势,越来越多的公司开始将大数据实时项目向 Flink 迁移,其社区也在快速发展壮大。随着阿里内部版本 Blink 开源,且并入 Flink 1.9 版本,Flink 对于离线批处理的支持也更加全面和强大,一跃成为如今最火爆的大数据处理框架。对于大数据处理,Flink 毫无疑问是一门必修课。

在国内一众"大厂"的引领下,Flink 的发展日新月异,每一个版本都会引入更多的新特性、甚至对底层架构进行了重大调整,截至本书成稿时,已经发布了 1.13 版本。遗憾的是,Flink 官网资料主要是英文版,尽管内容翔实却显得庞杂无从下手,中文资料更是匮乏,已有的文章和书籍也大多是基于早期版本,无法跟上 Flink 的更新速度。我们希望通过本书的编写,弥补这一空白。

Flink 官方提供了 Java 和 Scala 两种语言的完整 API,本书选择了更加简洁的 Scala 语言进行代码实现,Flink 版本选用目前使用比较广泛的 Flink 1.13。

本书核心内容

全书共分 12 章,具体内容如下:

- 第 1 章:Flink 简介,介绍了 Flink 的源起、设计理念、应用和重要特性。
- 第 2~4 章:Flink 开发应用的初步介绍。第 2 章以一个经典的词频统计(Word Count)需求为例,初次编写 Flink 代码,介绍 Flink 程序的基本结构。第 3 章介绍 Flink 在实际生产环境中的运用,涉及集群部署和作业提交。第 4 章进行总结梳理,详细讲解 Flink 的运行时架构和作业提交流程,对其中的一些重要概念做了详尽阐释。
- 第 5 章:主要介绍基本 DataStream API 的用法。详细讲解用来构建完整 Flink 程序的常用算子,包括源算子、转换算子和输出算子,其中涉及大量 API 的调用,均配有代码的实现。

- 第 6~8 章：第 5 章的进一步深入和拓展，主要介绍 DataStream API 的高级用法。其中，第 6 章是 Flink 流处理中的特色内容，引入时间语义和水位线的概念，并详细介绍了 Flink 中强大而灵活的窗口操作，这些是 Flink 能够正确处理乱序数据的基础。第 7 章介绍处理函数，这是 Flink 的底层 API，可以对复杂需求自定义处理逻辑。第 8 章介绍多流转换操作，主要涉及分流和合流，在很多实际项目中有着广泛应用。
- 第 9 章：介绍状态编程，这是 Flink 中非常重要的内容，详细介绍 Flink 中状态管理机制和托管状态的具体用法，给出大量的代码实现，并引出检查点和状态后端的概念。
- 第 10 章：在第 9 章的基础上，深入讲解 Flink 的容错机制，包括检查点的原理和算法、状态一致性的概念，以及 Flink 如何保证端到端的精确一次一致性。
- 第 11~12 章：分别介绍 Flink SQL 和 CEP。这是更高层级的 API，调用更加方便，在实际项目中应用非常广泛。

读者可以关注"尚硅谷教育"公众号（微信号：atguigu），在聊天窗口发送关键字"Flink_Scala"，免费获取本书配套视频教程。

阅读本书需要熟悉 Scala 语言，第 11 章的学习还需要熟悉 SQL 查询语言，如果不具备相关的基础知识，可以在"尚硅谷教育"公众号聊天窗口发送关键字"大数据"，免费获取尚硅谷大数据全套视频教程及学习路线图，内有大数据核心基础 Scala、Linux 等众多技术视频和配套教辅资料。

感谢电子工业出版社的李冰编辑，是您的精心指导让本书得以付梓面世。也感谢所有为本书内容编写提供技术支持的老师们所付出的努力。

关于我们

尚硅谷是一家专业的 IT 教育培训机构，现拥有北京、深圳、上海、武汉、西安五处分校，开设有 JavaEE、大数据、HTML5 前端、UI/UE 设计等多门学科，累计发布的视频教程 3000 多小时，广受赞誉。通过面授课程、视频分享、在线学习、直播课堂、图书出版等多种方式，满足了全国编程爱好者对多样化学习场景的需求。

尚硅谷一直坚持"技术为王，课比天大"的发展理念，设有独立的研究院，与多家互联网大厂的研发团队保持技术交流，保障教学内容始终基于研发一线，坚持聘用名校名企的技术专家，从源码层面进行技术讲解。

希望通过我们的努力，帮助到更多需要帮助的人，让天下没有难学的技术，为中国的软件人才培养尽一点绵薄之力。

尚硅谷教育

目 录

第 1 章 初识 Flink ·· 1
1.1 Flink 的起源和设计理念 ·· 1
1.2 Flink 的应用 ·· 3
1.2.1 Flink 在企业中的应用 ··· 3
1.2.2 Flink 主要的应用场景 ··· 3
1.3 流式数据处理的发展和演变 ·· 4
1.3.1 流处理和批处理 ·· 5
1.3.2 传统事务处理 ·· 6
1.3.3 有状态的流处理 ·· 6
1.3.4 Lambda 架构 ··· 9
1.3.5 新一代流处理器 ·· 10
1.4 Flink 的特性总结 ·· 10
1.4.1 Flink 的核心特性 ·· 10
1.4.2 分层 API ·· 10
1.5 Flink 与 Spark ··· 11
1.5.1 数据处理架构 ·· 12
1.5.2 数据模型和运行架构 ·· 13
1.5.3 Spark 还是 Flink ·· 13
1.6 本章总结 ··· 14

第 2 章 Flink 快速上手 ·· 15
2.1 环境准备 ··· 15
2.2 创建项目 ··· 15
2.3 编写代码 ··· 18
2.3.1 批处理 ··· 18
2.3.2 流处理 ··· 19
2.4 本章总结 ··· 22

第 3 章 Flink 部署 ·· 23
3.1 快速启动一个 Flink 集群 ·· 24
3.1.1 环境配置 ··· 24
3.1.2 本地启动 ··· 24
3.1.3 集群启动 ··· 25
3.1.4 向集群提交作业 ·· 27
3.2 部署模式 ··· 30

3.2.1　会话模式···30
　　3.2.2　单作业模式···31
　　3.2.3　应用模式···31
3.3　独立模式··32
　　3.3.1　会话模式部署···32
　　3.3.2　单作业模式部署···32
　　3.3.3　应用模式部署···32
　　3.3.4　高可用···33
3.4　YARN 模式··34
　　3.4.1　相关准备和配置···34
　　3.4.2　会话模式部署···35
　　3.4.3　单作业模式部署···36
　　3.4.4　应用模式部署···37
　　3.4.5　高可用···37
3.5　K8s 模式··38
3.6　本章总结··38

第 4 章　Flink 运行时架构···39

4.1　系统架构··39
　　4.1.1　整体构成···40
　　4.1.2　JobManager··40
　　4.1.3　TaskManager··41
4.2　作业提交流程··42
　　4.2.1　高层级抽象视角···42
　　4.2.2　独立模式···42
　　4.2.3　YARN 集群···43
4.3　一些重要概念··45
　　4.3.1　数据流图···45
　　4.3.2　并行度···46
　　4.3.3　算子链···48
　　4.3.4　作业图与执行图···49
　　4.3.5　任务和任务槽···51
4.4　本章总结··56

第 5 章　DataStream API 基础篇···57

5.1　执行环境··57
　　5.1.1　创建执行环境···58
　　5.1.2　执行模式···58
　　5.1.3　触发程序执行···60
5.2　数据源··60
　　5.2.1　准备工作···60
　　5.2.2　从集合中读取数据···61
　　5.2.3　从文件读取数据···61

	5.2.4	从 Socket 读取数据	62
	5.2.5	从 Kafka 读取数据	62
	5.2.6	自定义数据源	64
	5.2.7	Flink 支持的数据类型	66
5.3	转换操作		67
	5.3.1	基本转换算子	67
	5.3.2	聚合算子	71
	5.3.3	用户自定义函数	75
	5.3.4	物理分区	78
5.4	输出		83
	5.4.1	连接到外部系统	83
	5.4.2	输出到文件	85
	5.4.3	输出到 Kafka	86
	5.4.4	输出到 Redis	87
	5.4.5	输出到 Elasticsearch	89
	5.4.6	输出到 MySQL	91
	5.4.7	自定义 Sink 输出	93
5.5	本章总结		94

第 6 章 Flink 中的时间和窗口 95

6.1	时间语义		95
	6.1.1	Flink 中的时间语义	95
	6.1.2	哪种时间语义更重要	97
6.2	水位线		98
	6.2.1	事件时间和窗口	98
	6.2.2	什么是水位线	100
	6.2.3	如何生成水位线	104
	6.2.4	水位线的传递	110
	6.2.5	水位线的总结	111
6.3	窗口		112
	6.3.1	窗口的概念	112
	6.3.2	窗口的分类	114
	6.3.3	窗口 API 概览	117
	6.3.4	窗口分配器	118
	6.3.5	窗口函数	121
	6.3.6	测试水位线和窗口的使用	129
	6.3.7	其他 API	131
	6.3.8	窗口的生命周期	135
6.4	迟到数据的处理		136
	6.4.1	设置水位线延迟时间	136
	6.4.2	允许窗口处理迟到数据	137
	6.4.3	将迟到数据放入窗口侧输出流	137
6.5	本章总结		140

第 7 章 处理函数 ... 141

7.1 基本处理函数 ... 141
7.1.1 处理函数的功能和使用 ... 141
7.1.2 ProcessFunction 解析 ... 143
7.1.3 处理函数的分类 ... 144

7.2 按键分区处理函数 ... 145
7.2.1 定时器和定时服务 ... 145
7.2.2 KeyedProcessFunction 的使用 ... 146

7.3 窗口处理函数 ... 149
7.3.1 窗口处理函数的使用 ... 149
7.3.2 ProcessWindowFunction 解析 ... 150

7.4 应用案例——Top N ... 151
7.4.1 使用 ProcessAllWindowFunction ... 151
7.4.2 使用 KeyedProcessFunction ... 153

7.5 侧输出流 ... 157

7.6 本章总结 ... 157

第 8 章 多流转换 ... 158

8.1 分流 ... 158
8.1.1 简单实现 ... 158
8.1.2 使用侧输出流 ... 159

8.2 基本合流操作 ... 161
8.2.1 联合 ... 161
8.2.2 连接 ... 164

8.3 基于时间的合流——联结 ... 169
8.3.1 窗口联结 ... 169
8.3.2 间隔联结 ... 172
8.3.3 窗口同组联结 ... 175

8.4 本章总结 ... 176

第 9 章 状态编程 ... 177

9.1 Flink 中的状态 ... 177
9.1.1 有状态算子 ... 177
9.1.2 状态的管理 ... 178
9.1.3 状态的分类 ... 178

9.2 按键分区状态 ... 180
9.2.1 基本概念和特点 ... 180
9.2.2 支持的结构类型 ... 180
9.2.3 代码实现 ... 182
9.2.4 状态生存时间 ... 189

9.3 算子状态 ... 190
9.3.1 基本概念和特点 ... 190
9.3.2 状态类型 ... 190

9.3.3　代码实现 191
　9.4　广播状态 194
　　　9.4.1　基本用法 194
　　　9.4.2　代码实例 196
　9.5　状态持久化和状态后端 197
　　　9.5.1　检查点 197
　　　9.5.2　状态后端 198
　9.6　本章总结 200

第10章　容错机制

　10.1　检查点 201
　　　10.1.1　检查点的保存 202
　　　10.1.2　从检查点恢复状态 204
　　　10.1.3　检查点算法 206
　　　10.1.4　检查点配置 210
　　　10.1.5　保存点 212
　10.2　状态一致性 213
　　　10.2.1　一致性的概念和级别 214
　　　10.2.2　端到端的状态一致性 214
　10.3　端到端精确一次 215
　　　10.3.1　输入端保证 215
　　　10.3.2　输出端保证 215
　　　10.3.3　Flink 和 Kafka 连接时的精确一次保证 218
　10.4　本章总结 221

第11章　Table API 和 SQL

　11.1　快速上手 222
　　　11.1.1　需要引入的依赖 223
　　　11.1.2　一个简单示例 223
　11.2　基本 API 224
　　　11.2.1　程序架构 225
　　　11.2.2　创建表环境 225
　　　11.2.3　创建表 226
　　　11.2.4　表的查询 227
　　　11.2.5　输出表 229
　　　11.2.6　表和流的转换 230
　11.3　流处理中的表 234
　　　11.3.1　动态表和持续查询 235
　　　11.3.2　将流转换成动态表 236
　　　11.3.3　用 SQL 持续查询 237
　　　11.3.4　将动态表转换为流 241
　11.4　时间属性和窗口 242
　　　11.4.1　事件时间 242

11.4.2　处理时间 ··· 244
　　11.4.3　窗口 ··· 245
11.5　聚合查询 ·· 247
　　11.5.1　分组聚合 ··· 247
　　11.5.2　窗口聚合 ··· 248
　　11.5.3　开窗聚合 ··· 250
　　11.5.4　应用实例——Top N ··· 252
11.6　联结查询 ·· 255
　　11.6.1　常规联结查询 ··· 256
　　11.6.2　间隔联结查询 ··· 257
11.7　函数 ·· 257
　　11.7.1　系统函数 ··· 258
　　11.7.2　自定义函数 ·· 259
11.8　SQL 客户端 ··· 265
11.9　连接到外部系统 ··· 267
　　11.9.1　Kafka ·· 267
　　11.9.2　文件系统 ··· 269
　　11.9.3　JDBC ·· 270
　　11.9.4　Elasticsearch ··· 271
　　11.9.5　HBase ··· 271
　　11.9.6　Hive ··· 272
11.10　本章总结 ··· 275

第 12 章　Flink CEP ·· 277

12.1　基本概念 ·· 277
　　12.1.1　CEP 是什么 ·· 277
　　12.1.2　模式 ··· 278
　　12.1.3　应用场景 ··· 279
12.2　快速上手 ·· 279
　　12.2.1　需要引入的依赖 ·· 279
　　12.2.2　一个简单实例 ··· 279
12.3　模式 API ·· 281
　　12.3.1　个体模式 ··· 281
　　12.3.2　组合模式 ··· 285
　　12.3.3　模式组 ·· 288
　　12.3.4　匹配后跳过策略 ·· 289
12.4　模式的检测处理 ··· 290
　　12.4.1　将模式应用到流上 ··· 290
　　12.4.2　处理匹配事件 ··· 290
　　12.4.3　处理超时事件 ··· 293
　　12.4.4　处理迟到数据 ··· 296
12.5　CEP 的状态机实现 ·· 297
12.6　本章总结 ·· 299

第1章

初识 Flink

Flink 是 Apache 软件基金会旗下的一个开源大数据处理框架。目前，Flink 已经成为各大公司大数据实时处理的发力重点，特别是国内以阿里巴巴为代表的一些大型互联网企业都在全力投入，为 Flink 社区贡献了大量源码。如今，Flink 已被很多人认为是大数据实时处理的方向和未来，许多公司也都在招聘和储备掌握 Flink 技术的人才。

那 Flink 到底是什么呢？它又有什么样的优点能够让很多人对它如此青睐呢？

本章我们就来进行详细的讲解：首先讲述 Flink 的起源和设计理念；其次介绍 Flink 如今的应用领域，进而通过梳理数据处理架构的发展演变，解答为什么要用 Flink 的疑问；最后梳理 Flink 的特性，并同另一个流行的大数据处理框架 Spark 进行比较，从而让读者更深刻地理解 Flink 的底层架构和优势。

1.1 Flink 的起源和设计理念

Flink 源于一个叫作 Stratosphere 的项目，它是由 3 所地处柏林的大学和欧洲其他一些大学共同进行的研究项目，由柏林工业大学的教授沃克尔·马尔科（Volker Markl）领衔开发。2014 年 4 月，Stratosphere 的代码被复制并捐赠给了 Apache 软件基金会，Flink 就是在此基础上被重新设计出来的。

在德语中，"flink"一词表示"快速、灵巧"。Flink 的 Logo 是一只彩色的松鼠，当然，这不仅仅是因为 Apache 软件基金会的大数据项目对动物的喜好（是否联想到了 Hadoop、Hive），更是因为松鼠这种小动物完美地体现了"快速、灵巧"的特点。关于 Logo 的颜色，还有一个有趣的缘由：柏林当地的松鼠非常漂亮，颜色是迷人的红棕色；而 Apache 软件基金会的 Logo 刚好也是一根以红棕色为主的渐变色羽毛，于是，Flink 的 Logo 就被设计成红棕色，而且拥有一条漂亮的渐变色尾巴，尾巴的配色与 Apache 软件基金会的 Logo 一致，如图 1-1 所示，这只松鼠色彩炫目，既呼应了 Apache 软件基金会的风格，又似乎预示着 Flink 未来会大放异彩。

图 1-1　Flink 的 Logo

从命名上，我们可以看出 Flink 项目对自身特点的定位，那就是对大数据处理，要做到快速和灵活。
- 2014 年 8 月，Flink 的第一个版本 0.6 正式发布（至于 0.5 之前的版本，那就是在 Stratosphere 名下的了）。与此同时，Flink 的几位核心开发者创办了 Data Artisans 公司，主要做 Flink 的商业应用，帮助企业部署大规模数据处理解决方案。
- 2014 年 12 月，Flink 项目完成了孵化，一跃成为 Apache 软件基金会的顶级项目。
- 2015 年 4 月，Flink 发布了里程碑式的重要版本 0.9.0，很多国内外大公司也是从这时开始关注并参与 Flink 社区的建设的。
- 2019 年 1 月，长期对 Flink 投入研发的阿里巴巴以 9000 万欧元的价格收购了 Data Artisans 公司；之后又将自己的内部版本 Blink 开源，继而与 2019 年 8 月发布的 Flink 1.9.0 版本进行了合并。自此之后，Flink 被越来越多的人熟知，成为当前最火的新一代大数据处理框架之一。

由此可见，Flink 从真正起步到火爆，不过几年的时间。在这短短几年内，Flink 从最初的第一个稳定版本 0.9，到本书编写期间已经发布到了 1.13.0 版本，这期间不断有新功能、新特性加入。一开始，Flink 就拥有一个非常活跃的社区，而且一直在快速成长。目前，Flink 已经发展成为最复杂的开源流处理引擎之一，得到了广泛的应用。

根据 Apache 软件基金会发布的 2020 年度报告，Flink 项目的社区参与和贡献依旧非常活跃，在 Apache 软件基金会旗下的众多项目中保持着多项领先。
- 邮件列表（Mailing List）活跃度排名第一。
- 代码提交（Commits）数排名第二。
- GitHub 访问量排名第二。

在 Flink 官网主页的顶部可以看到项目的核心目标，即"数据流上的有状态计算"（Stateful Computations over Data Streams）。

Flink 是一个框架和分布式处理引擎（这是 Flink 的具体定位），如图 1-2 所示为 Flink 框架处理流程，用于对无界和有界数据流进行有状态的计算。Flink 在所有常见的集群环境中都可以运行，以内存执行速度和任意规模来执行计算。

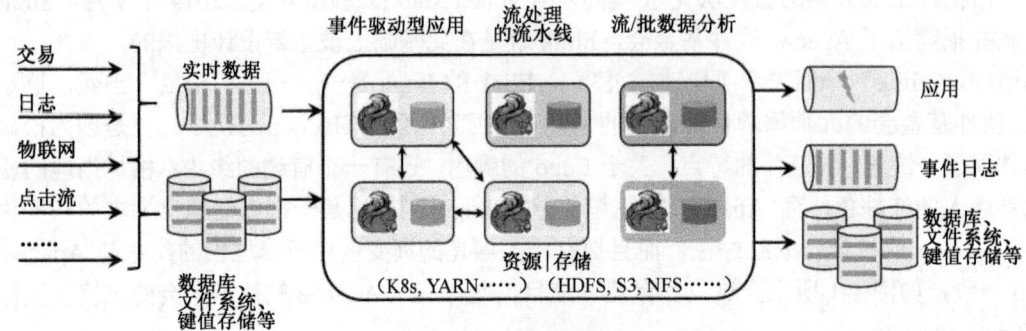

图 1-2　Flink 框架处理流程

这里有很多专业词汇，我们从中至少可以提炼出一些容易理解的信息：Flink 是一个"框架"，是一个数据处理的"引擎"；既然是"分布式"的，当然是为了应对大规模数据的应用场景了；Flink 处理的是数据流。因此，Flink 是一个流式大数据处理引擎。

"内存执行速度"和"任意规模"突出了 Flink 的两个特点：速度快、可扩展性强，这说的自然就是小松鼠的"快速"和"灵巧"了。

那什么叫作"无界和有界数据流"呢？什么又叫作"有状态的计算"呢？这涉及流处理的相关知识，会在后续章节——展开介绍。

1.2 Flink 的应用

Flink 是一个大数据流处理引擎，可以为不同行业提供大数据实时处理解决方案。随着 Flink 的快速发展和完善，如今，在世界范围内的许多公司中都可以见到 Flink 的身影。

目前，在全球范围内，北美、欧洲和金砖国家均是 Flink 的应用热门区域。当然，这些地区其实也就是 IT、互联网行业较发达的地区。

Flink 在国内热度尤其高，一方面是阿里巴巴的贡献和带头效应，另一方面是与我国的应用场景密切相关。我国的人口规模与互联网的普及程度决定了对大数据处理的速度要求越来越高，也迫使我国的互联网企业去追求更高的数据处理效率，而 Flink 恰好为我们高速、准确地处理海量流式数据提供了可能。

1.2.1 Flink 在企业中的应用

Flink 为全球许多企业的关键业务应用提供了强大的支持。

对于数据处理，任何行业、企业的需求其实都是一样的：数据规模大、实时性要求高、确保结果准确、方便扩展、故障后可恢复。而对于这些需求，作为新一代大数据流式处理引擎的 Flink 都可以满足，这也正是 Flink 在全世界范围内得到广泛应用的原因。

Flink 官网列出的知名企业用户如图 1-3 所示，这些企业在生产环境中有各种各样有趣的应用。

图 1-3　Flink 官网列出的知名企业用户

下面以我们熟悉的阿里巴巴为例进行介绍。阿里巴巴为买方和卖方提供了交易平台，其个性化搜索和实时推荐功能就是通过 Blink 实现的（Blink 基于 Flink，现在两者已合体）。用户购买或浏览的商品可以被用作推荐的依据，这就是为什么我们经常发现自己"刚看过什么，网站就推出来了"。当用户数据量非常庞大时，快速地分析响应、实时做出精准的推荐就显得尤为困难。而 Flink 这样真正意义上的大数据流式处理引擎就能做到这些，这也是阿里巴巴在 Flink 上充分发力并成为引领者的原因。

1.2.2 Flink 主要的应用场景

可以看到，各个行业的众多企业都在使用 Flink，那到底这些企业用 Flink 来实现什么需求呢？换句话说，什么场景最适合 Flink 大显身手呢？

回到 Flink 本身的定位，它是一个大数据流式处理引擎，处理的是流式数据，即数据流（Data Flow）。顾名思义，数据流的含义是，数据并不是收集好的，而是像水流一样，是一组有序的数据序列，逐个到来、逐个被处理。因为数据到来之后会被即刻处理，所以流处理的一大特点就是快速，即良好的实时性。Flink

适合的场景其实也就是需要实时处理数据流的场景。

具体来看，Flink 在一些行业中的典型应用如下。

1. 电商和市场营销

举例：实时数据报表、广告投放、实时推荐。

在电商行业中，网站点击量是统计 PV、UV 的重要来源，也是如今"流量经济"最主要的数据指标。很多公司的营销策略，如广告的投放，也是基于点击量来决定的。另外，在网站上提供给用户的实时推荐往往也是基于当前用户的点击行为做出的。

网站获得的点击数据可能是连续且不均匀的，还可能在同一时间大量产生，这是典型的数据流。如果我们希望先把它们全部收集起来，再去分析处理，就会面临很多问题：首先，我们需要很大的空间来存储数据；其次，收集数据的过程耗费了大量时间，统计分析结果的实时性就大大降低了；最后，分布式处理无法保证数据的顺序，如果我们只以数据进入系统的时间为准，则可能导致最终结果计算错误。

我们需要的是直接处理数据流，而 Flink 就可以做到这一点。

2. 物联网（IoT）

举例：传感器实时数据采集和显示、实时报警，交通运输业。

物联网是流数据普遍应用的领域。各种传感器不停地获得测量数据，并将它们以流的形式传输至数据中心。数据中心会将数据处理分析，得到运行状态或报警信息，并实时地显示在监控屏幕上。因此，在物联网中，进行低延迟的数据传输和处理，以及准确的数据分析通常很关键。

交通运输业也体现了流处理的重要性。例如，如今高铁运行主要就是依靠传感器来检测数据的，测量数据包括列车的速度和位置，以及轨道周边的状况。这些数据会由轨道传给列车，再由列车传给沿途的其他传感器；与此同时，数据报告被发送回控制中心。因为列车处于高速行驶状态，所以对数据处理的实时性要求是极高的。如果流数据没有被及时正确地处理，那么调整意见和警告就不能相应产生，后果可能会非常严重。

3. 物流配送和服务业

举例：订单状态的实时更新、通知信息的推送。

在很多服务型应用中，都会涉及订单状态的实时更新和通知信息的推送。这些信息基于事件触发，不均匀地连续不断生成，处理之后需要及时传递给用户，这也是非常典型的数据流的处理。

4. 银行和金融业

举例：实时结算和通知推送，实时检测异常行为。

用户的交易行为是连续大量发生的，银行面对的是海量的流数据。由于要处理的交易数据量太大，以前银行都是按天结算的，汇款一般要隔天才能到账。因此，有一种说法叫作"银行家工作时间"，说的就是"银行家"不需要做到"996"，甚至下午早早就下班了，因为银行需要早点关门进行结算，只有这样，才能保证第二天营业之前算出准确的账。这显然不能满足我们快速交易的需求。在经济全球化背景下，能够提供 24 小时服务变得越来越重要。现在，交易和报表都会快速、准确地生成，即使是跨行转账，也可以做到瞬间到账，还可以接到实时的推送通知，这就需要我们能够实时处理数据流。

另外，信用卡欺诈的检测也需要实时监控和报警。对于一些金融交易市场，对异常交易行为进行实时检测，可以更好地进行风险控制；还可以对异常登录进行检测，进而发现钓鱼式攻击，从而避免损失。

1.3 流式数据处理的发展和演变

通过上面的介绍，我们已经了解了 Flink 的主要应用场景，就是处理大规模的数据流。那为什么一定要用 Flink 呢？数据处理还有没有其他的方式？要解答这些疑问，就需要从流处理和批处理的概念讲起。

1.3.1 流处理和批处理

数据处理有不同的方式。

对于具体应用来说,有些场景的数据是一个一个到来的,是一组有序的数据序列,我们把它叫作数据流;而有些场景的数据则是一批同时到来的,是一个有限的数据集,这就是批量数据(有时也直接叫数据集)。

容易想到,处理数据流,当然应该来一个就处理一个,这种数据处理模式就叫作流处理,因为这种处理是即时的,所以也叫实时处理。与之对应,处理批量数据自然就应该一批读入、一起计算,这种数据处理模式就叫作批处理,也叫作离线处理。

那在真实的应用场景中,到底是数据流更常见,还是批量数据更常见呢?

在日常生活中,这两种形式的数据都有,如图 1-4 所示。例如,我们日常发信息,可以一句一句地说,也可以写一大段信息一起发过去。一句一句的信息就是一个一个的数据,它们构成的序列就是一个数据流;而一大段信息是一组数据的集合,对应的就是批量数据(数据集)。

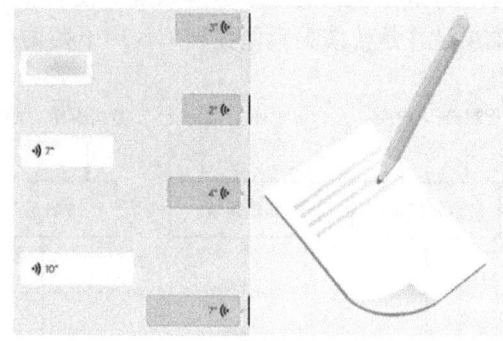

图 1-4 Flink 处理的两种数据形式

当然,有经验的人都知道,一句一句地说,你一言我一语,有来有往,这才叫聊天;一大段信息直接发过去,别人看着都眼晕,很容易就没下文了——如果是很重要的整篇内容(如表白信),那么写成文档或邮件发过去效果可能会更好。

因此,可以看到,聊天这个生活场景的数据的生成、传递和接收处理都是流式的;而写信这个生活场景的数据的生成尽管也是流式的(字总得一个一个地写),但我们可以把它们收集起来,统一传输、统一处理(当然,我们还可以进一步"较真":处理也是流式的,字得一个一个地读)。无论传输和处理的方式是什么样的,数据的生成一般都是流式的。

在 IT 应用场景中,这一点会体现得更加明显。企业的绝大多数应用程序都在不停地接收用户请求、记录用户行为和系统日志,或者持续接收采集到的状态信息。因此,数据会在不同的时间持续地生成,形成一个有序的数据序列,这就是典型的数据流。

流数据更真实地反映了我们的生活方式,真实场景中产生的一般都是数据流,那处理数据流就一定要用流处理的方式吗?

这个问题似乎问得有点"无厘头",不过仔细一想就会发现,很多数据流的场景其实也可以用"攒批"的方式来处理。例如,对于聊天,我们可以收到一条信息就回一条,也可以攒很多条一起回复;对于应用程序,也可以把要处理的数据先收集齐,然后一并处理。

但是这样做的缺点也非常明显:数据处理不够及时,实时性变差了。而流处理是真正的即时处理,它没有攒批的等待时间,因此,处理速度会更快,实时性会更好。

另外,在批处理的过程中,还必须有一个固定的时间节点,用来结束攒批的过程并开始计算,而数据流是连续不断的,我们没有办法在某一时刻说:"好了,现在收集齐所有数据了,可以开始分析了。"如果需要实现持续计算,就必须采用流处理的方式来处理数据流。

很显然,对于流式数据,用流处理是最好、最合理的方式。

但是传统的数据处理架构并不是这样的。无论是关系型数据库还是数据仓库,都倾向于先收集数据,再进行处理。为什么不直接用流处理的方式呢?这是因为分布式批处理在架构上更容易实现。想想生活中发消息聊天的例子,我们就很容易理解了:如果来一条消息就立即处理,那么这样做一定会很受人欢迎,但是这要求我们必须时刻关注新消息,会耗费大量精力,工作效率会受到很大的影响;如果隔一段时间查看一下新消息,进行批处理,那么压力明显就小多了。当然,这么做的代价是可能无法及时处理某些重要消息而造成严重的后果。

想要弄清楚流处理的发展和演变,先要了解传统的数据处理架构。

1.3.2 传统事务处理

IT 互联网企业往往会用不同的应用程序处理各种业务,如内部使用的企业资源规划(ERP)系统、客户关系管理(CRM)系统、面向客户的 Web 应用程序。这些系统一般都会分层设计:计算层就是应用程序本身,用于数据计算和处理;存储层往往是传统关系型数据库,用于数据存储,如图 1-5 所示。

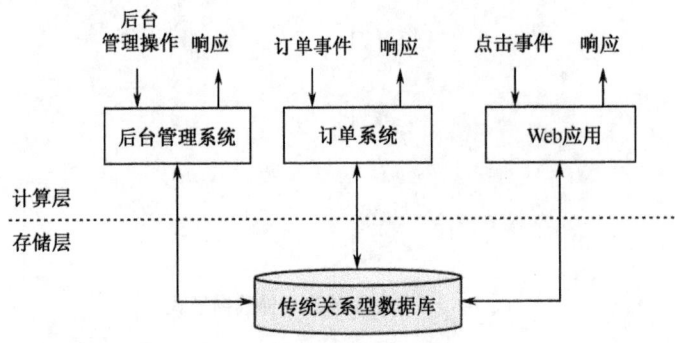

图 1-5 传统事务处理系统架构

可以发现,这里的应用程序在处理数据的模式上有共同之处:接收的数据是持续生成的事件,如用户的点击行为、客户提交的订单或操作人员发出的请求。在处理事件时,应用程序需要先读取远程数据库的状态,然后按照处理逻辑得到结果,将响应返给用户并更新数据库状态。一般来说,一个数据库系统可以服务多个应用程序,它们有时会访问相同的数据库或表。

这就是传统的事务处理架构。系统处理的连续不断的事件其实就是一个数据流,而对于每个事件,系统都在收到之后进行相应的处理,这也是符合流处理的原则的。因此可以说,传统的事务处理就是最基本的流处理架构。

对于各种事件请求,事务处理的方式能够保证实时响应,好处是一目了然的。但是,这样的架构对表和数据库的设计要求很高;当数据规模越来越庞大、系统越来越复杂时,可能需要对表进行重构,而且一次联表查询也会花费大量的时间,甚至不能及时得到返回结果。于是,作为程序员,就只好将更多的精力放在表的设计和重构,以及 SQL 的调优上,而无法专注于业务逻辑的实现,这种工作费力费时,却无法直接体现在产品上。

那有没有更合理、高效的处理架构呢?

1.3.3 有状态的流处理

不难想到,如果我们对事件流的处理非常简单,比如收到一条请求就返回一个"收到",就可以省去数据库的查询和更新了，但是这样的处理是没什么实际意义的。在现实应用中，往往还需要一些额外数据。此时，可以把需要的额外数据保存成一个"状态"，然后针对这条数据进行处理并更新状态。在传统架构中，这个状态是保存在数据库里的，这就是所谓的有状态的流处理。

为了加快访问速度，可以直接将状态保存在本地内存中，如图1-6所示。当应用收到一个新事件时，它可以从状态中读取数据，也可以更新状态；而当状态从内存中读/写的时候，就和访问本地变量没什么区别了，实时性可以得到极大的提升。

另外，当数据规模增大时，我们也不需要重构，只需要构建分布式集群，各自在本地计算就可以了，可扩展性也变得更好。

因为采用的是一个分布式系统，所以还需要保护本地状态，防止发生故障时丢失数据。我们可以定期地将应用状态的一致性检查点存盘，写入远程持久化存储中，遇到故障时再去读取而进行恢复，保证更好的容错性。

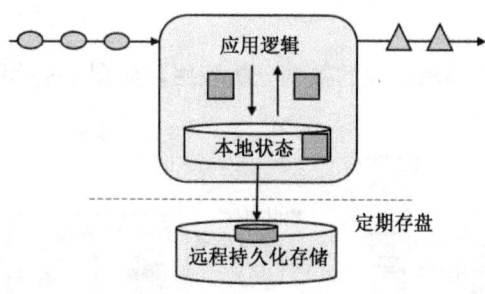

图 1-6　有状态的流处理

有状态的流处理是一种通用且灵活的设计架构，可用于许多不同的场景，具体来说，有以下几种典型应用。

1. 事件驱动型（Event-Driven）应用

事件驱动型应用是一类具有状态的应用，它从一个或多个事件流中提取数据，并根据到来的事件触发计算、状态更新或其他外部动作，比较典型的就是以Kafka为代表的消息队列，几乎都是事件驱动型应用。

这其实跟传统事务处理在本质上是一样的，区别在于基于有状态的流处理的事件驱动应用不再需要查询远程数据库，而是在本地访问它们的数据，如图1-7所示，这样在吞吐量和延迟方面就可以有更好的性能。

另外，远程持久化存储的检查点保证了应用可以从故障中恢复。检查点可以异步和增量地完成，因此对正常计算的影响非常小。

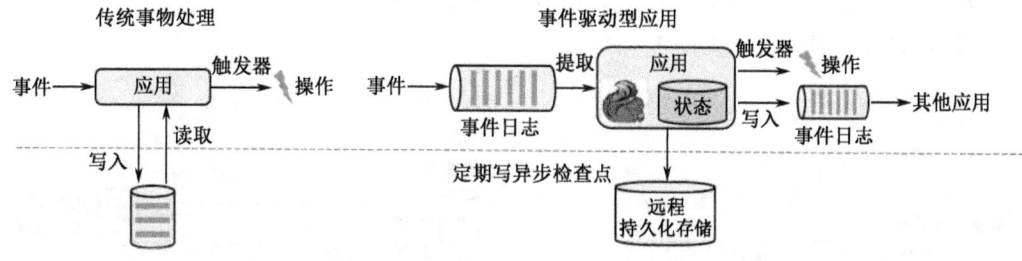

图 1-7　传统事务处理与事件驱动型应用对比

2. 数据分析（Data Analysis）型应用

所谓数据分析，就是指从原始数据中提取信息和发掘规律。传统的数据分析一般先将数据复制到数据仓库（Data Warehouse）中，进行批量查询，如果数据有了更新，就必须将最新数据添加到要分析的数据集中，然后重新运行查询或应用程序。

如今，Apache Hadoop 生态系统的组件已经是许多企业大数据架构中不可或缺的组成部分。因此，现在的做法一般是将大量数据（如日志文件）写入 Hadoop 的分布式文件系统（HDFS）、S3 或 HBase 等批量存储数据库中，以较低的成本进行大容量存储；然后可以通过 SQL-on-Hadoop 类的引擎查询和处理数据，如大家熟悉的 Hive。这种处理方式是典型的批处理，其特点是可以处理海量数据，但实时性较差，因此也叫离线分析。

如果我们有一个复杂的流处理引擎，那么数据分析其实也可以实时执行。流式查询或应用程序不再读取有限的数据集，而是接收实时事件流，不断生成和更新结果，结果要么被写入外部数据库，要么被作为内部状态进行维护。

Apache Flink 同时支持批处理与流处理的数据分析应用，如图 1-8 所示。

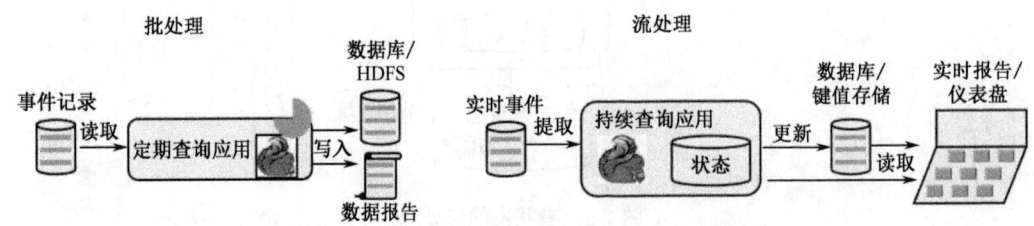

图 1-8　数据分析型应用的批处理与流处理

与批处理分析相比，流处理分析最大的优势就是低延迟，真正实现了实时。另外，流处理不需要单独考虑新数据的导入和处理，实时更新本来就是流处理的基本模式。当前企业对流式数据处理的一个热点应用就是实时数据仓库，很多企业正是基于 Flink 来实现的。

3. 数据管道（Data Pipeline）型应用

ETL 即数据的提取、转换、加载，是在存储系统之间转换和移动数据的常用方法。在数据分析应用中，通常会定期触发 ETL 任务，将数据从事务数据库系统复制到分析数据库或数据仓库中。

数据管道的作用与 ETL 的作用类似，可以转换和扩展数据，也可以在存储系统之间移动数据。不过，如果我们用流处理架构搭建数据管道，那么这些工作就可以连续运行，而不需要再去周期性触发了。例如，数据管道可以用来监控文件系统目录中的新文件，将数据写入事件日志中。连续数据管道的明显优势是降低了将数据移动到目的地的延迟，而且更加通用，可应用于更多的场景。

周期性 ETL 与数据管道的区别如图 1-9 所示。

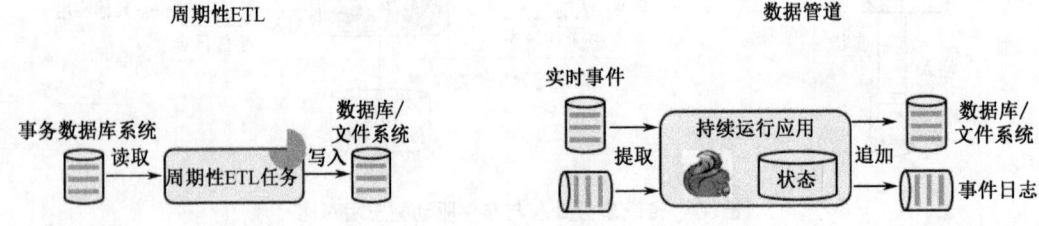

图 1-9　周期性 ETL 与数据管道的区别

有状态的流处理架构其实并不复杂，很多用户基于这种思想开发了自己的流处理系统，这就是第一代流处理器，Apache Storm 就是其中的代表。Storm 可以说是开源流处理的先锋，最早是由 Nathan Marz 和 BackType 的一个团队开发的，后来才成为 Apache 软件基金会的下属项目。Storm 提供了低延迟的流处理，但是它也为实时性付出了代价：很难实现高吞吐，而且无法保证结果的正确性。用更专业的话说，它并不能保证"精确一次"（exactly-once）；即便是它能够保证的一致性级别，开销也相当大。状态一致性和 exactly-once 会在后续章节展开讨论。

1.3.4 Lambda 架构

对于有状态的流处理，当数据越来越多时，必须用分布式的集群架构来获取更高的吞吐量。但是分布式架构会带来另一个问题：怎样保证数据处理的顺序是正确的呢？

对于批处理来说，这并不是一个问题，因为所有数据都已收集完毕，可以根据需要选择、排列数据而得到想要的结果。但是如果我们采用"来一个处理一个"的流处理，就可能出现"乱序"现象：本来先发生的事件，因为分布处理滞后了。那么应该怎么解决这个问题呢？

以 Storm 为代表的第一代分布式开源流处理器主要专注于具有毫秒级延迟的事件处理，特点就是快；而对于准确性和结果的一致性是不提供内置支持的，因为结果有可能取决于事件到达的时间和顺序。另外，第一代流处理器通过检查点来保证容错性，但是在故障恢复的时候，即使事件不会丢失，也有可能被重复处理，因此，无法保证 exactly-once。

与批处理器相比，可以说第一代流处理器牺牲了结果的准确性，用来换取更低的延迟。而批处理器恰好相反，牺牲了实时性，换取了结果的准确性。

我们自然想到，如果可以让二者相结合，不就可以同时提供低延迟和准确的结果了吗。正是基于这样的思想，Lambda 架构被设计出来，如图 1-10 所示，可以认为这是第二代流处理架构，但事实上它只是第一代流处理器和批处理器的简单合并。

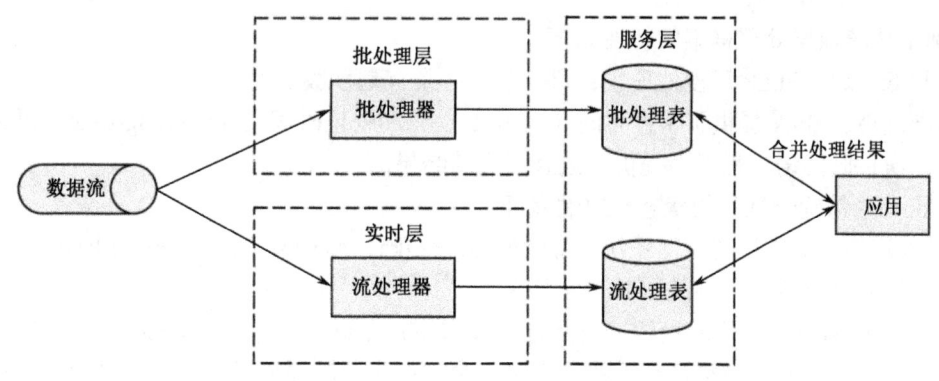

图 1-10　Lambda 架构示意图

Lambda 架构的主体是传统批处理架构的增强。它的批处理层（Batch Layer）就是由传统的批处理器和存储空间组成的；而实时层（Speed Layer）则由低延迟的流处理器组成。数据到达之后，两层处理双管齐下，一边由流处理器进行实时处理，一边写入批处理器存储空间，等待批处理器进行批量计算。流处理器快速计算出一个近似结果，并将它们写入流处理表中；而批处理器会定期处理存储空间中的数据，将准确的结果写入批处理表中，并从流处理表中删除不准确的结果。最终，应用程序会合并流处理表和批处理表中的结果，并展示出来。

Lambda 架构现在已经不再是最先进的了，但仍应用在许多地方。它的优点非常明显，就是兼具了批处理器和第一代流处理器的优点，同时保证了低延迟和结果的准确性。而它的缺点同样非常明显：首先，

Lambda 架构本身就很难建立和维护；其次，它需要我们对一个应用程序做出两套语义上等效的逻辑实现，因为批处理和流处理是两套完全独立的系统，它们的 API 也完全不同，为了实现一个应用，付出双倍的工作量，这对程序员显然不够友好。

1.3.5 新一代流处理器

之前的分布式流处理架构都有明显的缺陷，人们也一直没有放弃对流处理器的改进和完善。终于，在原有流处理器的基础上，新一代分布式开源流处理器诞生了。为了与之前的系统区分，我们一般称之为第三代流处理器，其代表就是 Flink。

第三代流处理器通过巧妙的设计，完美地解决了乱序数据对结果正确性的影响，并且这一代系统做到了 exactly-once 的一致性保障，是第一个具有一致性和准确结果的开源流处理器。另外，先前的流处理器仅能在高吞吐和低延迟中二选一，而第三代流处理器能够同时提供这两个特性。因此可以说，这一代流处理器仅凭一套系统就完成了 Lambda 架构两套系统的工作，它的出现使 Lambda 架构黯然失色。

除了低延迟、容错性和结果准确性，新一代流处理器还在不断地添加新的功能，如高可用的设置，以及与资源管理器（如 YARN 或 Kubernetes）的紧密集成等。

下面我们会将 Flink 的特性做一个总结，从中可以体会到新一代流处理器的强大。

1.4 Flink 的特性总结

Flink 是第三代分布式流处理器，它的功能丰富且强大。

1.4.1 Flink 的核心特性

Flink 区别于传统数据处理框架的特性如下。
- 高吞吐和低延迟。Flink 每秒处理数百万个事件；具有毫秒级延迟。
- 结果的准确性。Flink 提供了事件时间（event-time）和处理时间（processing-time）语义。对于乱序事件流，事件时间语义仍然能提供一致且准确的结果。
- exactly-once（精确一次）的状态一致性保证。
- Flink 可以连接到最常用的存储系统，如 Apache Kafka、Apache Cassandra、ElasticSearch、JDBC、Kinesis，以及分布式文件系统如 HDFS 和 S3。
- 高可用。Flink 本身高可用的设置，加上与 K8s（Kubernetes）、YARN 和 Mesos 的紧密集成，再加上从故障中快速恢复和动态扩展任务的能力，能做到以极短的停机时间实现 7×24 小时全天候运行。
- Flink 能够更新应用程序代码并将作业（jobs）迁移到不同的 Flink 集群中而不会丢失应用程序的状态。

1.4.2 分层 API

除了上述这些特性，Flink 还是一个非常易于开发的框架，因为它拥有易于使用的分层 API，如图 1-11 所示。

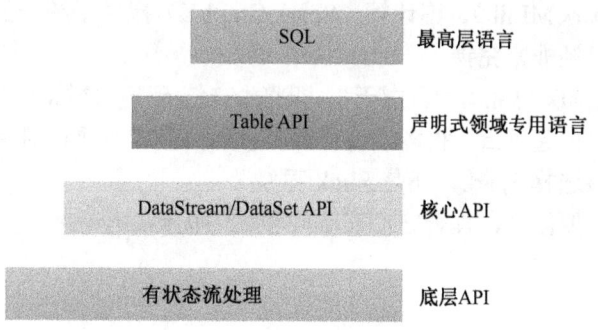

图 1-11　Flink 不同级别的 API

最底层的 API 仅仅提供了有状态流，将处理函数（Process Function）嵌入 DataStream API 中。底层处理函数与 DataStream API 集成，可以对某些操作进行抽象，允许用户使用自定义状态处理来自一个或多个数据流的事件，且状态具有一致性和容错保证。此外，用户还可以注册事件时间并处理时间回调，从而使程序可以处理复杂的计算。

实际上，大多数应用并不需要上述的底层抽象，而直接针对核心 API（Core API）进行编程，如 DataStream API（用于处理有界或无界流数据）及 DataSet API（用于处理有界数据集）。这些 API 为数据处理提供了通用的构建模块，如由用户自定义的多种形式的转换（transformation）、联结（join）、聚合（aggregation）、窗口（window）操作等。DataSet API 为有界数据集提供了额外的支持，如循环与迭代。这些 API 处理的数据类型以类（class）的形式由各自的编程语言表示。

Table API 是以表为中心的声明式编程，其中的表在表达流数据时会动态变化。Table API 遵循关系模型：表有二维数据结构（schema）（类似于关系数据库中的表），同时 API 提供可比较的操作，如 select、join、group-by、aggregate 等。

尽管 Table API 可以通过多种类型的用户自定义函数（UDF）进行扩展，但仍不如核心 API 具有表达能力（但是 Table API 的代码量更少、更加简洁）。此外，Table API 程序在执行之前会使用内置优化器进行优化。

我们可以在表与 DataStream/DataSet 之间无缝切换，以允许程序将 Table API 与 DataStream/DataSet 混合使用。

Flink 提供的最高层级的 API 是 SQL。这一层 API 在语法和表达能力上与 Table API 类似，但是是以 SQL 查询表达式的形式表现程序的。SQL API 与 Table API 交互密切，同时，SQL 查询可以直接在 Table API 定义的表上执行。

目前，Flink SQL 和 Table API 还在开发完善的过程中，很多大型企业都会二次开发符合自己需要的工具包，而 DataSet 作为批处理 API，实际应用较少，2020 年 12 月 8 日发布的新版本 Flink 1.12.0 已经完全实现了真正的流批一体，DataSet API 已处于软性弃用（soft deprecated）状态。用 Data Stream API 写好的一套代码既可以处理流数据，又可以处理批数据，只需设置不同的执行模式即可。这与之前版本处理有界流的方式是不一样的，Flink 已专门对批处理数据做了优化处理。本书以介绍 DataStream API 为主，采用的版本是 Flink 1.13.0。

1.5　Flink 与 Spark

谈到大数据处理引擎，不能不提 Spark。Apache Spark 是一个通用大规模数据分析引擎。它提出的内存计算概念让人们耳目一新，让程序员得以从 Hadoop 繁重的 MapReduce 程序中解脱出来，可以说是划时代的大数据处理框架。除了计算速度快、可扩展性强，Spark 还为批处理（Spark SQL）、流处理（Spark

Streaming）、机器学习（Spark MLlib）、图计算（Spark GraphX）提供了统一的分布式数据处理平台，整个生态经过多年的蓬勃发展已经非常完善。

然而，正在人们认为 Spark 已经"如日中天"、即将"一统天下"之际，Flink 如一颗新星"异军突起"，使得大数据处理的"江湖"再起风云。很多读者在最初接触大数据处理时都会有这样的疑问：想学习一个大数据处理框架，到底应该选择 Spark，还是 Flink 呢？

这就需要了解两者的主要区别，理解它们在不同领域的优势。

1.5.1 数据处理架构

我们已经知道，数据处理的基本方式可以分为批处理和流处理两种。

批处理针对的是有界数据集，非常适合必须访问海量的全部数据才能完成的计算工作，一般用于离线统计。

流处理主要针对的是数据流，特点是无界、实时，对系统传输的每个数据依次执行操作，一般用于实时统计。

从根本上来说，Spark 和 Flink 采用了完全不同的数据处理方式。

Spark 以批处理为根本，并尝试在批处理之上支持流计算；在 Spark 的世界中，"万物皆批次"，离线数据是一个大批次，而实时数据则是由无限个小批次组成的。因此，对流处理框架 Spark Streaming 而言，其实并不是真正意义上的流处理，而是"微批次"（micro-batching）处理，如图 1-12 所示。

图 1-12　Spark Streaming 流处理示意图

Flink 则认为流处理才是最基本的操作，批处理也可以统一为流处理。在 Flink 的世界中，"万物皆流"，实时数据是标准的、没有界限的流，而离线数据则是有界限的流。图 1-13 就是所谓的无界数据流和有界数据流。

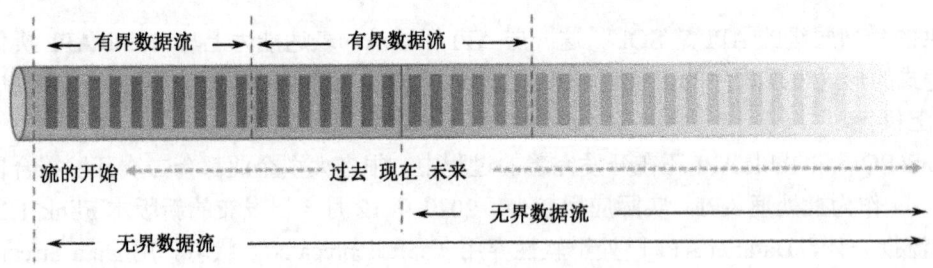

图 1-13　无界数据流和有界数据流

1．无界数据流

无界数据流有头没尾，数据的生成和传递会开始，但永远不会结束。我们无法等待所有数据都到达，因为输入是无界的，数据没有"都到达"的时候。因此，对于无界数据流，必须连续处理，即必须在获取数据后立即处理。在处理无界数据流时，为了保证结果的正确性，必须做到按照顺序处理数据。

2．有界数据流

相应地，有界数据流有明确定义的开始和结束，因此，我们可以通过获取所有数据来处理有界数据流。处理有界数据流就不需要严格保证数据的顺序了，因为总可以对有界数据集进行排序。有界数据流的处理也就是批处理。

正因为这种架构上的不同，Spark 和 Flink 在不同应用领域中的表现会有差别。一般来说，Spark 基于微批处理的方式做同步，总有一个攒批的过程，所以会有额外开销，故无法在流处理的低延迟上做到极致。在低延迟流处理场景，Flink 已经有明显的优势；而在海量数据的批处理领域，Spark 能够处理的吞吐量更高，加上其完善的生态和成熟易用的 API，目前同样优势比较明显。

1.5.2 数据模型和运行架构

Spark 和 Flink 在底层实现上最主要的差别在于数据模型不同。

Spark 底层数据模型是弹性分布式数据集（RDD），Spark Streaming 进行微批次处理的底层接口 DStream 实际上处理的也是一组一组的小批数据 RDD 的集合。可以看出，Spark 在设计上本身就是以批量的数据集作为基准的，更加适合批处理的场景。

Flink 的基本数据模型是数据流（DataFlow）和事件（Event）序列。Flink 基本上是完全按照 Google 的 DataFlow 模型实现的，因此，从底层数据模型上看，Flink 是以处理流式数据作为设计目标的，更加适合流处理的场景。

数据模型不同，对应在运行处理的流程上，自然也会有不同的架构。Spark 进行批计算，需要将任务对应的 DAG 划分阶段（Stage），一个阶段完成后，经过 shuffle 再进行下一阶段的计算；而 Flink 是标准的流式执行模式，一个事件在一个节点处理完后可以直接发往下一个节点进行处理。

1.5.3 Spark 还是 Flink

通过前面的分析可以看出，Spark 和 Flink 目前各有所长，在批处理领域，Spark 具有优势；而在流处理方面，Flink 当仁不让。具体到项目应用中，不仅要看是流处理还是批处理，还需要在延迟、吞吐量、可靠性，以及开发容易度等多个方面进行权衡。

如果在工作中需要从 Spark 和 Flink 这两个主流框架中选择一个进行实时流处理，我们更加推荐使用 Flink，主要原因如下。

- Flink 的延迟是毫秒级别的，而 Spark Streaming 的延迟是秒级的。
- Flink 提供了严格的精确一次（exactly-once）性语义保证。
- Flink 的窗口 API 更加灵活、语义更丰富。
- Flink 提供事件时间语义，可以正确处理延迟数据。
- Flink 提供了更加灵活的对状态编程的 API。

基于以上特点，使用 Flink 可以解放程序员，提高编程效率，把本来需要程序员费时费力手动完成的工作交给框架去完成。

当然，在海量数据的批处理方面，Spark 还是具有明显的优势的，而且 Spark 的生态更加成熟，也会使其在应用中更为方便。相信随着 Flink 的快速发展和完善，这方面的差距会越来越小。

另外，Spark 2.0 之后新增的 Structured Streaming 流处理引擎借鉴 DataFlow 进行了大量优化，同样做到了低延迟、时间正确性及精确一次性语义保证；Spark 2.3 以后引入的连续处理（Continuous Processing）模式更是可以在至少一次语义保证下做到 1ms 的延迟。Flink 自 1.9 版本合并 Blink 以来，在 SQL 的表达和批处理的能力上同样有了长足的进步。

那如果现在要学习一门框架的话，优先选择 Spark 还是 Flink 呢？其实可以看到，不同的框架各有利弊，它们也在互相借鉴、取长补短、不断发展，至于未来是 Spark 还是 Flink，甚至是其他新崛起的处理引擎"一统江湖"，都是有可能的。作为技术人员，我们应该对不同的架构和思想都有所了解，只有跳出某个框架的限制，才能看到更广阔的世界。

1.6 本章总结

本章作为学习 Flink 的入门和综述，主要介绍了 Flink 的起源和应用，引出了与流处理相关的一些重要概念，并通过介绍数据处理架构的发展和演变的过程，为读者展示了 Flink 作为新一代分布式流处理器的架构思想。最后，我们还将 Flink 与时下同样火热的处理引擎 Spark 进行了对比，详细阐述了 Flink 在流处理方面的优势。

通过本章的学习，读者不仅可以初步了解 Flink，还能够建立起数据处理的宏观思维，这对以后学习框架中的一些重要特性非常有帮助。

第2章
Flink 快速上手

在对 Flink 有了基本的了解后，接下来我们就要理论联系实际，真正上手写代码了。Flink 底层是以 Java 编写的，并为开发人员同时提供了完整的 Java 和 Scala API。在本书中，代码示例将全部用 Scala 实现；而在具体项目应用中，可以根据需要选择合适语言的 API 进行开发。

在这一章，我们将会以大家最熟悉的 IntelliJ IDEA 为开发工具，用实际项目中最常见的 Maven 作为包管理工具，在开发环境中编写一个简单的 Flink 项目，实现零基础快速上手。

2.1 环境准备

工欲善其事，必先利其器。在进行代码的编写之前，先将我们使用的开发环境和工具介绍一下：
- 系统环境为 Windows 10。
- 需提前安装 Java 8 和 Scala 2.12。
- 集成开发环境（IDE）使用 IntelliJ IDEA，具体的安装流程参见 IntelliJ 官网。
- 在安装 IntelliJ IDEA 之后，还需要安装一些插件——Maven、Git 和 Scala。Maven 用来管理项目依赖；通过 Git 可以轻松获取我们的示例代码，并进行本地代码的版本控制。

以上运行环境的配置和部署如果有任何疑问，欢迎访问尚硅谷 IT 教育官网，获取全套视频资料。

另外需要特别说明的是：
- 本书全部程序采用 Scala 语言编写，要求读者具有一定的 Scala 或 Java 语言基础，读者还可以访问尚硅谷 IT 教育官网，获取 Scala 的教学资料。
- 本书全部 Flink 程序全部基于图书编写期间的最新稳定版本 Flink 1.13.0。

2.2 创建项目

在准备好所有的开发环境之后，我们就可以开始开发自己的第一个 Flink 程序了。首先我们要做的，就是在 IDEA 中搭建一个 Flink 项目的骨架。我们使用 Java 项目中常见的 Maven 来进行依赖管理。

1. 创建工程

（1）打开 IntelliJ IDEA，创建一个 Maven 工程，如图 2-1 所示。

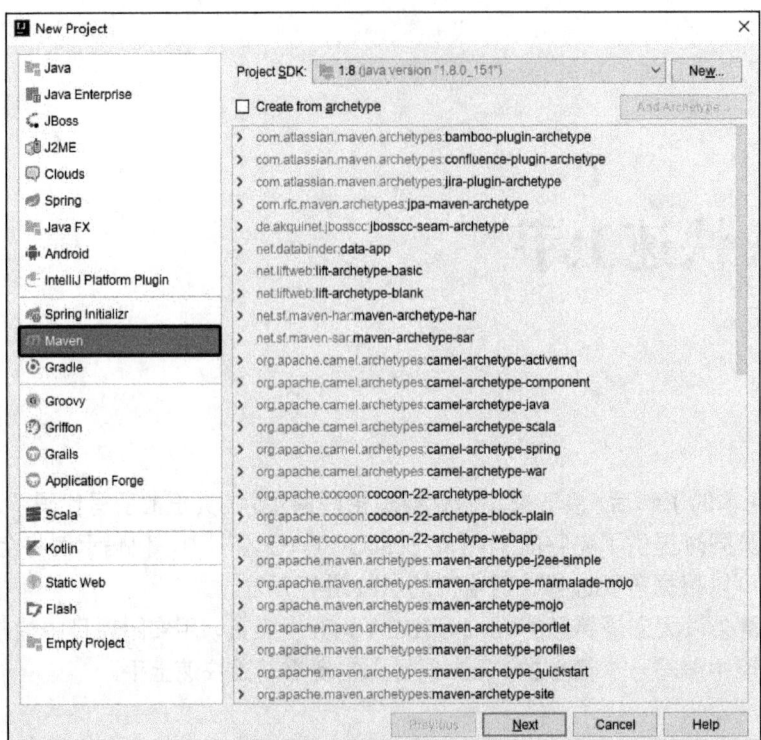

图 2-1　创建 Maven 工程

（2）将这个 Maven 工程命名为 FlinkTutorial，如图 2-2 所示。

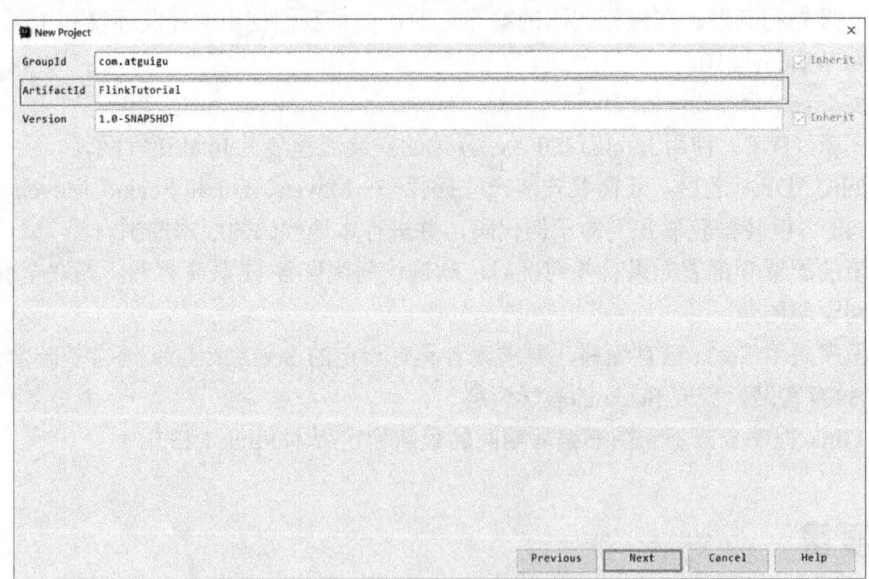

图 2-2　Maven 工程命名

（3）设置这个 Maven 工程所在的存储路径，并点击 Finish 按钮，如图 2-3 所示，Maven 工程即创建成功。

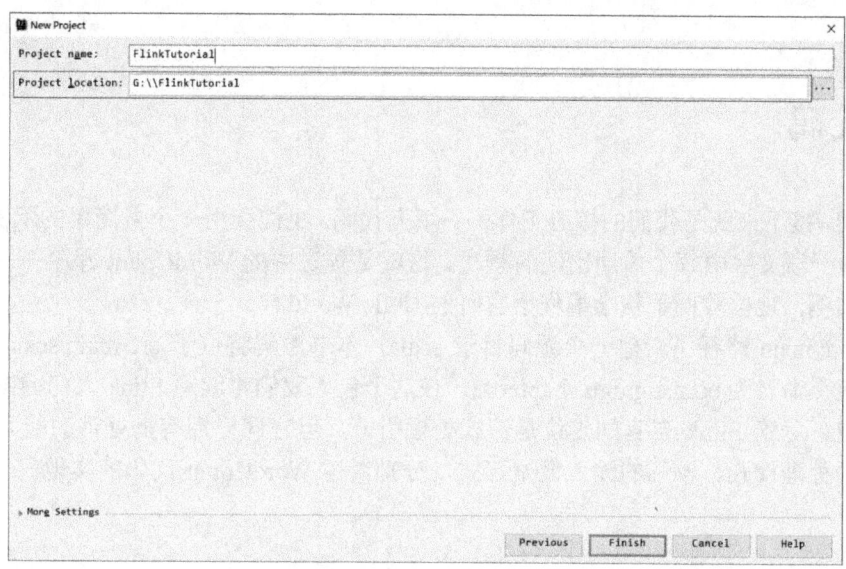

图 2-3 Maven 工程路径设置

2. 添加项目依赖

在项目的 pom 文件中，增加<properties>标签设置属性，然后增加<denpendencies>标签引入需要的依赖。我们需要添加的依赖最重要的就是 Flink 的相关组件，包括 flink-scala、flink-streaming-scala，以及 flink-clients（客户端，也可以省略）。

```xml
<properties>
        <flink.version>1.13.0</flink.version>
        <target.java.version>1.8</target.java.version>
        <scala.binary.version>2.12</scala.binary.version>
</properties>

    <dependencies>
    <!-- 引入 Flink 相关依赖-->
    <dependency>
        <groupId>org.apache.flink</groupId>
        <artifactId>flink-scala_${scala.binary.version}</artifactId>
        <version>${flink.version}</version>
    </dependency>
    <dependency>
        <groupId>org.apache.flink</groupId>
        <artifactId>flink-streaming-scala_${scala.binary.version}</artifactId>
        <version>${flink.version}</version>
    </dependency>
    <dependency>
        <groupId>org.apache.flink</groupId>
        <artifactId>flink-clients_${scala.binary.version}</artifactId>
        <version>${flink.version}</version>
    </dependency>
</dependencies>
```

这里做一点解释：

在属性中，我们定义了<scala.binary.version>，这指代的是所依赖的 Scala 版本。这不仅因为我们将使用 Scala API，还因为 Flink 的架构中使用了 Akka 来实现底层的分布式通信，而 Akka 是用 Scala 开发的。本书中用到的 Scala 版本为 2.12。

2.3 编写代码

搭好项目框架，接下来就是我们的核心工作——填充代码。我们会用一个最简单的示例来说明 Flink 代码怎样编写：统计一段文字中每个单词出现的频次。这就是传说中的 WordCount 程序——它是大数据领域非常经典的入门案例，地位等同于初学编程语言时的 Hello World。

我们首先在 src/main 路径下新建一个源码目录 scala，本书源码将位于 src/main/scala 目录下。在这个目录下新建一个包，命名为 com.atguigu.chapter02，在这个包下我们将编写 Flink 入门的 WordCount 程序。

我们已经知道，尽管 Flink 自身的定位是流式处理引擎，但它同样拥有批处理的能力。所以接下来，我们会针对不同的处理模式、不同的输入数据形式，分别讲述 WordCount 代码的实现。

2.3.1 批处理

对于批处理而言，输入的应该是收集好的数据集。这里我们可以将要统计的文字，写入一个文本文档，然后读取这个文件处理数据就可以了。

（1）在工程根目录下新建一个 input 文件夹，并在其下创建文本文件 words.txt。
（2）在 words.txt 中输入一些文字，例如：

```
hello world
hello flink
hello scala
```

（3）在 com.atguigu.chapter02 包下新建 Scala 的单例对象（object）BatchWordCount，在静态 main 方法中编写测试代码。

我们进行单词频次统计的基本思路是：先逐行读入文件数据，然后将每行文字都拆分成单词，接着按照单词分组，统计每组数据的个数，就是对应单词的频次。

具体代码实现如下：

```scala
package com.atguigu.chapter02

import org.apache.flink.api.scala._

object BatchWordCount {
  def main(args: Array[String]): Unit = {
    //创建执行环境并配置并行度
    val env = ExecutionEnvironment.getExecutionEnvironment
    //读取文本文件
    val lineDS = env.readTextFile("input/words.txt")
    //对数据进行格式转换
    val wordAndOne = lineDS.flatMap(_.split(" ")).map(r => (r, 1))
    //对数据进行分组
    val wordAndOneUG = wordAndOne.groupBy(0)
    //对分组数据进行聚合
    val sum = wordAndOneUG.sum(1)
    //打印结果
    sum.print
  }
}
```

代码说明和注意事项：

① Flink 在执行应用程序前应该获取执行环境对象，也就是运行时上下文环境。
```
val env = ExecutionEnvironment.getExecutionEnvironment
```
② Flink 同时提供了 Java 和 Scala 两种语言的 API，有些类在两套 API 中名称是一样的，所以在引入包时，如果有 Java 和 Scala 两种选择，要注意选用对应开发语言的包。

③ 在导入类时，需要执行 import org.apache.flink.api.scala._，这里使用下画线的方式导入类是因为要将该包下的所有隐式类型转换都导入。

④ 直接调用 ExecutionEnvironment 对象的 readTextFile()方法，可以从文件中读取数据。

⑤ 我们的目标是将每个单词对应的个数都统计出来，所以调用 flatMap()方法可以对一行文字进行分词转换。将文件中每行文字都拆分成单词后，要转换成（word,count）形式的二元组，初始 count 都为 1。

⑥ 在分组时调用了 groupBy()方法，它不能使用分组选择器，只能采用位置索引或类属性名称进行分组。
```
// 使用位置索引定位
dataStream.groupBy(0)
// 使用类属性名称
dataStream.groupBy("id")
```
⑦ 在分组之后调用 sum()方法进行聚合，同样只能指定聚合字段的位置索引或类属性名称。

（4）运行程序，控制台会打印出如下结果：
```
(scala,1)
(flink,1)
(world,1)
(hello,3)
```
可以看到，我们将文档中的所有单词的频次全部统计出来，以二元组的形式在控制台打印输出了。

需要注意的是，这种代码的实现方式，是基于 DataSet API 的，也就是我们对数据的处理转换，是将数据看作数据集来进行操作的。事实上 Flink 本身是流批统一的处理架构，批量的数据集本质上也是流，没有必要用两套不同的 API 来实现，所以从 Flink 1.12 开始，官方推荐的做法是直接使用 DataStream API，在提交任务时将执行模式设为 BATCH 来进行批处理。
```
$ bin/flink run -Dexecution.runtime-mode=BATCH BatchWordCount.jar
```
这样，DataSet API 就已经处于"软弃用"（soft deprecated）的状态，在实际应用中我们只要维护一套 DataStream API 就可以了。这里只是为了方便大家理解，我们依然用 DataSet API 做了批处理的实现。

2.3.2 流处理

我们已经知道，用 DataSet API 可以很容易地实现批处理；与之对应，流处理当然可以用 DataStream API 来实现。对于 Flink 而言，流才是整个处理逻辑的底层核心，所以流批统一之后的 DataStream API 更加强大，可以直接处理批处理和流处理的所有场景。

DataStream API 作为"数据流"的处理接口，又怎样处理批数据呢？

回忆上一章中我们讲到的在 Flink 的视角里，一切数据都可以认为是流，流数据是无界流，而批数据则是有界流，所以批处理其实就可以看作有界流的处理。

对于流而言，我们会在获取输入数据后立即处理，这个过程是连续不断的。当然，有时我们的输入数据可能会有尽头，这看起来似乎就成了一个有界流；但是它跟批处理是截然不同的——在输入结束之前，我们依然会认为数据是无穷无尽的，处理的模式也仍旧是连续逐个处理。

下面我们就针对不同类型的输入数据源，用具体的代码来实现流处理。

1. 读取文件

我们同样试图读取文档 words.txt 中的数据，并统计每个单词出现的频次，整体思路与之前的批处理非常类似，代码模式也基本一致。

（1）在 com.atguigu.chapter02 包下新建 Scala 的单例对象 BoundedStreamWordCount，在静态 main 方法中编写测试代码。具体代码实现如下：

```scala
package com.atguigu.chapter02

import org.apache.flink.streaming.api.scala._

object BoundedStreamWordCount {
  def main(args: Array[String]): Unit = {
    // 创建流执行环境
    val env = StreamExecutionEnvironment.getExecutionEnvironment

    // 读取文件，获取数据流
    val lineDS = env.readTextFile("input/words.txt")
    //对数据流执行转换操作
    val wordAndOne = lineDS.flatMap(_.split(" ")).map(data => (data, 1))
    //对数据进行分组
    val wordAndOneKS = wordAndOne.keyBy(_._1)
    //对分组数据进行聚合
    val result = wordAndOneKS.sum(1)
    //打印结果
    result.print()
    //执行任务
    env.execute()
  }
}
```

主要观察与批处理程序 BatchWordCount 的不同：
- 创建执行环境的不同，流处理程序使用的是 StreamExecutionEnvironment。
- 每步处理转换之后，得到的数据对象类型都不同。
- 分组操作调用的是 keyBy()方法，可以传入一个匿名函数作为键选择器（KeySelector），指定当前分组的 key 是什么。
- 代码末尾需要调用 env 的 execute()方法，开始执行任务。

（2）运行程序，控制台输出结果如下：

```
3> (world,1)
2> (hello,1)
4> (flink,1)
2> (hello,2)
2> (hello,3)
1> (scala,1)
```

我们可以看到，这与批处理的结果是完全不同的。批处理针对每个单词，只会输出一个最终的统计个数；而在流处理的打印结果中，"hello"这个单词每出现一次，就会有一个频次统计数据输出。这就是流处理的特点，数据逐个处理，每来一条数据就会处理输出一次。我们通过打印结果，可以清晰地看到单词"hello"数量增长的过程。

看到这里大家可能又会有新的疑惑：我们读取文件，第一行应该是"hello flink"，怎么这里输出的第一个单词是"world"呢？每个输出的结果二元组，前面都有一个数字，这又是什么呢？

我们可以先做个简单的解释。Flink 是一个分布式处理引擎，所以我们的程序应该也是分布式运行的。在开发环境里，会通过多线程来模拟 Flink 集群运行。这里结果前的数字，其实就指示了本地执行的不同线程，对应着 Flink 运行时不同的并行资源。这样第一个乱序的问题也就解决了：既然是并行执行的，不同线程的输出结果，自然也就无法保持输入的顺序了。

另外需要说明，这里显示的编号为 1~4，是由于运行电脑的 CPU 是 4 核的，所以默认模拟的并行线程有 4 个。这段代码在不同的运行环境，得到的结果会是不同的。关于 Flink 程序并行执行的数量，可以通过设定"并行度"（Parallelism）来配置，我们会在后续章节详细讲解这些内容。

2. 读取文本流

在实际的生产环境中，真正的数据流其实是无界的，有开始却没有结束，这就要求我们需要保持一个监听事件的状态，持续地处理捕获的数据。

为了模拟这种场景，我们就不再通过读取文件来获取数据了，而是监听数据发送端主机的指定端口，统计发送来的文本数据中出现过的单词的个数。在具体实现上，我们只要对 BoundedStreamWordCount 代码中读取数据的步骤稍做修改，就可以实现对真正无界流的处理。

（1）将 BoundedStreamWordCount 代码中读取文件数据的 readTextFile()方法，替换成读取 socket 文本流的 socketTextStream()方法。具体代码实现如下：

```scala
package com.atguigu.chapter02

import org.apache.flink.streaming.api.scala._

object StreamWordCount {
  def main(args: Array[String]): Unit = {
    val env = StreamExecutionEnvironment.getExecutionEnvironment

    //通过主机名和端口号读取 socket 文本流
    val lineDS = env.socketTextStream("hadoop102", 7777)

    // 进行转换计算
    val result = lineDS
      .flatMap(data => data.split(" "))    // 用空格切分字符串
      .map((_, 1))     // 切分以后的单词转换成一个元组
      .keyBy(_._1)     // 使用元组的第一个字段进行分组
      .sum(1)          // 对分组后的数据的第二个字段进行累加

    // 打印计算结果
    result.print()
    // 执行程序
    env.execute()
  }
}
```

代码说明和注意事项如下：

- socket 文本流的读取需要配置两个参数：发送端主机名和端口号。这里代码中指定了主机"hadoop102"的 7777 端口作为发送数据的 socket 端口，读者可以根据测试环境自行配置。
- 在实际项目应用中，主机名和端口号这类信息往往可以通过配置文件，或者传入程序运行参数的方式来指定。
- socket 文本流数据的发送，可以通过 Linux 系统自带的 netcat 工具进行模拟。

（2）在 Linux 环境的主机 hadoop102 上，执行下列命令，发送数据进行测试。

```
[atguigu@hadoop102 ~]$ nc -lk 7777
```

（3）启动 StreamWordCount 程序。

我们会发现程序启动之后没有任何输出，也不会退出。这是正常的，因为 Flink 的流处理是事件驱动的，当前程序会一直处于监听状态，只有接收到数据才会执行任务、输出统计结果。

（4）从 hadoop102 发送如下数据：

```
hello flink
hello world
hello scala
```

可以看到控制台输出结果如下：

```
4> (flink,1)
2> (hello,1)
3> (world,1)
2> (hello,2)
2> (hello,3)
1> (scala,1)
```

我们会发现，输出的结果与之前读取文件的流处理非常相似，而且可以非常明显地看到，每输入一条数据，就有一次对应的输出。具体对应关系是：输入"hello flink"，就会输出两条统计结果（flink，1）和（hello，1）；之后再输入"hello world"，同样会将 hello 和 world 的个数统计输出，hello 的个数会对应增长为 2。

2.4 本章总结

本章主要实现一个 Flink 开发的入门程序——词频统计 WordCount。通过批处理和流处理两种不同模式的实现，可以对 Flink 的 API 风格和编程方式有所熟悉，并且更加深刻地理解批处理和流处理的不同。另外，通过读取有界数据（文件）和无界数据（socket 文本流）进行流处理比较，我们也可以更加直观地体会到 Flink 流处理的方式和特点。

这是我们学习 Flink "长征路上"的第一步，是后续学习的基础。有了这番初体验，想必大家会发现 Flink 提供了非常易用的 API，基于它进行开发并不是难事。之后我们会逐步深入展开，为大家打开 Flink 神奇世界的大门。

第 3 章

Flink 部署

在第 2 章中，我们在集成开发环境里编写了 Flink 代码，然后运行测试。细心的读者应该会发现：对于读取文本流的流处理程序，运行之后其实并不会去直接执行代码中定义好的操作，因为这时还没有数据；只有在输入数据之后，才会触发分词转换、分组统计的一系列处理操作。可明明我们的代码是顺序执行的，会调用 flatMap、keyBy 和 sum 等一系列处理方法，这是怎么回事呢？

这涉及 Flink 作业提交运行的原理。我们编写的代码，对应着在 Flink 集群上执行的一个作业；所以我们在本地执行代码，其实是先模拟启动一个 Flink 集群，然后将作业提交到集群上，创建好要执行的任务等待数据输入。

这里需要提到 Flink 中的几个关键组件：客户端（Client）、作业管理器（JobManager）和任务管理器（TaskManager）。我们的代码实际上是由客户端获取并做转换，之后提交给 JobManger 的。所以 JobManager 就是 Flink 集群里的"领导者"，对作业进行中央调度管理；而它获取到要执行的作业后，会进一步处理转换，然后分发任务给众多的 TaskManager。这里的 TaskManager，就是真正"干活的人"，数据的处理操作都是它们来做的，如图 3-1 所示。

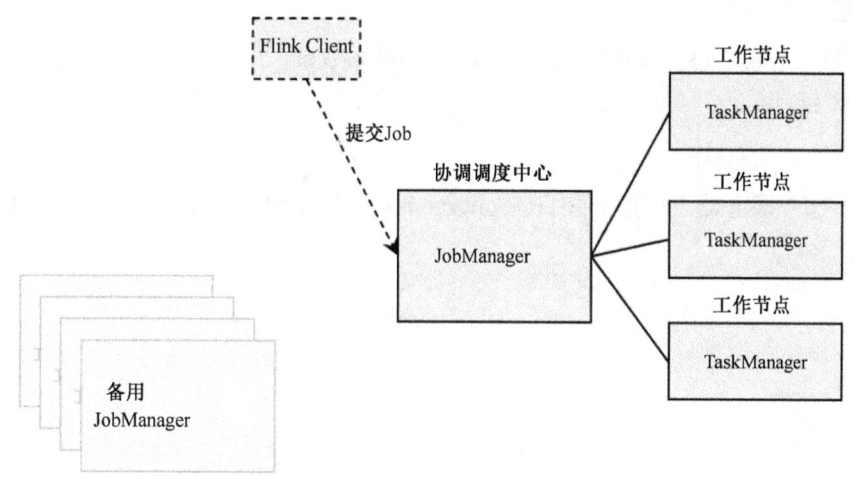

图 3-1 Flink 集群中的主要组件

关于 Flink 中各组件的作用和作业提交及运行时的架构，我们会在下一章详细展开讲解。

在实际项目应用中，我们当然不能使用开发环境的模拟集群，而是需要将 Flink 部署在生产集群环境中，然后再将作业提交到集群上运行。本章我们就来介绍 Flink 的部署及作业提交的流程。

Flink 是一个非常灵活的处理框架，它支持多种不同的部署场景，还可以和不同的资源管理平台方便地集成。接下来，我们会先做一个简单的介绍，让大家对 Flink 部署有一个初步的认识，之后再展开讲述不同情形下的 Flink 部署。

3.1 快速启动一个 Flink 集群

3.1.1 环境配置

Flink 是一个分布式的流处理框架，所以实际应用一般都需要搭建集群环境。我们在进行 Flink 安装部署的学习时，需要准备 3 台 Linux 机器。具体要求如下：
- 系统环境为 CentOS 7.5 版本。
- 安装 Java 8。
- 安装 Hadoop 集群，Hadoop 建议选择 Hadoop 2.7.5 以上版本。
- 配置集群节点服务器间时间同步以及免密登录，关闭防火墙。

本书中 3 台服务器的具体设置如下：
- 节点服务器 1，IP 地址为 192.168.10.102，主机名为 hadoop102。
- 节点服务器 2，IP 地址为 192.168.10.103，主机名为 hadoop103。
- 节点服务器 3，IP 地址为 192.168.10.104，主机名为 hadoop104。

3.1.2 本地启动

最简单的启动方式其实是不搭建集群，直接本地启动。本地部署非常简单，直接解压安装包就可以使用，不用进行任何配置；一般用来做一些简单的测试。

具体安装步骤如下所示。

1. 下载安装包

进入 Flink 官网，下载 1.13.0 版本安装包 flink-1.13.0-bin-scala_2.12.tgz，注意此处选用对应 Scala 版本为 scala 2.12 的安装包。

2. 解压

在 hadoop102 节点服务器上创建安装目录/opt/module，将 flink 安装包放在该目录下，并执行解压命令，解压至当前目录。

```
$ tar -zxvf flink-1.13.0-bin-scala_2.12.tgz -C /opt/module/
flink-1.13.0/
flink-1.13.0/log/
flink-1.13.0/LICENSE
flink-1.13.0/lib/
……
```

3. 启动

进入解压后的目录，执行启动命令，并查看进程。

```
$ cd flink-1.13.0/
$ bin/start-cluster.sh
Starting cluster.
Starting standalonesession daemon on host hadoop102.
Starting taskexecutor daemon on host hadoop102.
$ jps
```

```
10369 StandaloneSessionClusterEntrypoint
10680 TaskManagerRunner
10717 Jps
```

4. 访问 Web UI

启动成功后，访问 http://hadoop102:8081，可以对 Flink 集群和任务进行监控管理，如图 3-2 所示。

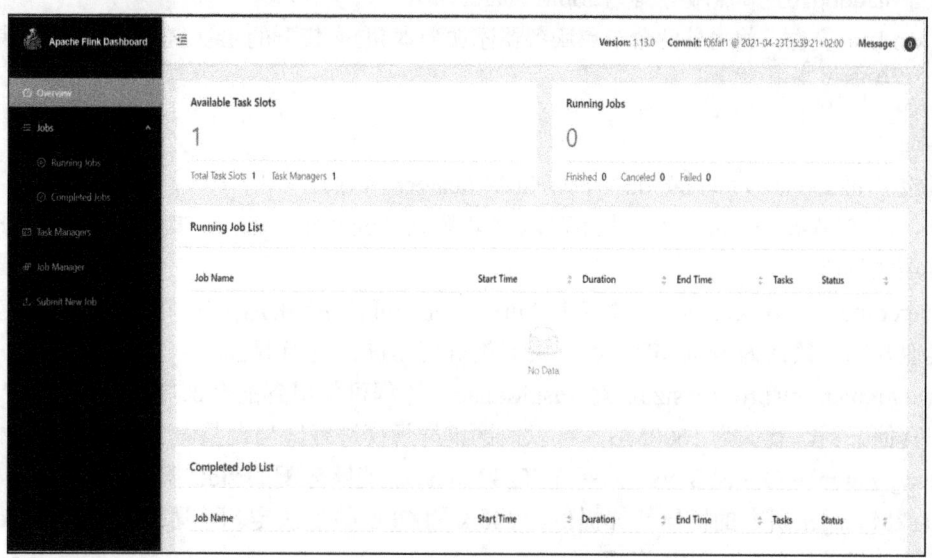

图 3-2　Flink Web UI 页面

5. 关闭集群

如果想让 Flink 集群停止运行，可以执行如下命令：

```
$ bin/stop-cluster.sh
Stopping taskexecutor daemon (pid: 10680) on host hadoop102.
Stopping standalonesession daemon (pid: 10369) on host hadoop102.
```

3.1.3　集群启动

可以看到，Flink 本地启动非常简单，直接执行 start-cluster.sh 就可以了。如果我们想要扩展成集群，其实启动命令是不变的，主要是需要指定节点之间的主从关系。

Flink 是典型的 Master-Slave 架构的分布式数据处理框架，其中 Master 角色对应着 JobManager，Slave 角色则对应 TaskManager。我们对三台节点服务器的角色分配如表 3-1 所示。

表 3-1　集群角色分配

节点服务器	hadoop102	hadoop103	hadoop104
角色	JobManager	TaskManager	TaskManager

具体安装部署步骤如下所示。

1. 下载并解压安装包

具体操作与 3.1.2 节相同。

2. 修改集群配置

（1）进入 conf 目录下，修改 flink-conf.yaml 文件，修改 jobmanager.rpc.address 参数为 hadoop102，如

下所示：
```
$ cd conf/
$ vim flink-conf.yaml
# JobManager 节点地址.
jobmanager.rpc.address: hadoop102
```
这就指定了 hadoop102 节点服务器为 JobManager 节点。

（2）修改 workers 文件，将另外两台节点服务器添加为本 Flink 集群的 TaskManager 节点，具体修改如下：
```
$ vim workers
hadoop103
hadoop104
```
这样就指定了 hadoop103 和 hadoop104 为 TaskManager 节点。

（3）另外，在 flink-conf.yaml 文件中还可以对集群中的 JobManager 和 TaskManager 组件进行优化配置，主要配置项如下所示。

- jobmanager.memory.process.size：对 JobManager 进程可使用到的全部内存进行配置，包括 JVM 元空间和其他开销，默认为 1600MB，可以根据集群规模进行适当调整。
- taskmanager.memory.process.size：对 TaskManager 进程可使用到的全部内存进行配置，包括 JVM 元空间和其他开销，默认为 1600MB，可以根据集群规模进行适当调整。
- taskmanager.numberOfTaskSlots：对每个 TaskManager 能够分配的 slots 数量进行配置，默认为 1，可根据 TaskManager 所在的机器能够提供给 Flink 的 CPU 数量决定。所谓 slots 就是 TaskManager 中具体运行一个任务所分配的计算资源。
- parallelism.default：Flink 任务执行的默认并行度配置，优先级低于代码中进行的并行度配置和任务提交时使用参数进行的并行度配置。

关于 slots 和并行度的概念，我们会在下一章做详细讲解。

3. 分发安装目录

配置修改完毕后，将 Flink 安装目录发给另外两个节点服务器。
```
$ scp -r ./flink-1.13.0 atguigu@hadoop103:/opt/module
$ scp -r ./flink-1.13.0 atguigu@hadoop104:/opt/module
```

4. 启动集群

（1）在 hadoop102 节点服务器上执行 start-cluster.sh 启动 Flink 集群。
```
$ bin/start-cluster.sh
Starting cluster.
Starting standalonesession daemon on host hadoop102.
Starting taskexecutor daemon on host hadoop103.
Starting taskexecutor daemon on host hadoop104.
```
（2）查看进程情况。
```
[atguigu@hadoop102 flink-1.13.0]$ jps
13859 Jps
13782 StandaloneSessionClusterEntrypoint
[atguigu@hadoop103 flink-1.13.0]$ jps
12215 Jps
12124 TaskManagerRunner
[atguigu@hadoop104 flink-1.13.0]$ jps
11602 TaskManagerRunner
11694 Jps
```

5. 访问 Web UI

启动成功后，同样可以访问 http://hadoop102:8081 对 Flink 集群和任务进行监控管理，如图 3-3 所示。

图 3-3 集群启动后的 Web UI 页面

这里可以明显地看到，当前集群的 TaskManager 数量为 2；由于默认每个 TaskManager 的 slots 数量为 1，所以 slots 总数和可用 slots 数都为 2。

3.1.4 向集群提交作业

在第 2 章中，我们已经编写了词频统计的批处理和流处理的示例程序，并在开发环境的模拟集群上做了运行测试。现在既然已经有了真正的集群环境，那接下来我们就要把作业提交上去执行了。

本节我们将以流处理的程序为例，演示如何将任务提交到集群中执行。具体步骤如下。

1. 程序打包

（1）为方便自定义结构和定制依赖，我们可以引入插件 maven-assembly-plugin 进行打包。在 FlinkTutorial 项目的 pom.xml 文件中添加打包插件的配置，具体如下：

```xml
<build>
    <plugins>
        <plugin>
            <groupId>org.apache.maven.plugins</groupId>
            <artifactId>maven-assembly-plugin</artifactId>
            <version>3.0.0</version>
            <configuration>
                <descriptorRefs>
                    <descriptorRef>jar-with-dependencies</descriptorRef>
                </descriptorRefs>
            </configuration>
            <executions>
                <execution>
                    <id>make-assembly</id>
                    <phase>package</phase>
                    <goals>
                        <goal>single</goal>
                    </goals>
                </execution>
            </executions>
```

```
            </plugin>
        </plugins>
</build>
```

（2）在插件配置完毕后，可以使用 IDEA 的 Maven 工具执行 package 命令，出现如下提示即表示打包成功。

```
[INFO] ------------------------------------------------------------------------
[INFO] BUILD SUCCESS
[INFO] ------------------------------------------------------------------------
[INFO] Total time: 21.665 s
[INFO] Finished at: 2021-06-01T17:21:26+08:00
[INFO] Final Memory: 141M/770M
[INFO] ------------------------------------------------------------------------
```

打包完成后，在 target 目录下即可找到所需的 jar 包，jar 包有两个：FlinkTutorial-1.0-SNAPSHOT.jar 和 FlinkTutorial-1.0-SNAPSHOT-jar-with-dependencies.jar，因为集群中已经具备任务运行需要的所有依赖，所以建议使用 FlinkTutorial-1.0-SNAPSHOT.jar。

2. 在 Web UI 上提交作业

（1）在任务打包完成后，我们打开 Flink 的 Web UI 页面，在左侧导航栏点击 "Submit New Job" 选项，然后点击 "+ Add New" 按钮，选择要上传运行的 jar 包，如图 3-4 所示。上传完成后，如图 3-5 所示。

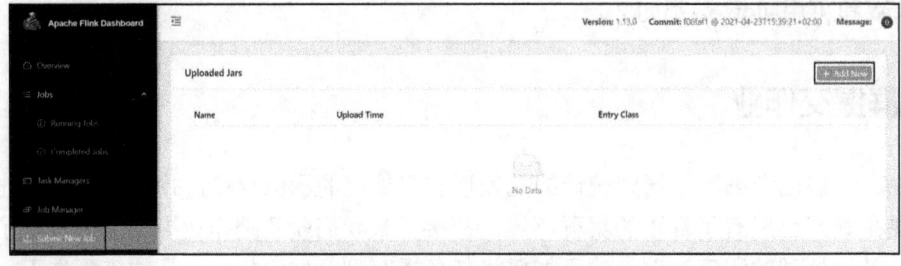

图 3-4　Web UI 页面任务提交入口

图 3-5　jar 包上传完成

（2）点击该 jar 包，出现任务配置页面，进行相应的配置。

主要配置程序入口主类的全类名，任务运行的并行度，任务运行所需的配置参数和保存点路径等，如图 3-6 所示，配置完成后，即可点击 "Submit" 按钮，将任务提交到集群运行。

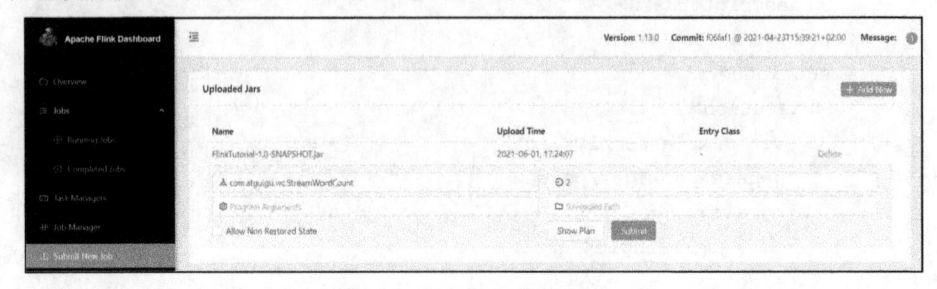

图 3-6　任务提交参数配置

（3）任务提交成功后，可点击左侧导航栏的"Running Jobs"查看程序运行列表情况，如图3-7所示。

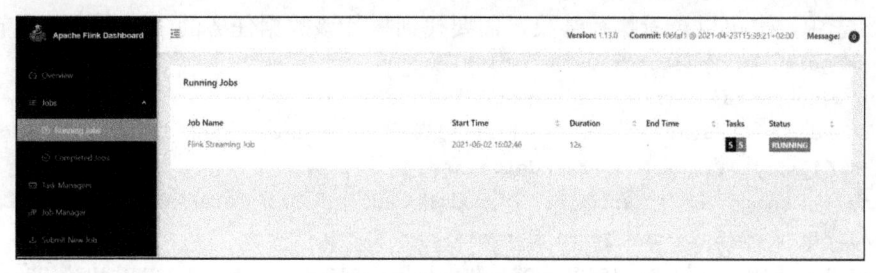

图3-7　任务运行列表

（4）点击该任务，可以查看任务运行的具体情况，也可以通过点击"Cancel Job"按钮结束任务运行，如图3-8所示。

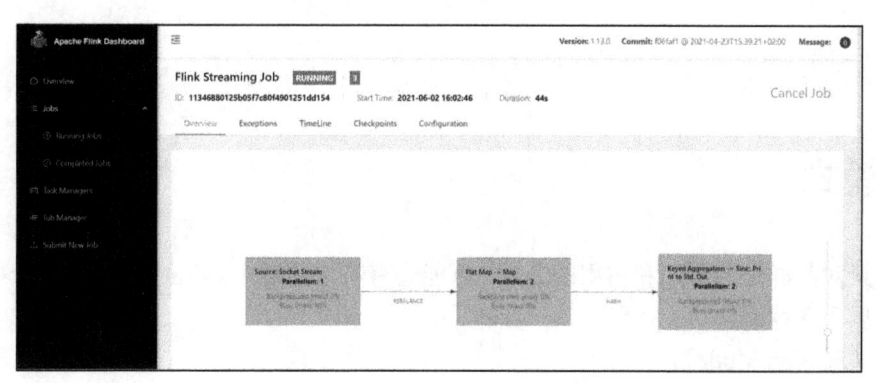

图3-8　查看任务运行的具体情况

Flink 的 Web UI 页面设计非常简洁明了，读者可以自行尝试其余操作。

3．命令行提交作业

除了通过 Web UI 界面提交任务，也可以直接通过命令行来提交任务。这里为方便起见，我们可以先把 jar 包直接上传到目录 flink-1.13.0 下。

（1）首先需要启动集群。
```
$ bin/start-cluster.sh
```
（2）在 hadoop102 中执行以下命令启动 netcat。
```
$ nc -lk 7777
```
（3）进入 Flink 的安装路径下，在命令行使用 flink run 命令提交作业。
```
$ bin/flink run -m hadoop102:8081 -c com.atguigu.wc.StreamWordCount ./FlinkTutorial-1.0-SNAPSHOT.jar
```
这里的参数-m 指定了提交到的 JobManager，-c 指定了入口类。

（4）在浏览器中打开 Web UI，http://hadoop102:8081 查看应用执行情况，如图3-9所示。

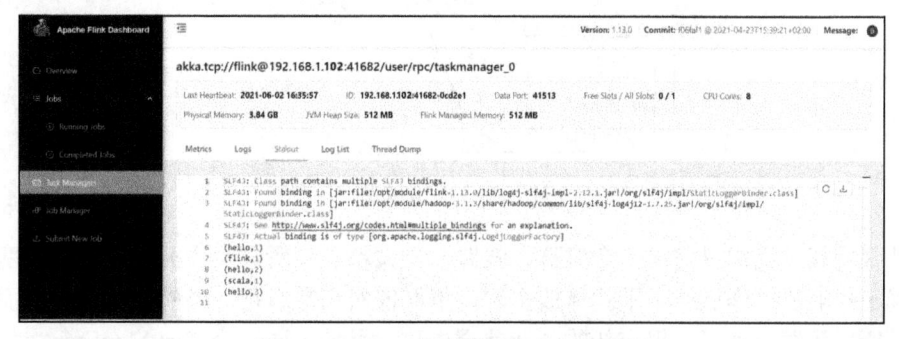

图3-9　Web UI 界面查看任务运行状况

用 netcat 输入数据，可以在 TaskManager 的标准输出中看到对应的统计结果。

（5）在 log 日志中，也可以查看执行结果，需要找到执行该数据任务的 TaskManager 节点查看日志。

```
$ cat flink-atguigu-taskexecutor-0-hadoop102.out
SLF4J: Class path contains multiple SLF4J bindings.
SLF4J: Found binding in [jar:file:/opt/module/flink-1.13.0/lib/log4j-slf4j-impl-2.12.1.jar!/org/slf4j/impl/StaticLoggerBinder.class]
SLF4J: Found binding in [jar:file:/opt/module/hadoop-3.1.3/share/hadoop/common/lib/slf4j-log4j12-1.7.25.jar!/org/slf4j/impl/StaticLoggerBinder.class]
SLF4J: See http://www.slf4j.org/codes.html#multiple_bindings for an explanation.
SLF4J: Actual binding is of type [org.apache.logging.slf4j.Log4jLoggerFactory]
(hello,1)
(hello,2)
(flink,1)
(hello,3)
(scala,1)
```

3.2 部署模式

一些应用场景对集群资源分配和占用的方式，可能会有特定的需求。Flink 为各种场景提供了不同的部署模式，主要有以下 3 种：

- 会话模式（Session Mode）。
- 单作业模式（Per-Job Mode）。
- 应用模式（Application Mode）。

它们的区别主要在于：集群的生命周期和资源的分配方式，以及应用的 main 方法到底在哪里执行——客户端（Client）还是 JobManager。接下来我们进行展开说明。

3.2.1 会话模式

会话模式其实最符合常规思维。我们需要先启动一个集群，保持一个会话，在这个会话中通过客户端提交作业，如图 3-10 所示。因为集群启动时所有资源都已经确定，所以所有提交的作业会竞争集群中的资源。

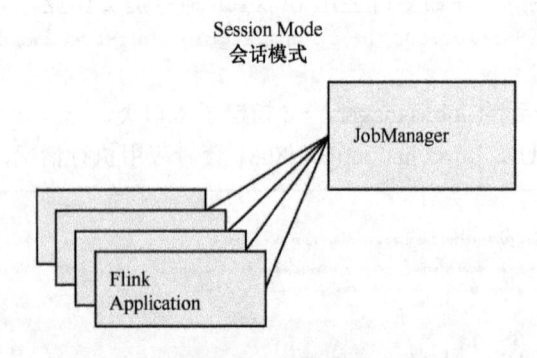

图 3-10 会话模式

这样的好处很明显，我们只需要一个集群，就像一个大箱子，所有的作业提交之后都塞进去；集群的生命周期是超越于作业的，作业结束了就释放资源，集群依然正常运行。当然缺点也是显而易见的：因为资源是共享的，所以资源不够了，提交新的作业就会失败。另外，同一个 TaskManager 上可能运行了很多作业，如果其中一个发生故障导致 TaskManager 宕机，那么所有作业都会受到影响。

我们在 3.1 节中先启动集群再提交作业，这种方式其实就是会话模式。

会话模式比较适用于单个规模小、执行时间短的大量作业。

3.2.2 单作业模式

会话模式的资源共享会导致很多问题，为了更好地隔离资源，我们可以考虑为每个提交的作业启动一个集群，这就是所谓的单作业（Per-Job）模式，如图 3-11 所示。

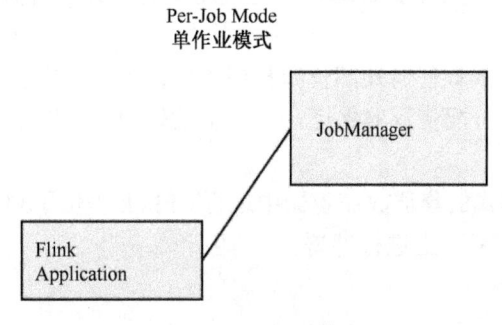

图 3-11 单作业模式

单作业模式也很好理解，就是严格地执行一对一，集群只为这个作业而生。同样由客户端运行应用程序，然后启动集群，作业被提交给 JobManager，进而分发给 TaskManager 执行。作业完成后，集群就会关闭，所有资源也会释放。这样一来，每个作业都有它自己的 JobManager 管理，占用独享的资源，即使发生故障，它的 TaskManager 宕机也不会影响其他作业。

这些特性使得单作业模式在生产环境中运行更加稳定，所以是实际应用的首选模式。

需要注意的是，Flink 本身无法直接这样运行，所以单作业模式一般需要借助一些资源管理平台来启动集群，比如 YARN、Kubernetes。

3.2.3 应用模式

在前面提到的两种模式中，应用代码都是在客户端上执行，然后由客户端提交给 JobManager 的。但是这种方式客户端需要占用大量网络带宽，去下载依赖和把二进制数据发送给 JobManager；加上很多情况下我们提交作业用的是同一个客户端，就会加重客户端所在节点的资源消耗。

解决办法就是，我们不要客户端了，直接把应用提交到 JobManger 上运行。这也就代表着，我们需要为每个提交的应用单独启动一个 JobManager，也就是创建一个集群。这个 JobManager 只为执行这一个应用而存在，执行结束之后 JobManager 也就关闭了，这就是所谓的应用模式，如图 3-12 所示。

应用模式与单作业模式，都是提交作业之后才创建集群；单作业模式是通过客户端来提交的，客户端解析出的每个作业都对应一个集群；而在应用模式下，是直接由 JobManager 执行应用程序的，并且即使应用包含了多个作业，也只创建一个集群。

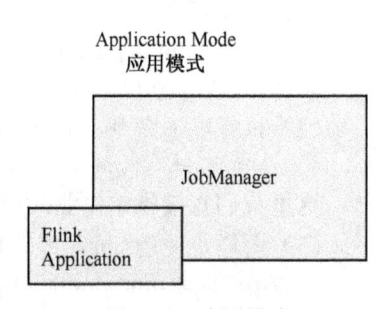

图 3-12 应用模式

总结一下，在会话模式下，集群的生命周期独立于集群上运行的任何作业的生命周期，并且提交的所有作业共享资源；单作业模式为每个提交的作业创建一个集群，带来了更好的资源隔离，这时集群的生命周期与作业的生命周期绑定；应用模式为每个应用程序创建一个会话集群，在 JobManager 上直接调用应用程序的 main() 方法。

我们所讲的部署模式，是相对比较抽象的概念。在进行实际应用时，一般需要和资源管理平台结合起来，选择特定的模式来分配资源、部署应用。接下来，我们就针对不同的资源提供者（Resource Provider）的场景，具体介绍 Flink 的部署方式。

3.3 独立模式

独立模式（Standalone）是部署 Flink 最基本也是最简单的方式：所需要的所有 Flink 组件，都只是操作系统上运行的一个 JVM 进程。

独立模式是独立运行的，不依赖任何外部资源管理平台；当然独立也是有代价的，如果资源不足，或者出现故障，没有自动扩展或重分配资源的保证，必须手动处理。所以独立模式一般只用在开发测试或作业非常少的场景下。

另外，我们也可以将独立模式的集群放在容器中运行。Flink 提供了独立模式的容器化部署方式，可以在 Docker 或 Kubernetes（简称 K8s）上进行部署。

3.3.1 会话模式部署

可以发现，独立模式的特点是不依赖外部资源管理平台，而会话模式的特点是先启动集群、后提交作业。所以，我们在 3.1 节用的就是独立模式的会话模式部署。

3.3.2 单作业模式部署

在 3.2.2 节中我们提到，Flink 本身无法直接以单作业方式启动集群，一般需要借助资源管理平台。所以 Flink 的独立（Standalone）集群并不支持单作业模式部署。

3.3.3 应用模式部署

在应用模式下不会提前创建集群，所以不能调用 start-cluster.sh 脚本。我们可以使用同样在 bin 目录下的 standalone-job.sh 来创建一个 JobManager。

具体步骤如下所示。

（1）进入 Flink 的安装路径下，将应用程序的 jar 包放到 lib/ 目录下。
```
$ cp ./FlinkTutorial-1.0-SNAPSHOT.jar lib/
```
（2）执行以下命令，启动 JobManager。
```
$ ./bin/standalone-job.sh start --job-classname com.atguigu.wc.StreamWordCount
```
这里我们直接指定作业入口类，脚本会到 lib 目录扫描所有的 jar 包。

（3）同样是使用 bin 目录下的脚本，启动 TaskManager。
```
$ ./bin/taskmanager.sh start
```
（4）如果希望停掉集群，同样可以使用脚本，命令如下。
```
$ ./bin/standalone-job.sh stop
$ ./bin/taskmanager.sh stop
```

3.3.4 高可用

分布式除了提供高吞吐，另一大好处就是有更好的容错性。对 Flink 而言，一般会有多个 TaskManager，即使运行时出现故障，也不需要将全部节点重启，只要尝试重启故障节点就可以了。但是我们发现，对一个作业而言，管理它的 JobManager 却只有一个，这同样有可能出现单点故障。为了实现更好的可用性，我们需要 JobManager 做一些主备冗余，这就是所谓的高可用（High Availability，HA）。

我们可以通过配置，让集群在任何时候都有一个主 JobManager 和多个备用 JobManager，如图 3-13 所示，这样主节点故障时就由备用节点来接管集群，接管后作业就可以继续正常运行。主备 JobManager 实例之间没有明显的区别，每个 JobManager 都可以充当主节点或备节点。

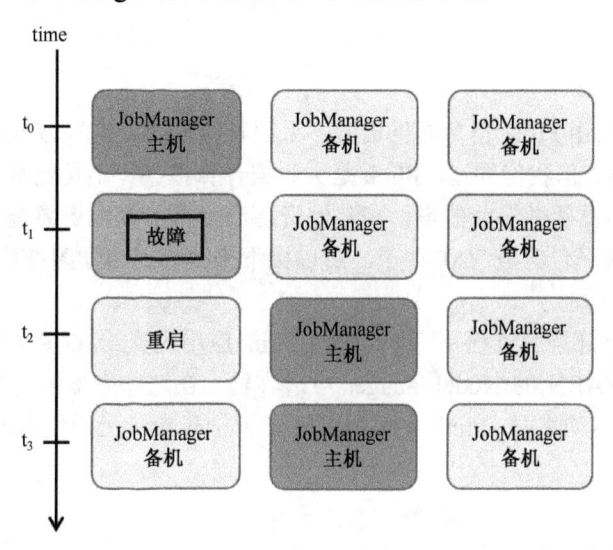

图 3-13　一个主 JobManager 和多个备用 JobManager

具体配置如下所示。

（1）进入 Flink 安装路径的 conf 目录下，修改配置文件: flink-conf.yaml，增加如下配置。
```
high-availability: zookeeper
high-availability.storageDir: hdfs://hadoop102:9820/flink/standalone/ha
high-availability.zookeeper.quorum:
hadoop102:2181,hadoop103:2181,hadoop104:2181
high-availability.zookeeper.path.root: /flink-standalone
high-availability.cluster-id: /cluster_atguigu
```

（2）修改配置文件: masters，配置备用 JobManager 列表。
```
hadoop102:8081
hadoop103:8081
```

（3）分发修改后的配置文件到其他节点服务器。

（4）在/etc/profile.d/my_env.sh 中配置环境变量。
```
export HADOOP_CLASSPATH=`hadoop classpath`
```

注意：

- 需要提前保证 HAOOP_HOME 环境变量配置成功。
- 分发到其他节点。

具体部署方法如下所示。

（1）启动 HDFS 集群和 Zookeeper 集群。

（2）执行以下命令，启动 standalone HA 集群。

```
$ bin/start-cluster.sh
```

（3）可以分别访问两个备用 JobManager 的 Web UI 页面。

```
http://hadoop102:8081
http://hadoop103:8081
```

（4）在 zkCli.sh 中查看谁是领导者（leader）。

```
[zk: localhost:2181(CONNECTED) 1] get /flink-standalone/cluster_atguigu/leader/rest_server_lock
```

"杀死" hadoop102 上的 JobManager 进程，再次查看谁是领导者。

```
[zk: localhost:2181(CONNECTED) 7] get /flink-standalone/cluster_atguigu/leader/rest_server_lock
```

注意：不管是不是领导者，从 Web UI 上是看不到区别的，都可以提交应用。

3.4 YARN 模式

独立（Standalone）模式由 Flink 自身提供资源，无须其他框架，这种方式降低了和其他第三方资源框架的耦合性，独立性非常强。但我们知道，Flink 是大数据计算框架，不是资源调度框架，这并不是它的强项；所以还是应该让专业的框架做专业的事，和其他资源调度框架集成更靠谱。在目前大数据生态中，国内应用最为广泛的资源管理平台就是 YARN 了。所以接下来我们就将学习在强大的 YARN 平台上，Flink 是如何集成部署的。

整体来说，在 YARN 上部署的过程是：客户端将 Flink 应用提交给 YARN 的 ResourceManager，YARN 的 ResourceManager 会向 YARN 的 NodeManager 申请容器。在这些容器上，Flink 会部署 JobManager 和 TaskManager 的实例，从而启动集群。Flink 会根据运行在 JobManger 上的作业所需要的 slots 数量动态分配 TaskManager 资源。

3.4.1 相关准备和配置

在 Flink 1.8.0 之前的版本，想要以 YARN 模式部署 Flink 任务，需要 Flink 有 Hadoop 的环境支持。从 Flink 1.8 版本开始，不再提供基于 Hadoop 编译的安装包，若需要 Hadoop 的环境支持，需要自行在官网下载 Hadoop 相关版本的组件 flink-shaded-hadoop-2-uber-2.7.5-10.0.jar，并将该组件上传至 Flink 的 lib 目录下。在 Flink 1.11.0 版本之后，增加了很多重要的新特性，其中就包括增加了对 Hadoop 3.0.0 及更高版本 Hadoop 的支持，不再提供 "flink-shaded-hadoop-*" jar 包，而是通过配置环境变量完成与 YARN 集群的对接。

在 Flink 任务部署至 YARN 集群之前，需要确认集群是否安装有 Hadoop，保证 Hadoop 版本至少在 2.2 以上，并且集群中安装有 HDFS 服务。

具体配置步骤如下所示。

（1）按照 3.1 节所述，下载并解压安装包，并将解压后的安装包重命名为 flink-1.13.0-yarn，本节的相关操作都将默认在此安装路径下执行。

（2）配置环境变量，增加环境变量配置如下：

```
$ sudo vim /etc/profile.d/my_env.sh
HADOOP_HOME=/opt/module/hadoop-2.7.5
export PATH=$PATH:$HADOOP_HOME/bin:$HADOOP_HOME/sbin
export HADOOP_CONF_DIR=${HADOOP_HOME}/etc/hadoop
export HADOOP_CLASSPATH=`hadoop classpath`
```

（3）启动 Hadoop 集群，包括 HDFS 和 YARN。

```
[atguigu@hadoop102 ~]$ start-dfs.sh
[atguigu@hadoop103 ~]$ start-yarn.sh
```

分别在 3 台节点服务器查看进程启动情况。

```
[atguigu@hadoop102 ~]$ jps
5190 Jps
5062 NodeManager
4408 NameNode
4589 DataNode
[atguigu@hadoop103 ~]$ jps
5425 Jps
4680 ResourceManager
5241 NodeManager
4447 DataNode
[atguigu@hadoop104 ~]$ jps
4731 NodeManager
4333 DataNode
4861 Jps
4478 SecondaryNameNode
```

（4）进入 conf 目录，修改 flink-conf.yaml 文件，修改以下配置，这些配置项的含义在进行 Standalone 模式配置的时候进行过讲解，若在提交命令中不特定指明，这些配置将作为默认配置。

```
$ cd /opt/module/flink-1.13.0-yarn/conf/
$ vim flink-conf.yaml
jobmanager.memory.process.size: 1600m
taskmanager.memory.process.size: 1728m
taskmanager.numberOfTaskSlots: 8
parallelism.default: 1
```

3.4.2 会话模式部署

YARN 的会话模式与独立集群略有不同，需要首先申请一个 YARN 会话（YARN session）来启动 Flink 集群，具体步骤如下所示。

1. 启动集群

（1）启动 Hadoop 集群，包括 HDFS 和 YARN。
（2）执行脚本命令向 YARN 集群申请资源，开启一个 YARN 会话，启动 Flink 集群。

```
$ bin/yarn-session.sh -nm test
```

可用参数解读如下所示。

- -d：分离模式，如果你不想让 Flink YARN 客户端一直在前台运行，可以使用这个参数，即使关掉当前对话窗口，YARN session 也可以在后台运行。
- -jm(--jobManagerMemory)：配置 JobManager 所需内存，默认单位为 MB。
- -nm(--name)：配置在 YARN UI 界面上显示的任务名。
- -qu(--queue)：指定 YARN 队列名。
- -tm(--taskManager)：配置每个 TaskManager 所用内存。

注意：Flink1.11.0 版本不再使用-n 参数和-s 参数分别指定 TaskManager 数量和 slot 数量，YARN 会按照需求动态分配 TaskManager 和 slot。从这个意义上讲，YARN 的会话模式也不会把集群资源固定，同样是动态分配的。

YARN Session 启动之后会给出一个 Web UI 地址及一个 YARN application ID，如下所示，用户可以通过 Web UI 或命令行两种方式提交作业。

```
2021-06-03 15:54:27,069 INFO org.apache.flink.yarn.YarnClusterDescriptor
[] - YARN application has been deployed successfully.
```

```
2021-06-03 15:54:27,070 INFO  org.apache.flink.yarn.YarnClusterDescriptor
[] - Found Web Interface hadoop104:39735 of application 'application_1622535605178_0003'.
JobManager Web Interface: http://hadoop104:39735
```

2. 提交作业

(1) 通过 Web UI 提交作业。

这种方式比较简单，与上文所述 Standalone 部署模式基本相同。

(2) 通过命令行提交作业。

① 将 Standalone 模式讲解中打包好的任务运行 jar 包上传至集群。

② 执行以下命令，将该任务提交到已经开启的 YARN Session 中运行。

```
$ bin/flink run 
-c com.atguigu.wc.StreamWordCount FlinkTutorial-1.0-SNAPSHOT.jar
```

客户端可以自行确定 JobManager 的地址，也可以通过-m 或-jobmanager 参数指定 JobManager 的地址，JobManager 的地址在 YARN Session 的启动页面中可以找到。

③ 任务提交成功后，可在 YARN 的 Web UI 界面查看运行情况。

如图 3-14 所示，从图中可以看到我们创建的 YARN Session 实际上是一个 YARN 的 Application，并且有唯一的 Application ID。

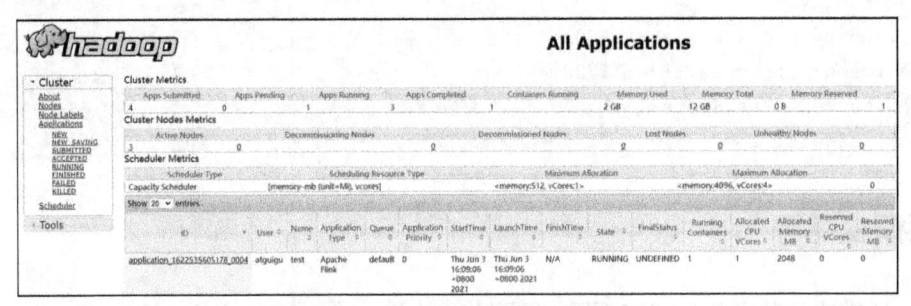

图 3-14 YARN 的 Web UI 界面

④ 也可以通过 Flink 的 Web UI 页面查看提交任务的运行情况，如图 3-15 所示。

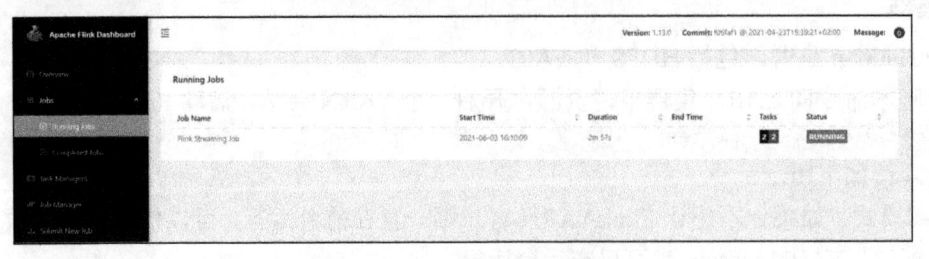

图 3-15 Flink 的 Web UI 页面

3.4.3 单作业模式部署

在 YARN 环境中，因为有了外部平台作资源调度，所以我们也可以直接向 YARN 提交一个单独的作业，从而启动一个 Flink 集群。

(1) 执行命令提交作业。

```
$ bin/flink run -d -t yarn-per-job -c com.atguigu.wc.StreamWordCount FlinkTutorial-1.0-SNAPSHOT.jar
```

早期版本也有另一种写法如下：

```
$ bin/flink run -m yarn-cluster -c com.atguigu.wc.StreamWordCount FlinkTutorial-1.0-SNAPSHOT.jar
```

注意：这里是通过参数-m yarn-cluster 指定向 YARN 集群提交任务的。

（2）在 YARN 的 ResourceManager 界面查看执行情况，如图 3-16 所示。

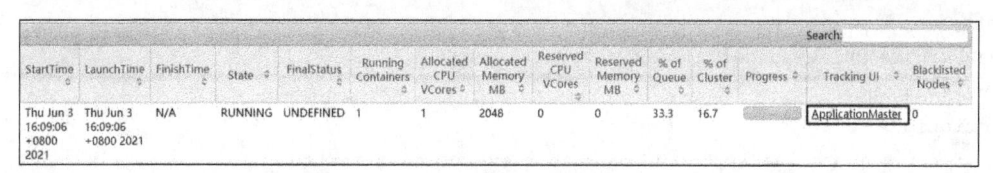

图 3-16　YARN 的 ResourceManager 界面

在任务提交成功后，控制台打印的日志会提供 Flink Web UI 页面地址，我们可以打开 Flink Web UI 页面进行监控，如图 3-17 所示。

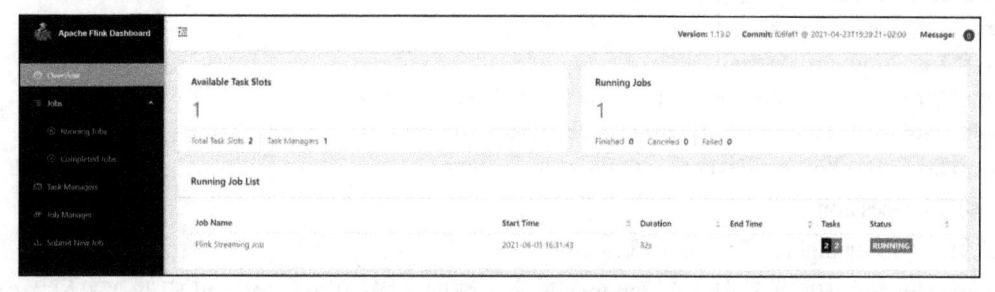

图 3-17　Flink Web UI 页面

（3）可以使用命令行查看或取消作业，命令如下：

```
$ ./bin/flink list -t yarn-per-job -Dyarn.application.id=application_XXXX_YY
$ ./bin/flink cancel -t yarn-per-job -Dyarn.application.id=application_XXXX_YY <jobId>
```

这里的 application_XXXX_YY 是当前应用的 ID，<jobId>是作业的 ID。注意：如果取消作业，整个 Flink 集群也会停掉。

3.4.4　应用模式部署

应用模式部署同样非常简单，与单作业模式类似，直接执行 flink run-application 命令即可。
（1）执行命令提交作业。

```
$ bin/flink run-application -t yarn-application -c com.atguigu.wc.StreamWordCount FlinkTutorial-1.0-SNAPSHOT.jar
```

（2）在命令行中查看或取消作业。

```
$ ./bin/flink list -t yarn-application -Dyarn.application.id=application_XXXX_YY
$ ./bin/flink cancel -t yarn-application -Dyarn.application.id=application_XXXX_YY <jobId>
```

（3）也可以通过 yarn.provided.lib.dirs 配置选项指定位置，将 jar 上传到远程。

```
$ ./bin/flink run-application -t yarn-application -Dyarn.provided.lib.dirs="hdfs://myhdfs/my-remote-flink-dist-dir" hdfs://myhdfs/jars/my-application.jar
```

这种方式下 jar 可以预先上传到 HDFS，而不需要单独发送到集群，这就使得作业提交更加轻量了。

3.4.5　高可用

YARN 模式的高可用和独立模式的高可用原理不一样。

在 Standalone 模式中，同时启动多个 JobManager，一个为"领导者"（leader），其他为"后备"（standby），当 leader 宕机，其他的 JobManager 才会有一个成为 leader。

而 YARN 的高可用是只启动一个 JobManager，当这个 JobManager 挂了之后，YARN 会再次启动一个，所以其实是利用了 YARN 的重试次数来实现的高可用。

（1）在 yarn-site.xml 中配置高可用。

```xml
<property>
  <name>yarn.resourcemanager.am.max-attempts</name>
  <value>4</value>
  <description>
    The maximum number of application master execution attempts.
  </description>
</property>
```

注意：配置完不要忘记分发和重启 YARN。

（2）在 flink-conf.yaml 中配置高可用。

```yaml
yarn.application-attempts: 3
high-availability: zookeeper
high-availability.storageDir: hdfs://hadoop102:9820/flink/yarn/ha
high-availability.zookeeper.quorum: hadoop102:2181,hadoop103:2181,hadoop104:2181
high-availability.zookeeper.path.root: /flink-yarn
```

（3）启动 yarn-session。

（4）"杀死" JobManager，查看复活情况。

注意：yarn-site.xml 中配置的是 JobManager 重启次数的上限，flink-conf.xml 中的次数应该小于这个值。

3.5 K8s 模式

容器化部署是如今业界流行的一项技术，基于 Docker 镜像运行能够让用户更加方便地对应用进行管理和运维。容器管理工具中最为流行的就是 Kubernetes（K8s），而 Flink 也在最近的版本中支持了 K8s 部署模式。其基本原理与 YARN 是类似的，具体配置可以参见官网说明，这里我们就不做过多讲解了。

3.6 本章总结

Flink 支持多种不同的部署模式，还可以和不同的资源管理平台方便地集成。本章从快速启动的示例入手，介绍了 Flink 中几种部署模式的区别，并进一步针对不同的资源提供者展开讲解了具体的部署操作。在这个过程中，我们不仅熟悉了 Flink 的使用方法，而且接触了很多内部运行原理的知识。

关于 Flink 运行时组件概念的作用，以及作业提交运行的流程架构，我们会在下一章进一步详细展开讲解。

第 4 章

Flink 运行时架构

我们已经对 Flink 的主要特性和部署提交有了基本的了解,那它的内部又是怎样工作的、集群配置设置的一些参数又到底有什么含义呢?

接下来我们就将钻研 Flink 内部,探讨它运行时的架构,详细分析在不同部署环境中的作业提交流程,深入了解 Flink 设计架构中的主要概念和原理。

4.1 系统架构

对数据处理系统的架构来说,其最简单的实现方式当然就是单节点。当数据量增大、处理计算更加复杂时,我们可以考虑增加 CPU 数量、加大内存,也就是让这一台机器变得性能更强大,从而提高吞吐量——这就是所谓的 SMP(Symmetrical Multi-Processing,对称多处理)架构。但是这样做的问题非常明显:所有 CPU 都是完全平等、共享内存和总线资源的,这就势必造成资源竞争;而且随着 CPU 核心数量的增加,机器的成本会呈指数级增长,所以 SMP 的可扩展性是比较差的,无法应对海量数据的处理场景。

于是人们提出了"不共享任何东西"(share-nothing)的分布式架构。从以 Greenplum 为代表的 MPP (Massively Parallel Processing,大规模并行处理)架构,到以 Hadoop、Spark 为代表的批处理架构,再到以 Storm、Flink 为代表的流处理架构,都是以分布式作为系统架构的基本形态的。

我们已经知道,Flink 就是一个分布式的并行流处理系统。简单来说,它由多个进程构成,这些进程一般会分布运行在不同的机器上。

正如一个团队,人多了就会难以管理;对一个分布式系统来说,也需要面对很多棘手的问题。其中的核心问题有:集群中资源的分配和管理、进程协调调度、持久化和高可用的数据存储,以及故障恢复。

对这些分布式系统的经典问题,业内已有比较成熟的解决方案和服务,所以 Flink 并不会自己去处理所有的问题,而是利用现有的集群架构和服务,这样它就可以把精力集中在核心工作——分布式数据流处理上了。Flink 可以配置为独立(Standalone)集群运行,也可以方便地跟一些集群资源管理工具集成使用,如 YARN、Kubernetes 和 Mesos。Flink 也不会自己去提供持久化的分布式存储,而是直接利用已有的分布式文件系统(如 HDFS)或对象存储(如 S3)。对于高可用的配置,Flink 是依靠 Apache ZooKeeper 来完成的。

我们要重点了解的,就是在 Flink 中有哪些组件、是怎样具体实现一个分布式流处理系统的。如果大家对 Spark 或 Storm 比较熟悉,那么稍后就会发现,Flink 其实有类似的概念和架构。

4.1.1 整体构成

在 Flink 的运行时架构中，最重要的就是两大组件：作业管理器和任务管理器。对于一个提交执行的作业，JobManager 是真正意义上的"管理者"，负责管理调度，所以在不考虑高可用的情况下只能有一个；而 TaskManager 是"工作者"（Worker、Slave），负责执行任务处理数据，所以可以有一个或多个。Flink 的作业提交和任务处理时的系统如图 4-1 所示。

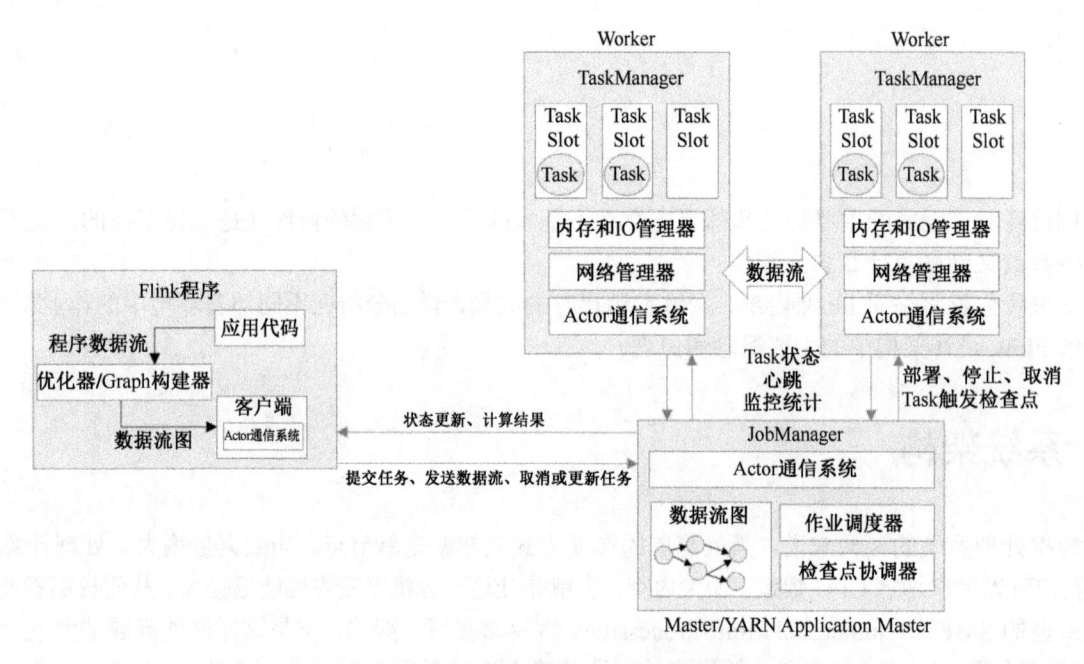

图 4-1　Flink 的作业提交和任务处理时的系统

这里首先要说明一下"客户端"。其实客户端并不是处理系统的一部分，它只负责作业的提交。具体来说，就是调用程序的 main 方法，将代码转换成"数据流图"（Dataflow Graph），并最终生成作业图（JobGraph），一并发送给 JobManager。提交之后，任务的执行其实就跟客户端没有关系了；我们可以在客户端选择断开与 JobManager 的连接，也可以继续保持连接。之前我们在命令提交作业时，加上的-d 参数，就是表示分离模式（detached mode），也就是断开连接。

当然，客户端可以随时连接到 JobManager，获取当前作业的状态和执行结果，也可以发送请求取消作业。我们在上一章中不论通过 Web UI 还是命令行执行"flink run"的相关操作，都是通过客户端实现的。

JobManager 和 TaskManager 可以以不同的方式启动。

- 作为独立集群的进程，直接在机器上启动。
- 在容器中启动。
- 由资源管理平台调度启动，如 YARN、K8s。

这其实就对应着不同的部署方式。

TaskManager 启动之后，JobManager 会与它建立连接，并将作业图转换成可执行的"执行图"（ExecutionGraph）分发给可用的 TaskManager，然后就由 TaskManager 具体执行任务。接下来，我们就具体介绍一下 JobManger 和 TaskManager 在整个过程中扮演的角色。

4.1.2 JobManager

JobManager 是一个 Flink 集群中任务管理和调度的核心，是控制应用执行的主进程。也就是说，每个应用都应该被唯一的 JobManager 控制执行。当然，在高可用（HA）的场景下，可能会出现多个 JobManager，这时只有一个是正在运行的领导节点，其他都是备用节点。

JobManger 又包含 3 个不同的组件，下面我们一一讲解。

1. JobMaster

JobMaster 是 JobManager 中最核心的组件，负责处理单独的作业（job）。这里我们把对数据进行处理的操作统称为"任务"（task），多个任务按照一定的先后顺序连接起来，就构成了"作业"（job）。所以 JobMaster 和具体的 job 是一一对应的，多个 job 可以同时运行在一个 Flink 集群中，每个 job 都有一个自己的 JobMaster。需要注意，在早期版本的 Flink 中，没有 JobMaster 的概念；而 JobManager 的概念范围较小，实际指的就是现在所说的 JobMaster。

在作业提交时，JobMaster 会先接收到要执行的应用。这里所说的"应用"一般是客户端提交来的，包括：jar 包、数据流图（dataflow graph）和作业图。

JobMaster 会把 JobGraph 转换成一个物理层面的数据流图，这个图被叫作"执行图"，它包含了所有可以并发执行的任务。JobMaster 会向资源管理器（ResourceManager）发出请求，申请执行任务必要的资源。一旦它获取了足够的资源，就会将执行图分发到真正运行它们的 TaskManager 上。

在运行过程中，JobMaster 会负责所有需要中央协调的操作，如检查点的协调。

2. 资源管理器

ResourceManager 主要负责资源的分配和管理，在 Flink 集群中只有一个。所谓"资源"，主要是指 TaskManager 的任务槽（task slots）。任务槽就是 Flink 集群中的资源调配单元，包含了机器用来执行计算的一组 CPU 和内存资源。每个任务都需要分配到一个 slot 上执行。

这里注意要把 Flink 内置的 ResourceManager 和其他资源管理平台（如 YARN）的 ResourceManager 区分开。

Flink 的 ResourceManager 针对不同的环境和资源管理平台（如 Standalone 部署，或者 YARN），有不同的具体实现。在 Standalone 部署时，因为 TaskManager 是单独启动的（没有 Per-Job 模式），所以 ResourceManager 只能分发可用 TaskManager 的任务槽，不能单独启动新 TaskManager。

而在有资源管理平台时，就不受此限制。当新的作业申请资源时，ResourceManager 会将有空闲槽位的 TaskManager 分配给 JobMaster。如果 ResourceManager 没有足够的任务槽，它还可以向资源提供平台发起会话，请求提供启动 TaskManager 进程的容器。另外，ResourceManager 还负责停掉空闲的 TaskManager，释放计算资源。

3. 分发器

Dispatcher 主要负责提供一个 REST 接口，用来提交作业，并且负责为每个新提交的作业都启动一个新的 JobMaster 组件。Dispatcher 也会启动一个 Web UI，用来方便地展示和监控作业执行的信息。Dispatcher 在架构中并不是必需的，在不同的部署模式下可能会被忽略。

4.1.3 TaskManager

TaskManager 是 Flink 中的工作进程，数据流的具体计算任务就是它来做的，所以也被称为"Worker"。Flink 集群中必须至少有一个 TaskManager；当然由于分布式计算的考虑，通常会有多个 TaskManager 运行，每个 TaskManager 都包含了一定数量的任务槽。slot 是资源调度的最小单位，slots 的数量限制了 TaskManager 能够并行处理的任务数量。

启动之后，TaskManager 会向资源管理器注册它的 slots；收到资源管理器的指令后，TaskManager 就会将一个或多个槽位提供给 JobMaster 调用，JobMaster 就可以分配任务来执行了。

在执行过程中，TaskManager 可以缓冲数据，还可以跟其他运行同一应用的 TaskManager 交换数据。

4.2 作业提交流程

了解了 Flink 运行时的基本组件和系统架构，我们再来梳理一下作业提交的具体流程。

4.2.1 高层级抽象视角

Flink 的提交流程随着部署模式、资源管理平台的不同，会有不同的变化。首先我们从一个高层级的视角，来做一下抽象提炼，看一看作业提交时宏观上各组件是怎样交互协作的。作业提交流程如图 4-2 所示。

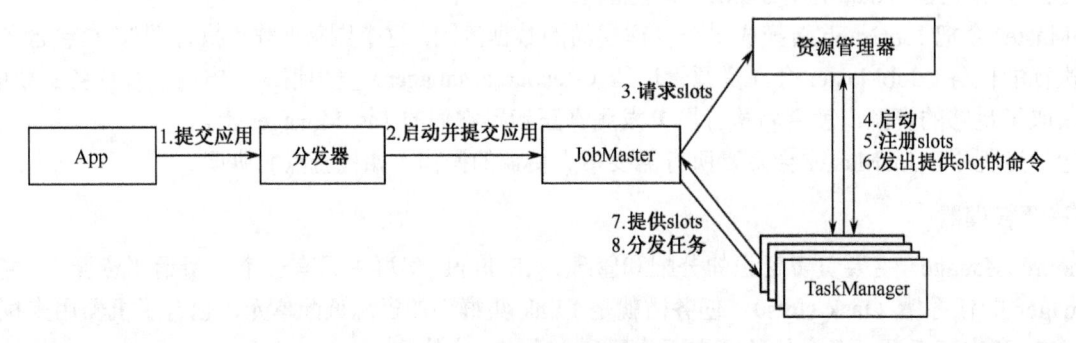

图 4-2 作业提交流程

（1）在一般情况下，由客户端（App）通过分发器提供的 REST 接口，将作业提交给 JobManager。
（2）由分发器启动 JobMaster，并将作业（包含 JobGraph）提交给 JobMaster。
（3）JobMaster 将 JobGraph 解析为可执行的 ExecutionGraph，得到所需的资源数量，然后向资源管理器请求任务槽资源。
（4）资源管理器判断当前是否有足够的可用资源；如果没有，启动新的 TaskManager。
（5）TaskManager 启动之后，向 ResourceManager 注册自己的可用任务槽。
（6）资源管理器通知 TaskManager 为新的作业提供 slots。
（7）TaskManager 连接到对应的 JobMaster，提供 slots。
（8）JobMaster 将需要执行的任务分发给 TaskManager。
（9）TaskManager 执行任务，互相之间可以交换数据。

如果部署模式不同，或者集群环境不同（如 Standalone、YARN、K8s 等），其中一些步骤可能会不同或被省略，也可能有些组件会运行在同一个 JVM 进程中。比如我们在上一章实践过的独立集群环境的会话模式，就需要先启动集群，如果资源不够，只能等待资源释放，而不会直接启动新的 TaskManager。

接下来，我们就具体介绍一下不同部署环境下的提交流程。

4.2.2 独立模式

在独立模式（Standalone）下，只有会话模式和应用模式两种部署方式。两者整体来看流程是非常相似的：TaskManager 都需要手动启动，所以当 ResourceManager 收到 JobMaster 的请求时，会直接要求 TaskManager 提供资源；而 JobMaster 的启动时间点，会话模式是预先启动的，应用模式则是在作业提交时启动的。Standalone 集群作业提交流程如图 4-3 所示。

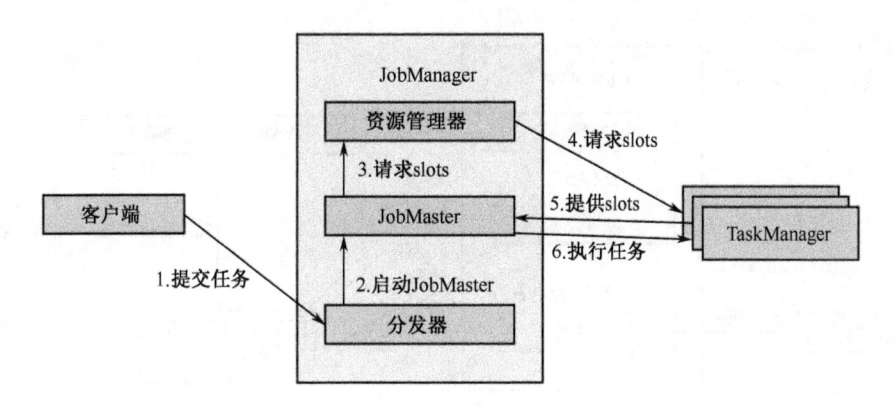

图 4-3　Standalone 集群作业提交流程

我们发现，除去第 4 步不会启动 TaskManager，而且直接向已有的 TaskManager 要求资源，其他步骤与 4.2.1 节所讲的抽象流程完全一致。

4.2.3　YARN 集群

接下来我们再看一下有资源管理平台时，具体的提交流程。我们以 YARN 为例，分不同的部署模式来做具体说明。

1. 会话模式

在会话模式下，我们需要先启动一个 YARN Session，这个会话会创建一个 Flink 集群。

这里只启动了 JobManager，而 TaskManager 可以根据需要动态地启动。在 JobManager 内部，由于还没有提交作业，所以只有 ResourceManager 和 Dispatcher 在运行，如图 4-4 所示。

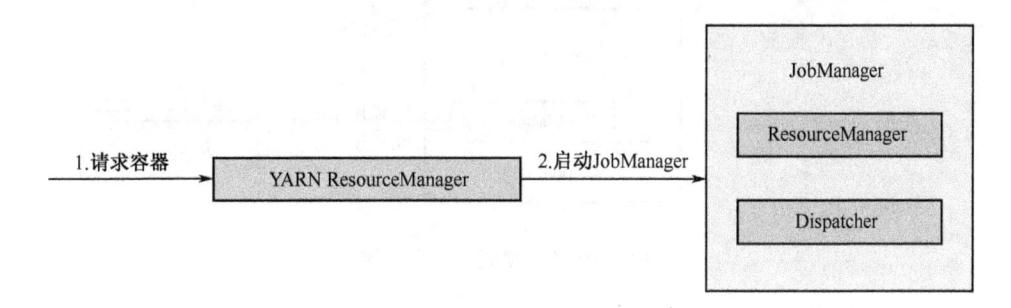

图 4-4　YARN Session 模式下收到容器请求

接下来就是真正提交作业的流程，如图 4-5 所示。
（1）客户端通过 REST 接口，将作业提交给分发器。
（2）分发器启动 JobMaster，并将作业（包含 JobGraph）提交给 JobMaster。
（3）JobMaster 向资源管理器请求资源。
（4）资源管理器向 YARN 的资源管理器请求 container 资源。
（5）YARN 启动新的 TaskManager 容器。
（6）TaskManager 启动之后，向 Flink 的资源管理器注册自己的可用任务槽。
（7）资源管理器通知 TaskManager 为新的作业提供 slots。
（8）TaskManager 连接到对应的 JobMaster，提供 slots。
（9）JobMaster 将需要执行的任务分发给 TaskManager，执行任务。

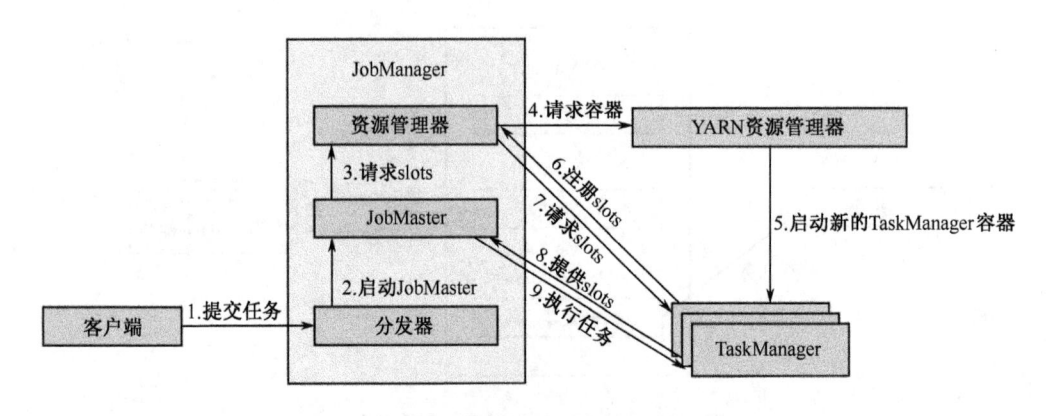

图 4-5　YARN 集群作业提交流程

可见，整个流程除了请求资源时要"上报"YARN 的资源管理器，其他与 4.2.1 节所讲的抽象流程几乎完全一样。

2. 单作业模式

在单作业模式下，Flink 集群不会预先启动，而是在提交作业时，才启动新的 JobManager，具体流程如图 4-6 所示。

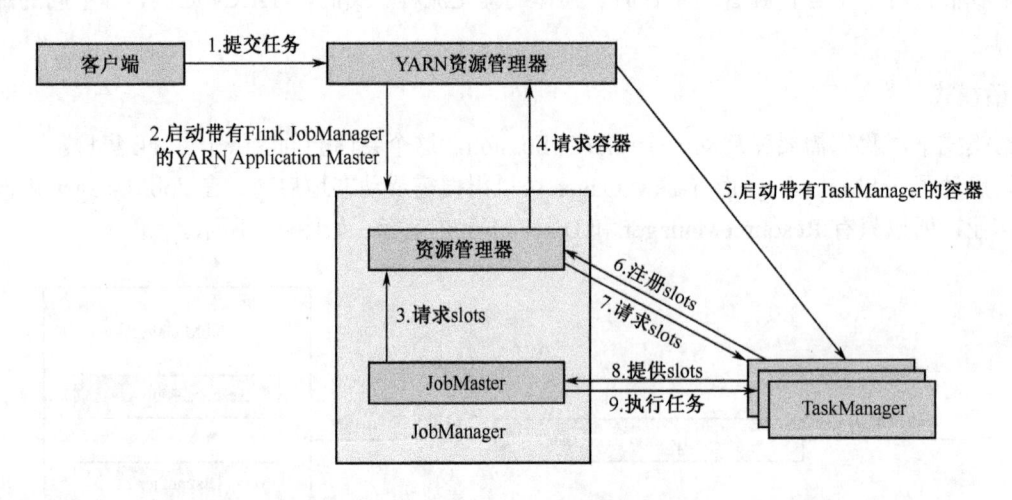

图 4-6　Per-Job 模式作业提交流程

（1）客户端将作业提交给 YARN 的资源管理器，这一步中会同时将 Flink 的 jar 包和配置上传到 HDFS，以便后续启动 Flink 相关组件的容器。

（2）YARN 的资源管理器分配容器资源，启动 Flink JobManager，并将作业提交给 JobMaster。这里省略了 Dispatcher 组件。

（3）JobMaster 向资源管理器请求资源。

（4）资源管理器向 YARN 的资源管理器请求容器。

（5）YARN 启动新的 TaskManager 容器。

（6）TaskManager 启动之后，向 Flink 的资源管理器注册自己的可用任务槽。

（7）资源管理器通知 TaskManager 为新的作业提供 slots。

（8）TaskManager 连接到对应的 JobMaster，提供 slots。

（9）JobMaster 将需要执行的任务分发给 TaskManager，执行任务。

可见，区别只在于 JobManager 的启动方式，以及省去了分发器。在第 2 步作业提交给 JobMaster，之后的流程就与会话模式完全一样了。

3. 应用模式

应用模式与单作业模式的提交流程非常相似，只是初始提交给 YARN 资源管理器的不再是具体的作业，而是整个应用。一个应用中可能包含了多个作业，这些作业都将在 Flink 集群中启动各自对应的 JobMaster。

4.3 一些重要概念

我们现在已经了解 Flink 运行时的核心组件和整体架构，也明白了不同场景下作业提交的具体流程，但有些细节还需要进一步思考：一个具体的作业，是怎样从我们编写的代码，转换成 TaskManager 可以执行的任务的呢？JobManager 收到提交的作业，又是怎样确定总共有多少任务、需要多少资源呢？接下来，我们就从一些重要的概念入手，对这些问题进行详细讲解。

4.3.1 数据流图

Flink 是流式计算框架。它的程序结构，其实就是定义了一连串的处理操作，每个数据输入之后都会依次调用每步计算。在 Flink 代码中，我们定义的每个处理转换操作都叫作"算子"（Operator），所以我们的程序可以看作一串算子构成的管道，数据则像水流一样有序地流过。如在之前的 WordCount 代码中，基于执行环境调用的 socketTextStream()方法，就是一个读取文本流的算子；而后面的 flatMap()方法，则是将字符串数据进行分词、转换成二元组的算子。

所有的 Flink 程序都可以归纳为由 3 个部分构成：Source、Transformation 和 Sink。
- Source 表示"源算子"，负责读取数据源。
- Transformation 表示"转换算子"，利用各种算子进行处理加工。
- Sink 表示"下沉算子"，负责数据的输出。

在运行时，Flink 程序会被映射成所有算子按照逻辑顺序连接在一起的一张图，这被称为"逻辑数据流"（Logical Dataflow），或者叫"数据流图"（Dataflow Graph）。我们提交作业之后，打开 Flink 自带的 Web UI，点击作业就能看到对应的数据流图，如图 4-7 所示。在数据流图中，可以清楚地看到 Source、Transformation、Sink 3 个部分。

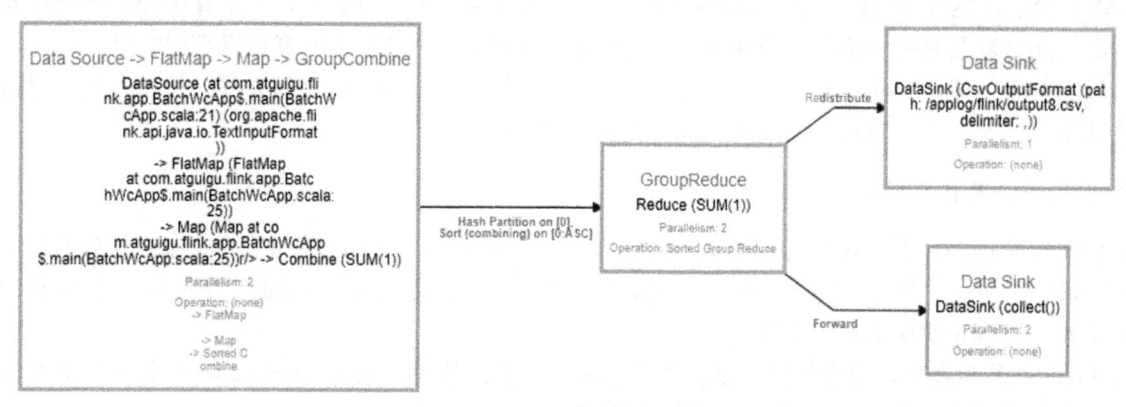

图 4-7 数据流图

数据流图类似于任意的有向无环图（DAG），这一点与 Spark 等其他框架是一致的。图中的每条数据流都以一个或多个 Source 算子开始，以一个或多个 Sink 算子结束。

在大部分情况下，数据流图中的算子和程序中的转换运算是一一对应的关系。那是不是说，我们代码中基于 DataStream API 的每个方法调用，都是一个算子呢？

并非如此。除了 Source 读取数据和 Sink 输出数据，一个中间的转换算子（Transformation Operator）必须是一个转换处理的操作；而在代码中有一些方法调用，数据是没有完成转换的，可能只是对属性做了一个设置，也可能定义的是数据的传递方式而非转换，又或者是需要几个方法合在一起才能表达一个完整的转换操作。例如，在之前的代码中，我们用到了定义分组的方法 keyBy()，它就是一个数据分区操作，而并不是一个算子。事实上，在代码中我们可以看到调用其他转换操作之后返回的数据类型是 SingleOutputStreamOperator，说明这是一个算子操作；而 keyBy() 返回的数据类型是 KeyedStream。感兴趣的读者也可以自行在 Web UI 中提交任务并查看。

4.3.2 并行度

我们已经清楚了算子和数据流图的概念，那最终执行的任务又是什么呢？容易想到，一个算子操作就应该是一个任务。那是不是程序中的算子数量，就是最终执行的任务数呢？

1. 什么是并行计算

要解答这个问题，我们需要先梳理一下其他框架分配任务、数据处理的过程。对 Spark 而言，是把根据程序生成的 DAG 划分阶段，进而分配任务的。对 Flink 这样的流式引擎，其实没有划分 stage 的必要，因为数据是连续不断到来的，我们完全可以按照数据流图建立一个"流水线"，前一个操作处理完成，就发往处理下一步操作的节点。如果说 Spark 基于 MapReduce 架构的思想是"数据不动代码动"，那么 Flink 就类似"代码不动数据流动"，原因就在于流式数据本身是连续到来的，我们不会同时传输所有数据，这其实是更符合数据流本身特点的处理方式。

在大数据场景下，我们依靠分布式架构进行并行计算，从而提高数据吞吐量的。既然处理完一个操作就可以把数据发往别处，那我们就可以将不同的算子操作任务，分配到不同的节点上执行了。这样就对任务做了分摊，实现了并行处理。

但是仔细分析会发现，这种"并行"其实并不彻底，因为算子之间是有执行顺序的，对一条数据来说必须依次执行；而一个算子在同一时刻只能处理一个数据。比如之前 WordCount，一条数据到来之后，我们必须先用 Source 算子读进来、再做 flatMap 转换；一条数据被 Source 读入的同时，之前的数据可能正在被 flatMap 处理，这样不同的算子任务是并行的。但如果多条数据同时到来，一个算子是没有办法同时处理的，我们还是需要等待一条数据处理完，再处理下一条数据——这并没有真正提高吞吐量。

所以相对于上述的"任务并行"，我们真正关心的，是"数据并行"。也就是说，多条数据同时到来，我们应该可以同时读入，同时在不同节点执行 flatMap 操作。

2. 并行子任务和并行度

怎样实现数据并行呢？其实也很简单，我们把一个算子操作，"复制"多份到多个节点，数据来了之后就可以到其中任意一个执行。这样一来，一个算子操作就被拆分成了多个并行的"子任务"，再将它们分发到不同节点，就真正实现了并行计算。

在 Flink 执行过程中，每个算子可以包含一个或多个子任务（operator subtask），这些子任务在不同的线程、不同的物理机或不同的容器中完全独立地执行。

一个特定算子的子任务的个数被称为并行度（parallelism）。这样，包含并行子任务的数据流，就是并行数据流，它需要多个分区（stream partition）来分配并行任务。在一般情况下，一个流程序的并行度，可以认为就是其所有算子中最大的并行度。在一个程序中，不同的算子可能具有不同的并行度。

如图 4-8 所示，当前数据流中有 Source、map()、keyBy()/window()/apply()、Sink 4 个算子，除了最后

的 Sink，其他算子的并行度都为 2。整个程序包含了 7 个子任务，至少需要 2 个分区来并行执行。我们可以说，这段流处理程序的并行度就是 2。

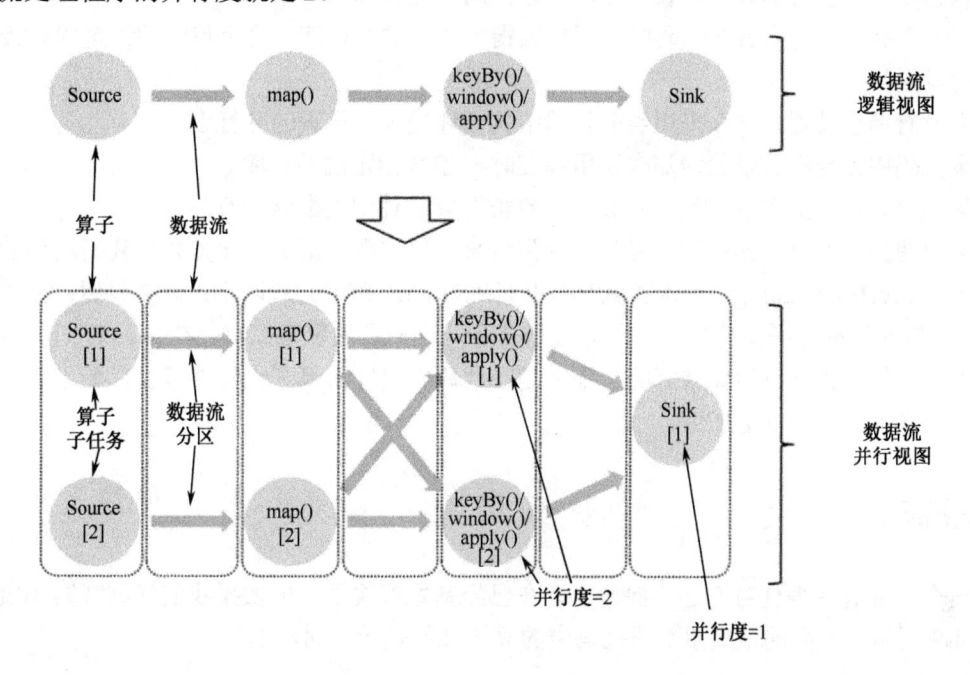

图 4-8　并行数据流

3．并行度的设置

在 Flink 中，可以用不同的方法来设置并行度，它们的有效范围和优先级别也是不同的。

（1）在代码中设置。

我们在代码中，可以很简单地在算子后跟着调用 setParallelism()方法，来设置当前算子的并行度。

```
stream.map((_,1)).setParallelism(2)
```

这种方式设置的并行度，只对当前算子有效。

另外，我们也可以直接调用执行环境的 setParallelism()方法，全局设定并行度。

```
env.setParallelism(2)
```

这样代码中的所有算子，默认的并行度就都为 2 了。我们一般不会在程序中设置全局并行度，因为如果在程序中对全局并行度进行硬编码，会导致无法动态扩容。

这里要注意的是，由于 keyBy()方法返回的不是算子，所以无法对 keyBy()设置并行度。

（2）在提交作业时设置。

在使用 flink run 命令提交作业时，可以增加-p 参数来指定当前应用程序执行的并行度，它的作用类似于执行环境的全局设置。

```
bin/flink run -p 2 -c com.atguigu.wc.StreamWordCount
./FlinkTutorial-1.0-SNAPSHOT.jar
```

如果我们直接在 Web UI 上提交作业，也可以在对应输入框中直接添加并行度。

（3）在配置文件中设置。

我们还可以直接在集群的配置文件 flink-conf.yaml 中更改默认并行度。

```
parallelism.default: 2
```

这个设置对于整个集群上提交的所有作业有效，初始值为 1。无论在代码中设置，还是提交时的-p 参数，都不是必须的。所以，在没有指定并行度的时候，就会采用配置文件中的集群默认并行度。在开发环境中，没有配置文件，默认并行度就是当前机器的 CPU 核心数。这也就解释了为什么我们在第 2 章运行 WordCount 流处理程序时，会看到结果前有 1～4 的分区编号——运行程序的计算机是 4 核 CPU，那么开发环境默认的并行度就是 4。

我们可以总结一下所有的并行度设置方法，它们的优先级如下所示。

（1）对于一个算子，首先看在代码中是否单独指定了它的并行度，这个特定的设置优先级最高，会覆盖后面所有的设置。

（2）如果没有单独设置，那么采用当前代码中执行环境全局设置的并行度。

（3）如果代码中完全没有设置，那么采用提交时-p 参数指定的并行度。

（4）如果提交时也未指定-p 参数，那么采用集群配置文件中的默认并行度。

这里需要说明的是，算子的并行度有时会受到自身具体实现的影响。比如之前我们用到的读取 socket 文本流的算子 socketTextStream()，它本身就是非并行的 Source 算子，所以无论怎么设置，它在运行时的并行度都是 1，对应在数据流图上就只有一个并行子任务。这一点大家可以自行在 Web UI 上查看验证。

那么实践中怎样设置并行度比较好呢？那就是在代码中只针对算子设置并行度，不设置全局并行度，方便我们在提交作业时进行动态扩容。

4.3.3 算子链

关于"一个作业有多少任务"这个问题，现在已经基本解决了。但如果我们仔细观察 Web UI 任务执行图，如图 4-9 所示，上面的节点似乎跟代码中的算子又不是一一对应的。

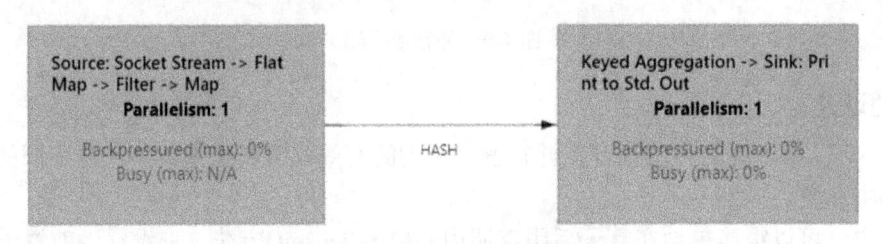

图 4-9　Web UI 任务执行图

很明显，这里的一个节点，会把转换处理的很多个任务都连接在一起，合并成一个"大任务"。这又是怎么回事呢？

1. 算子任务间的数据传输

回到上一节的例子，我们先来考察一下算子任务之间数据传输的方式。

如图 4-8 所示，一个数据流在算子之间传输数据的形式可以是一对一（one-to-one）的直通（forwarding）模式，也可以是打乱的重分区（redistributing）模式，具体是哪一种形式，取决于算子的种类。

（1）一对一的直通模式。

在这种模式下，数据流维护着分区及元素的顺序。如图 4-8 中的 Source 算子和 map()算子，Source 算子读取数据之后，可以直接发送给 map()算子做处理，它们之间不需要重新分区，也不需要调整数据的顺序。这就意味着 map()算子的子任务，看到的元素个数和顺序跟 Source 算子的子任务产生的完全一样，保证着"一对一"的关系。map()、filter()、flatMap()等算子都是这种 one-to-one 的对应关系。这种关系类似于 Spark 中的窄依赖。

（2）重分区模式。

在这种模式下，数据流的分区会发生改变。如图 4-8 中的 map()和后面的 keyBy()/window()/apply()算子之间［这里的 keyBy()是数据传输方法，后面的 window()、apply()方法共同构成了窗口算子］，以及窗口算子和 Sink 算子之间，都是这样的关系。

每个算子的子任务，都会根据数据传输的策略，把数据发送到不同的下游目标任务。例如，keyBy()是分组操作，本质上基于键（key）的哈希值（hashCode）进行了重分区；当并行度改变时，如从并行度为 2 的 window 算子，要传递到并行度为 1 的 Sink 算子，这时的数据传输方式是再平衡（rebalance），会把数据均匀地向下游子任务分发出去。这些传输方式都会引起重分区的过程，这一过程类似于 Spark 中的 shuffle。

总体来说，这种算子间的关系类似于 Spark 中的宽依赖。

2. 合并算子链

在 Flink 中，并行度相同的一对一（one-to-one）算子操作，可以直接链接在一起形成一个"大"的任务，这样原来的算子就成为真正任务里的一部分，如图 4-10 所示。每个任务都会被一个线程执行。这样的技术被称为"算子链"（Operator Chain）。

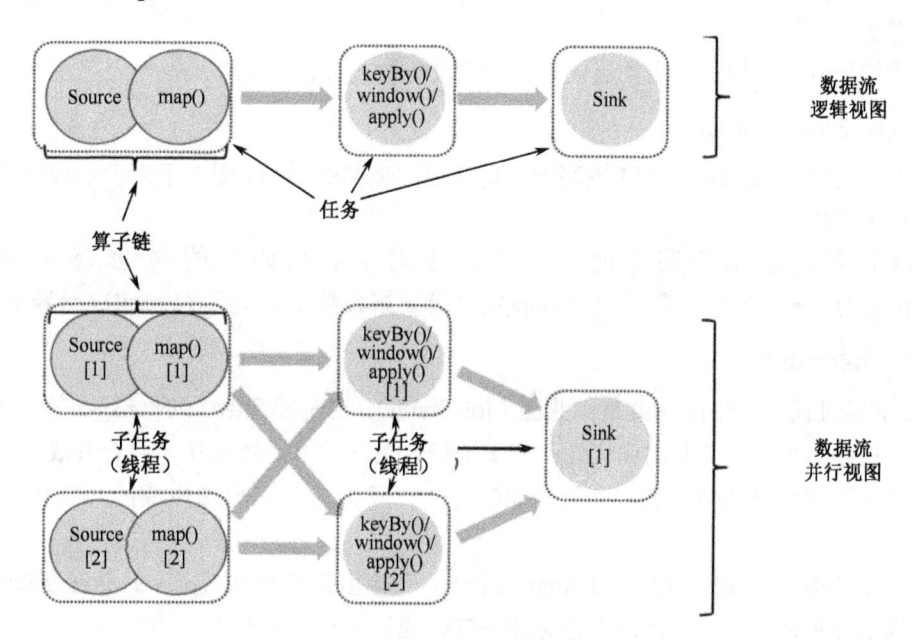

图 4-10　合并算子链

如图 4-10 中的例子，Source 和 map() 之间满足了算子链的要求，所以可以直接合并在一起，形成了一个任务；因为并行度为 2，所以合并后的任务也有两个并行子任务。这样，这个数据流图所表示的作业最终会有 5 个任务，由 5 个线程并行执行。

Flink 为什么要有算子链的设计呢？这是因为将算子链接成任务是非常有效的优化，可以减少线程之间的切换和基于缓存区的数据交换，在减少时延的同时提升吞吐量。

Flink 默认会按照算子链的原则进行链接合并，如果我们想要禁止合并或自行定义，也可以在代码中对算子做一些特定的设置。

```
// 禁用算子链
.map((_,1)).disableChaining()
// 从当前算子开始新链
.map((_,1)).startNewChain()
```

4.3.4　作业图与执行图

至此，我们已经彻底了解了由代码生成任务的过程，现在来做个梳理总结。

由 Flink 程序直接映射成的数据流图，也被称为逻辑流图，因为它们表示的是计算逻辑的高级视图。到具体执行环节时，我们还要考虑并行子任务的分配、数据在任务间的传输，以及合并算子链的优化。为了说明最终应该怎样执行一个流处理程序，Flink 需要将逻辑流图进行解析，转换为物理图。

在这个转换过程中，有几个不同的阶段，会生成不同层级的图，其中最重要的就是作业图和执行图。Flink 中任务调度执行的图，按照生成顺序可以分成 4 层：

逻辑流图→作业图→执行图→物理图。

我们可以回忆一下之前处理 socket 文本流的 StreamWordCount 程序。

```
env.socketTextStream().flatMap(…).keyBy(_._1).sum(1).print()
```

如果提交时设置并行度为 2：

```
bin/flink run -p 2 -c com.atguigu.wc.StreamWordCount
./FlinkTutorial-1.0-SNAPSHOT.jar
```

那么根据之前的分析，除了 socketTextStream()是非并行的 Source 算子，它的并行度始终为 1，其他算子的并行度都为 2。

接下来，我们分析一下程序对应 4 层调度图的演变过程，如图 4-11 所示。

1. 逻辑流图（StreamGraph）

这是根据用户通过 DataStream API 编写的代码生成的最初的 DAG 图，用来表示程序的拓扑结构。这一步一般在客户端完成。

我们可以看到，逻辑流图中的节点，完全对应着代码中的 4 步算子操作：源算子（socketTextStream()）→扁平映射算子（flatMap()）→分组聚合算子（keyBy()/sum()）→输出算子（print()）。

2. 作业图（JobGraph）

StreamGraph 经过优化后生成的就是作业图（JobGraph），这是提交给 JobManager 的数据结构，确定了当前作业中所有任务的划分。主要的优化为：将多个符合条件的节点链接在一起合并成一个任务节点，形成算子链，这样可以减少数据交换的消耗。JobGraph 一般也是在客户端生成的，在作业提交时传递给 JobMaster。

在图 4-11 中，分组聚合算子（Keyed Aggregation）和输出算子 Sink（print）并行度都为 2，而且是一对一的关系，满足算子链的要求，所以会合并在一起，成为一个任务节点。

3. 执行图（ExecutionGraph）

JobMaster 收到 JobGraph 后，会根据它来生成执行图（ExecutionGraph）。ExecutionGraph 是 JobGraph 的并行化版本，是调度层最核心的数据结构。

从图 4-11 中可以看到，执行图与作业图最大的区别就是按照并行度对并行子任务进行了拆分，并明确了算子任务间数据传输的方式。

4. 物理图（PhysicalGraph）

JobMaster 生成执行图后，会将它分发给 TaskManager；各个 TaskManager 会根据执行图来部署任务，最终的物理执行过程也会形成一张"图"，一般就叫作物理图（PhysicalGraph）。这只是具体执行层面的图，并不是一个具体的数据结构。

对应在图 4-11 中，物理图主要是在执行图的基础上，进一步确定数据存放的位置和收发的具体方式。有了物理图，TaskManager 就可以对传递来的数据进行处理计算了。

我们可以看到，程序里定义了 4 个算子操作：源→转换→分组聚合→输出；在合并算子链进行优化之后，就只有 3 个任务节点了；再考虑并行度后，一共有 5 个并行子任务，最终需要 5 个线程来执行。

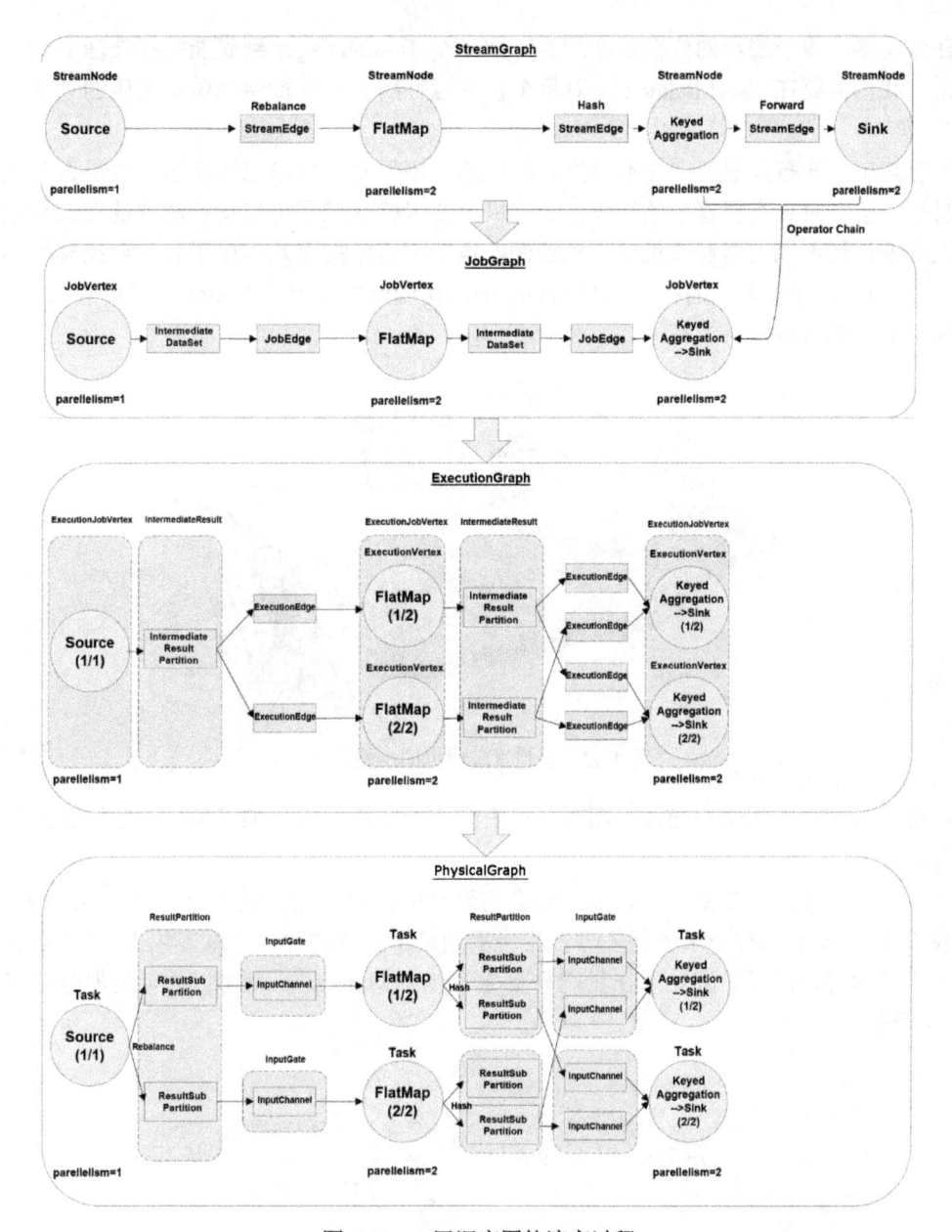

图 4-11　4 层调度图的演变过程

4.3.5　任务和任务槽

通过前几节的介绍，我们对任务的生成和分配已经非常清楚了。4.3.4 节中我们最终得到结论：作业划分为 5 个并行子任务，需要 5 个线程并行执行。那在我们将应用提交到 Flink 集群之后，到底需要占用多少资源呢？是否需要 5 个 TaskManager 来运行呢？

1. 任务槽

之前已经提到过，Flink 中每个 Worker（也就是 TaskManager）都是一个 JVM 进程，它可以启动多个独立的线程，来并行执行多个子任务。

所以如果想要执行 5 个任务，并不一定非要 5 个 TaskManager，我们可以让 TaskManager 多线程执行任务。如果可以同时运行 5 个线程，那么只要一个 TaskManager 就可以满足我们之前程序的运行需求了。

很显然，TaskManager 的计算资源是有限的，并不是所有任务都可以放在一个 TaskManager 上并行执行。并行的任务越多，每个线程的资源就会越少。那一个 TaskManager 到底能并行处理多少个任务呢？为了控制并发量，我们需要在 TaskManager 上对每个任务运行所占用的资源都做出明确的划分，这就是所谓的任务槽。

slot 的概念其实在分布式框架中并不陌生。所谓的"槽"是一种形象的表达，如果大家见过传说中的"卡带式游戏机"，就会对它有更直观的认识：游戏机上的卡槽提供了可以运行游戏的接口和资源，我们把游戏卡带插入卡槽，就可以占用游戏机的计算资源，执行卡带中的游戏程序了。一台经典的小霸王游戏机（见图 4-12）一般只有一个卡槽，而在 TaskManager 中，我们可以设置多个 slots，只要插入"卡带"——也就是分配好的任务，就可以并行执行了。

图 4-12 小霸王游戏机的卡槽设计

每个任务槽其实表示了 TaskManager 拥有计算资源的一个固定大小的子集，这些资源就是用来独立执行一个子任务的。

假如一个 TaskManager 有 3 个 slots，那么它会将管理的内存平均分成 3 份，每个 slot 独自占据一份。这样一来，我们在 slots 上执行一个子任务时，相当于划定了一块内存"专款专用"，就不需要跟来自其他作业的任务去竞争内存资源了。因此现在我们只要 2 个 TaskManager，就可以并行处理分配好的 5 个任务了，如图 4-13 所示。

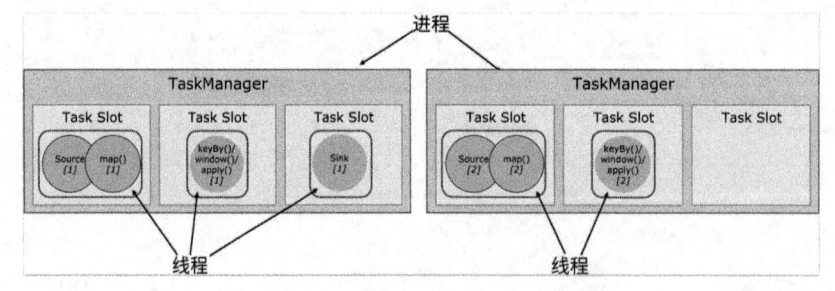

图 4-13 TaskManager 的 slot 与任务分配

2. 任务槽数量的设置

我们可以通过集群的配置文件来设定 TaskManager 的 slots 数量：

```
taskmanager.numberOfTaskSlots: 8
```

通过调整 slots 的数量，我们就可以控制子任务之间的隔离级别了。

具体来说，如果一个 TaskManager 只有一个 slot，那意味着每个任务都会运行在独立的 JVM 中（当然，该 JVM 可能是通过一个特定的容器启动的）；而一个 TaskManager 设置多个 slots 则意味着多个子任务可以共享同一个 JVM。它们的区别在于：前者任务之间完全独立运行，隔离级别更高、彼此间的影响可以降到最小；而后者在同一个 JVM 进程中运行的任务将共享 TCP 连接和心跳消息，也可能共享数据集和数据结构，这就减少了每个任务的运行开销，在降低隔离级别的同时提升了性能。

需要注意的是，slots 目前仅仅用来隔离内存，不会涉及 CPU 的隔离。在具体应用时，可以将 slots 数量配置为机器的 CPU 核心数，尽量避免不同任务之间对 CPU 的竞争。这也是开发环境默认并行度设为机器 CPU 核心数的原因。

3. 任务对任务槽的共享

这样看来，一共有多少任务，我们就需要有多少 slots 来并行处理它们。但实际提交作业进行测试就会发现，我们之前的 WordCount 程序设置并行度为 2 提交，一共有 5 个并行子任务，可集群即使只有 2 个 Task Slots 也是可以成功提交并运行的。这又是为什么呢？

我们可以基于之前的例子继续扩展。如果我们保持 Sink 任务并行度为 1 不变，而作业提交时设置全局并行度为 6，那么前两个任务节点就会各自有 6 个并行子任务，整个流处理程序则有 13 个子任务。那对于 2 个 TaskManager、每个有 3 个 slots 的集群配置来说，能否正常运行呢？

完全没有问题。这是因为在默认情况下，Flink 是允许子任务共享 slots 的。如图 4-14 所示，只要属于同一个作业，那么对于不同任务节点的并行子任务，就可以放到同一个 slot 上执行。对于第一个任务节点 Source→map()，它的 6 个并行子任务必须分到不同的 slots 上（如果在同一个 slot 就没办法数据并行了），而第二个任务节点 keyBy()/window()/apply() 的并行子任务却可以和第一个任务节点共享 slots。

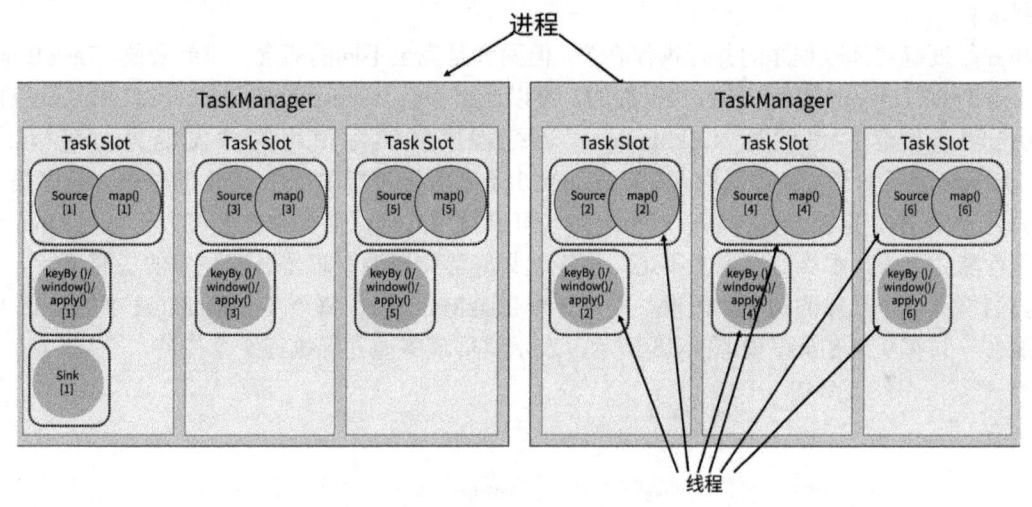

图 4-14　子任务共享 slot

于是最终结果就变成了：每个任务节点的并行子任务一字排开，占据不同的 slots；而不同的任务节点的子任务可以共享 slots。在一个 slot 中，可以将程序处理的所有任务都放在这里执行，我们把它叫作保存了整个作业的运行管道（pipeline）。

这个特性看起来有点奇怪：我们不是希望并行处理、任务之间相互隔离吗，为什么这里又允许共享 slots 呢？

我们知道，一个 slot 对应了一组独立的计算资源。在之前不做共享的时候，每个任务都平等地占据了一个 slot，但其实不同的任务对资源的占用是不同的。例如，这里的前两个任务，Source/map() 尽管是两个算子合并算子链得到的，但它只是基本的数据读取和简单转换，计算耗时极短，一般也不需要太大的内存空间；而 window 算子所做的窗口操作，往往会涉及大量的数据、状态存储和计算，我们一般把这类任务叫作"资源密集型"（intensive）任务。当它们被平等地分配到独立的 slot 上时，实际运行中我们就会发现，大量数据到来时 Source/map() 和 Sink 任务很快就可以完成，但 window 任务却耗时很久；于是下游的 Sink 任务占据的 slots 就会等待闲置，而上游的 Source/map() 任务受限于下游的处理能力，也会在快速处理完一部分数据后阻塞对应的资源开始等待（相当于处理背压）。这样资源的利用就出现了极大的不平衡，"忙的忙死，闲的闲死"。

解决这一问题的思路就是允许 slots 共享。当我们将资源密集型和非密集型的任务同时放到一个 slot 中时，它们就可以自行分配对资源占用的比例，从而保证最重的活平均分配给所有的 TaskManager。

slot 共享的另一个好处就是允许我们保存完整的作业管道。这样一来，即使某个 TaskManager 出现故障宕机，其他节点也可以完全不受影响，作业的任务可以继续执行。

另外，同一个任务节点的并行子任务是不能共享 slots 的，所以允许 slots 共享之后，运行作业所需的 slots 数量正好就是作业中所有算子并行度的最大值。这样一来，我们考虑当前集群需要配置多少 slots 资源时，就不需要再去详细计算一个作业总共包含多少个并行子任务了，只看最大的并行度就够了。

当然，Flink 默认是允许 slots 共享的，如果希望某个算子对应的任务完全独占一个 slot，或者只有某一部分算子共享 slots，我们也可以通过设置"slot 共享组"（SlotSharingGroup）手动指定。

```
.map((_,1)).slotSharingGroup("1");
```

这样，只有属于同一个 slot 共享组的子任务，才会开启 slots 共享；不同组之间的任务是完全隔离的，必须分配到不同的 slots 上。在这种场景下，总共需要的 slots 数量，就是各个 slots 共享组最大并行度的总和。

4. 任务槽和并行度的关系

直观上看，slots 就是 TaskManager 为了并行执行任务而设置的，那它和之前讲过的并行度（Parallelism）是不是一回事呢？

slots 和并行度确实都跟程序的并行执行有关，但两者是完全不同的概念。简单来说，Task Slots 是静态的概念，是指 TaskManager 具有的并发执行能力，可以通过参数 taskmanager.numberOfTaskSlots 进行配置；而并行度是动态概念，也就是 TaskManager 运行程序时实际使用的并发能力，可以通过参数 parallelism.default 进行配置。换句话说，并行度如果小于或等于集群中可用 slots 的总数，程序是可以正常执行的，因为 slots 不一定要全部占用，有十分力气可以只用八分；而如果并行度大于可用 slots 总数，导致超出了并行能力上限，那么心有余力不足，程序就只好等待资源管理器分配更多的资源了。

下面我们再举一个具体的例子。假设一共有 3 个 TaskManager，每个 TaskManager 中的 slots 数量设置为 3 个，那么一共有 9 个 Slots，如图 4-15 所示，表示集群最多能并行执行 9 个任务。

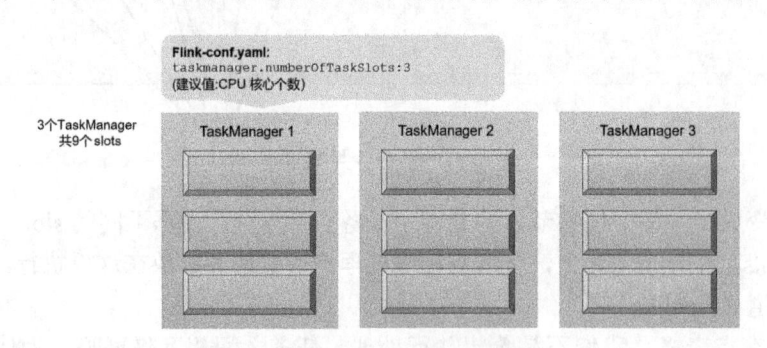

图 4-15 任务槽和并行度的关系（1）

而我们定义 WordCount 程序的处理操作是 4 个转换算子：Source→FlatMap→Reduce→Sink。

当所有算子并行度相同时，容易看出 Source 和 FlatMap 可以合并算子链，于是最终有 3 个任务节点。

如果我们没有任何并行度设置，而配置文件中默认 parallelism.default=1，那么程序运行的默认并行度为 1，总共有 3 个任务。由于不同算子的任务可以共享任务槽，所以最终占用的 slot 只有 1 个。9 个 slots 只用了 1 个，有 8 个空闲，如图 4-16 中的示例所示。

如果我们更改默认参数，或者提交作业时设置并行度为 2，那么总共有 6 个任务，共享任务槽之后会占用 2 个 slots，如图 4-17 中示例 2 所示。同样，就有 7 个 slots 空闲，计算资源没有被充分利用。所以可以看到，设置合适的并行度才能提高效率。

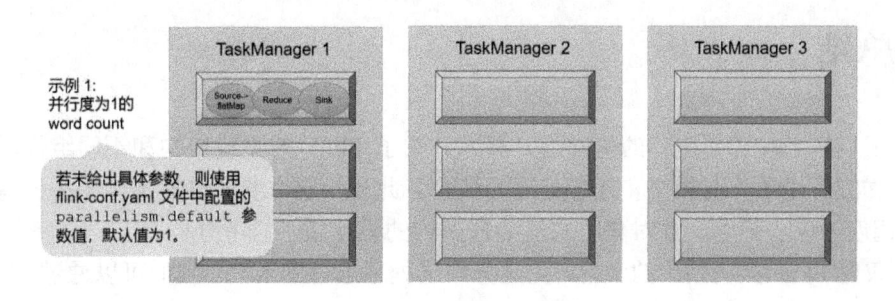

图 4-16 任务槽和并行度的关系（2）

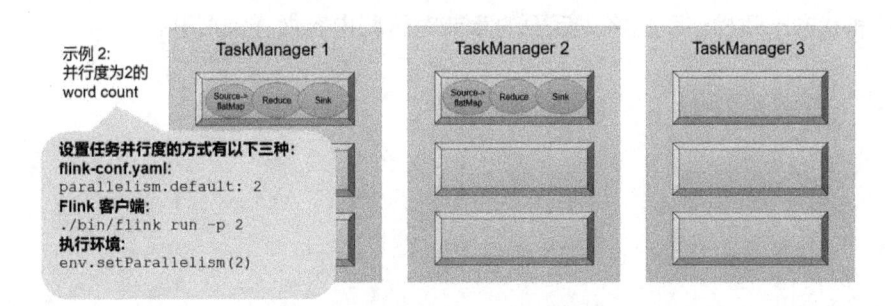

图 4-17 任务槽和并行度的关系（3）

那对于这个例子，怎样设置并行度效率最高呢？当然是把所有的 slots 都利用起来。考虑到 slots 共享，我们可以直接把并行度设置为 9，这样所有 27 个任务就会完全占用 9 个 slots。这是当前集群资源下能执行的最大并行度，计算资源得到了充分的利用，如图 4-18 中示例 3 所示。

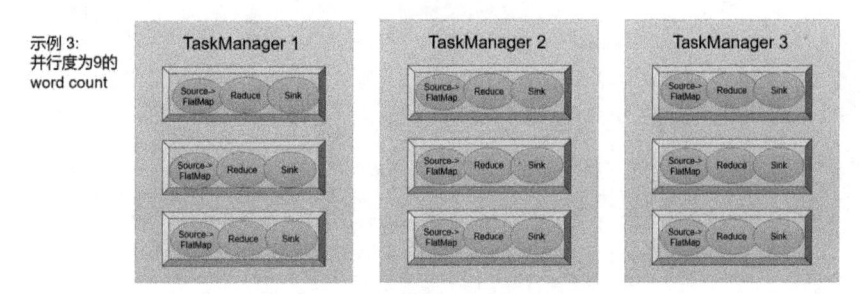

图 4-18 任务槽和并行度的关系（4）

另外再考虑对某个算子单独设置并行度的场景。例如，如果我们考虑到输出可能是写入文件，那会希望不要并行写入多个文件，就需要设置 Sink 算子的并行度为 1。这时其他的算子并行度依然为 9，所以总共会有 19 个子任务。根据 slots 共享的原则，它们最终还是会占用全部的 9 个 slots，而 Sink 任务只在其中一个 slot 上执行，如图 4-19 中示例 4 所示。通过这个例子也可以明确地看到，整个流处理程序的并行度，就应该是所有算子并行度中最大的那个，这代表了运行程序需要的 slots 数量。

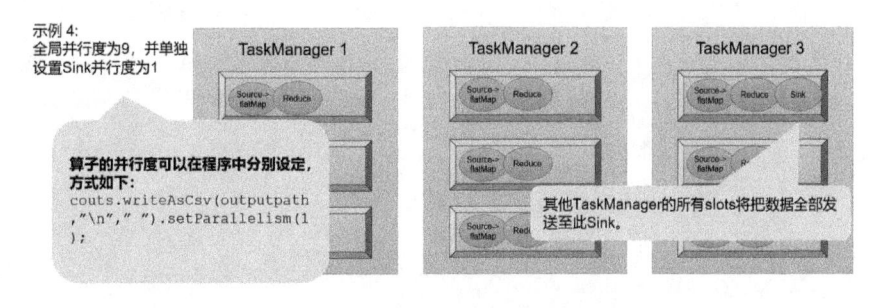

图 4-19 任务槽和并行度的关系（5）

4.4 本章总结

在这一章，我们在之前部署运行的基础上，深入介绍了 Flink 的系统架构和不同组件，并进一步针对不同的部署模式详细讲述了作业提交和任务处理的流程。此外，通过展开讲解架构中的一些重要概念，解答了 Flink 任务调度的核心问题，并对分布式流处理架构的设计做了思考分析。

本章内容不仅是 Flink 架构知识的学习，更是分布式处理思想的入门。我们可以通过 Flink 这样一个经典框架的学习，触摸到分布式架构的底层原理。

Flink 流处理架构设计还涉及事件时间、状态管理及检查点等重要概念，保证分布式流处理系统的低延迟、时间正确性和状态一致性。我们将在后面的章节对这些内容做详细展开。

第 5 章

DataStream API 基础篇

我们在第 2 章介绍 Flink 快速上手时，曾编写过一个简单的词频统计（WordCount）程序，相信读者已经对 Flink 的编程方式有了基本的认识。接下来，我们将开始大量的代码练习，详细了解用于 Flink 程序开发的 API 用法。

Flink 具有非常灵活的分层 API 设计，其中的核心层就是 DataStream/DataSet API。由于新版本已经实现了流批一体，DataSet API 将被弃用，官方推荐统一使用 DataStream API 处理流数据和批数据。由于内容较多，我们将用几章的篇幅来做详细讲解，本章主要介绍基本的 DataStream API 用法。

DataStream（数据流）是 Flink 中一个用来表示数据集合的类，我们编写的 Flink 代码其实就是基于这种数据类型的处理，所以这套核心 API 就以 DataStream 命名。对于批处理和流处理，我们都可以用同一套 API 来实现。

DataStream 在用法上有些类似于常规的 Java 集合，但又有所不同。我们在代码中往往并不关心集合中具体的数据，而只是用 API 定义出一连串的操作来处理它们，这就叫作数据流的"转换"（Transformation）。

一个 Flink 程序，其实就是对 DataStream 的各种转换。具体来说，Flink 程序基本上都由以下几部分构成。

- 获取执行环境。
- 读取数据源。
- 定义基于数据的转换操作。
- 定义计算结果的输出位置。
- 触发程序执行。

其中，获取环境和触发执行，都可以认为是针对执行环境的操作。所以本章我们就从执行环境、数据源、转换操作、输出四大部分，对常用的 DataStream API 做基本介绍，如图 5-1 所示。

Environment（执行环境） → Source（数据源） → Transformation（转换操作） → Sink（输出）

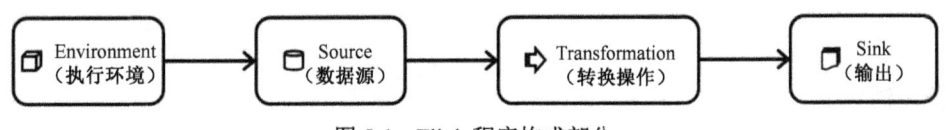

图 5-1　Flink 程序构成部分

5.1　执行环境

Flink 程序可以在各种上下文环境中运行：我们可以在本地 JVM 中执行程序，也可以提交到远程集群上运行。

针对不同的环境，代码的提交运行的过程会有所不同。这就要求我们在提交作业执行计算时，首先必须获取当前 Flink 的运行环境，从而建立起与 Flink 框架之间的联系。只有获取了环境上下文信息，才能将具体的任务调度到不同的 TaskManager 执行。

5.1.1 创建执行环境

编写 Flink 程序的第一步，就是创建执行环境。我们要获取的执行环境，是 StreamExecutionEnvironment 类的对象，这是所有 Flink 程序的基础。在代码中创建执行环境的方式，就是调用这个类的静态方法，具体有以下三种。

1. getExecutionEnvironment

最简单的方式，就是直接调用 getExecutionEnvironment 方法。它会根据当前运行的上下文直接得到正确的结果：如果程序是独立运行的，就返回一个本地执行环境；如果是创建了 jar 包，然后从命令行调用它，并提交到集群执行，那么就返回集群的执行环境。也就是说，这个方法会根据当前运行的方式，自行决定该返回什么样的运行环境。

```
//此处的 env 是 StreamExecutionEnvironment 对象
val env = StreamExecutionEnvironment.getExecutionEnvironment
```

这种"智能"的方式不需要我们额外做判断，用起来简单高效，是一种最常用的创建执行环境的方式。

2. createLocalEnvironment

这个方法返回一个本地执行环境。可以在调用时传入一个参数，指定默认的并行度；如果不传入，则默认并行度就是本地的 CPU 核心数。

```
//此处的 localEnvironment 是 StreamExecutionEnvironment 对象
val localEnvironment = StreamExecutionEnvironment.createLocalEnvironment()
```

3. createRemoteEnvironment

这个方法返回集群执行环境。需要在调用时指定 JobManager 的主机名和端口号，并指定要在集群中运行的 jar 包。

```
//此处的 remoteEnv 是 StreamExecutionEnvironment 对象
val remoteEnv = StreamExecutionEnvironment
        .createRemoteEnvironment(
            "host",  // JobManager 主机名
            1234,    // JobManager 进程端口号
            "path/to/jarFile.jar"  // 提交给 JobManager 的 jar 包
        )
```

在获取到程序执行环境后，我们还可以对执行环境进行灵活设置。比如可以全局设置程序的并行度、禁用算子链，还可以定义程序的时间语义、配置容错机制。关于时间语义和容错机制，我们将在后续章节进行介绍。

5.1.2 执行模式

5.1.1 节中我们获取到的执行环境，是一个 StreamExecutionEnvironment，顾名思义它应该是做流处理的。那对于批处理，又应该怎样获取执行环境呢？

在之前的 Flink 版本中，批处理的执行环境与流处理类似，是调用类 ExecutionEnvironment 的静态方法，并返回它的对象：

```
// 批处理环境
val batchEnv = ExecutionEnvironment.getExecutionEnvironment
// 流处理环境
val env = StreamExecutionEnvironment.getExecutionEnvironment
```

基于 ExecutionEnvironment 读入数据创建的数据集合就是 DataSet；对应的调用的一整套转换方法，就

是 DataSet API。这些我们在第 2 章的批处理 WordCount 程序中已经有了基本了解。

而从 1.12.0 版本起，Flink 实现了 API 上的流批统一。DataStream API 新增了一个重要特性：可以支持不同的"执行模式"（execution mode），通过简单的设置就可以让一段 Flink 程序在流处理和批处理之间切换。这样一来，DataSet API 也就没有存在的必要了。

（1）流执行模式（STREAMING）。

这是 DataStream API 最经典的模式，一般用于需要持续实时处理的无界数据流。默认情况下，程序使用的就是 STREAMING 执行模式。

（2）批执行模式（BATCH）。

专门用于批处理的执行模式，在这种模式下，Flink 处理作业的方式类似于 MapReduce 框架。对于不会持续计算的有界数据，我们用这种模式处理会更方便。

（3）自动模式（AUTOMATIC）。

在这种模式下，将由程序根据输入数据源是否有界，来自动选择执行模式。

1. BATCH 模式的配置方法

由于 Flink 程序默认的是 STREAMING 模式，我们这里重点介绍一下 BATCH 模式的配置。主要有以下两种方式。

（1）通过命令行配置。

```
bin/flink run -Dexecution.runtime-mode=BATCH ...
```

在提交作业时，增加 execution.runtime-mode 参数，指定值为 BATCH。

（2）通过代码配置。

```
val env = StreamExecutionEnvironment.getExecutionEnvironment
env.setRuntimeMode(RuntimeExecutionMode.BATCH)
```

在代码中，直接基于执行环境调用 setRuntimeMode 方法，传入 BATCH 模式。

建议：不要在代码中配置，而是使用命令行。这同设置并行度是类似的，在提交作业时指定参数可以更加灵活，同一段应用程序写好之后，既可以用于批处理，也可以用于流处理。而在代码中硬编码（hard code）方式的可扩展性比较差，一般都不推荐。

2. 什么时候选择 BATCH 模式

我们知道，Flink 本身持有的就是流处理的"世界观"，即使是批量数据，也可以看作"有界流"来进行处理。所以 STREAMING 执行模式对于有界数据和无界数据都是有效的；而 BATCH 模式仅能用于有界数据。

看起来 BATCH 模式似乎被 STREAMING 模式全覆盖了，那还有必要存在吗？我们能不能在所有情况下都用 STREAMING 模式呢？

当然是可以的，但是这样有时不够高效。

我们可以仔细回忆一下在 WordCount 程序中，批处理和流处理输出的不同：在 STREAMING 模式下，每来一条数据，就会输出一次结果（即使输入数据是有界的）；而 BATCH 模式下，只有数据全部处理完之后，才会一次性输出结果。最终的结果两者是一致的，但是流处理模式会将更多的中间结果输出。在本来输入有界、只希望通过批处理得到最终结果的场景下，STREAMING 模式的逐个输出结果就没有必要了。

所以总结起来，一个简单的原则就是：用 BATCH 模式处理批量数据，用 STREAMING 模式处理流式数据。因为数据有界时，直接输出结果会更加高效；而当数据无界时，我们没有选择——只有 STREAMING 模式才能处理持续的数据流。

当然，在后面的示例代码中，即使是有界的数据源，我们也会统一用 STREAMING 模式处理。这是因为我们的主要目标还是构建实时处理流数据的程序，有界数据源也只是我们用来测试的手段。

5.1.3 触发程序执行

有了执行环境，我们就可以构建程序的处理流程了：基于环境读取数据源，进而进行各种转换操作，最后输出结果到外部系统。

需要注意的是，写完输出（sink）操作并不代表程序已经结束。因为当 main() 方法被调用时，其实只是定义了作业的每个执行操作，然后添加到数据流图中；这时并没有真正处理数据——因为数据可能还没来。Flink 是由事件驱动的，只有等到数据到来，才会触发真正的计算，这也被称为"延迟执行"或"懒执行"（lazy execution）。

所以我们需要显式地调用执行环境的 execute() 方法，来触发程序执行。execute() 方法将一直等待作业完成，然后返回一个执行结果（JobExecutionResult）。

```
env.execute()
```

5.2 数据源

创建环境之后，就可以构建数据处理的业务逻辑了，如图 5-2 所示，本节将主要讲解 Flink 的数据源（Source）。想要处理数据，先得有数据，所以首要任务就是把数据读进来。

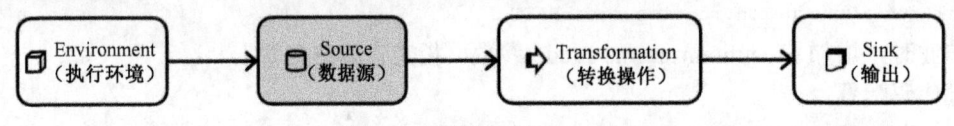

图 5-2 数据源（Source）

Flink 可以从各种来源获取数据，然后构建 DataStream 进行转换处理。一般将数据的输入来源称为数据源，而读取数据的算子就是源算子。所以，Source 就是我们整个处理程序的输入端。

Flink 代码中通用的添加 Source 的方式，是调用执行环境的 addSource() 方法：

```
//通过调用 addSource() 方法可以获取 DataStream 对象
val stream = env.addSource(...)
```

方法传入一个对象参数，需要实现 SourceFunction 接口，返回一个 DataStream。

这里可能会有些麻烦：传入的参数是一个"源函数"，需要实现 SourceFunction 接口。这是何方神圣，又该怎么实现呢？

自己去实现它显然不会是一件容易的事。好在 Flink 直接提供了很多预实现的接口，此外还有很多外部连接工具也帮我们实现了对应的 SourceFunction 接口，通常情况下足以应对我们的实际需求。接下来我们就详细展开讲解。

5.2.1 准备工作

为了更好地理解，我们先构建一个实际应用场景。比如网站的访问操作，可以抽象成一个三元组（用户名，用户访问的 url，用户访问 url 的时间戳），所以在这里，我们可以创建一个类 Event，将用户行为包装成它的一个对象。Event 包含了以下一些字段，如表 5-1 所示。

表 5-1 Event 类字段设计

字段名	数据类型	说明
user	String	用户名
url	String	用户访问的 url
timestamp	Long	用户访问 url 的时间戳

具体代码如下:
```
package com.atguigu.chapter05

case class Event(user: String, url: String, timestamp: Long)
```
这里需要注意，使用 case class 关键字创建的类称为样例类。样例类是一种特殊类，它可以用来快速定义一个用于保存数据的类（类似于 Java 的 POJO 类）。样例类有以下几个重要特点：

（1）样例类对象的创建不需要 new，直接引用赋值即可。如 Event("Mary","/home",1000L)的方式就可以直接创建一个 Event 对象。

（2）样例类为用户实现了重写后的 toString()方法，对样例类对象进行打印会直接打印出类的属性信息而不是对象的引用地址。

（3）样例类还为用户实现了其他一些，如 equals、copy、hashCode、unApply 等方法。

5.2.2 从集合中读取数据

最简单的读取数据的方式，就是在代码中直接创建一个集合，然后调用执行环境的 fromCollection 方法进行读取。相当于将数据临时存储到内存中，形成特殊的数据结构后，作为数据源使用，一般用于测试。

```
package com.atguigu.chapter05
// 导入必要的包以及隐式类型转换
import org.apache.flink.streaming.api.scala._
object SourceCollection {
  def main(args: Array[String]): Unit = {
    // 获取流执行环境
    val env = StreamExecutionEnvironment.getExecutionEnvironment
    // 设置并行任务的数量为1
    env.setParallelism(1)
    // 创建包含点击事件的列表
    val clicks = List(Event("Mary", "/.home", 1000L), Event("Bob", "/.cart", 2000L))
    // 将列表作为流输入
    val stream = env.fromCollection(clicks)

    stream.print()

    env.execute()
  }
}
```
我们也可以不构建集合，直接将元素列举出来，调用 fromElements 方法进行读取数据：
```
val stream2 = env.fromElements(
  Event("Mary", "/.home", 1000L),
  Event("Bob", "/.cart", 2000L))
```

5.2.3 从文件读取数据

在实际应用中，自然不会直接将数据写在代码中。通常情况下，我们会从存储介质中获取数据，一个比较常见的方式是读取日志文件。这也是批处理中最常见的读取方式。
```
val stream = env.readTextFile("clicks.csv")
```
说明：
- 参数可以是目录，也可以是文件。

- 路径可以是相对路径，也可以是绝对路径。
- 相对路径是从系统属性 user.dir 获取路径：在 IDEA 下是 project 的根目录，standalone 模式下是集群节点根目录。
- 也可以从 HDFS 目录下读取，使用路径 hdfs://...，由于 Flink 没有提供 hadoop 相关依赖，需要 pom 中添加相关依赖。

```xml
<dependency>
    <groupId>org.apache.hadoop</groupId>
    <artifactId>hadoop-client</artifactId>
    <version>2.7.5</version>
    <scope>provided</scope>
</dependency>
```

5.2.4 从 Socket 读取数据

不论从集合还是文件读取数据，我们读取的其实都是有界数据。在流处理的场景中，数据往往是无界的。这时又从哪里读取呢？

一个简单的方式，就是我们之前用到的读取 socket 文本流。这种方式由于吞吐量小、稳定性较差，一般也是用于测试。

```scala
val stream = env.socketTextStream("localhost", 7777)
```

5.2.5 从 Kafka 读取数据

那对于真正的流数据，实际项目应该怎样读取呢？

Kafka 作为分布式消息传输队列，是一个高吞吐、易于扩展的消息系统。而消息队列的传输方式，恰恰和流处理是完全一致的。所以可以说 Kafka 和 Flink 是天生一对，是当前处理流式数据的双子星。在如今的实时流处理应用中，由 Kafka 进行数据的收集和传输，Flink 进行分析计算，这样的架构已经成为众多企业的首选，如图 5-3 所示。

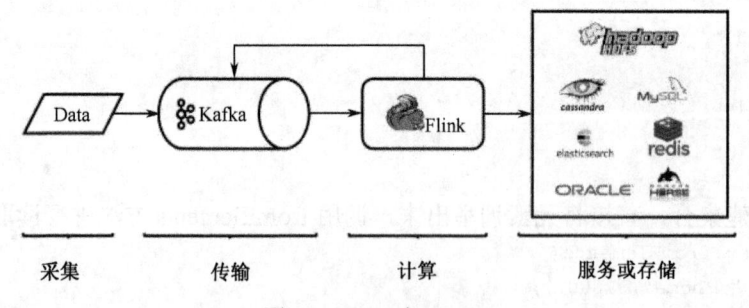

图 5-3 Flink 与 Kafka

遗憾的是，与 Kafka 的连接比较复杂，Flink 内部并没有提供预实现的方法。所以我们只能采用通用的调用 addSource() 方法的方式，传入一个 SourceFunction 的实现类了。

好在 Kafka 与 Flink 非常契合，所以 Flink 官方提供了连接工具 flink-connector-kafka，直接帮我们实现了一个消费者 FlinkKafkaConsumer，它就是用来读取 Kafka 数据的 SourceFunction。

所以想要以 Kafka 作为数据源获取数据，我们只需要引入 Kafka 连接器的依赖即可。Flink 官方提供的是一个通用的 Kafka 连接器，它会自动跟踪最新版本的 Kafka 客户端。目前，最新版本只支持 0.10.0 版本以上的 Kafka，读者使用时可以根据自己安装的 Kafka 版本选定连接器的依赖版本。这里我们需要导入的依赖如下。

```xml
<dependency>
    <groupId>org.apache.flink</groupId>
    <artifactId>flink-connector-kafka_${scala.binary.version}</artifactId>
    <version>${flink.version}</version>
</dependency>
```

然后调用 env.addSource()，传入 FlinkKafkaConsumer 的对象实例即可。

```scala
package com.atguigu.chapter05

import org.apache.flink.api.common.serialization.SimpleStringSchema
import org.apache.flink.streaming.api.scala._
import org.apache.flink.streaming.connectors.kafka.FlinkKafkaConsumer

import java.util.Properties

object SourceKafkaTest {
  def main(args: Array[String]): Unit = {
    val env = StreamExecutionEnvironment.getExecutionEnvironment
    env.setParallelism(1)
    //使用 Java 配置类保存与 Kafka 连接的必要配置
    val properties = new Properties()
    properties.setProperty("bootstrap.servers", "hadoop102:9092")
    properties.setProperty("group.id", "consumer-group")
    properties.setProperty("key.deserializer",
      "org.apache.kafka.common.serialization.StringDeserializer")
    properties.setProperty("value.deserializer",
      "org.apache.kafka.common.serialization.StringDeserializer")
    properties.setProperty("auto.offset.reset", "latest")
    //创建一个 FlinkKafkaConsumer 对象，传入必要参数，从 Kafka 中读取数据
    val stream = env
      .addSource(new FlinkKafkaConsumer[String](
        "clicks",
        new SimpleStringSchema(),
        properties
      ))

    stream.print("kafka")

    env.execute()
  }
}
```

创建 FlinkKafkaConsumer 时需要传入以下三个参数。
- 第一个参数 topic，定义了从哪些主题中读取数据。可以是一个 topic，也可以是 topic 列表，还可以是匹配所有想要读取的 topic 的正则表达式。当从多个 topic 中读取数据时，Kafka 连接器将会处理所有 topic 的分区，将这些分区的数据放到一条数据流中去。
- 第二个参数是一个 DeserializationSchema 或者 KeyedDeserializationSchema。Kafka 消息被存储为原始的字节数据，所以需要反序列化成 Java 或者 Scala 对象。上面代码中使用的 SimpleStringSchema，是一个内置的 DeserializationSchema，它只是将字节数组简单地反序列化成字符串。DeserializationSchema 和 KeyedDeserializationSchema 是公共接口，所以我们也可以自定义反序列化逻辑。

- 第三个参数是一个 Properties 对象，设置了 Kafka 客户端的一些属性。

5.2.6 自定义数据源

大多数情况下，前面的数据源已经能够满足需要。但是凡事总有例外，如果遇到特殊情况，我们想要读取的数据源来自某个外部系统，而 Flink 既没有预实现的方法，也没有提供连接器，又该怎么办呢？

那就只好自定义实现 SourceFunction 接口了。

接下来我们创建一个自定义的数据源，实现 SourceFunction 接口。主要重写两个关键方法：run()和 cancel()。

- run()方法：使用运行时上下文对象（SourceContext）向下游发送数据。
- cancel()方法：通过标识位控制退出循环，来达到中断数据源的效果。

代码如下：

我们先来自定义一下数据源：

```scala
package com.atguigu.chapter05

import org.apache.flink.streaming.api.functions.source.SourceFunction
import org.apache.flink.streaming.api.functions.source.SourceFunction.SourceContext

import java.util.Calendar
import scala.util.Random
// 实现 SourceFunction 接口，接口中的泛型是自定义数据源中的类型
class ClickSource extends SourceFunction[Event] {
  // 标志位，用来控制循环的退出
  var running = true


  //重写 run 方法，使用上下文对象 sourceContext 调用 collect 方法
  override def run(ctx: SourceContext[Event]): Unit = {
    // 实例化一个随机数发生器
    val random = new Random
    // 供随机选择的用户名的数组
    val users = Array("Mary", "Bob", "Alice", "Cary")
    // 供随机选择的 url 的数组
    val urls = Array("./home", "./cart", "./fav", "./prod?id=1", "./prod?id=2")
    //通过 while 循环发送数据，running 默认为 true，所以会一直发送数据
    while (running) {
      // 调用 collect 方法向下游发送数据
      ctx.collect(
        Event(
          users(random.nextInt(users.length)), // 随机选择一个用户名
          urls(random.nextInt(urls.length)),   // 随机选择一个 url
          Calendar.getInstance.getTimeInMillis // 当前时间戳
        )
      )
      // 隔 1 秒生成一个点击事件，方便观测
      Thread.sleep(1000)
    }
  }
  //通过将 running 置为 false 终止数据发送循环
```

```
    override def cancel(): Unit = running = false
  }
```

这个数据源,我们后面会频繁使用,之后的代码若涉及 ClickSource 数据源,使用上面的代码即可。
下面的代码我们来读取自定义的数据源。有了自定义的 SourceFunction,接下来只要调用 addSource()即可:

```
env.addSource(new ClickSource)
```

下面是完整的代码:

```
package com.atguigu.chapter05
// 导入隐式类型转换,必须导入
import org.apache.flink.streaming.api.scala._

object SourceCustom {
  def main(args: Array[String]): Unit = {
    val env = StreamExecutionEnvironment.getExecutionEnvironment
    env.setParallelism(1)
     // 使用自定义的数据源
    val stream = env.addSource(new ClickSource)

    stream.print()

    env.execute()
  }
}
```

这里要注意的是 SourceFunction 接口定义的数据源,并行度只能设置为 1,如果数据源设置为大于 1 的并行度,则会抛出异常。示例程序如下:

```
package com.atguigu.chapter05

import org.apache.flink.streaming.api.scala._

import scala.util.Random

object SourceThrowException {
  def main(args: Array[String]): Unit = {
    val env = StreamExecutionEnvironment.getExecutionEnvironment
    //使用非并行数据源,并设置并行度为2
    env.addSource(new ClickSource).setParallelism(2).print

    env.execute
  }
}
```

输出的异常如下:

```
Exception in thread "main" java.lang.IllegalArgumentException: The parallelism of non parallel operator must be 1.
```

所以如果我们想要自定义并行的数据源,需要使用 ParallelSourceFunction,示例程序如下:

```
package com.atguigu.chapter05

import org.apache.flink.streaming.api.functions.source.ParallelSourceFunction
import org.apache.flink.streaming.api.functions.source.SourceFunction.SourceContext
import org.apache.flink.streaming.api.scala._

import scala.util.Random
```

```
object ParallelSourceExample {
  def main(args: Array[String]): Unit = {
    val env = StreamExecutionEnvironment.getExecutionEnvironment

    env.addSource(new CustomSource).setParallelism(2)
      .print()

    env.execute() }

  //自定义并行数据源
  class CustomSource extends ParallelSourceFunction[Int] {
    var running = true
    val random = new Random

    override def run(ctx: SourceContext[Int]): Unit = {
      while (running) ctx.collect(random.nextInt)
    }

    override def cancel(): Unit = running = false
  }
}
```

输出结果如下：
```
2> -686169047
2> 429515397
2> -223516288
2> 1137907312
2> -380165730
2> 2082090389
```

5.2.7 Flink 支持的数据类型

我们已经了解了 Flink 怎样从不同的来源读取数据。在之前的代码中，我们的数据都是定义好的 Event 类型，而且在第 5.2.1 节中特意说明了对这个类的要求。那么还有没有其他更灵活的类型可以使用呢？Flink 支持的数据类型到底有哪些？

1. Flink 的类型系统

为什么会出现"不支持"的数据类型呢？因为 Flink 作为一个分布式处理框架，处理的是以数据对象作为元素的流。如果用水流来类比，那么我们要处理的数据元素就是随着水流漂动的物体。在这条流动的河里，可能漂浮着小木块，也可能行驶着内部错综复杂的大船。要分布式地处理这些数据，就不可避免地要面对数据的网络传输、状态的落盘和故障恢复等问题，这就需要对数据进行序列化和反序列化。小木块是容易序列化的；而大船想要在序列化之后进行传输，就需要将它拆解、清晰地知道其中每个零件的类型。

为了方便地处理数据，Flink 有一整套类型系统。Flink 使用"类型信息"（TypeInformation）来统一表示数据类型。TypeInformation 类是 Flink 中所有类型描述符的基类。它涵盖了类型的一些基本属性，并为每个数据类型生成特定的序列化器、反序列化器和比较器。

2. Flink 支持的数据类型

简单来说，对于常见的 Java 和 Scala 数据类型，Flink 都是支持的。Flink 对支持不同的类型进行了划分，这些类型可以在 Types 工具类中找到。

（1）基本类型。

所有 Java 基本类型及其包装类，再加上 Void、String、Date、BigDecimal 和 BigInteger。

（2）数组类型。

基本类型数组（PRIMITIVE_ARRAY）和对象数组（OBJECT_ARRAY）。

（3）复合数据类型。

- Java 元组类型（TUPLE）：这是 Flink 内置的元组类型，是 Java API 的一部分。最多 25 个字段，也就是从 Tuple0～Tuple25，不支持空字段。
- Scala 样例类及 Scala 元组：不支持空字段。
- 行类型（ROW）：可以认为是具有任意个字段的元组，并支持空字段。
- POJO：Flink 自定义的，类似于 Java bean 模式的类。

（4）辅助类型。

Option、Either、List、Map 等。

（5）泛型类型（GENERIC）。

Flink 支持所有的 Java 类和 Scala 类。不过如果没有按照上面 POJO 类型的要求来定义，就会被 Flink 当作泛型类来处理。Flink 会把泛型类型当作黑盒，无法获取它们内部的属性；它们也不是由 Flink 本身序列化的，而是由 Kryo 序列化的。

在这些类型中，元组类型和 POJO 类型最为灵活，因为它们支持创建复杂类型。而相比之下，POJO 还支持在键的定义中直接使用字段名，这会让代码的可读性大大提升。所以，在项目实践中，往往会将流处理程序中的元素类型定为 Flink 的 POJO 类型。

Flink 对 POJO 类型的要求如下：

- 类是公共的（public）和独立的（standalone，也就是说没有非静态的内部类）。
- 类有一个公共的无参构造方法。
- 类中的所有字段是 public 且非 final 修饰的；或者有一个公共的 getter 和 setter 方法，这些方法需要符合 Java bean 的命名规范。

Scala 的样例类就类似于 Java 中的 POJO 类，所以我们看到，之前的 Event，就是我们创建的一个 Scala 样例类，使用起来非常方便。

5.3 转换操作

数据源读入数据之后，我们就可以使用各种转换操作，将一个或多个 DataStream 转换为新的 DataStream，如图 5-4 所示。一个 Flink 程序的核心，其实就是所有的转换操作，它们决定了处理的业务逻辑。

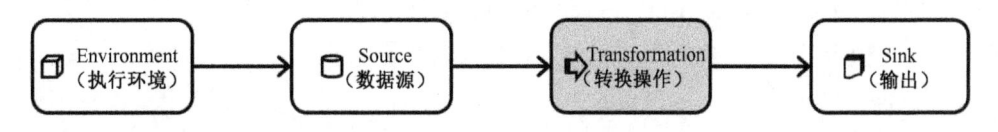

图 5-4 转换操作（Transformation）

我们可以针对一条数据流进行转换处理，也可以进行分流、合流等多流转换操作，从而组合成复杂的数据流拓扑。在本节中，我们将重点介绍基本的单数据流的转换，多流转换的内容我们将在后续章节展开。

5.3.1 基本转换算子

首先我们来介绍一些基本的转换算子，它们的概念和使用想必读者不会陌生。

1. 映射（map）

map()是大家非常熟悉的大数据操作算子，主要用于将数据流中的数据进行转换，形成新的数据流。简单来说，就是一个"一一映射"，消费一个元素就产出一个元素，如图 5-5 所示。

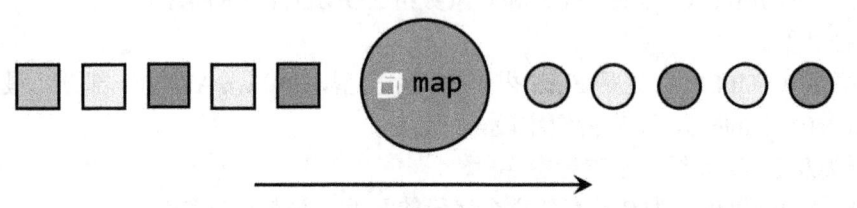

图 5-5 map 算子示意

我们只需要基于 DataStrema 调用 map()方法就可以进行转换处理。方法需要传入的参数是接口 MapFunction 的实现；返回值类型还是 DataStream，不过泛型（流中的元素类型）可能改变。

下面的代码用不同的方式，实现了提取 Event 中的 user 字段的功能。

```scala
package com.atguigu.chapter05

import org.apache.flink.api.common.functions.MapFunction
import org.apache.flink.streaming.api.scala._

object TransMap {
  def main(args: Array[String]): Unit = {
    val env = StreamExecutionEnvironment.getExecutionEnvironment
    env.setParallelism(1)

    val stream = env
      .fromElements(
        Event("Mary", "./home", 1000L),
        Event("Bob", "./cart", 2000L)
      )
    //1.使用匿名函数的方式提取 user 字段
    stream.map(_.user).print()
    //2.使用调用外部类的方式提取 user 字段
    stream.map(new UserExtractor).print()

    env.execute()
  }
  // 显式的实现 MapFunction 接口
  class UserExtractor extends MapFunction[Event, String] {
    override def map(value: Event): String = value.user
  }
}
```

在上面代码中，MapFunction 实现类的泛型类型，与输入数据类型和输出数据的类型有关。在实现 MapFunction 接口的时候，需要指定两个泛型，分别是输入事件和输出事件的类型，还需要重写一个 map()方法，定义从一个输入事件转换为另一个输出事件的具体逻辑。

查看源码可以发现，基于 DataStream[T]调用 map()方法，得到的是一个新的 DataStream[R]，泛型由 T 转变为 R，这也正对应着 MapFunction 的输入输出类型。

2. 过滤（filter）

filter()转换操作，顾名思义是对数据流执行一个过滤，通过一个布尔条件表达式设置过滤条件，对每个流内元素进行判断。若为 true，则元素正常输出；若为 false，则元素被过滤掉，如图 5-6 所示。

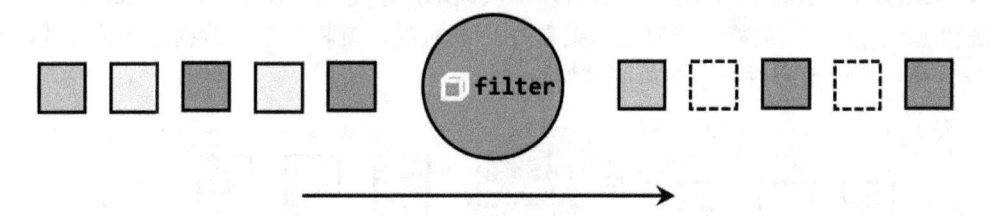

图 5-6　filter 算子示意

进行 filter() 转换之后的新数据流的数据类型与原数据流是相同的。filter() 转换需要传入的参数需要实现 FilterFunction 接口，而 FilterFunction 内要实现 filter() 方法，就相当于一个返回布尔类型的条件表达式。

下面的代码会将数据流中用户 Mary 的浏览行为过滤出来。

```scala
package com.atguigu.chapter05

import org.apache.flink.api.common.functions.FilterFunction
import org.apache.flink.streaming.api.scala._

object TransFilter {
  def main(args: Array[String]): Unit = {
    val env = StreamExecutionEnvironment.getExecutionEnvironment
    env.setParallelism(1)

    val stream = env
      .fromElements(
        Event("Mary", "./home", 1000L),
        Event("Bob", "./cart", 2000L)
      )
    //过滤出用户名是Mary的数据
    stream.filter(_.user.equals("Mary")).print()

    stream.filter(new UserFilter).print()

    env.execute()
  }
    class UserFilter extends FilterFunction[Event] {
        override def filter(value: Event): Boolean = value.user.equals("Mary")
    }
}
```

3. 扁平映射（flatMap）

flatMap() 操作又称为扁平映射，主要是将数据流中的整体（一般是集合类型）拆分成一个一个的个体使用。消费一个元素，可以产生 0 到多个元素。flatMap() 可以认为是"扁平化"和"映射"两步操作的结合，也就是先按照某种规则对数据进行打散拆分，再对拆分后的元素做转换处理，如图 5-7 所示。比如 WordCount 程序的第一步分词操作，就用到了 flatMap()。

同 map() 一样，flatMap() 也可以使用 Lambda 表达式或者 FlatMapFunction 接口实现类的方式来进行传参，返回值类型取决于所传参数的具体逻辑，可以与原数据流的数据类型相同，也可以不同。

flatMap() 操作会应用在每个输入事件上面，FlatMapFunction 接口中定义了 flatMap() 方法，用户可以重写这个方法，在这个方法中对输入数据进行处理，并决定是返回 0 个、1 个或多个结果数据。因此，flatMap()

并没有直接定义返回值类型，而是通过一个"收集器"（Collector）来指定输出。希望输出结果时，只要调用收集器的 collect()方法就可以了；这个方法可以多次调用，也可以不调用。所以 flatMap()方法也可以实现 map()方法和 filter()方法的功能，当返回结果是 0 个的时候，就相当于对数据进行了过滤，当返回结果是 1 个的时候，相当于对数据进行了简单的转换操作。

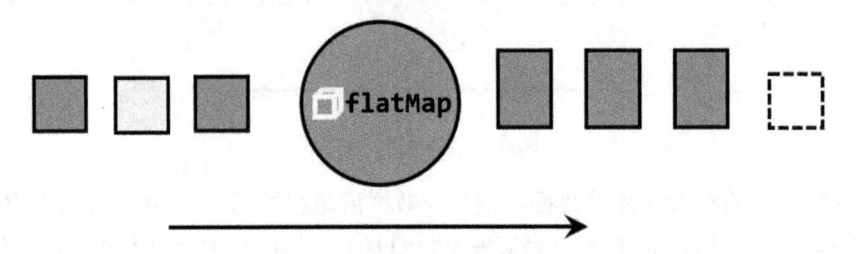

图 5-7 flatMap 算子示意

flatMap()的使用非常灵活，可以对结果进行任意输出，下面就是一个例子：

```scala
package com.atguigu.chapter05

import org.apache.flink.api.common.functions.FlatMapFunction
import org.apache.flink.streaming.api.scala._
import org.apache.flink.util.Collector

object TransFlatmapTest {
  def main(args: Array[String]): Unit = {
    val env = StreamExecutionEnvironment.getExecutionEnvironment
    env.setParallelism(1)

    val stream = env.fromElements(
      Event("Mary", "./home", 1000L),
      Event("Bob", "./cart", 2000L)
    )

    stream.flatMap(new MyFlatMap).print()

    env.execute()
  }
  //自定义 FlatMapFunction
  class MyFlatMap extends FlatMapFunction[Event, String] {
    override def flatMap(value:Event, out: Collector[String]): Unit = {
      //如果是 Mary 的点击事件，则向下游发送 1 次，如果是 Bob 的点击事件，则向下游发送 2 次
      if (value.user.equals("Mary")) {
        out.collect(value.user)
      } else if (value.user.equals("Bob")) {
        out.collect(value.user)
        out.collect(value.user)
      }
    }
  }
}
```

运行结果如下所示：

```
Mary
```

Bob
Bob

5.3.2 聚合算子

直观上看，基本转换算子确实是在"转换"——因为它们都是基于当前数据做了处理和输出。而在实际应用中，我们往往需要对大量的数据进行统计或整合，从而提炼出更有用的信息。比如在 WordCount 程序中，要对每个词出现的频次进行叠加统计。这种操作，计算的结果不仅依赖当前数据，还跟之前的数据有关，相当于要把所有数据聚在一起进行汇总合并——这就是所谓的"聚合"（Aggregation），也对应着 MapReduce 中的 reduce 操作。

1. 按键分区（keyBy）

对于 Flink 而言，DataStream 是没有直接进行聚合的 API 的。因为我们对海量数据做聚合，肯定要进行分区并行处理，这样才能提高效率。所以在 Flink 中，要做聚合，需要先进行分区；这个操作就是通过 keyBy()来完成的。

keyBy()是聚合前必须要用到的一个算子。keyBy()通过指定键，可以将一条流从逻辑上划分成不同的分区。这里所说的分区，其实就是并行处理的子任务，也就对应着任务槽。

基于不同的 key，流中的数据将被分配到不同的分区中去，如图 5-8 所示。这样一来，所有具有相同的 key 的数据，都将被发往同一个分区，那么下一步算子操作就将会在同一个 slot 中进行处理了。

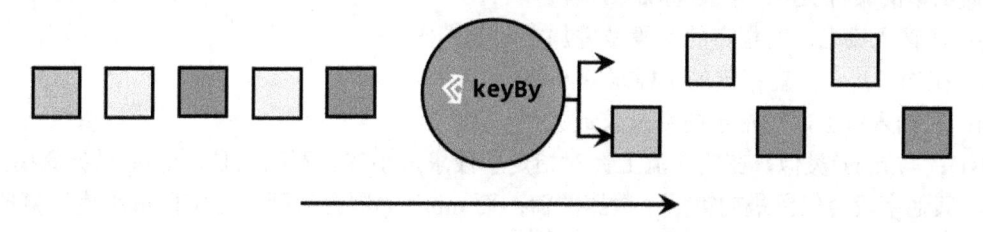

图 5-8 keyBy()算子将数据分配到不同分区

在内部，keyBy 是通过计算 key 的哈希值，对分区数进行取模运算来实现的。所以这里的 key 如果是 POJO 类的话，必须要重写 hashCode()方法。

keyBy()方法需要传入一个参数，这个参数指定了一个或一组 key。有很多不同的方法来指定 key：比如对于 Tuple 数据类型，可以指定字段的位置或者多个位置的组合；对于 POJO 类型或 Scala 的样例类，可以指定字段的名称；另外，还可以传入 Lambda 表达式或者实现一个键选择器，用于说明从数据中提取 key 的逻辑。

我们以 id 作为 key 做一个分区操作，代码实现如下：

```scala
package com.atguigu.chapter05

import org.apache.flink.streaming.api.scala._

object TransKeyBy {
  def main(args: Array[String]): Unit = {
    val env = StreamExecutionEnvironment.getExecutionEnvironment
    env.setParallelism(1)

    val stream = env
      .fromElements(
        Event("Mary", "./home", 1000L),
```

```
      Event("Bob", "./cart", 2000L)
    )
    //指定 Event 的 user 属性作为 key
    val keyedStream = stream.keyBy(_.user)


    keyedStream.print()

    env.execute()
  }
}
```

需要注意的是，keyBy()得到的结果将不再是 DataStream，而是会将 DataStream 转换为 KeyedStream。KeyedStream 可以认为是"分区流"或者"键控流"，它是按照 key 进行了逻辑分区之后的 DataStream，所以泛型有两个类型，分别是当前流中的元素类型和 key 的类型。

KeyedStream 也继承自 DataStream，所以基于它的操作也都归属于 DataStream API。KeyedStream 是一个非常重要的数据结构，只有基于它才可以做后续的聚合操作（比如 sum，reduce）；而且它可以将当前算子任务的状态（state）也按照 key 进行划分，限定为仅对当前 key 有效。关于状态的相关知识我们会在后面章节继续讨论。

2. 简单聚合

有了按键分区的数据流 KeyedStream，我们就可以基于它进行聚合操作了。Flink 为我们内置实现了一些最基本、最简单的聚合 API，主要有以下几种。

- sum()：在输入流上，对指定的字段做叠加求和的操作。
- min()：在输入流上，对指定的字段求最小值。
- max()：在输入流上，对指定的字段求最大值。
- minBy()：与 min()类似，在输入流上针对指定字段求最小值。不同的是，min()只计算指定字段的最小值，其他字段会保留最初第一个数据的值；而 minBy()则会返回包含字段最小值的整条数据。
- maxBy()：与 max()类似，在输入流上针对指定字段求最大值。两者区别与 min()/minBy()完全一致。

简单聚合算子使用非常方便，语义也非常明确。这些聚合方法调用时，也需要传入参数；但并不像基本转换算子那样需要实现自定义函数，只要说明聚合指定的字段就可以了。指定字段的方式有两种：指定位置和指定名称。

对于元组类型的数据，同样也可以使用这两种方式来指定字段。需要注意的是，元组中字段的名称，是以_1、_2、_3…来命名的。

例如，下面就是对元组数据流进行聚合的测试：

```
package com.atguigu.chapter05

import org.apache.flink.streaming.api.scala._

object TransTupleAggregation {
  def main(args: Array[String]): Unit = {
    val env = StreamExecutionEnvironment.getExecutionEnvironment
    env.setParallelism(1)

    val stream = env
      .fromElements(
        ("a", 1), ("a", 3), ("b", 3), ("b", 4)
      )
```

```
    stream.keyBy(_._1).sum(1).print()       //对元组的索引 1 位置数据求和
    stream.keyBy(_._1).sum("_2").print()    //对元组的第 2 个位置数据求和
    stream.keyBy(_._1).max(1).print()       //对元组的索引 1 位置求最大值
    stream.keyBy(_._1).max("_2").print()    //对元组的第 2 个位置数据求最大值
    stream.keyBy(_._1).min(1).print()       //对元组的索引 1 位置求最小值
    stream.keyBy(_._1).min("_2").print()    //对元组的第 2 个位置数据求最小值
    stream.keyBy(_._1).maxBy(1).print()     //对元组的索引 1 位置求最大值
    stream.keyBy(_._1).maxBy("_2").print()  //对元组的第 2 个位置数据求最大值
    stream.keyBy(_._1).minBy(1).print()     //对元组的索引 1 位置求最小值
    stream.keyBy(_._1).minBy("_2").print()  //对元组的第 2 个位置数据求最小值

    env.execute()
  }
}
```

如果数据流的类型是样例类，那么就可以通过字段名称来方便地指定了。

```
package com.atguigu.chapter05

import org.apache.flink.streaming.api.scala._

object TransAggregationCaseClass {
  def main(args: Array[String]): Unit = {
    val env = StreamExecutionEnvironment.getExecutionEnvironment
    env.setParallelism(1)

    val stream = env.fromElements(
      Event("Mary", "./home", 1000L),
      Event("Bob", "./cart", 2000L)
    )
    // 使用 user 作为分组的字段，并计算最大的时间戳
    stream.keyBy(_.user).max("timestamp").print()

    env.execute()
  }
}
```

简单聚合算子返回的，同样是一个新的 DataStream，也就是从 KeyedStream 又转换成了常规的 DataStream。所以可以这样理解：keyBy()和聚合是成对出现的，先分区、后聚合，得到的依然是一个 DataStream。而且经过简单聚合之后的数据流，元素的数据类型保持不变。

一个聚合算子，会为每个 key 都保存一个聚合的值，在 Flink 中我们把它叫作"状态"（state）。所以每当有一个新的数据输入，算子就会更新保存的聚合结果，并发送一个带有更新后聚合值的事件到下游算子。对于无界流来说，这些状态是永远不会被清除的，所以我们使用聚合算子，应该只用在含有有限个 key 的数据流上。

3. 归约聚合（reduce）

如果说简单聚合是对一些特定统计需求的实现，那么 reduce()算子就是一个一般化的聚合统计操作了。从大名鼎鼎的 MapReduce 开始，我们对 reduce()操作就不陌生：它可以对已有的数据进行归约处理，把每一个新输入的数据和当前已经归约出来的值，再做一个聚合计算。

与简单聚合类似，reduce()操作也会将 KeyedStream 转换为 DataStream。它不会改变流的元素数据类型，所以输出类型和输入类型是一样的。

调用 KeyedStream 的 reduce()方法时，需要传入一个参数，实现 ReduceFunction 接口。接口在源码中

的定义如下：

```
public interface ReduceFunction<T> extends Function, Serializable {
    T reduce(T value1, T value2) throws Exception;
}
```

ReduceFunction 接口里需要实现 reduce() 方法，这个方法接收两个输入事件，经过转换处理之后输出一个相同类型的事件；所以，对于一组数据，我们可以先取两个进行合并，然后再将合并的结果看作一个数据。再跟后面的数据合并，最终将它"简化"成唯一的一个数据，这也就是 reduce "归约"的含义。在流处理的底层实现过程中，实际上是将中间"合并的结果"作为任务的一个状态保存起来的；之后每来一个新的数据，就和之前的聚合状态做归约。

其实，reduce 的语义是针对列表进行规约操作的，运算规则由 ReduceFunction 中的 reduce() 方法来定义，而在 ReduceFunction 内部会维护一个初始值为空的累加器，注意累加器的类型和输入元素的类型相同，当第一条元素到来时，累加器的值更新为第一条元素的值，当新的元素到来时，新元素会和累加器进行累加操作，这里的累加操作就是 reduce() 函数定义的运算规则。然后将更新以后的累加器的值向下游输出。

我们可以单独定义一个函数类实现 ReduceFunction 接口，也可以直接传入一个匿名类。当然，同样也可以通过传入 Lambda 表达式实现类似的功能。

与简单聚合类似，reduce() 操作也会将 KeyedStream 转换为 DataStrema。它不会改变流的元素数据类型，所以输出类型和输入类型是一样的。

下面我们来看一个复杂的例子。

我们将数据流按照用户 id 进行分区，然后用一个 reduce() 算子实现 sum() 的功能，统计每个用户访问的频次；进而将所有统计结果分到一组，用另一个 reduce() 算子实现 maxBy() 的功能，记录所有用户中访问频次最高的那个，也就是当前访问量最大的用户是谁。

```
package com.atguigu.chapter05

import org.apache.flink.streaming.api.scala._

object TransReduce {
  def main(args: Array[String]): Unit = {
    val env = StreamExecutionEnvironment.getExecutionEnvironment
    env.setParallelism(1)

    env
      .addSource(new ClickSource)
      .map(r => (r.user, 1L))
      //按照用户名进行分组
      .keyBy(_._1)
      //计算每个用户的访问频次
      .reduce((r1, r2) => (r1._1, r1._2 + r2._2))
      //将所有数据都分到同一个分区
      .keyBy(_ => true)
      //通过 reduce 实现 max 功能，计算访问频次最高的用户
      .reduce((r1, r2) => if (r1._2 > r2._2) r1 else r2)
      .print()

    env.execute()
  }
}
```

reduce() 同简单聚合算子一样，也要针对每个 key 都保存状态。因为状态不会清空，所以我们需要将

reduce()算子作用在一个有限 key 的流上。

5.3.3 用户自定义函数

在前面的介绍中我们可以发现，Flink 的 DataStream API 编程风格其实是一致的：基本上都是基于 DataStream 调用一个方法，表示要做一个转换操作；方法需要传入一个参数，这个参数需要实现一个接口。我们还可以扩展到 5.2 节讲到的 Source 算子，其实也是需要自定义类实现一个 SourceFunction 接口。我们能否从中总结出一些规律呢？

很容易发现，这些接口有一个共同特点：全部都以算子操作名称+ Function 命名，例如源算子需要实现 SourceFunction 接口，map 算子需要实现 MapFunction 接口，reduce()算子需要实现 ReduceFunction 接口。查看源码会发现，它们都继承自 Function 接口；这个接口是空的，主要是为了方便扩展为单一抽象方法（Single Abstract Method，SAM）接口，这就是我们所说的"函数接口"——比如 MapFunction 中需要实现一个 map()方法，ReductionFunction 中需要实现一个 reduce()方法，它们都是 SAM 接口。我们知道，Scala 的 Lambda 表达式就可以实现 SAM 接口；所以这样的好处就是，我们不仅可以通过自定义函数类或者匿名类来实现接口，也可以直接传入 Lambda 表达式。这就是所谓的用户自定义函数（User-Defined Function，UDF）。

接下来我们对这几种编程方式做一个梳理总结。

1. 函数类

对于大部分操作而言，都需要传入一个用户自定义函数（UDF），实现相关操作的接口，来完成处理逻辑的定义。Flink 暴露了所有 UDF 函数的接口，具体实现方式为接口或者抽象类，例如 MapFunction、FilterFunction、ReduceFunction 等。

所以最简单直接的方式，就是自定义一个函数类，实现对应的接口。之前我们对 API 的练习，主要就是基于这种方式。

下面例子实现了 FilterFunction 接口，用来筛选 url 中包含"home"的内容：

```scala
package com.atguigu.chapter05

import org.apache.flink.api.common.functions.FilterFunction
import org.apache.flink.streaming.api.scala._

object TransFunctionUDFTest {
  def main(args: Array[String]): Unit = {
    val env = StreamExecutionEnvironment.getExecutionEnvironment
    env.setParallelism(1)

    val clicks = env
      .fromElements(
        Event("Mary", "./home", 1000L),
        Event("Bob", "./cart", 2000L)
      )
    //通过传入自定义 FilterFunction 实现过滤
    val stream1 = clicks.filter(new FlinkFilter)

    stream1.print()

    env.execute()
  }
```

```
//自定义FilterFunction函数类
class FlinkFilter extends FilterFunction[Event] {
  override def filter(value: Event): Boolean = value.url.contains("home")
}
```

当然还可以通过匿名类来实现 FilterFunction 接口：

```
val filterdStream = stream.filter(new FilterFunction[Event] {
    override def filter(value: Event): Boolean = value.url.contains("home")
  })
```

为了类可以更加通用，我们还可以将用于过滤的关键字"home"抽象出来作为类的属性，调用构造方法时传进去。

```
stream.filter(new KeywordFilter("home")).print()
```

```
//自定义FilterFunction函数类，将需要用到的过滤参数作为类的构造参数传入
class KeywordFilter(keyword: String) extends FilterFunction[Event] {
  override def filter(value: Event): Boolean = value.url.contains(keyword)
}
```

当然，实现一个 Function 接口的写法显得很"Java 化"。对于 Scala 这样的函数式编程语言，更为简单的写法是直接传入一个 Lambda 表达式：

```
stream.filter(_.url.contains("home")).print()
```

这样我们用一行代码就可以搞定，显得更加简洁明晰。

2. 富函数类

富函数类也是 DataStream API 提供的一个函数类的接口，所有的 Flink 函数类都有其 Rich 版本。富函数类一般是以抽象类的形式出现的。例如 RichMapFunction、RichFilterFunction、RichReduceFunction 等。

既然"富"，那么它一定会比常规的函数类提供更多、更丰富的功能。与常规函数类的区别类，富函数类可以获取运行环境的上下文，并拥有一些生命周期方法，所以可以实现更复杂的功能。

生命周期的概念在编程中其实非常重要，到处都有体现。例如，对于 C 语言来说，我们需要手动管理内存的分配和回收，也就是手动管理内存的生命周期。分配内存而不回收，会造成内存泄漏，回收没有分配过的内存，会造成空指针异常。而在 JVM 中，虚拟机会自动帮助我们管理对象的生命周期。对于前端来说，一个页面也会有生命周期。数据库连接、网络连接以及文件描述符的创建和关闭，也都形成了生命周期。所以生命周期的概念在编程中是无处不在的，需要我们多加注意。

富函数有生命周期的概念。典型的生命周期方法如下所示。

- open()方法是富函数的初始化方法，也就是会开启一个算子的生命周期。当一个算子的实际工作方法，例如 map()或者 filter()方法被调用之前，open()会首先被调用。所以像文件 IO 流的创建，数据库连接的创建，配置文件的读取等这样一次性的工作，都适合在 open()方法中完成。
- close()方法是生命周期中最后一个调用的方法，类似于解构方法。一般用来做一些清理工作。

需要注意的是，这里的生命周期方法，对于一个并行子任务来说只会调用一次；而对应的，实际工作方法，例如 RichMapFunction 中的 map()，在每条数据到来后都会触发一次调用。

来看一个例子：

```
package com.atguigu.chapter05

import org.apache.flink.api.common.functions.RichMapFunction
import org.apache.flink.configuration.Configuration
import org.apache.flink.streaming.api.scala._

object RichFunctionTest{
```

```scala
def main(args: Array[String]): Unit = {
  val env = StreamExecutionEnvironment.getExecutionEnvironment
  env.setParallelism(2)

  env.fromElements(
    Event("Mary", "./home", 1000L),
    Event("Bob", "./cart", 2000L),
    Event("Alice", "./prod?id=1", 5 * 1000L),
    Event("Cary", "./home", 60 * 1000L)
  )
    .map(new RichMapFunction[Event, Long]() {
      //在任务生命周期开始时会执行 open 方法,在控制台打印对应语句
      override def open(parameters: Configuration): Unit = {
        println("索引为 " + getRuntimeContext.getIndexOfThisSubtask + " 的任务开始")
      }

      // 将点击事件转换成长整型的时间戳输出
      override def map(value: Event): Long = value.timestamp

      //在任务声明周期结束时会执行 close 方法,在控制台打印对应语句
      override def close(): Unit = {
        println("索引为 " + getRuntimeContext.getIndexOfThisSubtask + " 的任务结束")
      }
    })
    .print()

  env.execute()
}
```

输出结果如下:
```
索引为 0 的任务开始
索引为 1 的任务开始
1> 1000
2> 2000
2> 60000
1> 5000
索引为 0 的任务结束
索引为 1 的任务结束
```

一个常见的应用场景是,如果我们希望连接到一个外部数据库进行读写操作,那么将连接操作放在 map() 中显然不是个好选择——因为每来一条数据就会重新连接一次数据库;所以我们可以在 open() 中建立连接,在 map() 中读写数据,而在 close() 中关闭连接。所以我们推荐的最佳实践如下:

```scala
class MyFlatMap extends RichFlatMapFunction[IN,OUT]{

  override def open(parameters: Configuration): Unit = {
    // 做一些初始化工作
    // 例如建立一个和 MySQL 的连接
  }

  override def flatMap(value: IN, out: Collector[OUT]): Unit = {
```

```
        // 对数据库进行读写
    }

    override def close(): Unit = {
        // 清理工作,关闭和 MySQL 数据库的连接

    }
}
```

另外,富函数类提供了 getRuntimeContext()方法(我们在本节的第一个例子中使用了一下),可以获取到运行时上下文的一些信息,例如程序执行的并行度、任务名称,以及状态(state)。这使得我们可以大大扩展程序的功能,特别是对于状态的操作,使得 Flink 中的算子具备了处理复杂业务的能力。关于 Flink 中的状态管理和状态编程,我们会在后续章节逐渐展开。

5.3.4 物理分区

下面我们来深入了解一下分区操作。

分区操作就是将数据进行重新分布,将数据传递到不同的流分区来进行下一步计算。其实我们对分区操作并不陌生,前面介绍聚合算子时,已经提到了 keyBy(),它就是一种按照键的哈希值来进行重新分区的操作。只不过这种分区操作只能保证把数据按 key "分开",至于分得均不均匀、每个 key 的数据具体会分到哪一区,这些是完全无从控制的——所以我们有时也说,keyBy()是一种逻辑分区操作。

如果说 keyBy()这种逻辑分区是一种"软分区",那么真正硬核的分区就应该是所谓的"物理分区"。也就是我们要真正地控制分区策略,精准地调配数据,告诉每个数据到底去哪里。其实这种分区方式在一些情况下已经在发生了。例如,我们编写的程序可能对多个处理任务设置了不同的并行度,当数据执行的上下游任务并行度变化时,数据就不应该还在当前分区以直通(forward)方式传输了——因为如果并行度变小,当前分区可能没有下游任务了;而如果并行度变大,所有数据还在原先的分区处理,就会导致资源的浪费。所以这种情况下,系统会自动地将数据均匀地发往下游所有的并行任务,保证各个分区的负载均衡。

有些时候,我们还需要手动控制数据分区分配策略。比如当发生数据倾斜的时候,系统无法自动调整,这时就需要我们重新进行负载均衡,将数据流较为平均地发送到下游任务操作分区中去。Flink 对于经过转换操作之后的 DataStream,提供了一系列的底层操作算子,能够帮助我们实现数据流的手动重分区。为了同 keyBy()相区别,我们把这些操作统称为"物理分区"操作。物理分区与 keyBy()另一大区别在于,keyBy()之后得到的是一个 KeyedStream,而物理分区之后结果仍是 DataStream,且流中元素数据类型保持不变。从这一点也可以看出,分区算子并不对数据进行转换处理,只是定义了数据的传输方式。

常见的物理分区策略有随机分区、轮询分区、重缩放和广播,还有一种特殊的分区策略——全局分区,并且 Flink 还支持用户自定义分区策略,下边我们分别来做了解。

1. 随机分区

最简单的重分区方式就是直接"洗牌"。通过调用 DataStream 的 shuffle()方法,将数据随机地分配到下游算子的并行任务中去。

随机分区服从均匀分布,所以可以把流中的数据随机打乱,均匀地传递到下游任务分区,如图 5-9 所示。因为是完全随机的,所以对于同样的输入数据,每次执行得到的结果也不会相同。

经过随机分区之后,得到的依然是一个 DataStream。

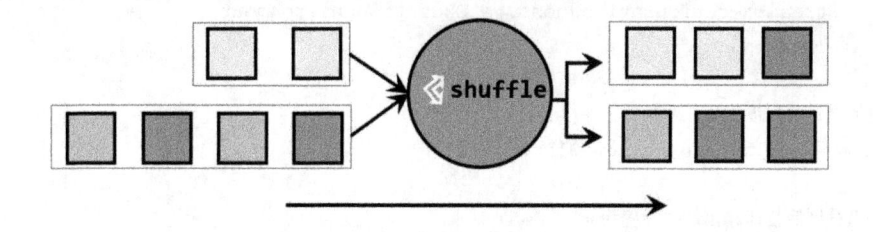

图 5-9 shuffle 随机分区

我们可以做一个简单测试：将数据读入之后直接打印到控制台，将输出的并行度设置为 2，中间经历一次 shuffle。执行多次，观察结果是否相同。

```scala
package com.atguigu.chapter05

import org.apache.flink.streaming.api.scala._

object ShuffleTest {
  def main(args: Array[String]): Unit = {
    val env = StreamExecutionEnvironment.getExecutionEnvironment
    env.setParallelism(1)

    // 读取数据源，并行度为 1
    val stream = env.addSource(new ClickSource)

    // 经洗牌后打印输出，并行度为 4
    stream.shuffle.print("shuffle").setParallelism(4)

    env.execute()
  }
}
```

可以得到如下形式的输出结果：

```
shuffle:2> Event(Mary,./fav,1631093665262)
shuffle:1> Event(Cary,./cart,1631093666283)
shuffle:4> Event(Bob,./prod?id=2,1631093667294)
shuffle:2> Event(Mary,./cart,1631093668305)
shuffle:1> Event(Alice,./fav,1631093669305)
shuffle:3> Event(Cary,./prod?id=1,1631093670316)
...
```

2. 轮询分区

轮询也是一种常见的重分区方式。简单来说就是"发牌"，按照先后顺序将数据做依次分发，如图 5-10 所示。通过调用 DataStream 的 rebalance()方法，就可以实现轮询重分区。rebalance()方法使用的是 Round-Robin 负载均衡算法，可以将输入流数据平均分配到下游的并行任务中去。

Round-Robin 算法用在了很多地方，例如 Kafka 和 Nginx。

我们同样可以在代码中进行测试：

```scala
package com.atguigu.chapter05

import org.apache.flink.streaming.api.scala._

object RebalanceTest {
  def main(args: Array[String]): Unit = {
```

```
        val env = StreamExecutionEnvironment.getExecutionEnvironment
        env.setParallelism(1)

        // 读取数据源,并行度为 1
        val stream = env.addSource(new ClickSource)

        // 经轮询重分区后打印输出,并行度为 4
        stream.rebalance.print("rebalance").setParallelism(4)

        env.execute()
    }
}
```

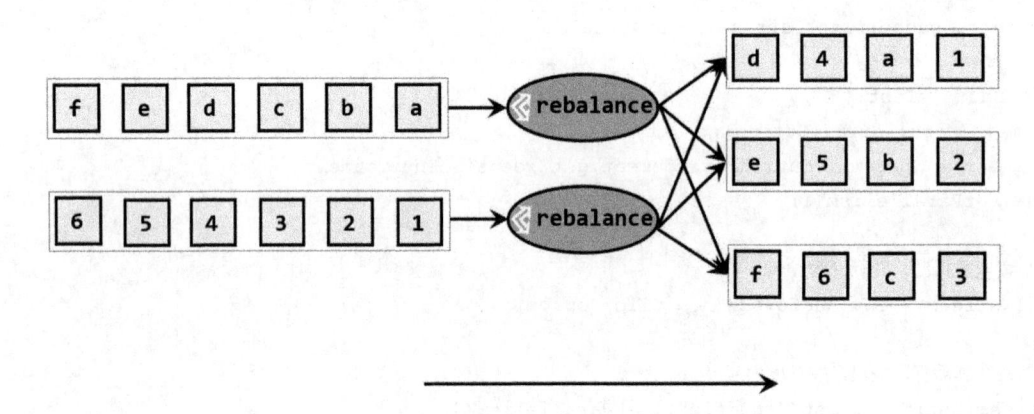

图 5-10 轮询分区(Round-Robin)

可以看到数据被平均分配到了不同的并行任务中去了,输出结果的形式如下。

```
rebalance:3> Event(Alice,./fav,1631094245920)
rebalance:4> Event(Mary,./fav,1631094246934)
rebalance:1> Event(Mary,./fav,1631094247939)
rebalance:2> Event(Bob,./prod?id=1,1631094248946)
rebalance:3> Event(Bob,./prod?id=1,1631094249958)
rebalance:4> Event(Mary,./prod?id=2,1631094250972)
rebalance:1> Event(Cary,./prod?id=1,1631094251984)
rebalance:2> Event(Alice,./prod?id=1,1631094252988)
...
```

3. 重缩放分区

重缩放分区和轮询分区非常相似。当调用 rescale()方法时,其实底层也是使用 Round-Robin 算法进行轮询,但是只会将数据轮询发送到下游并行任务的一部分中,如图 5-11 所示。也就是说,"发牌人"如果有多个,那么 rebalance()的方式是每个发牌人都面向所有人发牌;而 rescale()的做法是分成小团体,发牌人只给自己团体内的所有人轮流发牌。

当下游任务(数据接收方)的数量是上游任务(数据发送方)数量的整数倍时,rescale()的效率明显会更高。比如当上游任务数量是 2,下游任务数量是 6 时,上游任务其中一个分区的数据就会平均分配到下游任务的 3 个分区中。

由于 rebalance()是所有分区数据的"重新平衡",当 TaskManager 数据量较多时,这种跨节点的网络传输必然影响效率;而如果我们配置的任务槽数量合适,用 rescale()的方式进行"局部重缩放",就可以让数据只在当前 TaskManager 的多个 slots 之间重新分配,从而避免了网络传输带来的损耗。

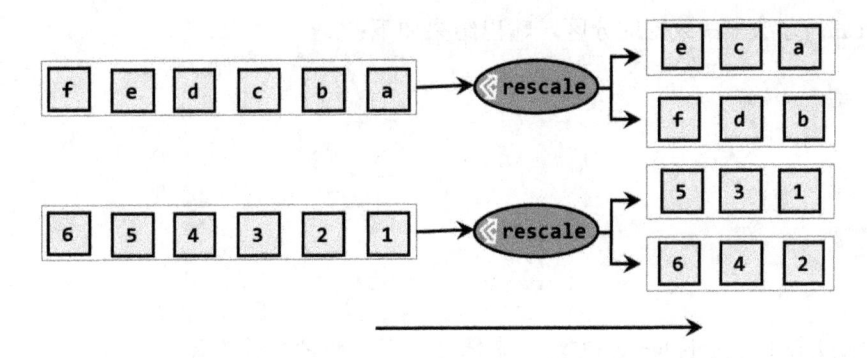

图 5-11 重缩放分区（rescale）

从底层实现上看，rebalance()和 rescale()的根本区别在于任务之间的连接机制不同。rebalance()针对所有上游任务（发送数据方）和所有下游任务（接收数据方）之间建立通信通道，这是一个笛卡儿积的关系；而 rescale()仅针对每个任务和下游对应的部分任务之间建立通信通道，节省了很多资源。

可以在代码中测试如下：

```
package com.atguigu.chapter05

import org.apache.flink.streaming.api.functions.source.{RichParallelSourceFunction, SourceFunction}
import org.apache.flink.streaming.api.scala._

object RescaleExample {
  def main(args: Array[String]): Unit = {
    val env = StreamExecutionEnvironment.getExecutionEnvironment
    env.setParallelism(1)

    env
      // 使用匿名类的方式自定义数据源，这里使用了并行数据源函数的富函数版本
      .addSource(new RichParallelSourceFunction[Int] {
        override def run(sourceContext: SourceFunction.SourceContext[Int]): Unit = {
          for (i <- 0 to 7) {
            // 将偶数发送到下游索引为 0 的并行子任务中去
            // 将奇数发送到下游索引为 1 的并行子任务中去
            if ((i + 1) % 2 == getRuntimeContext.getIndexOfThisSubtask) {
              sourceContext.collect(i + 1)
            }
          }
        }
        // 这里的???是 Scala 中的占位符
        override def cancel(): Unit = ???
      })
      .setParallelism(2)
      .rescale
      .print()
      .setParallelism(4)

    env.execute()
  }
}
```

这里使用 rescale()方法来做数据的分区，输出结果如下：

```
4> 3
3> 1
1> 2
1> 6
3> 5
4> 7
2> 4
2> 8
```

可以将 rescale()方法换成 rebalance()方法，来体会一下这两种方法的区别。

4. 广播

这种方式其实不应该叫作"重分区"，因为经过广播之后，数据会在不同的分区都保留一份，可能进行重复处理。可以通过调用 DataStream 的 broadcast()方法，将输入数据复制并发送到下游算子的所有并行任务中去。

具体代码测试如下：

```scala
package com.atguigu.chapter05

import org.apache.flink.streaming.api.scala._

object BroadcastTest {
  def main(args: Array[String]): Unit = {
    val env = StreamExecutionEnvironment.getExecutionEnvironment
    env.setParallelism(1)

    // 读取数据源，并行度为1
    val stream = env.addSource(new ClickSource)

    // 经广播后打印输出，并行度为4
    stream.broadcast.print("broadcast").setParallelism(4)

    env.execute()
  }
}
```

输出结果如下：

```
1> 1
1> 2
1> 3
2> 1
2> 2
2> 3
```

可以看到，数据被复制，然后广播到了下游的所有并行任务中去了。

5. 全局分区

全局分区也是一种特殊的分区方式。这种做法非常极端，通过调用.global()方法，会将所有的输入流数据都发送到下游算子的第一个并行子任务中去。这就相当于强行让下游任务并行度变成了 1，所以使用这个操作需要非常谨慎，可能对程序造成很大的压力。

6. 自定义分区

当 Flink 提供的所有分区策略都不能满足用户的需求时，我们可以通过使用 partitionCustom()方法来自定义分区策略。

在调用时，方法需要传入两个参数，第一个是自定义分区器（Partitioner）对象，第二个是应用分区器的字段，它的指定方式与 keyBy 指定 key 基本一样：可以通过字段名称指定，也可以通过字段位置索引来指定，还可以实现一个 KeySelector 接口。

例如，我们可以对一组自然数按照奇偶性进行重分区。代码如下：

```
package com.atguigu.chapter05

import org.apache.flink.api.common.functions.Partitioner
import org.apache.flink.streaming.api.scala._

object TransCustomPartitioner {
  def main(args: Array[String]): Unit = {
    val env = StreamExecutionEnvironment.getExecutionEnvironment

    env
      .fromElements(1,2,3,4,5,6,7,8)
      .partitionCustom(
        new Partitioner[Int] {
          // 根据 key 的奇偶性计算出数据将被发送到哪个分区
          override def partition(key: Int, numPartitions: Int): Int = key % 2
        },
        data => data   // 以自身作为 key
      )
      .print()
    env.execute()  }
}
```

5.4 输出

Flink 作为数据处理框架，最终还是要把计算处理的结果写入外部存储，为外部应用提供支持，如图 5-12 所示，本节将主要讲解 Flink 中的 Sink 操作。我们已经了解了 Flink 程序如何对数据进行读取、转换等操作，最后一步当然就应该将结果数据保存或输出到外部系统了。

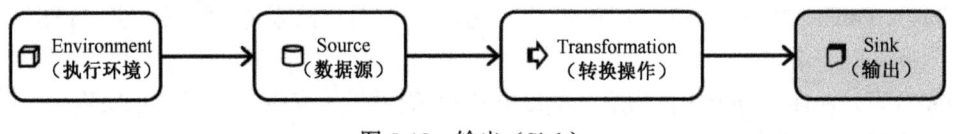

图 5-12 输出（Sink）

5.4.1 连接到外部系统

在 Flink 中，如果我们希望将数据写入外部系统，其实并不是一件难事。我们知道所有算子都可以通过实现函数类来自定义处理逻辑，所以只要有读写客户端，与外部系统的交互在任何一个处理算子中都可以实现。例如，在 MapFunction 中，我们完全可以构建一个 Redis 的连接，然后将当前处理的结果保存到

Redis 中。如果考虑到只需建立一次连接，我们也可以利用 RichMapFunction，在 open()生命周期中做连接操作。

这样看起来很方便，却会带来很多问题。Flink 作为一个快速的分布式实时流处理系统，对稳定性和容错性要求极高。一旦出现故障，我们应该有能力恢复之前的状态，保障处理结果的正确性。这种性质一般被称作"状态一致性"。Flink 内部提供了一致性检查点（checkpoint）来保障我们可以回滚到正确的状态；但如果我们在处理过程中任意读写外部系统，发生故障后就很难回退到从前了。

为了避免这样的问题，Flink 的 DataStream API 专门提供了向外部写入数据的方法——addSink。与 addSource 类似，addSink 方法对应着一个"Sink"算子，主要用来实现与外部系统连接、并将数据提交写入；Flink 程序中所有对外的输出操作，一般都是利用 Sink 算子完成的。

Sink 一词有"下沉"的意思，有些资料会相对于"数据源"把它翻译为"数据汇"。不论怎样理解，Sink 在 Flink 中代表了将结果数据收集起来、输出到外部的意思，所以我们这里统一把它直观地叫作"输出算子"。

之前我们一直在使用的 print()方法其实就是一种 Sink，它表示将数据流写入标准控制台打印输出。查看源码可以发现，print()方法返回的就是一个 DataStreamSink。

与 Source 算子非常类似，除去一些 Flink 预实现的 Sink，一般情况下 Sink 算子的创建是通过调用 DataStream 的 addSink()方法实现的。

```
stream.addSink(new SinkFunction(…))
```

addSource 的参数需要实现一个 SourceFunction 接口；类似地，addSink 方法同样需要传入一个参数，实现的是 SinkFunction 接口。在这个接口中只需要重写一个方法 invoke()，用来将指定的值写入外部系统中。这个方法在每条数据记录到来时都会调用：

```
default void invoke(IN value, Context context) throws Exception
```

当然，SinkFuntion 多数情况下同样并不需要我们自己实现。Flink 官方提供了一部分框架的 Sink 连接器。如图 5-13 所示，列出了 Flink 官方目前支持的第三方系统连接器。

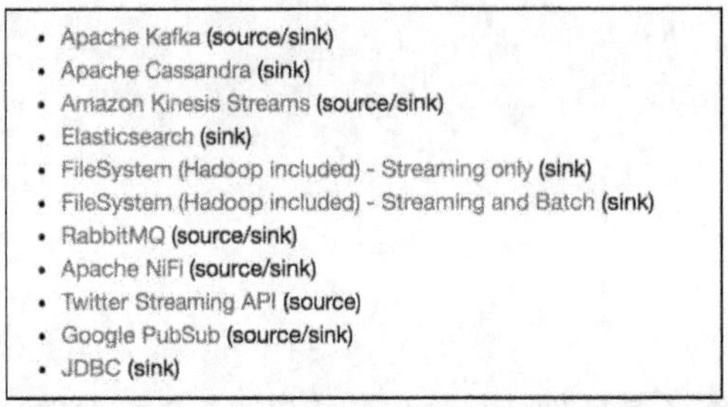

- Apache Kafka (source/sink)
- Apache Cassandra (sink)
- Amazon Kinesis Streams (source/sink)
- Elasticsearch (sink)
- FileSystem (Hadoop included) - Streaming only (sink)
- FileSystem (Hadoop included) - Streaming and Batch (sink)
- RabbitMQ (source/sink)
- Apache NiFi (source/sink)
- Twitter Streaming API (source)
- Google PubSub (source/sink)
- JDBC (sink)

图 5-13　Flink 官方支持的第三方系统连接器

我们可以看到，类似 Kafka 的流式系统，Flink 提供了完美对接，Source/Sink 两端都能连接，可读可写；而对于 Elasticsearch、文件系统（FileSystem）、JDBC 等数据存储系统，则只提供了输出写入的 Sink 连接器。

除了 Flink 官方，Apache Bahir 作为给 Spark 和 Flink 提供扩展支持的项目，也实现了一些其他第三方系统与 Flink 的连接器，如图 5-14 所示。

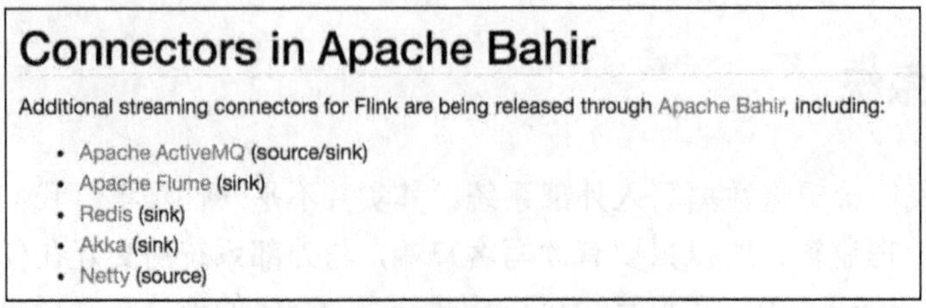

Connectors in Apache Bahir

Additional streaming connectors for Flink are being released through Apache Bahir, including:

- Apache ActiveMQ (source/sink)
- Apache Flume (sink)
- Redis (sink)
- Akka (sink)
- Netty (source)

图 5-14　第三方系统与 Flink 的连接器

此外，就需要用户自定义实现 Sink 连接器了。

接下来，我们就选取一些常见的外部系统进行展开讲解。

5.4.2 输出到文件

最简单的输出方式，当然就是写入文件了。对应着读取文件作为输入数据源，Flink 本来也有一些非常简单粗暴的输出到文件的预实现方法：如 writeAsText()和 writeAsCsv()，可以直接将输出结果保存到文本文件或 Csv 文件。但我们知道，这种方式是不支持同时写入一份文件的；所以我们往往会将最后的 Sink 操作并行度设为 1，这就大大降低了系统效率；而且对于故障恢复后的状态一致性，也没有任何保证。所以目前这些简单的方法已经要被弃用了。

Flink 为此专门提供了一个流式文件系统的连接器——StreamingFileSink，它继承自抽象类 RichSinkFunction，而且集成了 Flink 的检查点机制，用来保证精确一次的一致性语义。

StreamingFileSink 为批处理和流处理提供了一个统一的 Sink，它可以将分区文件写入 Flink 支持的文件系统。它可以保证精确一次的状态一致性，大大改进了之前流式文件输出的方式。它的主要操作是将数据写入桶（buckets），每个桶中的数据都可以分割成一个个大小有限的分区文件，这样一来就实现了真正意义上的分布式文件存储。我们可以通过各种配置来控制"分桶"的操作；默认的分桶方式是基于时间的，我们每小时写入一个新桶。换句话说，每个桶内保存的文件，记录的都是 1 小时的输出数据。

StreamingFileSink 支持行编码和批量编码（比如 Parquet）格式。这两种不同的方式都有各自的构建器，调用方法也非常简单，可以直接调用 StreamingFileSink 的静态方法，如下所示。

- 行编码：StreamingFileSink.forRowFormat t(basePath,rowEncoder)。
- 批量编码：StreamingFileSink.forBulkFormat(basePath,bulkWriterFactory)。

在创建行或批量编码 Sink 时，我们需要传入两个参数，用来指定存储桶的基本路径和数据的编码逻辑（rowEncoder 或 bulkWriterFactory）。

下面我们就以行编码为例，将一些测试数据直接写入文件：

```scala
package com.atguigu.chapter05

import org.apache.flink.api.common.serialization.SimpleStringEncoder
import org.apache.flink.core.fs.Path
import org.apache.flink.streaming.api.functions.sink.filesystem.StreamingFileSink
import org.apache.flink.streaming.api.functions.sink.filesystem.rollingpolicies.DefaultRollingPolicy
import org.apache.flink.streaming.api.scala._

import java.util.concurrent.TimeUnit

object SinkToFileTest_1 {
  def main(args: Array[String]): Unit = {
    val env = StreamExecutionEnvironment.getExecutionEnvironment
    env.setParallelism(4)

    val stream = env.fromElements(
      Event("Mary", "./home", 1000L),
      Event("Bob", "./cart", 2000L),
      Event("Alice", "./prod?id=100", 3000L),
      Event("Alice", "./prod?id=200", 3500L),
      Event("Bob", "./prod?id=2", 2500L),
      Event("Alice", "./prod?id=300", 3600L),
```

```scala
      Event("Bob", "./home", 3000L),
      Event("Bob", "./prod?id=1", 2300L),
      Event("Bob", "./prod?id=3", 3300L)
    )

    val fileSink = StreamingFileSink
      .forRowFormat(
        new Path("./output"),
        new SimpleStringEncoder[String]("UTF-8")
      )
      //通过.withRollingPolicy()方法指定"滚动策略"
      .withRollingPolicy(
      DefaultRollingPolicy.builder()
        .withRolloverInterval(TimeUnit.MINUTES.toMillis(15))
        .withInactivityInterval(TimeUnit.MINUTES.toMillis(5))
        .withMaxPartSize(1024 * 1024 * 1024)
        .build()
    )
      .build

    stream.map(_.toString).addSink(fileSink)

    env.execute()
  }
}
```

这里我们创建了一个简单的文件 Sink，通过 withRollingPolicy()方法指定了一个"滚动策略"。"滚动"的概念在日志文件的写入中经常遇到：因为文件中会有内容持续不断地写入，所以我们应该给一个标准，到什么时候就开启新的文件，将之前的内容归档保存。也就是说，上面的代码设置了在以下 3 种情况下，我们就会滚动分区文件，如下所示。

- 至少包含 15 分钟的数据。
- 最近 5 分钟没有收到新的数据。
- 文件大小已达到 1 GB。

5.4.3 输出到 Kafka

Kafka 是一个分布式的基于发布/订阅的消息系统，本身处理的也是流式数据，所以跟 Flink "天生一对"，经常会作为 Flink 的输入数据源和输出系统。Flink 官方为 Kafka 提供了 Source 和 Sink 的连接器，我们可以用它方便地从 Kafka 读写数据。如果仅支持读写，那还说明不了 Kafka 和 Flink 的亲密关系；真正让它们密不可分的是，Flink 与 Kafka 的连接器提供了端到端的精确一次（exactly-once）语义保证，这在实际项目中是最高级别的一致性保证。关于这部分内容，我们会在后续章节做更详细的讲解。

现在我们要将数据输出到 Kafka，整个数据处理的闭环已经形成，所以可以完整测试如下：

（1）添加 Kafka 连接器依赖。

由于我们已经测试过从 Kafka 数据源读取数据，连接器相关依赖已经引入，这里就不重复介绍了。

（2）启动 Kafka 集群。

（3）编写输出到 Kafka 的示例代码。

我们可以直接将用户行为数据保存为文件 clicks.csv，读取后不做转换直接写入 Kafka，主题（topic）命名为"clicks"。

```scala
package com.atguigu.chapter05

import org.apache.flink.api.common.serialization.SimpleStringSchema
import org.apache.flink.streaming.api.scala._
import org.apache.flink.streaming.connectors.kafka.FlinkKafkaProducer

import java.util.Properties

object SinkToKafka {
  def main(args: Array[String]): Unit = {
    val env = StreamExecutionEnvironment.getExecutionEnvironment
    env.setParallelism(1)

    val properties = new Properties()
    properties.put("bootstrap.servers", "hadoop102:9092")
    val stream = env.readTextFile("input/clicks.csv")
    stream
      .addSink(new FlinkKafkaProducer[String](
        "clicks",
        new SimpleStringSchema(),
        properties
      ))

    env.execute()
  }
}
```

这里我们可以看到，addSink()方法传入的参数是一个 FlinkKafkaProducer。这也很好理解，因为需要向 Kafka 写入数据，自然应该创建一个生产者。FlinkKafkaProducer 继承了抽象类 TwoPhaseCommitSinkFunction，这是一个实现了"两阶段提交"的 RichSinkFunction。两阶段提交提供了 Flink 向 Kafka 写入数据的事务性保证，能够真正做到精确一次（exactly-once）的状态一致性。关于这部分内容，我们会在后续章节展开介绍。

（4）运行代码，在 Linux 主机启动一个消费者，查看是否收到数据。

```
bin/kafka-console-consumer.sh --bootstrap-server hadoop102:9092 --topic clicks
```

我们可以看到消费者可以正常消费数据，证明向 Kafka 写入数据成功。另外，我们也可以读取 5.2 节中介绍过的任意数据源，进行更多的完整测试。一个比较有趣的实验是，我们可以同时将 Kafka 作为 Flink 程序的数据源和写入结果的外部系统。只要将输入和输出的数据设置为不同的 topic，就可以看到整个系统运行的路径：Flink 从 Kakfa 的一个 topic 读取消费数据，然后进行处理转换，最终将结果数据写入 Kafka 的另一个 topic——数据从 Kafka 流入、经 Flink 处理后又流回到 Kafka 去，这就是所谓的"数据管道"应用。

5.4.4 输出到 Redis

Redis 是一个开源的内存式的数据存储，提供了像字符串（string）、哈希表（hash）、列表（list）、集合（set）、排序集合（sorted set）、位图（bitmap）、地理索引和流（stream）等一系列常用的数据结构。因为它运行的速度快、支持的数据类型丰富，在实际项目中已经成为架构优化必不可少的一员，一般用作数据库、缓存，也可以作为消息代理。

Flink 没有直接提供官方的 Redis 连接器，不过 Bahir 项目还是担任了合格的辅助角色，为我们提供了 Flink-Redis 的连接工具。但版本升级略显滞后，目前连接器版本为 1.1，支持的 Scala 版本最新到 2.11。由于我们的测试不涉及 Scala 的相关版本变化，所以并不影响使用。在实际项目应用中，应该以匹配的组件版本运行。具体测试步骤如下。

（1）导入的 Redis 连接器依赖。

```xml
<dependency>
    <groupId>org.apache.bahir</groupId>
    <artifactId>flink-connector-redis_2.11</artifactId>
    <version>1.0</version>
</dependency>
```

（2）启动 Redis 集群。

这里我们为了方便测试，只启动了单节点 Redis。

（3）编写输出到 Redis 的示例代码。

连接器为我们提供了一个 RedisSink，它继承了抽象类 RichSinkFunction，这就是 Flink 已经实现好的向 Redis 写入数据的 SinkFunction。我们可以直接将 Event 数据输出到 Redis：

```scala
package com.atguigu.chapter05

import org.apache.flink.streaming.api.scala._
import org.apache.flink.streaming.connectors.redis.RedisSink
import org.apache.flink.streaming.connectors.redis.common.config.FlinkJedisPoolConfig
import org.apache.flink.streaming.connectors.redis.common.mapper.{RedisCommand,
RedisCommandDescription, RedisMapper}

object SinkToRedis {
  def main(args: Array[String]): Unit = {
    val env = StreamExecutionEnvironment.getExecutionEnvironment
    env.setParallelism(1)

    val conf = new FlinkJedisPoolConfig.Builder().setHost("hadoop102").build()
    env.addSource(new ClickSource)
      .addSink(new RedisSink[Event](conf, new MyRedisMapper()))

    env.execute()
  }
}
```

这里 RedisSink 的构造方法需要传入以下两个参数。

- JFlinkJedisConfigBase：Jedis 的连接配置。
- RedisMapper：Redis 映射类接口，说明怎样将数据转换成可以写入 Redis 的类型。

接下来是定义一个 Redis 的映射类，实现 RedisMapper 接口。

```scala
class MyRedisMapper extends RedisMapper[Event] {
    override def getKeyFromData(t: Event): String = t.user

    override def getValueFromData(t: Event): String = t.url

    override def getCommandDescription: RedisCommandDescription = new RedisCommandDescription(RedisCommand.HSET, "clicks")
```

        }

在这里我们可以看到,保存到 Redis 时调用的命令是 HSET,所以是保存为哈希表(hash),表名为 "clicks";保存的数据以 user 为 key,以 url 为 value,每来一条数据就会做一次转换。

(4) 运行代码,Redis 查看是否收到数据。

```
$ redis-cli
hadoop102:6379>hgetall clicks
1) "Mary"
2) "./home"
3) "Bob"
4) "./cart"
```

我们会发现,发送了多条数据,Redis 中只有 2 条数据。原因是 hash 中的 key 重复了,后面的会把前面的覆盖掉。

5.4.5 输出到 Elasticsearch

Elasticsearch 是一个分布式的开源搜索和分析引擎,适用于所有类型的数据。Elasticsearch 是一个有着简洁 REST 风格的 API,以良好的分布式特性、速度和可扩展性而闻名,在大数据领域应用非常广泛。

Flink 为 Elasticsearch 专门提供了官方的 Sink 连接器,Flink 1.13 支持当前最新版本的 Elasticsearch。

写入数据的 Elasticsearch 的测试步骤如下。

(1) 添加 Elasticsearch 连接器依赖。

```xml
<dependency>
    <groupId>org.apache.flink</groupId>
    <artifactId>flink-connector-elasticsearch6_${scala.binary.version}</artifactId>
    <version>${flink.version}</version>
</dependency>
```

(2) 启动 Elasticsearch 集群。

(3) 编写输出到 Elasticsearch 的示例代码。

```scala
package com.atguigu.chapter05

import org.apache.flink.api.common.functions.RuntimeContext
import org.apache.flink.streaming.api.scala._
import org.apache.flink.streaming.connectors.elasticsearch.{ElasticsearchSinkFunction, RequestIndexer}
import org.apache.flink.streaming.connectors.elasticsearch7.ElasticsearchSink
import org.apache.flink.table.descriptors.Elasticsearch
import org.apache.http.HttpHost
import org.elasticsearch.client.Requests

import java.util

object SinkToEsTest {
  def main(args: Array[String]): Unit = {
    val env = StreamExecutionEnvironment.getExecutionEnvironment
    env.setParallelism(1)

    val stream = env.fromElements(
      Event("Mary", "./home", 1000L),
```

```
        Event("Bob", "./cart", 2000L),
        Event("Alice", "./prod?id=100", 3000L),
        Event("Alice", "./prod?id=200", 3500L),
        Event("Bob", "./prod?id=2", 2500L),
        Event("Alice", "./prod?id=300", 3600L),
        Event("Bob", "./home", 3000L),
        Event("Bob", "./prod?id=1", 2300L),
        Event("Bob", "./prod?id=3", 3300L)
      )

    val httpHosts = new util.ArrayList[HttpHost]()
    httpHosts.add(new HttpHost("hadoop102", 9200, "http"))

    val esBuilder = new ElasticsearchSink.Builder[Event](
      httpHosts,
      new ElasticsearchSinkFunction[Event] {
        override def process(t: Event, runtimeContext: RuntimeContext, requestIndexer:
RequestIndexer): Unit = {
          val data = new java.util.HashMap[String, String]()
          data.put(t.user, t.url)

          val indexRequest = Requests
            .indexRequest()
            .index("clicks")
            .`type`("type")
            .source(data)

          requestIndexer.add(indexRequest)
        }
      }
    )

    stream.addSink(esBuilder.build())

    env.execute()
  }
}
```

与 RedisSink 类似，连接器也为我们实现了写入到 Elasticsearch 的 SinkFunction——ElasticsearchSink。区别在于，这个类的构造方法是私有（private）的，我们需要使用 ElasticsearchSink 的 Builder 内部静态类，调用它的 build() 方法才能创建出真正的 SinkFunction。

而 Builder 的构造方法中又有两个参数。

- httpHosts：连接到的 Elasticsearch 集群主机列表。
- elasticsearchSinkFunction：这并不是我们所说的 SinkFunction，而是用来说明具体处理逻辑、准备数据向 Elasticsearch 发送请求的函数。

具体的操作需要重写 elasticsearchSinkFunction 中的 process() 方法，我们可以将要发送的数据放在一个 HashMap 中，包装成 IndexRequest 向外部发送 HTTP 请求。

（4）运行代码，访问 Elasticsearch 查看是否收到数据，查询结果如下所示。

```
{
  "took" : 140,
  "timed_out" : false,
  "_shards" : {
    "total" : 5,
    "successful" : 5,
    "skipped" : 0,
    "failed" : 0
  },
  "hits" : {
    "total" : 9,
    "max_score" : 1.0,
    "hits" : [
      {
        "_index" : "clicks",
        "_type" : "_doc",
        "_id" : "dAxBYHoB7eAyu-y5suyU",
        "_score" : 1.0,
        "_source" : {
          "Mary" : "./home"
        }
      },
      {
        "_index" : "clicks",
        "_type" : "type",
        "_id" : "tNcmunsBMzCIEU6an9u8",
        "_score" : 1.0,
        "_source" : {
          "Alice" : "./prod?id=200"
        }
      },
      …
    ]
  }
}
```

5.4.6 输出到 MySQL

关系型数据库有着非常好的结构化数据设计、方便的 SQL 查询，是很多企业中业务数据存储的主要形式。MySQL 就是其中的典型代表。尽管在大数据处理中直接与 MySQL 交互的场景不多，但最终处理的计算结果是要给外部应用消费使用的，而外部应用读取的数据存储往往就是 MySQL。所以我们也需要知道如何将数据输出到 MySQL 这样的传统数据库。

写入数据到 MySQL 的测试步骤如下。

（1）添加依赖。

```xml
<dependency>
    <groupId>org.apache.flink</groupId>
    <artifactId>flink-connector-jdbc_${scala.binary.version}</artifactId>
    <version>${flink.version}</version>
```

```
        </dependency>
        <dependency>
            <groupId>mysql</groupId>
            <artifactId>mysql-connector-java</artifactId>
            <version>5.1.47</version>
        </dependency>
```

(2) 启动 MySQL，在 test 库下创建表 clicks。

```
mysql> create table clicks(
    -> user varchar(20) not null,
    -> url varchar(100) not null);
```

(3) 编写输出到 MySQL 的示例代码。

```scala
package com.atguigu.chapter05

import org.apache.flink.connector.jdbc.{JdbcConnectionOptions,
JdbcExecutionOptions,
JdbcSink, JdbcStatementBuilder}
import org.apache.flink.streaming.api.scala._

import java.sql.PreparedStatement

object SinkToMySQL {
  def main(args: Array[String]): Unit = {
    val env = StreamExecutionEnvironment.getExecutionEnvironment
    env.setParallelism(1)

    val stream = env.fromElements(
      Event("Mary", "./home", 1000L),
      Event("Bob", "./cart", 2000L),
      Event("Alice", "./prod?id=100", 3000L),
      Event("Alice", "./prod?id=200", 3500L),
      Event("Bob", "./prod?id=2", 2500L),
      Event("Alice", "./prod?id=300", 3600L),
      Event("Bob", "./home", 3000L),
      Event("Bob", "./prod?id=1", 2300L),
      Event("Bob", "./prod?id=3", 3300L)
    )

    stream.addSink(
      JdbcSink.sink(
        "INSERT INTO clicks (user, url) VALUES (?, ?)",
        new JdbcStatementBuilder[Event] {
          override def accept(t: PreparedStatement, u: Event): Unit = {
            t.setString(1, u.user)
            t.setString(2, u.url)
          }
        },
        new
            JdbcConnectionOptions.JdbcConnectionOptionsBuilder()
          .withUrl("jdbc:mysql://localhost:3306/test")
          .withDriverName("com.mysql.jdbc.Driver")
          .withUsername("username")
```

```
                .withPassword("password")
                .build()
        )
    )

    env.execute ()
  }
}
```

（4）运行代码，用客户端连接 MySQL，查看是否成功写入数据。

```
mysql> select * from clicks;
+------+---------------+
| user |      url      |
+------+---------------+
| Mary | ./home        |
| Alice| ./prod?id=300 |
| Bob  | ./prod?id=3   |
+------+---------------+
3 rows in set (0.00 sec)
```

5.4.7 自定义 Sink 输出

如果我们想将数据存储到我们自己的存储设备中，而 Flink 并没有提供可以直接使用的连接器，又该怎么办呢？

与 Source 类似，Flink 为我们提供了通用的 SinkFunction 接口和对应的 RichSinkFunction 抽象类，只要实现它，通过简单地调用 DataStream 的 addSink()方法就可以自定义写入任何外部存储。之前与外部系统的连接，其实都是连接器帮我们实现了 SinkFunction，现在既然没有现成的，我们就只好自力更生了。例如，Flink 并没有提供 HBase 的连接器，所以需要我们自己写。

在实现 SinkFunction 的时候，需要重写的一个关键方法 invoke()，在这个方法中我们就可以实现将流里的数据发送出去的逻辑。

这里我们使用了 SinkFunction 的富函数版本，因为这里用到了生命周期的概念，创建 HBase 的连接以及关闭 HBase 的连接，需要分别放在 open()方法和 close()方法中。

（1）导入依赖。

```
<dependency>
    <groupId>org.apache.hbase</groupId>
    <artifactId>hbase-client</artifactId>
    <version>${hbase.version}</version>
</dependency>
```

（2）编写输出到 HBase 的示例代码。

```
package com.atguigu.chapter05

import org.apache.flink.configuration.Configuration
import org.apache.flink.streaming.api.functions.sink.{RichSinkFunction, SinkFunction}
import org.apache.flink.streaming.api.scala._
import org.apache.hadoop.hbase.{HBaseConfiguration, TableName}
import org.apache.hadoop.hbase.client.Connection
import org.apache.hadoop.hbase.client.ConnectionFactory
import org.apache.hadoop.hbase.client.Put
import org.apache.hadoop.conf.{Configuration => HbaseConf}
```

```scala
import java.nio.charset.StandardCharsets

object SinkCustomToHBase {
  def main(args: Array[String]): Unit = {
    val env = StreamExecutionEnvironment.getExecutionEnvironment
    env.setParallelism(1)

    env
      .fromElements("hello", "world")
      .addSink(new RichSinkFunction[String] {
        var configuration: HbaseConf = null
        var connection: Connection = null
        override def open(parameters: Configuration): Unit = {
          configuration = HBaseConfiguration.create()
          configuration.set("hbase.zookeeper.quorum", "hadoop102:2181");
          connection = ConnectionFactory.createConnection(configuration);
        }
        override def invoke(value: String, context: SinkFunction.Context): Unit = {
          val table = connection.getTable(TableName.valueOf("test"))  // 表名为 test
          val put = new Put("rowkey".getBytes(StandardCharsets.UTF_8))  // 指定 rowkey

          put.addColumn("info".getBytes(StandardCharsets.UTF_8)  // 指定列名
            , value.getBytes(StandardCharsets.UTF_8)  // 写入的数据
            , "1".getBytes(StandardCharsets.UTF_8))  // 写入的数据
          table.put(put)  // 执行 put 操作
          table.close()
        }

        override def close(): Unit = {
          connection.close()
        }
      })

    env.execute()
  }
}
```

（3）可以在 HBase 查看插入的数据。

5.5 本章总结

本章从编写 Flink 程序的基本流程入手，依次讲解了执行环境的创建、数据源的读取、数据流的转换操作，和最终结果数据的输出，对各种常见的转换操作 API 和外部系统的连接都做了详细介绍，并在其中穿插阐述了 Flink 中支持的数据类型和 UDF 的用法。到目前为止，我们已经充分掌握了 DataStream API 的基本用法，熟悉了 Flink 的编程习惯，应该说已经跨进了 Flink 流处理的大门。

当然，本章对转换算子只进行了一个简单介绍，Flink 中的操作远远不止这些，还有窗口、多流转换、底层的处理函数（Process Function），以及状态编程等更加高级的用法。另外，本章中由于涉及读写外部系统，我们不只一次地提到了"精确一次"的状态一致性，这也是 Flink 的高级特性之一。关于这些内容，我们将在后续章节逐一展开。

第 6 章
Flink 中的时间和窗口

我们已经了解了 API 的基本用法，熟悉了 DataStream 进行简单转换、聚合的一些操作。此外，Flink 还提供了丰富的转换算子，可以用于更加复杂的处理场景。

在流数据处理应用中，一个很重要、也很常见的操作就是窗口计算。所谓的"窗口"，一般就是划定的一段时间范围，也就是"时间窗"；对在这个范围内的数据进行处理，就是所谓的窗口计算。所以窗口和时间往往是分不开的。接下来我们就深入了解一下 Flink 中的时间语义和窗口的应用。

6.1 时间语义

"时间"对我们来说，是生活中再熟悉不过的一个概念。一年 365 天，每天 24 小时，时间就像缓缓流淌的河，不疾不徐、无休无止地前进着，它是我们衡量事件发生和进展的标准尺度。如果想写抒情散文或是科幻小说，时间无疑是个绝好的题材。但这跟数据处理有什么关系呢？

其实从上面的描述中已经可以发现，时间本身就有"流"的特性，它可以用来判断事件发生的先后和间隔；所以如果我们想要划定窗口来收集数据，就需要基于时间。对于批处理来说，这似乎没什么讨论的必要，因为数据都收集好了，想怎么划分窗口都可以；而对于流处理来说，如果想处理的更加实时，就必须对时间有更加精细的控制。

那怎样对时间进行"精细的控制"呢？在我们的认知里，时间的流逝是一个客观的事实，只要有一个足够精确的表就可以告诉我们准确的时间了。在计算机系统里，这不就是系统时间吗？那所谓的"时间语义"又是什么意思呢？

6.1.1 Flink 中的时间语义

对于一台机器而言，"时间"自然就是指系统时间。但我们知道，Flink 是一个分布式处理系统。分布式架构最大的特点，就是节点彼此独立、互不影响，这带来了更高的吞吐量和容错性；但有利必有弊，最大的问题也来源于此。

在分布式系统中，节点"各自为政"，是没有统一时钟的，数据和控制信息都通过网络进行传输。比如现在有一个任务是窗口聚合，我们希望将每小时的数据收集起来进行统计处理。而对于并行的窗口子任务，它们所在的节点不同，系统时间也会有差异；当我们希望统计 08:00:00—09:00:00 点的数据时，对并行任务来说其实并不是"同时"的，收集到的数据也会有误差。

那既然一个集群中有 JobManager 作为管理者，是不是让它统一向所有的 TaskManager 发送同步时钟信号就行了呢？这也是不行的。因为网络传输会有延迟，而且这种延迟是不确定的，所以 JobManager 发出的同步信号无法同时到达所有节点；想要拥有一个全局统一的时钟，在分布式系统里是做不到的。

另一个麻烦的问题是，在流式处理的过程中，数据在不同的节点间不停流动，这同样也会有网络传输的延迟。这样一来，当上下游任务需要跨节点传输数据时，它们对于"时间"的理解也会有所不同。例如，上游任务在 08:59:59 发出一条数据，到下游要做窗口计算时已经是 09:00:01 了，那这条数据到底该不该被收到 08:00:00～09:00:00 的窗口呢？

所以，当我们希望对数据按照时间窗口来进行收集计算时，"时间"到底以谁为标准就非常重要了。

我们重新梳理一下流式数据处理的过程。如图 6-1 所示，在事件发生之后，生成的数据被收集起来，首先进入分布式消息队列，然后被 Flink 系统中的 Source 算子读取消费，进而向下游的转换算子（窗口算子）传递，最终由窗口算子进行计算处理。

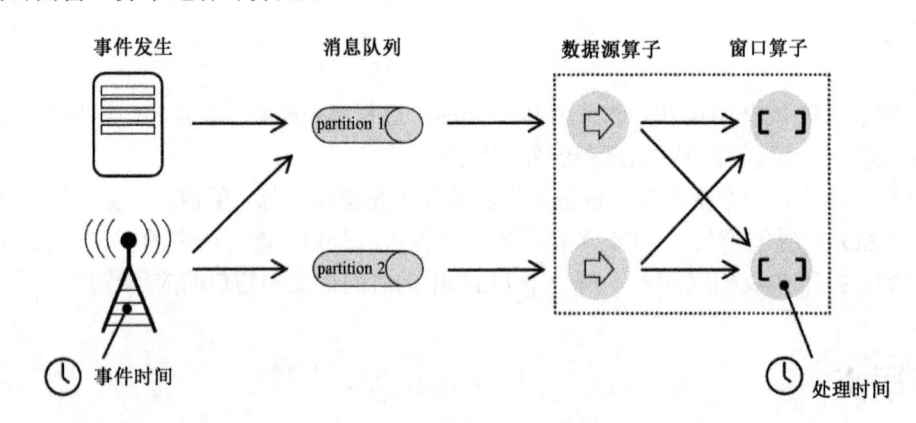

图 6-1 流式数据的生成与处理

很明显，这里有两个非常重要的时间点：一个是数据产生的时间，我们把它叫作"事件时间"（Event Time）；另一个是数据真正被处理的时刻，叫作"处理时间"（Processing Time）。我们定义的窗口操作，到底是以哪种时间作为衡量标准，就是所谓的"时间语义"（Notions of Time）。由于分布式系统中网络传输的延迟和时钟漂移，处理时间相对事件发生的时间会有所滞后。

1. 处理时间（Processing Time）

处理时间的概念非常简单，就是指执行处理操作的机器的系统时间。

如果我们以它作为衡量标准，那么数据属于哪个窗口就很明显了：只看窗口任务处理这条数据时，当前的系统时间。比如之前的例子，数据 08:59:59 产生，而窗口计算时的时间是 09:00:01，那么这条数据就属于 09:00:00—10:00:00 的窗口；如果数据传输非常快，09:00:00 之前就到了窗口任务，那么它就属于 8～9 点的窗口了。每个并行的窗口子任务，就只按照自己的系统时钟划分窗口。假如我们在早上 08:10:00 启动运行程序，那么接下来一直到 09:00:00 以前处理的所有数据，都属于第一个窗口；09:00:00—10:00:00 的所有数据就将属于第二个窗口。

这种方法非常简单粗暴，不需要各个节点之间进行协调同步，也不需要考虑数据在流中的位置，简单来说，就是"我的地盘听我的"。所以处理时间是最简单的时间语义。

2. 事件时间（Event Time）

事件时间，是指每个事件在对应的设备上发生的时间，也就是数据生成的时间。

数据一旦产生，这个时间自然就确定了，所以它可以作为一个属性嵌入到数据中。这其实就是这条数据记录的"时间戳"。

在事件时间语义下，我们对于时间的衡量，就不看任何机器的系统时间了，而是依赖于数据本身。打个比方，这相当于任务处理的时候自己本身是没有时钟的，所以只好来一个数据就问一下"现在几点了"；而数据本身也没有表，只有一个自带的"出厂时间"，于是任务就基于这个时间来确定自己的时钟。由于流处理中数据是源源不断产生的，一般来说，先产生的数据也会先被处理，所以当任务不停地接到数据时，它们的时间戳也基本上是不断增长的，就可以代表时间的推进。

当然我们会发现，这里有个前提，就是"先产生的数据先被处理"，这要求我们可以保证数据到达的顺序。但是由于分布式系统中网络传输延迟的不确定性，实际应用中我们要面对的数据流往往是乱序的。在这种情况下，就不能简单地把数据自带的时间戳当作时钟了，而需要用另外的标志来表示事件时间的进展，在 Flink 中把它叫作事件时间的"水位线"。关于水位线的概念和用法，我们稍后介绍。

6.1.2 哪种时间语义更重要

我们已经了解了 Flink 中两种不同的时间语义，那么在实际应用中，到底应该用哪个呢？

1. 从《星球大战》说起

为了更加清晰地说明两种语义的区别，我们来举一个非常经典的例子：电影《星球大战》。

《星球大战》是一部经典的科幻电影，在 1977 年拍摄上映之后就引起了巨大的反响。我们知道，但凡一部商业电影叫好又叫座，那十有八九都是要拍续集的——于是 6 年内又上映了两部续集，这就是当时轰动一时的星战三部曲。好 IP 总是要反复拿来用，所以十几年后又有了星战前传三部曲，到了 2015 年之后又以每年一部的频率继续拍摄后传和外传。而星战系列的命名也很有趣，是按照故事时间线的发展来的：经典三部曲是系列的四～六部，之后是前传一～三，2015 年开始的后传就从第七部算起了。

如图 6-2 所示，我们会发现，看电影其实就是处理影片中数据的过程，所以影片的上映时间就相当于"处理时间"；而影片的数据就是所描述的故事，它所发生的背景时间就相当于"事件时间"。

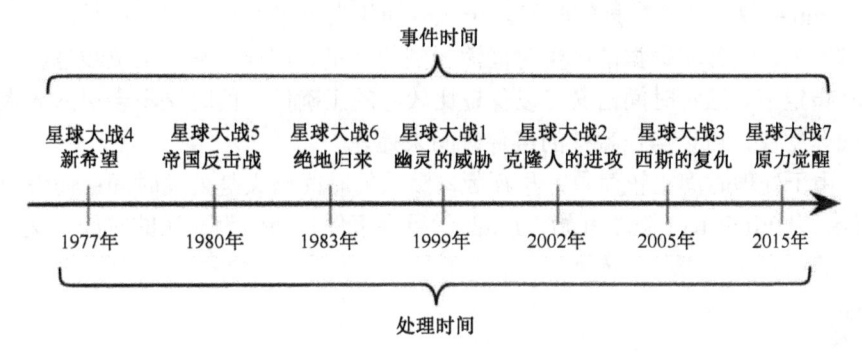

图 6-2　电影《星球大战》与时间语义

现在我们考虑一下，作为没有看过星球大战的新影迷，如果想要入坑一览，该选择什么样的观影顺序呢？这就要看我们具体的需求了：如果你是剧情党，重点想看一个完整的故事，那么最好的选择无疑就是按照系列的编号，沿着故事发展的时间线来看；而如果你是特效党，更想体验炫目的视觉效果和时代技术的发展，那就按照电影的拍摄顺序来观看，不过剧情可能就需要多脑补一下了。

所以，两种时间语义都有各自的用途，适用于不同的场景。

2. 数据处理系统中的时间语义

在计算机系统中，考虑数据处理的"时代变化"是没什么意义的，我们更关心的，显然是数据本身产生的时间。

比如我们计算网站的 PV、UV 等指标，要统计每天的访问量。如果某个用户在 23:59:59 有一次访问，但我们的任务处理这条数据的时间已经是第二天的 00:00:01 了；那么，这条数据是应该算作当天的访问，还是第二天的访问呢？很明显，统计用户行为，需要考虑行为本身发生的时间，所以我们应该把这条数据统计入当天的访问量。这时我们用到的窗口，就是以事件时间作为划分标准的，跟处理时间无关。

所以在实际应用中，事件时间语义会更为常见。一般情况下，业务日志数据中都会记录数据生成的时间戳，它就可以作为事件时间的判断基础。

3. 两种时间语义的对比

实际应用中，数据产生的时间和处理的时间可能是完全不同的。很长时间收集起来的数据，处理或许只要一瞬间；也有可能数据量过大、处理能力不足，短时间堆积了大量数据，处理不完，产生"背压"。

通常来说，处理时间是我们计算效率的衡量标准，而事件时间会更符合我们的业务计算逻辑。所以更多时候我们使用事件时间；不过处理时间也不是一无是处。对于处理时间而言，由于没有任何附加考虑，数据一来就直接处理，因此这种方式可以让我们的流处理延迟降到最低，效率达到最高。

但是我们前面提到过，在分布式环境中，处理时间其实是不确定的，各个并行任务时钟不统一；而且由于网络延迟，导致数据到达各个算子任务的时间有快有慢，对于窗口操作就可能收集不到正确的数据了，数据处理的顺序也会被打乱。这就会影响到计算结果的正确性。所以处理时间语义，一般用在对实时性要求极高，而对计算准确性要求不太高的场景。

而在事件时间语义下，水位线成为时钟，可以统一控制时间的进度。这就保证了我们总可以将数据划分到正确的窗口中，比如 08:59:59 产生的数据，无论网络传输的延迟是多少，它永远属于 08:00:00—09:00:00 的窗口，不会错分。但我们知道数据还可能是乱序的，要想让窗口正确地收集到所有数据，就必须等这些错乱的数据都到齐，这就需要一定的等待时间。所以整体上看，事件时间语义是以一定延迟为代价，换来了处理结果的正确性。由于网络延迟一般只有毫秒级，所以即使是事件时间语义，同样可以完成低延迟实时流处理的任务。

另外，除了事件时间和处理时间，Flink 还有一个"摄入时间"的概念，它是指数据进入 Flink 数据流的时间，也就是 Source 算子读入数据的时间。摄入时间相当于事件时间和处理时间的一个中和，它是把 Source 任务的处理时间，当作了数据的产生时间添加到数据里。这样一来，水位线也就基于这个时间直接生成，不需要单独指定了。这种时间语义可以保证比较好的正确性，同时又不会引入太大的延迟。它的具体行为跟事件时间非常像，可以当作特殊的事件时间来处理。

在 Flink 中，由于处理时间比较简单，早期版本默认的时间语义是处理时间；而考虑到事件时间在实际应用中更为广泛，从 Flink 1.12 版本开始，Flink 已经将事件时间作为默认的时间语义了。

6.2 水位线

在介绍事件时间语义时，我们提到了"水位线"的概念，已经知道了它其实就是用来度量事件时间的。那么水位线具体有什么含义，又跟数据的时间戳有什么关系呢？接下来我们就来深入探讨一下这个流处理中的核心概念。

6.2.1 事件时间和窗口

在实际应用中，一般会采用事件时间语义。而水位线，就是基于事件时间提出的概念。所以在介绍水位线之前，我们首先来梳理一下事件时间和窗口的关系。

一个数据产生的时刻，就是流处理中事件触发的时间点，这就是"事件时间"，一般都会以时间戳的形式作为一个字段记录在数据里。这个时间就像商品的"生产日期"一样，一旦产生就是固定的，印在包装袋上，不会因为运输辗转而变化。如果我们想要统计一段时间内的数据，需要划分时间窗口，这时只要判断一下时间戳就可以知道数据属于哪个窗口了。

明确了一个数据的所属窗口，还不能直接进行计算。因为窗口处理的是有界数据，我们需要等窗口的数据都到齐了，才能计算出最终的统计结果。那么什么时候数据才能都到齐了呢？对于时间窗口来说这很明显：到了窗口的结束时间，自然就应该收集到了所有数据，就可以触发计算输出结果了。比如我们想统计 8～9 点的用户点击量，那就从 08:00:00 开始收集数据，到 09:00:00 截止，将收集的数据做处理计算。这有点类似班车，如图 6-3 所示，每小时发一班，那么 08:00:00 之后来的人都会上同一班车，到 09:00:00 准时发车；09:00:00 之后来的人，就只好等下一班 10:00:00 发的车了。

图 6-3　车站待发的班车

当然，我们现在处理的数据本身是有时间戳的。所以为了更清楚地解释，我们将"赶班车"这个例子中的人，换成带有生产日期的商品。所以现在我们班车的主要任务是运送商品，一辆车就只装载 1 小时内生产出的所有商品，商品到齐了就发车。比如某辆车要装的是 08:00:00—09:00:00 生产的所有商品，那么货什么时候到齐呢？自然可以想到，到 09:00:00 的时候商品就到齐了，可以发车了。

这里的关键问题是，"09:00:00 发车"，到底是看谁的表来定时间呢？

在处理时间语义下，都是以当前任务所在节点的系统时间为准。这就相当于每辆车里都挂了一个钟，到了 09:00:00 就直接发车。这种方式简单粗暴容易实现，但因为车上的钟是独立运行的，以它为标准就不能准确地判断商品的生产时间。在分布式环境下，这样会因为网络传输延迟的不确定而导致误差。比如有些商品在 08:59:59 生产出来，可是从下生产线到运至车上又要花费几秒，那就赶不上 09:00:00 的这班车了。而且现在分布式系统中有很多辆 09:00:00 发的班车，所以同时生产出的一批商品，需要平均分配到不同的班车上，可这些班车距离有近有远、车上的钟有快有慢，这就可能导致有些商品上车了、有些却被漏掉；先后生产出的商品，到达车上的顺序也可能出现混乱；统计结果的正确性受到了影响。

所以在实际中我们往往需要以事件时间为准。如果考虑事件时间，情况就复杂起来了。现在不能直接用每辆车上挂的钟（系统时间），又没有统一的时钟，那该怎么确定发车时间呢？

现在能利用的，就只有商品的生产时间（数据的时间戳）了。我们可以这样思考：一般情况下，商品生产出来后，就会立即传送到车上；所以商品到达车上的时间（系统时间）应该稍稍滞后于商品的生产时间（数据时间戳）。如果不考虑传输过程的一点点延迟，我们就可以直接用商品生产时间来表示当前车上的时间了。如图 6-4 所示，到达车上的商品，生产时间是 08:05:00，那么当前车上的时间就是 08:05:00；又来了一个 08:10:00 生产的商品，现在车上的时间就是 08:10:00。我们直接用数据的时间戳来指示当前的时间进展，窗口的关闭自然也是以数据的时间戳等于窗口结束时间为准，这就相当于可以不受网络传输延迟的影响。像之前所说，08:59:59 生产出来的商品，到车上的时候不管实际时间（系统时间）是几点，我们就认为当前是 08:59:59，所以它总是能赶上车的；而 09:00:00 这班车，要等到 09:00:00 整生产的商品到来，才认为时间到了 09:00:00，这时才正式发车。这样就可以得到正确的统计结果了。

在这个处理过程中，我们其实是基于数据的时间戳，自定义了一个"逻辑时钟"。这个时钟的时间不会自动流逝；它的时间进展，就是靠着新到数据的时间戳来推动的。这样的好处在于，计算的过程可以完全不依赖处理时间（系统时间），不论什么时候进行统计处理，得到的结果都是正确的。比如"双 11"的时候，系统处理压力大，我们可能会把大量数据缓存在 Kafka 中；过了高峰时段之后再读取出来，在几秒之内就可以处理完几个小时甚至几天的数据，而且依然可以按照数据产生的时间段进行统计，所有窗口都能收集到正确的数据。而一般实时流处理的场景中，事件时间可以基本与处理时间保持同步，只是略微有一点延迟，同时保证了窗口计算的正确性。

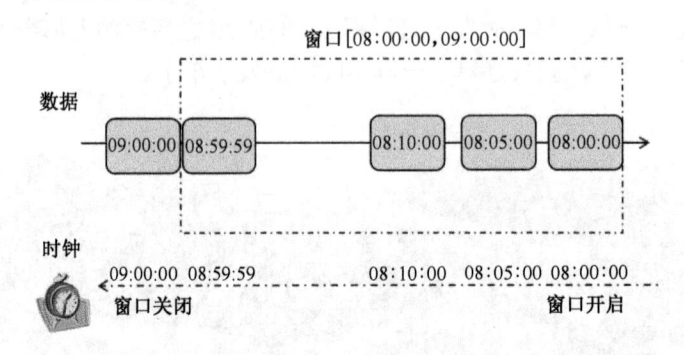

图 6-4　事件时间语义下窗口的开启和关闭
（窗口时间区间为左闭右开，即包含 08:00:00 不包含 09:00:00）

6.2.2　什么是水位线

在事件时间语义下，我们不依赖系统时间，而是基于数据自带的时间戳去定义了一个时钟，用来表示当前时间的进展。于是每个并行子任务都会有一个自己的逻辑时钟，它的前进是靠数据的时间戳来驱动的。

但在分布式系统中，这种驱动方式又会有一些问题。因为数据本身在处理转换的过程中会变化，如果遇到窗口聚合这样的操作，其实是要攒一批数据才会输出一个结果，那么下游的数据就会变少，时间进度的控制就不够精细了。另外，数据向下游任务传递时，一般只能传输给一个子任务（除广播外），这样其他的并行子任务的时钟就无法推进了。例如，一个时间戳为 09:00:00 的数据到来，当前任务的时钟就已经是 09:00:00 了；处理完当前数据要发送到下游，如果下游任务是一个窗口计算，并行度为 3，那么接收到这个数据的子任务，时钟也会进展到 09:00:00，09:00:00 结束的窗口就可以关闭进行计算了；而另外两个并行子任务则时间没有变化，不能进行窗口计算。

所以我们应该把时钟也以数据的形式传递出去，告诉下游任务当前时间的进展；而且这个时钟的传递不会因为窗口聚合之类的运算而停滞。一种简单的想法是，在数据流中加入一个时钟标记，记录当前的事件时间；这个标记可以直接广播到下游，当下游任务收到这个标记，就可以更新自己的时钟了。由于类似水流中用来做标志的记号，在 Flink 中，这种用来衡量事件时间进展的标记，称作"水位线"。

在具体实现上，水位线可以看作一条特殊的数据记录，它是插入到数据流中的一个标记点，主要内容就是一个时间戳，用来指示当前的事件时间。而它插入流中的位置，就应该是在某个数据到来之后；这样就可以从这个数据中提取时间戳，作为当前水位线的时间戳了。

如图 6-5 所示，每个事件产生的数据，都包含了一个时间戳，我们直接用一个整数表示。这里没有指定单位，可以理解为秒或者毫秒（方便起见，下面讲述统一认为是秒）。当产生于 2 秒的数据到来之后，当前的事件时间就是 2 秒；在后面插入一个时间戳也为 2 秒的水位线，随着数据一起向下游流动。而当 5 秒产生的数据到来之后，同样在后面插入一个水位线，时间戳也为 5，当前的时钟就推进到了 5 秒。这样，如果出现下游有多个并行子任务的情况，我们只要将水位线广播出去，就可以通知到所有下游任务当前的时间进度了。

水位线是数据流中的一部分，随着数据一起流动，在不同任务之间传输。这看起来非常简单，接下来我们就进一步探讨一些复杂的状况。

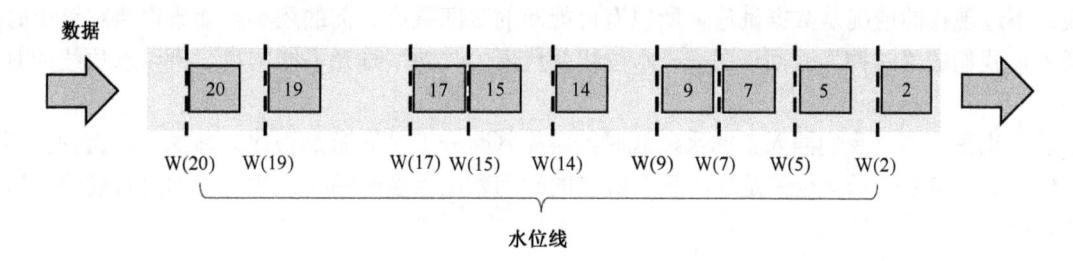

图 6-5　每条数据后都插入一个水位线

1. 有序流中的水位线

在理想状态下，数据应该按照它们生成的先后顺序、排好队进入流中；也就是说，它们处理的过程会保持最初的顺序不变，遵守先来后到的原则。这样的话，我们从每个数据中都提取时间戳，就可以保证总是从小到大增长的，从而插入的水位线也会不断增长、事件时钟不断向前推进。

在实际应用中，如果当前数据量非常大，可能会有很多数据的时间戳是相同的，这时每来一条数据就提取时间戳、插入水位线就等于做了大量的无用功。而且即使时间戳不同，同时涌来的数据时间差会非常小（比如几毫秒），往往对处理计算也没什么影响。所以为了提高效率，一般会每隔一段时间就生成一个水位线，这个水位线的时间戳，就是当前最新数据的时间戳，如图 6-6 所示。所以这时的水位线，其实就是有序流中的一个周期性出现的时间标记。

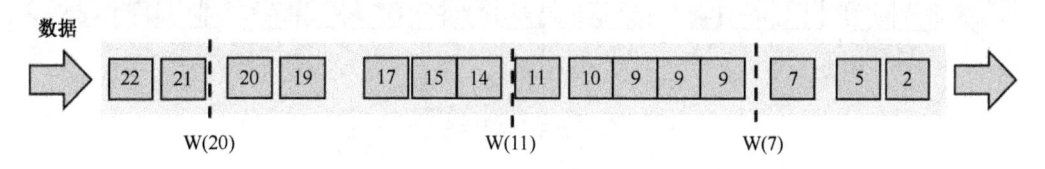

图 6-6　有序流中周期性插入水位线

这里需要注意的是，水位线插入的"周期"，本身也是一个时间概念。在当前事件时间语义下，假如我们设定了每隔 100 毫秒生成一次水位线，那就是要等事件时钟推进 100 毫秒才能插入；但是事件时钟本身的进展就是靠水位线来表示的——现在要插入一个水位线，可前提又是水位线要向前推进 100 毫秒，这就陷入了死循环。所以对于水位线的周期性生成，周期时间是指处理时间（系统时间），而不是事件时间。

2. 乱序流中的水位线

有序流的处理非常简单，看起来水位线也并没有起到太大的作用。但这种情况只存在于理想状态下。我们知道在分布式系统中，数据在节点间传输，会因为网络传输延迟的不确定性，导致顺序发生改变，这就是所谓的"乱序数据"。

这里所说的"乱序"（out-of-order），是指数据的先后顺序不一致，主要就是基于数据的产生时间而言的。如图 6-7 所示，7 秒时产生的数据，生成时间自然要比 9 秒时产生的数据早；但是经过数据缓存和传输之后，处理任务可能先收到了 9 秒时的数据，之后 7 秒时的数据才姗姗来迟。这时如果我们希望插入水位线，来指示当前的事件时间进展，又该怎么做呢？

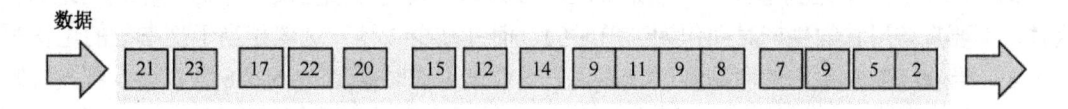

图 6-7　乱序流

最直观的想法自然是跟之前一样，我们还是靠数据来驱动，每来一个数据就提取它的时间戳、插入一个水位线。不过现在的情况是数据乱序，所以有可能新的时间戳比之前的还小，如果直接将这个时间的水位线再插入，我们的"时钟"就回退了——水位线就代表了时钟，时光不能倒流，所以水位线的时间戳也不能减小。

解决思路也很简单：我们插入新的水位线时，要先判断一下时间戳是否比之前的大，否则就不再生成新的水位线，如图 6-8 所示。也就是说，只有数据的时间戳比当前时钟大，才能推动时钟前进，这时才插入水位线。

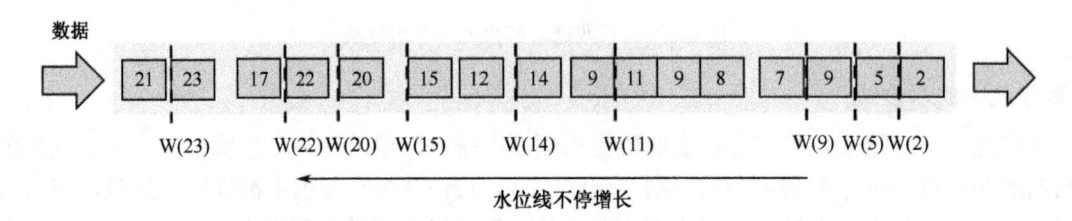

图 6-8　乱序流中的水位线

如果考虑到大量数据同时到来的处理效率，我们同样可以周期性地生成水位线。这时只需要保存一下之前所有数据中的最大时间戳，需要插入水位线时，就直接以它作为时间戳生成新的水位线，如图 6-9 所示。

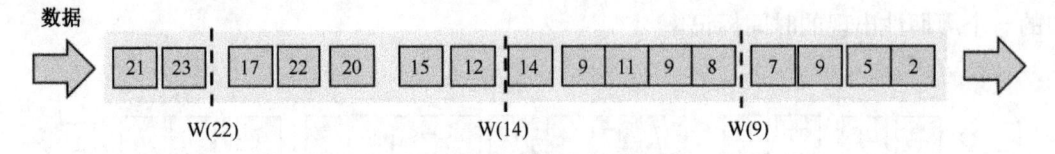

图 6-9　乱序流中周期性生成水位线

这样做尽管可以定义出一个事件时钟，却也会带来一个非常大的问题：我们无法正确处理"迟到"的数据。在上面的例子中，当 9 秒时产生的数据到来之后，我们就直接将时钟推进到了 9 秒；如果有一个窗口的结束时间就是 9 秒（比如，要统计 0~9 秒的所有数据），那么这时窗口就应该关闭、将收集到的所有数据计算输出结果了。但事实上，由于数据是乱序的，还可能有时间戳为 7 秒、8 秒的数据在 9 秒的数据之后才到来，这就是"迟到数据"（late data）。它们本来也应该属于 0~9 秒这个窗口，但此时窗口已经关闭，于是这些数据就被遗漏了，这会导致统计结果不正确。

如果用之前我们类比班车的例子，现在的状况就是商品不是按照生产时间顺序到来的，所以有可能出现这种情况：09:00:00 生产的商品已经到了，我们认为已经到了 09:00:00，所以直接发车；但是可能还会有 08:59:59 生产的商品迟到了，没有赶上这班车。那么怎么解决这个问题呢？

其实我们利用很多生活中的经验来解决这个问题。假如是一个团队出去团建，那么肯定希望每个人都不能落下；如果有人因为堵车没能准时到车上，我们可以稍微等一会儿。09:00:00 发车，我们可以等到 09:10:00，等人都到齐了再出发。当然，实际应用的网络环境或许只要等一两秒钟就可以了。具体在商品班车的例子里，我们可以多等 2 秒钟，也就是当生产时间为 09:00:02 的商品到达，时钟推进到 09:00:02，这时就认为所有 08:00:00 到 09:00:00 生产的商品都到齐了，可以正式发车。不过这样相当于更改了发车时间，属于"违规操作"。为了做到形式上仍然是 09:00:00 发车，我们可以更改一下时钟推进的逻辑：当一个商品到达时，不要直接用它的生产时间作为当前时间，而是减少 2 秒，这就相当于把车上的逻辑时钟调慢了。这样一来，当 09:00:00 生产的商品到达时，我们当前车上的时间是 08:59:58 秒，还没到发车时间；当 09:00:02 生产的商品到达时，车上时间刚好是 09:00:00，这时该到的商品都到齐了，准时发车就没问题了。

回到上面的例子，为了让窗口能够正确地收集迟到的数据，我们也可以等待 2 秒；也就是用当前已有数据的最大时间戳减去 2 秒，就是要插入的水位线的时间戳，如图 6-10 所示。这样的话，9 秒时产生的数据到来之后，事件时钟不会直接推进到 9 秒，而是进展到了 7 秒；必须等到 11 秒时产生的数据到来之后，事件时钟才会进展到 9 秒，这时迟到数据也都已收齐，0~9 秒的窗口就可以正确计算结果了。

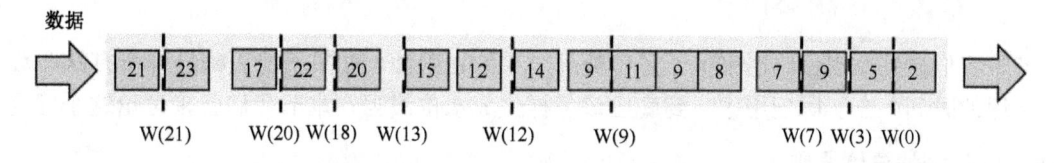

图 6-10　乱序流中"等 2 秒"策略

如果仔细观察就会看到，这种"等 2 秒"的策略其实并不能处理所有的乱序数据。比如 22 秒的数据到来之后，插入的水位线时间戳为 20，也就是当前时钟已经推进到了 20 秒；对于 10~20 秒的窗口，这时就该关闭了。但是之后又会有 17 秒的迟到数据到来，它本来应该属于 10~20 秒窗口，现在却被遗漏丢弃了。那又该怎么办呢？

既然现在等 2 秒还是等不到 17 秒产生的迟到数据，那么我们可以试着多等几秒，也就是把时钟调得更慢一些。最终的目的就是让窗口能够把所有迟到数据都收进来，得到正确的计算结果。对应到水位线上，其实就是要保证，当前时间已经进展到了这个时间戳，在这之后不可能再有迟到数据来了。

下面是一个示例，我们可以使用周期性的方式生成正确的水位线。

如图 6-11 所示，第一个水位线时间戳为 7，它表示当前事件时间是 7 秒，7 秒之前的数据都已经到齐，之后再也不会有了；同样，第二个、第三个水位线时间戳分别为 12 和 20，表示 11 秒、20 秒之前的数据都已经到齐，如果有对应的窗口就可以直接关闭了，统计的结果一定是正确的。这里由于水位线是周期性生成的，所以插入的位置不一定是在时间戳最大的数据后面。

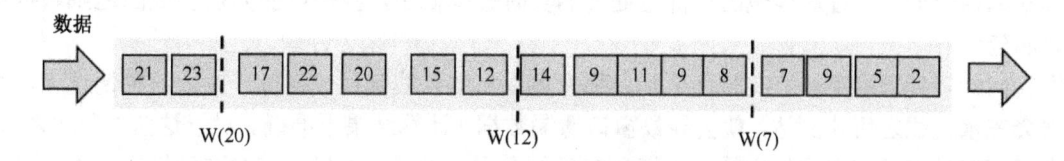

图 6-11　乱序流中周期性生成正确的水位线

另外需要注意的是，这里一个窗口收集的数据，并不是之前所有已经到达的数据。因为数据属于哪个窗口，是由数据本身的时间戳决定的，一个窗口只会收集真正属于它的那些数据。也就是说，图 6-11 中尽管水位线 W(20) 之前有时间戳为 22 的数据到来，10~20 秒的窗口中也不会收集这个数据，进行计算依然可以得到正确的结果。关于窗口的原理，我们会在后面继续展开讲解。

3. 水位线的特性

现在我们可以知道，水位线就代表了当前的事件时间时钟，而且可以在数据的时间戳基础上加一些延迟来保证不丢数据，这一点对于乱序流的正确处理非常重要。

我们可以总结一下水位线的特性：

- 水位线是插入到数据流中的一个标记，可以认为是一个特殊的数据。
- 水位线主要的内容是一个时间戳，用来表示当前事件时间的进展。
- 水位线是基于数据的时间戳生成的。
- 水位线的时间戳必须单调递增，以确保任务的事件时间时钟一直向前推进。
- 水位线可以通过设置延迟，来保证正确处理乱序数据。
- 一个水位线 Watermark(t)，表示在当前流中事件时间已经达到了时间戳 t，这代表 t 之前的所有数据都到齐了，之后流中不会出现时间戳 $t' \leq t$ 的数据。

水位线是 Flink 流处理中保证结果正确性的核心机制，它往往会跟窗口一起配合，完成对乱序数据的正确处理。关于这部分内容，我们会稍后进一步展开讲解。

6.2.3 如何生成水位线

上一节中我们讲到，水位线用来保证窗口处理结果的正确性，如果不能正确处理所有乱序数据，可以尝试调整延迟的时间。在实际应用中，到底应该怎样生成水位线呢？本节我们就来讨论这个问题。

1. 生成水位线的总体原则

我们知道，完美的水位线是"绝对正确"的，也就是一个水位线一旦出现，就表示这个时间之前的数据已经全部到齐，之后再也不会出现了。而完美的东西总是可望不可即，我们只能尽量去保证水位线的正确。如果对结果正确性要求很高，想要让窗口收集到所有数据，我们该怎么做呢？

一个字——等。由于网络传输的延迟不确定，为了获取所有迟到的数据，我们只能等待更长的时间。作为筹划全局的程序员，我们当然不会傻傻地一直等下去。那么到底等多久呢？这就需要对相关领域有一定的了解了。比如，如果我们知道当前业务中事件的迟到时间不会超过 5 秒，那就可以将水位线的时间戳设为当前已有数据的最大时间戳减去 5 秒，相当于设置了 5 秒的延迟等待。

在更多的情况下，我们或许没那么大把握。毕竟未来是没有人能说得准的，我们怎么能确信未来不会出现一个超级迟到数据呢？所以另一种做法是，可以单独创建一个 Flink 作业来监控事件流，建立概率分布或者机器学习模型，学习事件的迟到规律。得到分布规律之后，就可以选择置信区间来确定延迟，作为水位线的生成策略了。例如，如果得到数据的迟到时间服从 $\mu=1$，$\sigma=1$ 的正态分布，那么设置水位线延迟为 3 秒，就可以保证至少 97.7%的数据可以正确处理。

如果我们希望计算结果能更加准确，可以将水位线的延迟设置得更高一些，等待的时间越长，自然也就越不容易漏掉数据。不过这样做的代价是处理的实时性降低了，我们可能为极少数的迟到数据增加了很多不必要的延迟。

如果我们希望处理得更快、实时性更强，那么可以将水位线延迟设得低一些。这种情况下，可能很多迟到数据会在水位线之后才到达，就会导致窗口遗漏数据，计算结果不准确。对于这些"漏网之鱼"，Flink 另外提供了窗口处理迟到数据的方法，我们会在后面介绍。当然，如果我们对准确性完全不考虑、一味地追求处理速度，可以直接使用处理时间语义，这在理论上可以得到最低的延迟。

所以 Flink 中的水位线，其实是流处理中对低延迟和结果正确性的一个权衡机制，而且把控制的权力交给了程序员，我们可以在代码中定义水位线的生成策略。接下来我们就具体了解一下水位线在代码中的使用。

2. 水位线生成策略

在 Flink 的 DataStream API 中，有一个单独用于生成水位线的方法：assignTimestampsAndWatermarks()，它主要用来为流中的数据分配时间戳，并生成水位线来指示事件时间。

具体使用时，直接用 DataStream 调用该方法即可。

```
val stream = env.addSource(new ClickSource)
val withTimestampsAndWatermarks =
            stream.assignTimestampsAndWatermarks(<watermark strategy>)
```

这里读者可能有疑惑：不是说数据里已经有时间戳了吗，为什么这里还要"分配"呢？这是因为原始的时间戳只是写入日志数据的一个字段，如果不提取出来并明确把它分配给数据，Flink 是无法知道数据真正产生的时间的。当然，有些时候数据源本身就提供了时间戳信息，比如读取 Kafka 时，我们就可以从 Kafka 数据中直接获取时间戳，而不需要单独提取字段分配了。

assignTimestampsAndWatermarks()方法需要传入一个 WatermarkStrategy 作为参数，这就是所谓的"水位线生成策略"。WatermarkStrategy 中包含了一个"时间戳分配器"TimestampAssigner 和一个"水位线生成器"WatermarkGenerator。

```java
public interface WatermarkStrategy<T>
    extends TimestampAssignerSupplier<T>,
        WatermarkGeneratorSupplier<T>{

    @Override
    TimestampAssigner<T>
    createTimestampAssigner(TimestampAssignerSupplier.Context context);

    @Override
    WatermarkGenerator<T>
    createWatermarkGenerator(WatermarkGeneratorSupplier.Context context);
}
```

- TimestampAssigner：主要负责从流中数据元素的某个字段中提取时间戳，并分配给元素。时间戳的分配是生成水位线的基础。
- WatermarkGenerator：主要负责按照既定的方式，基于时间戳生成水位线。在 WatermarkGenerator 接口中，又有两个方法：onEvent()和 onPeriodicEmit()。
- onEvent：每个事件（数据）到来都会调用的方法，它的参数有当前事件、时间戳，以及允许发出水位线的一个 WatermarkOutput，可以基于事件进行各种操作。
- onPeriodicEmit：周期性调用的方法，可以由 WatermarkOutput 发出水位线。周期时间为处理时间，可以调用环境配置的 setAutoWatermarkInterval()方法来设置，默认为 200 毫秒。

```
env.getConfig.setAutoWatermarkInterval(60 * 1000L)
```

3. Flink 内置水位线生成器

WatermarkStrategy 接口是一个生成水位线策略的抽象，让我们可以灵活地实现自己的需求；但看起来有些复杂，如果想要自己实现还是比较麻烦。好在 Flink 充分考虑到了我们的痛苦，提供了内置的水位线生成器（WatermarkGenerator），不仅开箱即用简化了编程，而且也为我们自定义水位线策略提供了模板。

这两个生成器可以通过调用 WatermarkStrategy 的静态辅助方法来创建。它们都是周期性生成水位线的，分别对应着处理有序流和乱序流的场景。

（1）有序流。

对于有序流，主要特点是时间戳单调增长（Monotonously Increasing Timestamp），所以永远不会出现迟到数据的问题。这是周期性生成水位线的最简单的场景，直接调用 WatermarkStrategy.forMonotonousTimestamps()方法就可以实现。简单来说，就是直接拿当前最大的时间戳作为水位线即可。

```
stream.assignTimestampsAndWatermarks(
    WatermarkStrategy.forMonotonousTimestamps[Event]()
      .withTimestampAssigner(
        new SerializableTimestampAssigner[Event] {
          override def extractTimestamp(element: Event, recordTimestamp: Long): Long = element.timestamp
        }
      )
)
```

上面代码中我们调用 withTimestampAssigner()方法，将数据中的 timestamp 字段提取出来，作为时间戳分配给数据元素；然后用内置的有序流水位线生成器构造出了生成策略。这样，提取出的数据时间戳，就是我们处理计算的事件时间。

这里需要注意的是，时间戳和水位线的单位，必须都是毫秒。

（2）乱序流。

由于乱序流中需要等待迟到数据到齐，所以必须设置一个固定量的延迟时间（Fixed Amount of Lateness）。这时生成水位线的时间戳，就是当前数据流中最大的时间戳减去延迟的结果，相当于把表调慢，当前时钟会滞后于数据的最大时间戳。调用 WatermarkStrategy.forBoundedOutOfOrderness()方法就可以实现。这个方法需要传入一个 maxOutOfOrderness 参数，表示"最大乱序程度"，它表示数据流中乱序数据时间戳的最大差值；如果我们能确定乱序程度，那么设置对应时间长度的延迟，就可以等到所有的乱序数据了。

代码示例如下：

```scala
package com.atguigu.chapter06

import java.time.Duration

import com.atguigu.chapter05.{ClickSource, Event}
import org.apache.flink.api.common.eventtime.{SerializableTimestampAssigner, WatermarkStrategy}
import org.apache.flink.streaming.api.scala._

object OutOfOrdernessTest {
  def main(args: Array[String]): Unit = {
    val env = StreamExecutionEnvironment.getExecutionEnvironment

    env
      .addSource(new ClickSource)
      //插入水位线的逻辑
      .assignTimestampsAndWatermarks(
      //针对乱序流插入水位线，延迟时间设置为5秒
      WatermarkStrategy
        .forBoundedOutOfOrderness[Event](Duration.ofSeconds(5))
        .withTimestampAssigner(
          new SerializableTimestampAssigner[Event] {
            // 指定数据中的哪一个字段是时间戳
            override def extractTimestamp(element: Event, recordTimestamp: Long): Long = element.timestamp
          }
        )
    )
      .print()

    env.execute()
  }
}
```

在上面的代码中，我们同样提取了 timestamp 字段作为时间戳，并且以 5 秒的延迟时间创建了处理乱序流的水位线生成器。

事实上，有序流的水位线生成器本质上和乱序流是一样的，相当于延迟设为 0 的乱序流水位线生成器，两者完全等同：

```scala
WatermarkStrategy.forMonotonousTimestamps()
WatermarkStrategy.forBoundedOutOfOrderness(Duration.ofSeconds(0))
```

这里需要注意的是，乱序流中生成的水位线真正的时间戳，其实是当前最大时间戳——延迟时间-1，这里的单位是毫秒。为什么要减 1 毫秒呢？我们可以回想一下水位线的特点：时间戳为 t 的水位线，表示

时间戳≤t 的数据全部到齐，不会再来了。如果考虑有序流，也就是延迟时间为 0 的情况，那么时间戳为 7 秒的数据到来时，之后其实是还有可能继续来 7 秒的数据的；所以生成的水位线不是 7 秒，而是 6.999 秒，7 秒的数据还可以继续来。这一点可以在 BoundedOutOfOrdernessWatermarks 的源码中明显地看到：

```
public void onPeriodicEmit(WatermarkOutput output) {
    output.emitWatermark(new Watermark(maxTimestamp - outOfOrdernessMillis - 1));
}
```

4. 自定义水位线策略

一般来说，Flink 内置的水位线生成器就可以满足应用需求了。不过有时我们的业务逻辑可能非常复杂，这时对水位线生成的逻辑也有更高的要求，我们就必须自定义实现水位线策略 WatermarkStrategy 了。

在 WatermarkStrategy 中，时间戳分配器 TimestampAssigner 都是大同小异的，指定字段提取时间戳就可以了；而不同策略的关键就在于 WatermarkGenerator 的实现。整体说来，Flink 有两种不同的生成水位线的方式：一种是周期性的，另一种是断点式的。

还记得 WatermarkGenerator 接口中的两个方法吗？onEvent()和 onPeriodicEmit()，前者是在每个事件到来时调用，而后者由框架周期性调用。周期性调用的方法中发出水位线，自然就是周期性生成水位线；而在事件触发的方法中发出水位线，自然就是断点式生成了。两种方式的不同就集中体现在这两个方法的实现上。

（1）周期性水位线生成器。

周期性生成器一般是通过 onEvent()观察判断输入的事件，而在 onPeriodicEmit()里发出水位线。

下面是一段自定义周期性生成水位线的代码：

```
package com.atguigu.chapter06

import com.atguigu.chapter05.{ClickSource, Event}
import org.apache.flink.api.common.eventtime.{SerializableTimestampAssigner, TimestampAssigner, TimestampAssignerSupplier, Watermark, WatermarkGenerator, WatermarkGeneratorSupplier, WatermarkOutput, WatermarkStrategy}
import org.apache.flink.streaming.api.scala._

object CustomPeriodicWatermarkExample {
  def main(args: Array[String]): Unit = {
    val env = StreamExecutionEnvironment.getExecutionEnvironment
    env.setParallelism(1)

    env
      .addSource(new ClickSource)
      .assignTimestampsAndWatermarks(new CustomWatermarkStrategy)
      .print()

    env.execute()
  }

  class CustomWatermarkStrategy extends WatermarkStrategy[Event] {
    override def createTimestampAssigner(context: TimestampAssignerSupplier.Context): TimestampAssigner[Event] = {
      new SerializableTimestampAssigner[Event] {
        // 指定数据中的哪一个字段是时间戳
        override def extractTimestamp(element: Event, recordTimestamp: Long): Long = element.timestamp
      }
```

```scala
    }

    override def createWatermarkGenerator(context:
    WatermarkGeneratorSupplier.Context): WatermarkGenerator[Event] = {
      new CustomBoundedOutOfOrdernessGenerator
    }
  }

  class CustomBoundedOutOfOrdernessGenerator extends WatermarkGenerator[Event] {
    // 最大延迟时间设置为 5s
    val delayTime = 5000L;
    // 初始化变量 maxTs 用来保存观察到的数据所携带的最大时间戳
    var maxTs = Long.MinValue + delayTime + 1L
    override def onEvent(event: Event, eventTimestamp: Long, output: WatermarkOutput): Unit = {
      // 每来一条数据就更新一次观察到的最大时间戳 maxTs
      maxTs = math.max(maxTs, event.timestamp)
    }

    override def onPeriodicEmit(output: WatermarkOutput): Unit = {
      // 周期性地向数据流中插入水位线，默认 200 毫秒插入一次
      // 水位线 = 观察到的最大时间戳 - 最大延迟时间 -1 毫秒
      output.emitWatermark(new Watermark(maxTs - delayTime - 1L))
    }
  }
}
```

我们在 onPeriodicEmit() 里调用 output.emitWatermark()，就可以发出水位线了；这个方法由系统框架周期性地调用，默认 200 毫秒一次。所以水位线的时间戳是依赖当前已有数据的最大时间戳的（这里的实现与内置生成器类似，也是减去延迟时间再减 1 毫秒），但具体什么时候生成与数据无关。

（2）断点式水位线生成器（PunctuatedGenerator）。

断点式生成器会不停地检测 onEvent() 中的事件，当发现带有水位线信息的特殊事件时，就立即发出水位线。一般来说，断点式生成器不会通过 onPeriodicEmit() 发出水位线。

自定义的断点式水位线生成器代码如下：

```scala
class PunctuatedGenerator extends WatermarkGenerator[Event]{
  override def onEvent(event: Event, eventTimestamp: Long, output: WatermarkOutput): Unit = {
    //只有在遇到特定的 user 时，才发出水位线
    if (event.user.equals("Mary")) {
      output.emitWatermark(new Watermark(event.timestamp-1))
    }
  }

  override def onPeriodicEmit(output: WatermarkOutput): Unit = {
    //不需要做任何事，因为我们在 onEvent 方法中发射了水位线
  }
}
```

我们在 onEvent() 中判断当前事件的 user 字段，只有遇到 "Mary" 这个特殊的值时，才调用 output.emitWatermark() 发出水位线。这个过程是完全依靠事件来触发的，所以水位线的生成一定在某个数据到来之后。

5. 在自定义数据源中发送水位线

我们也可以在自定义的数据源中抽取事件时间，然后发送水位线。这里要注意的是，在自定义数据源中发送了水位线以后，就不能再在程序中使用 assignTimestampsAndWatermarks 方法来生成水位线了。在自定义数据源中生成水位线和在程序中使用 assignTimestampsAndWatermarks 方法生成水位线二者只能取其一。示例程序如下：

```scala
package com.atguigu.chapter06

import com.atguigu.chapter05.Event
import org.apache.flink.streaming.api.functions.source.SourceFunction
import org.apache.flink.streaming.api.functions.source.SourceFunction.SourceContext
import org.apache.flink.streaming.api.scala._
import org.apache.flink.streaming.api.watermark.Watermark

import java.util.Calendar
import scala.util.Random

object EmitWatermarkInSourceFunction {
  def main(args: Array[String]): Unit = {
    val env = StreamExecutionEnvironment.getExecutionEnvironment
    env.setParallelism(1)

    env
      .addSource(new ClickSourceWithWatermark)
      .print()

    env.execute()
  }

  class ClickSourceWithWatermark extends SourceFunction[Event] {
    var running = true

    override def run(sourceContext: SourceContext[Event]): Unit = {
      val random = new Random
      val userArr = Array("Mary", "Bob", "Alice")
      val urlArr = Array("./home", "./cart", "./prod?id=1")
      while (running) {
        val currTs = Calendar.getInstance.getTimeInMillis
        val username = userArr(random.nextInt(userArr.length))
        val url = urlArr(random.nextInt(urlArr.length))
        val event = Event(username, url, currTs)
        // collectWithTimestamp 方法的第一个参数是要向下游发送的数据
        // 第二个参数是发送的数据的时间戳
        sourceContext.collectWithTimestamp(event, event.timestamp)
        // 向下游发送水位线
        sourceContext.emitWatermark(new Watermark(event.timestamp - 1L))
        Thread.sleep(1000L)
      }
    }
```

```
    override def cancel(): Unit = running = false
  }
}
```

在自定义数据源中生成水位线相比 assignTimestampsAndWatermarks()方法更加灵活，可以任意地产生周期性的、非周期性的水位线，以及水位线的大小也完全由我们自定义。所以非常适合用来编写 Flink 的测试程序，测试 Flink 的各种各样的特性。

6.2.4 水位线的传递

我们知道水位线是数据流中插入的一个标记，用来表示事件时间的进展，它会随着数据一起在任务间传递。如果只是直通式的传输，那很简单，数据和水位线都是按照本身的顺序依次传递、依次处理的；一旦水位线到达了算子任务，那么这个任务就会将它内部的时钟设为这个水位线的时间戳。

在这里，"任务的时钟"其实仍然是各自为政的，并没有统一的时钟。实际应用中往往上下游都有多个并行子任务，为了统一推进事件时间的进展，我们要求上游任务处理完水位线、时钟改变之后，要把当前的水位线再次发出，广播给所有的下游子任务。这样，后续任务就不需要依赖原始数据中的时间戳（经过转化处理后，数据可能已经改变了），也可以知道当前事件时间了。

可是还有另外一个问题，那就是在"重分区"的传输模式下，一个任务有可能会收到来自不同分区上游子任务的数据。而不同分区的子任务时钟并不同步，所以同一时刻发给下游任务的水位线可能并不相同。这时下游任务又该听谁的呢？

这就要回到水位线定义的本质了：它表示的是"当前时间之前的数据，都已经到齐了"。这是一种保证，告诉下游任务"只要你接到这个水位线，就代表之后我不会再给你发更早的数据了，你可以放心地做统计计算而不会遗漏数据"。所以，如果一个任务收到了来自上游并行任务的不同的水位线，说明上游各个分区处理得有快有慢，进度各不相同。比如上游有两个并行子任务都发来了水位线，一个是 5 秒，一个是 7 秒；这代表第一个并行任务已经处理完 5 秒之前的所有数据，而第二个并行任务处理到了 7 秒。那这时自己的时钟怎么确定呢？当然也要以"这之前的数据全部到齐"为标准。如果我们以较大的水位线 7 秒作为当前时间，那就表示"7 秒前的数据都已经处理完"，这显然不是事实——第一个上游并行任务才处理到 5 秒，5～7 秒的数据还会不停地发来；而如果以最小的水位线 5 秒作为当前时钟就不会有这个问题了，因为确实所有上游的并行任务都已经处理完，不会再发 5 秒前的数据了。这让我们想到"木桶原理"：所有的上游并行任务就像围成木桶的一块块木板，它们中最短的那一块，决定了我们桶中的水位。

我们可以用一个具体的例子，将水位线在任务间传递的过程完整地梳理一遍。如图 6-12 所示，当前任务的上游，有四个并行子任务，所以会接收到来自四个分区的水位线；而下游有三个并行子任务，所以会向三个分区发出水位线。具体过程如下所示。

（1）上游并行子任务发来不同的水位线，当前任务会为每个分区都设置一个"分区水位线"，这是一个分区时钟；而当前任务自己的时钟，就是所有分区时钟里最小的那个。

（2）当有一个新的水位线（第一分区的 4）从上游传来时，当前任务会首先更新对应的分区时钟；然后再次判断所有分区时钟中的最小值，如果比之前大，说明事件时间有了进展，当前任务的时钟也就可以更新了。这里要注意，更新后的任务时钟，并不一定是新来的那个分区水位线，比如这里改变的是第一分区的时钟，但最小的分区时钟是第三分区的 3，于是当前任务时钟就推进到了 3。当时钟有进展时，当前任务就会将自己的时钟以水位线的形式，广播给下游所有的子任务。

（3）再次收到新的水位线（第二分区的 7）后，执行同样的处理流程。首先将第二个分区时钟更新为 7，然后比较所有的分区时钟；发现最小值没有变化，那么当前任务的时钟也不变，也不会向下游任务发出水位线。

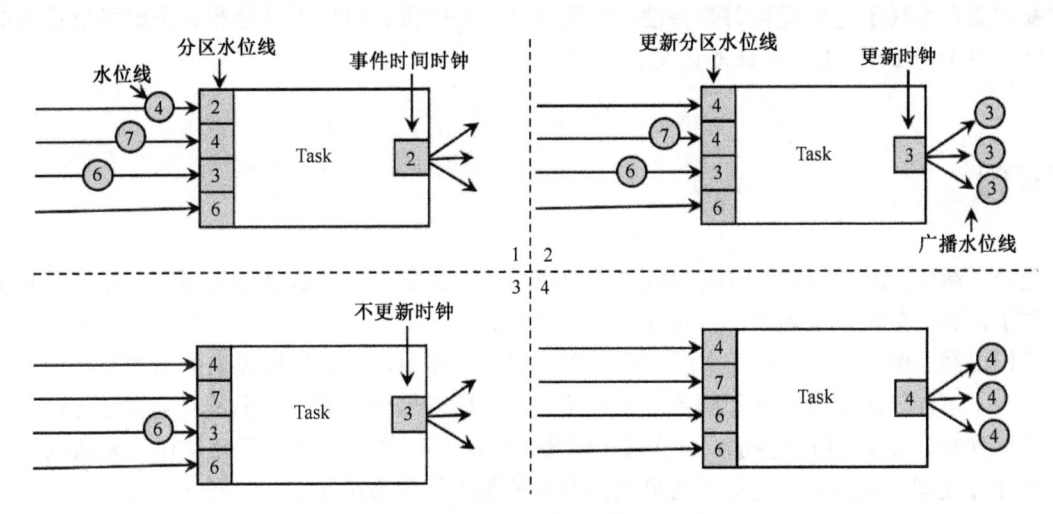

图 6-12 任务间的水位线传递

（4）同样道理，当又一次收到新的水位线（第三分区的 6）之后，第三个分区时钟更新为 6，同时所有的分区时钟的最小值变成了第一分区的 4，所以当前任务的时钟推进到 4，并发出时间戳为 4 的水位线，广播到下游的各个分区任务。

水位线在上下游任务之间的传递，非常巧妙地避免了分布式系统中没有统一时钟的问题，每个任务都以"处理完之前所有数据"为标准来确定自己的时钟，就可以保证窗口处理的结果总是正确的。对于有多条流合并之后进行处理的场景，水位线传递的规则是类似的。关于 Flink 中的多流转换，我们会在后续章节中介绍。

6.2.5 水位线的总结

水位线在事件时间的世界里，承担了时钟的角色。也就是说在事件时间的流中，水位线是唯一的时间尺度。如果想要知道现在几点，就要看水位线的大小。后面讲到的窗口闭合，以及定时器的触发都要通过判断水位线的大小来决定是否触发。

水位线是一种特殊的事件，由程序员通过编程插入到数据流里面，然后跟随数据流向下游流动。

水位线的默认计算公式：水位线=观察到的最大事件时间-最大延迟时间-1 毫秒。

所以这里涉及一个问题，就是不同的算子看到的水位线的大小可能是不一样的。因为下游的算子可能并未接收到来自上游算子的水位线，导致下游算子的时钟要落后于上游算子的时钟。比如 map->reduce 这样的操作，如果在 map 中编写了非常耗时间的代码，将会阻塞水位线的向下传播，因为水位线也是数据流中的一个事件，位于水位线前面的数据如果没有处理完毕，那么水位线不可能弯道超车绕过前面的数据向下游传播，也就是说会被前面的数据阻塞。这样就会影响到下游算子的聚合计算，因为下游算子中无论由窗口聚合还是定时器的操作，都需要水位线才能触发执行。这也就告诉我们，在编写 Flink 程序时，一定要谨慎地编写每个算子的计算逻辑，尽量避免大量计算或者是大量的 IO 操作，这样才不会阻塞水位线的向下传递。

在数据流开始之前，Flink 会插入一个大小是负无穷大（在 Java 中是-Long.MAX_VALUE）的水位线，而在数据流结束时，Flink 会插入一个正无穷大（Long.MAX_VALUE）的水位线，保证所有的窗口闭合以及所有的定时器都被触发。

对于离线数据集，Flink 也会将其作为流读入，也就是一条数据一条数据地读取。在这种情况下，Flink 对于离线数据集，只会插入两次水位线，也就是在最开始处插入负无穷大的水位线，在结束位置插入一个正

111

无穷大的水位线。因为只需要插入两次水位线，就可以保证计算的正确，无须在数据流的中间插入水位线了。

水位线的重要性在于它的逻辑时钟特性，而逻辑时钟这个概念可以说是分布式系统里最重要的概念之一了。具体可以参考 Leslie Lamport 的论文。

6.3 窗口

我们已经了解了 Flink 中事件时间和水位线的概念，那么它们有什么具体应用呢？当然是做基于时间的处理计算了。其中最常见的场景，就是窗口聚合计算。

之前我们已经了解了 Flink 中基本的聚合操作。在流处理中，我们往往需要面对的是连续不断、无休止的无界流，不可能等到所有数据都到齐了才开始处理。所以聚合计算其实只能针对当前已有的数据——之后再有数据到来，就需要继续叠加，再次输出结果。这样似乎很"实时"，但现实中大量数据一般会同时到来，需要并行处理，这样频繁地更新结果就会给系统带来很大负担了。

更加高效的做法是，把无界流进行切分，每段数据分别进行聚合，结果只输出一次。这就相当于将无界流的聚合转化为有界数据集的聚合，这就是所谓的"窗口"聚合操作。窗口聚合其实是对实时性和处理效率的一个权衡。在实际应用中，我们往往更关心一段时间内数据的统计结果，比如在过去的 1 分钟内有多少用户点击了网页。在这种情况下，我们就可以定义一个窗口，收集最近一分钟内的所有用户点击数据，然后进行聚合统计，最终输出一个结果就可以了。

在 Flink 中，提供了非常丰富的窗口操作，下面我们就来详细介绍。

6.3.1 窗口的概念

Flink 是一种流式计算引擎，主要用来处理无界数据流，数据源源不断、无穷无尽。想要更加方便、高效地处理无界流，一种方式就是将无限数据切割成有限的"数据块"进行处理，这就是所谓的"窗口"。

在 Flink 中，窗口是处理无界流的核心。我们很容易把窗口想象成一个固定位置的"框"，数据源源不断地流过来，到某个时间点时，该窗口关闭，就停止收集数据、触发计算并输出结果。例如，我们定义一个时间窗口，每 10 秒统计一次数据，那么就相当于把窗口放在那里，从 0 秒开始收集数据；到 10 秒时，处理当前窗口内的所有数据，输出一个结果，然后清空窗口继续收集数据；到 20 秒时，再对窗口内所有数据进行计算处理，输出结果；依次类推，如图 6-13 所示。

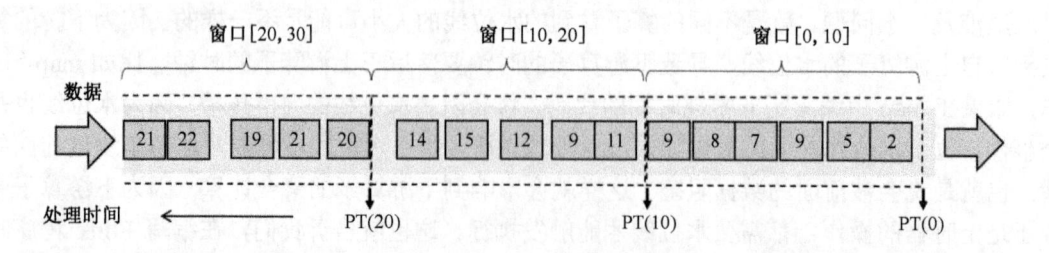

图 6-13 Flink 中的窗口

这里需要注意的是，为了明确数据划分到哪一个窗口，定义窗口都是包含起始时间、不包含结束时间的，用数学符号表示就是一个左闭右开的区间，例如 0~10 秒的窗口可以表示为[0, 10)，单位为秒。

对于处理时间下的窗口而言，这样理解似乎没什么问题。因为窗口的关闭是基于系统时间的，赶不上这班车的数据，就只能坐下一班车了——如图 6-13 中，0~10 秒的窗口关闭后，可能还有时间戳为 9 的数据会来，它就只能进入 10~20 秒的窗口了。这样会造成窗口处理结果不准确。

如果我们采用事件时间语义，就会有些令人费解了。由于有乱序数据，我们需要设置一个延迟时间来等所有数据到齐。比如上面的例子中，我们可以设置延迟时间为 2 秒，如图 6-14 所示，这样 0—10 秒的窗口会在时间戳为 12 的数据到来之后，才真正关闭计算输出结果，这样就可以正常包含迟到的 9 秒数据了。

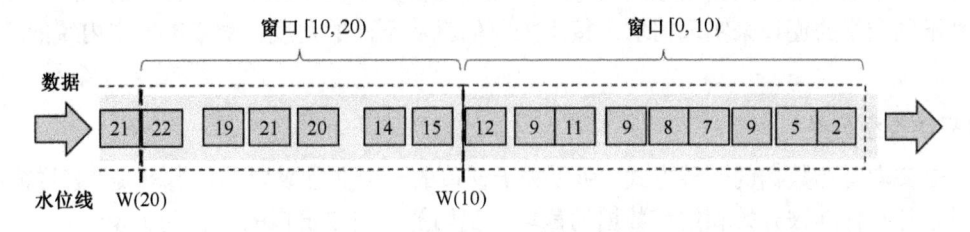

图 6-14 延迟时间为 2 秒的窗口

但是这样一来，0～10 秒的窗口不光包含了迟到的 9 秒数据，连 11 秒和 12 秒的数据也包含进去了。我们为了正确处理迟到数据，结果把早到的数据划分到了错误的窗口——最终结果都是错误的。

所以在 Flink 中，窗口其实并不是一个"框"，流进来的数据被框住了就只能进这一个窗口。相比之下，我们应该把窗口理解成一个"桶"，如图 6-15 所示。在 Flink 中，窗口可以把流切割成有限大小的多个"存储桶"（bucket）；每个数据都会分发到对应的桶中，当到达窗口结束时间时，就对每个桶中收集的数据进行计算处理。

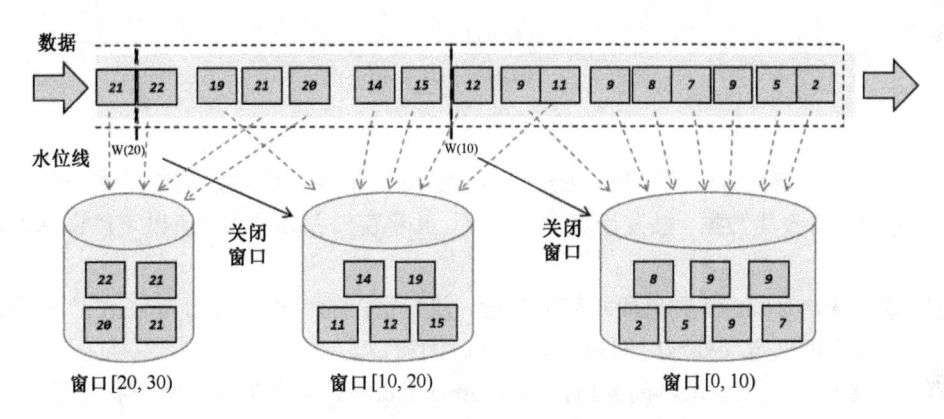

图 6-15 Flink 中的窗口"存储桶"示意

下面梳理一下事件时间语义，之前例子中窗口的处理过程如下所示。

（1）第一个数据时间戳为 2，判断之后创建第一个窗口[0, 10)，并将 2 秒数据保存进去。
（2）后续数据依次到来，时间戳均在[0, 10)范围内，所以全部保存进第一个窗口。
（3）11 秒数据到来，判断它不属于[0, 10)窗口，所以创建第二个窗口[10, 20)，并将 11 秒的数据保存进去。由于水位线设置延迟时间为 2 秒，所以现在的时钟是 9 秒，第一个窗口也没有到关闭时间。
（4）之后又有 9 秒数据到来，同样进入[0, 10)窗口中。
（5）12 秒数据到来，判断属于[10, 20)窗口，保存进去。这时产生的水位线推进到了 10 秒，所以[0, 10)窗口应该关闭了。第一个窗口收集了所有的 7 个数据，进行处理计算后输出结果，并将窗口关闭销毁。
（6）同样的，之后的数据依次进入第二个窗口，遇到 20 秒的数据时会创建第三个窗口[20, 30)并将数据保存进去；遇到 22 秒数据时，水位线达到了 20 秒，第二个窗口触发计算，输出结果并关闭。

这里需要注意的是，Flink 中窗口并不是静态准备好的，而是动态创建的——当有落在这个窗口区间范围的数据达到时，才创建对应的窗口。另外，这里我们认为到达窗口结束时间时，窗口就触发计算并关闭，事实上"触发计算"和"窗口关闭"两个行为也可以分开，这部分内容我们会在后面详述。

6.3.2 窗口的分类

我们在上一节举的例子，其实是最为简单的一种时间窗口。在 Flink 中，窗口的应用非常灵活，我们可以使用各种不同类型的窗口来实现需求。接下来我们就从不同的角度，对 Flink 中内置的窗口做一个分类说明。

1. 按照驱动类型分类

窗口本身是截取有界数据的一种方式，所以关于窗口的一个非常重要的信息就是"怎样截取数据"。换句话说，就是以什么标准来开始和结束数据的截取，我们把它叫作窗口的"驱动类型"。

我们最容易想到的就是按照时间段去截取数据，这种窗口就叫作"时间窗口"（Time Windows）。这在实际应用中最常见，之前所举的例子也都是时间窗口。除了由时间驱动，窗口其实也可以由数据驱动，也就是说按照固定的个数，来截取一段数据集，这种窗口叫作"计数窗口"（Count Windows），如图6-16所示。

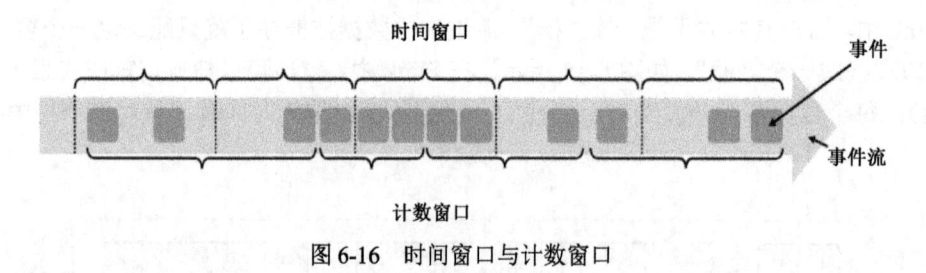

图 6-16 时间窗口与计数窗口

（1）时间窗口。

时间窗口以时间点来定义窗口的开始（start）和结束（end），所以截取出的就是某一时间段的数据。到达结束时间时，窗口不再收集数据，触发计算输出结果，并将窗口关闭销毁。所以可以说基本思路就是"定点发车"。

用结束时间减去开始时间，得到这段时间的长度，就是窗口的大小（window size）。这里的时间可以是不同的语义，所以我们可以定义处理时间窗口和事件时间窗口。

Flink 中有一个专门的类来表示时间窗口，叫作 timewindow。这个类只有两个私有属性：start 和 end，表示窗口的开始和结束的时间戳，单位为毫秒。

```
private final long start;
private final long end;
```

我们可以调用公有的 getStart()和 getEnd()方法直接获取这两个时间戳。另外，TimeWindow 还提供了一个 maxTimestamp()方法，用来获取窗口中能够包含数据的最大时间戳。

```
public long maxTimestamp() {
    return end - 1;
}
```

很明显，窗口中的数据，最大允许的时间戳就是 end-1，代表了我们定义的窗口时间范围都是左闭右开的区间[start, end)。

或许有较真的读者会问，为什么不把窗口区间定义成左开右闭，并且包含结束时间呢？这样 maxTimestamp 跟 end 一致，不就可以省去一个方法的定义吗？

这主要是为了方便判断窗口什么时候关闭。对于事件时间语义，窗口的关闭需要水位线推进到窗口的结束时间；而我们知道，水位线 watermark(t)代表的含义是"时间戳小于等于 t 的数据都已到齐，不会再来了"。为了简化分析，我们先不考虑乱序流设置的延迟时间。那么，当新到一个时间戳为 t 的数据时，当前水位线的时间推进到了 $t-1$（还记得乱序流里生成水位线的减一操作吗？）。所以当时间戳为 end 的数据到来时，水位线推进到了 end-1；如果我们把窗口定义为不包含 end，那么当前的水位线刚好是 maxTimestamp，表示窗口能够包含的数据都已经到齐,我们就可以直接关闭窗口了。所以有了这样的定义,我们就不需要再去考虑那烦人的"减一"了,直接看到时间戳为 end 的数据,就关闭对应的窗口。如果为乱序流设置了水位线延迟时间 delay,也只需要等到时间戳为 end + delay 的数据,就可以关窗了。

为了更容易理解,本书中我们对水位线的分析,统一不再考虑"减一"的问题。

(2)计数窗口。

计数窗口基于元素的个数来截取数据,到达固定的个数时就触发计算并关闭窗口。这相当于座位有限、"人满就发车",是否发车与时间无关。每个窗口截取数据的个数,就是窗口的大小。

计数窗口相比时间窗口就更加简单,我们只需指定窗口大小,就可以把数据分配到对应的窗口中了。在 Flink 内部也并没有对应的类来表示计数窗口,底层是通过"全局窗口"(Global Windows)来实现的。关于全局窗口,我们稍后讲解。

2. 按照窗口分配数据的规则分类

时间窗口和计数窗口,只是对窗口的一个大致划分;在具体应用时,还需要定义更加精细的规则,来控制数据应该划分到哪个窗口中去。不同的分配数据的方式,就可以有不同的功能应用。

根据分配数据的规则,窗口的具体实现可以分为 4 类:滚动窗口(Tumbling Window)、滑动窗口(Sliding Window)、会话窗口(Session Window),以及全局窗口(Global Window)。下面我们来做具体介绍。

(1)滚动窗口。

滚动窗口有固定的大小,是一种对数据进行"均匀切片"的划分方式。窗口之间没有重叠,也不会有间隔,是"首尾相接"的状态。如果我们把多个窗口的创建,看作一个窗口的运动,那就好像它在不停地向前"翻滚"一样。这是最简单的窗口形式,我们之前所举的例子都是滚动窗口。也正是因为滚动窗口是"无缝衔接"的,所以每个数据都会被分配到一个窗口,而且只会属于一个窗口。

滚动窗口可以基于时间定义,也可以基于数据个数定义;需要的参数只有一个,就是窗口的大小(window size)。比如我们可以定义一个长度为 1 小时的滚动时间窗口,那么每个小时就会进行一次统计;或者定义一个长度为 10 的滚动计数窗口,每 10 个数进行一次统计。

如图 6-17 所示,小圆点表示流中的数据,我们对数据按照 userId 做了分区。当固定了窗口大小之后,所有分区的窗口划分都是一致的;窗口没有重叠,每个数据都只属于一个窗口。

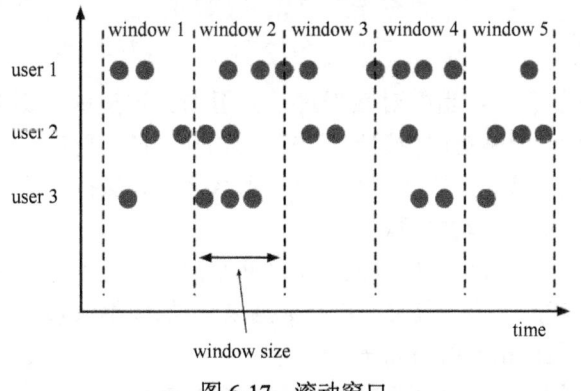

图 6-17 滚动窗口

滚动窗口应用非常广泛,它可以对每个时间段做聚合统计,很多 BI 分析指标都可以用它来实现。

(2)滑动窗口。

与滚动窗口类似,滑动窗口的大小也是固定的。区别在于,窗口之间并不是首尾相接的,而是可以"错开"一定的位置。如果看作一个窗口的运动,那么就像是向前小步"滑动"一样。

既然是向前滑动,那么每步滑多远,就也是可以控制的。所以定义滑动窗口的参数有两个:除去窗口大小(window size),还有一个"滑动步长"(window slide),它其实就代表了窗口计算的频率。滑动的距离代表了下个窗口开始的时间间隔，而窗口大小是固定的，所以也就是两个窗口结束时间的间隔；窗口在结束时间触发计算输出结果，那么滑动步长就代表了计算频率。例如，我们定义一个长度为 1 小时、滑动步长为 5 分钟的滑动窗口，那么就会统计 1 小时内的数据，每 5 分钟统计一次。同样，滑动窗口可以基于时间定义，也可以基于数据个数定义。

我们可以看到，当滑动步长小于窗口大小时，滑动窗口就会出现重叠，这时数据也可能会被同时分配到多个窗口中。而具体的个数，就由窗口大小和滑动步长的比值（size/slide）来决定。如图 6-18 所示，滑动步长刚好是窗口大小的一半，那么每个数据都会被分配到 2 个窗口里。比如我们定义的窗口长度为 1 小时、滑动步长为 30 分钟，那么对于 08:55:00 的数据，应该同时属于[08:00:00, 09:00:00)和[08:30:00, 09:30:00)两个窗口；而对于 08:10:00 的数据，则同时属于[08:00:00, 09:00:00)和[07:30:00, 08:30:00)两个窗口。

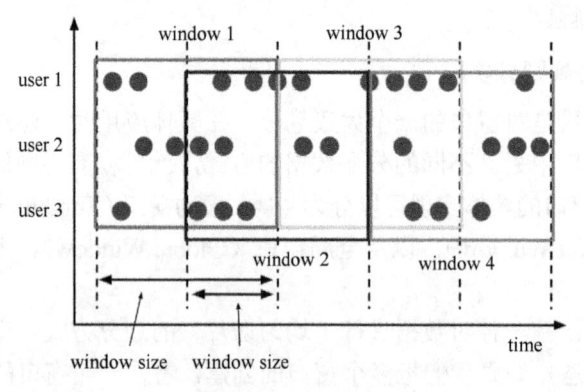

图 6-18 滑动窗口

所以，滑动窗口其实是固定大小窗口的更广义的一种形式。换句话说，滚动窗口也可以看作一种特殊的滑动窗口——窗口大小等于滑动步长（size = slide）。当然，我们也可以定义滑动步长大于窗口大小，这样的话就会出现窗口不重叠，但会有间隔的情况；这时有些数据不属于任何一个窗口，就会出现遗漏统计。所以一般情况下，我们会让滑动步长小于窗口大小，并尽量设置为整数倍的关系。

在一些场景中，可能需要统计最近一段时间内的指标，而结果的输出频率要求又很高，甚至要求实时更新，比如股票价格的 24 小时涨跌幅统计，或者基于一段时间内行为检测的异常报警。这时滑动窗口无疑就是很好的实现方式。

（3）会话窗口。

会话窗口顾名思义，是基于"会话"对数据进行分组的。这里的会话类似 Web 应用中的 session，不过并不表示两端的通信过程，而是借用会话超时失效的机制来描述窗口。简单来说，就是数据来了之后就开启一个会话窗口，如果接下来还有数据陆续到来，那么就一直保持会话；如果一段时间一直没收到数据，那就认为会话超时失效，窗口自动关闭。

与滑动窗口和滚动窗口不同，会话窗口只能基于时间来定义，而没有"会话计数窗口"的概念。这很好理解，"会话"终止的标志就是"隔一段时间没有数据来"，如果不依赖时间而改成个数，就成了"隔几个数据没有数据来"，这完全是自相矛盾的说法。

而同样是基于这个判断标准，这"一段时间"到底是多少就很重要了，必须明确指定。对会话窗口而言，最重要的参数就是这段时间的长度，它表示会话的超时时间，也就是两个会话窗口之间的最小距离。如果相邻两个数据到来的时间间隔小于指定的大小，那么说明还在保持会话，它们就属于同一个窗口；如果 gap 大于 size，那么新来的数据就应该属于新的会话窗口，而前一个窗口就应该关闭了。在具体实现上，我们可以设置静态固定的大小（size），也可以通过一个自定义的提取器动态提取最小间隔 gap 的值。

考虑到事件时间语义下的乱序流，这里又会有一些麻烦。相邻两个数据的时间间隔 gap 大于指定的 size，我们认为它们属于两个会话窗口，前一个窗口就会关闭；可是在数据乱序的情况下，可能会有迟到数据，它的时间戳刚好是在之前的两个数据之间的。这样一来，之前我们判断的间隔中，就不是"一直没有数据",而缩小后的间隔有可能会比 size 还要小——这代表了三个数据本来应该属于同一个会话窗口。

所以在 Flink 底层,对会话窗口的处理会比较特殊:每来一个新的数据,都会创建一个新的会话窗口;然后判断已有窗口之间的距离,如果小于给定的 size,就对它们进行合并(merge)操作。在 Window 算子中,对会话窗口会有单独的处理逻辑。

我们可以看到,与前两种窗口不同,会话窗口的长度不固定,起始和结束时间也是不确定的,各个分区之间的窗口没有任何关联。如图 6-19 所示,会话窗口之间一定是不会重叠的,而且会留有至少为 size 的间隔(session gap)。

在一些类似保持会话的场景下,往往可以使用会话窗口来进行数据的处理统计。

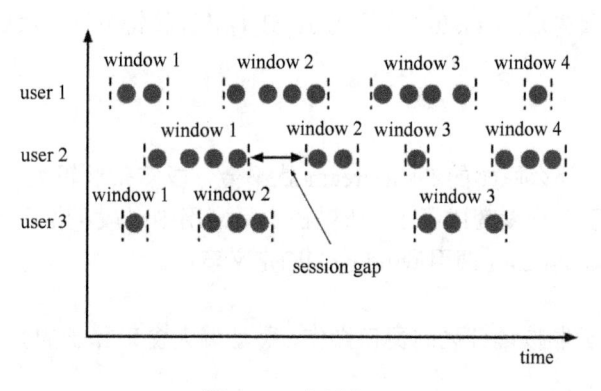

图 6-19 会话窗口

(4)全局窗口。

还有一类比较通用的窗口,就是"全局窗口"。这种窗口全局有效,会把相同 key 的所有数据都分配到同一个窗口中;说直白一点,就跟没分窗口一样。无界流的数据永无止境,所以这种窗口也没有结束的时候,默认是不会做触发计算的。如果希望它能对数据进行计算处理,还需要自定义"触发器"(Trigger)。关于触发器,我们会在 6.3.6 节进行讲解。

如图 6-20 所示,全局窗口没有结束的时间点,所以一般在希望做更加灵活的窗口处理时自定义使用。Flink 中的计数窗口,底层就是用全局窗口实现的。

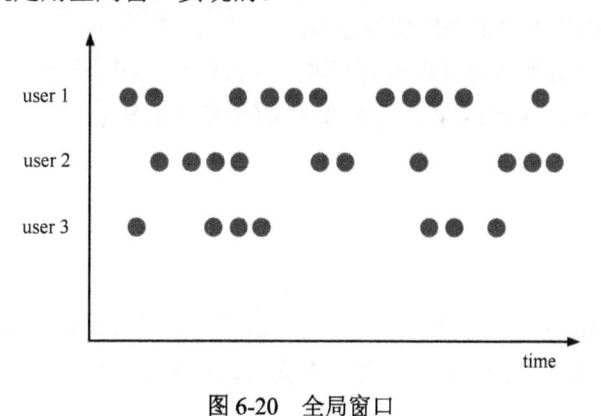

图 6-20 全局窗口

6.3.3 窗口 API 概览

已经了解了 Flink 中窗口的概念和分类,接下来我们就要看看在代码中怎样使用了。这一节我们先对 Window API 有一个整体认识,了解一下基本的调用方法。

1. 按键分区和非按键分区

在定义窗口操作之前，首先需要确定，到底是基于按键分区（Keyed）的数据流 KeyedStream 来开窗，还是直接在没有按键分区的 DataStream 上开窗。也就是说，在调用窗口算子之前，是否有 keyBy()操作。

（1）按键分区窗口。

经过按键分区 keyBy()操作后，数据流会按照 key 被分为多条逻辑流（logical streams），这就是 KeyedStream。基于 KeyedStream 进行窗口操作时，窗口计算会在多个并行子任务上同时执行。相同 key 的数据会被发送到同一个并行子任务，而窗口操作会基于每个 key 进行单独的处理。所以可以认为，每个 key 上都定义了一组窗口，各自独立地进行统计计算。

在代码实现上，我们需要先对 DataStream 调用 keyBy()进行按键分区，然后再调用 window()定义窗口。

```
stream.keyBy(...)
      .window(...)
```

（2）非按键分区。

如果没有进行 keyBy()，那么原始的 DataStream 就不会分成多条逻辑流。这时窗口逻辑只能在一个任务（task）上执行，就相当于并行度变成了 1。所以在实际应用中一般不推荐使用这种方式。

在代码中，直接基于 DataStream 调用 windowAll()定义窗口。

```
stream.windowAll(...)
```

这里需要注意的是，对于非按键分区的窗口操作，手动调大窗口算子的并行度也是无效的，windowAll 本身就是一个非并行的操作。

2. 代码中窗口 API 的调用

有了前置的基础，接下来我们就可以真正在代码中实现一个窗口操作了。简单来说，窗口操作主要有两个部分：窗口分配器和窗口函数。

```
stream.keyBy(<key selector>)
      .window(<window assigner>)
      .aggregate(<window function>)
```

其中 window()方法需要传入一个窗口分配器，它指明了窗口的类型；而后面的.aggregate()方法传入一个窗口函数作为参数，它用来定义窗口具体的处理逻辑。窗口分配器有各种形式，而窗口函数的调用方法也不只 aggregate()一种，我们接下来就详细展开讲解。

另外，在实际应用中，一般都需要并行执行任务，非按键分区很少用到，所以我们之后都以按键分区窗口为例；如果想要实现非按键分区窗口，只要前面不做 keyBy()，后面调用 window()时直接换成 windowAll()就可以了。

6.3.4 窗口分配器

定义窗口分配器是构建窗口算子的第一步，它的作用就是定义数据应该被"分配"到哪个窗口。从第 6.3.2 节的介绍中我们知道，窗口分配数据的规则，其实就对应着不同的窗口类型。所以可以说，窗口分配器其实就是指定窗口的类型。

窗口分配器最通用的定义方式，就是调用 window()方法。这个方法需要传入一个 WindowAssigner 作为参数，返回 WindowedStream。如果是非按键分区窗口，那么直接调用 windowAll()方法，同样传入一个 WindowAssigner，返回的是 AllWindowedStream。

窗口按照驱动类型可以分成时间窗口和计数窗口，而按照具体的分配规则，又有滚动窗口、滑动窗口、会话窗口、全局窗口四种。除去需要自定义的全局窗口，其他常用的类型 Flink 中都给出了内置的分配器实现，我们可以方便地调用实现各种需求。

1. 时间窗口

时间窗口是最常用的窗口类型，又可以细分为滚动、滑动和会话三种。

在较早的版本中，可以直接调用 timeWindow() 来定义时间窗口；这种方式非常简洁，但使用事件时间语义时需要另外声明，程序员往往因为忘记这点而导致运行结果错误。所以在 1.12 版本之后，这种方式已经被弃用了，标准的声明方式就是直接调用 window()，在里面传入对应时间语义下的窗口分配器。这样一来，我们不需要专门定义时间语义，默认就是事件时间；如果想用处理时间，那么在这里传入处理时间的窗口分配器就可以了。

下面我们列出了每种情况的代码实现。

（1）滚动处理时间窗口。

窗口分配器由类 TumblingProcessingTimeWindows 提供，需要调用它的静态方法 of()。

```
stream.keyBy(...)
 .window(TumblingProcessingTimeWindows.of(Time.seconds(5)))
 .aggregate(...)
```

of() 方法需要传入一个 Time 类型的参数 size，表示滚动窗口的大小，我们这里创建了一个长度为 5 秒的滚动窗口。

另外，of() 还有一个重载方法，可以传入两个 Time 类型的参数：size 和 offset。第一个参数当然还是窗口大小，第二个参数则表示窗口起始点的偏移量。这里需要多做一些解释：对于我们之前的定义，滚动窗口其实只有一个 size 是不能唯一确定的。比如我们定义 1 天的滚动窗口，从每天的 00:00:00 开始计时是可以的，统计的就是一个自然日的所有数据；而如果从每天的凌晨 02:00:00 开始计时其实也完全没问题，只不过统计的数据变成了每天 02:00:00 到第二天 02:00:00。这个起始点的选取，其实对窗口本身的类型没有影响；而为了方便应用，默认的起始点时间戳是窗口大小的整倍数。也就是说，如果我们定义 1 天的窗口，默认就从 00:00:00 开始；如果定义 1 小时的窗口，默认就从整点开始。而如果我们不从这个默认值开始，那么就可以通过设置偏移量 offset 来调整。

这里读者可能会觉得奇怪：这个功能好像没什么用，非要弄个偏移量不是给自己找别扭吗？这其实是有实际用途的。我们知道，不同国家分布在不同的时区。标准时间戳其实就是 1970 年 1 月 1 日 0 时 0 分 0 秒 0 毫秒开始计算的一个毫秒数，而这个时间是以 UTC 时间，也就是 0 时区（伦敦时间）为标准的。我们所在的时区是东八区，也就是 UTC+8，跟 UTC 有 8 小时的时差。我们定义 1 天滚动窗口时，如果用默认的起始点，那么得到的就是伦敦时间每天 00:00:00 开启窗口，这时是北京时间早上 08:00:00。怎样得到北京时间每天 00:00:00 开启的滚动窗口呢？只要设置 -8 小时的偏移量就可以了：

```
.window(TumblingProcessingTimeWindows.of(Time.days(1), Time.hours(-8)))
```

（2）滑动处理时间窗口。

窗口分配器由类 SlidingProcessingTimeWindows 提供，同样需要调用它的静态方法 of()。

```
stream.keyBy(...)
 .window(SlidingProcessingTimeWindows.of(Time.seconds(10), Time.seconds(5)))
 .aggregate(...)
```

of() 方法需要传入两个 Time 类型的参数：size 和 slide，前者表示滑动窗口的大小，后者表示滑动窗口的滑动步长。我们这里创建了一个长度为 10 秒、滑动步长为 5 秒的滑动窗口。

滑动窗口同样可以追加第三个参数，用于指定窗口起始点的偏移量，用法与滚动窗口完全一致。

（3）处理时间会话窗口。

窗口分配器由类 ProcessingTimeSessionWindows 提供，需要调用它的静态方法 withGap() 或者 withDynamicGap()。

```
stream.keyBy(...)
 .window(ProcessingTimeSessionWindows.withGap(Time.seconds(10)))
 .aggregate(...)
```

这里.withGap()方法需要传入一个Time类型的参数size,表示会话的超时时间,也就是最小间隔session gap。我们这里创建了静态会话超时时间为10秒的会话窗口。

```
.window(ProcessingTimeSessionWindows.withDynamicGap(new SessionWindowTimeGapExtractor[(String, Long)] {
    override def extract(element: (String, Long)) {
    // 提取session gap值返回,单位毫秒
        element._1.length * 1000
    }
}))
```

这里的 withDynamicGap()方法需要传入一个 SessionWindowTimeGapExtractor 作为参数,用来定义 session gap 的动态提取逻辑。在这里,我们提取了数据元素的第一个字段,用它的长度乘以1000作为会话超时的间隔。

（4）滚动事件时间窗口。

窗口分配器由类 TumblingEventTimeWindows 提供,用法与滚动处理事件窗口完全一致。

```
stream.keyBy(...)
.window(TumblingEventTimeWindows.of(Time.seconds(5)))
.aggregate(...)
```

of()方法也可以传入第二个参数offset,用于设置窗口起始点的偏移量。

（5）滑动事件时间窗口。

窗口分配器由类 SlidingEventTimeWindows 提供,用法与滑动处理事件窗口完全一致。

```
stream.keyBy(...)
.window(SlidingEventTimeWindows.of(Time.seconds(10), Time.seconds(5)))
.aggregate(...)
```

（6）事件时间会话窗口。

窗口分配器由类 EventTimeSessionWindows 提供,用法与处理事件会话窗口完全一致。

```
stream.keyBy(...)
.window(EventTimeSessionWindows.withGap(Time.seconds(10)))
.aggregate(...)
```

2. 计数窗口

计数窗口概念非常简单,本身底层是基于全局窗口实现的。Flink 为我们提供了非常方便的接口：直接调用 countWindow()方法。根据分配规则的不同,又可以分为滚动计数窗口和滑动计数窗口两类,下面我们就来看它们的具体实现。

（1）滚动计数窗口。

滚动计数窗口只需要传入一个长整型的参数size,表示窗口的大小。

```
stream.keyBy(...)
.countWindow(10)
```

我们定义了一个长度为10的滚动计数窗口,当窗口中的元素数量达到10的时候,就会触发计算执行并关闭窗口。

（2）滑动计数窗口。

与滚动计数窗口类似,不过需要在 countWindow()调用时传入两个参数：size 和 slide,前者表示窗口大小,后者表示滑动步长。

```
stream.keyBy(...)
.countWindow(10, 3)
```

我们定义了一个长度为10、滑动步长为3的滑动计数窗口。每个窗口统计10个数据,每隔3个数据就统计输出一次结果。

3. 全局窗口

全局窗口是计数窗口的底层实现，一般在需要自定义窗口时使用。它的定义同样是直接调用 window()，分配器由 GlobalWindows 类提供。

```
stream.keyBy(...)
    .window(GlobalWindows.create())
```

需要注意的是，在使用全局窗口时，必须自行定义触发器才能实现窗口计算，否则起不到任何作用。

6.3.5 窗口函数

定义了窗口分配器，我们只是知道了数据属于哪个窗口，可以将数据收集起来了；至于收集起来到底要做什么，其实还完全没有头绪。所以在窗口分配器之后，必须再接上一个定义窗口如何进行计算的操作，这就是所谓的"窗口函数"。

经窗口分配器处理之后，数据可以分配到对应的窗口中，而数据流经过转换得到的数据类型是 WindowedStream。这个类型并不是 DataStream，所以并不能直接进行其他转换，而必须进一步调用窗口函数，对收集到的数据进行处理计算之后，才能最终再次得到 DataStream，如图 6-21 所示。

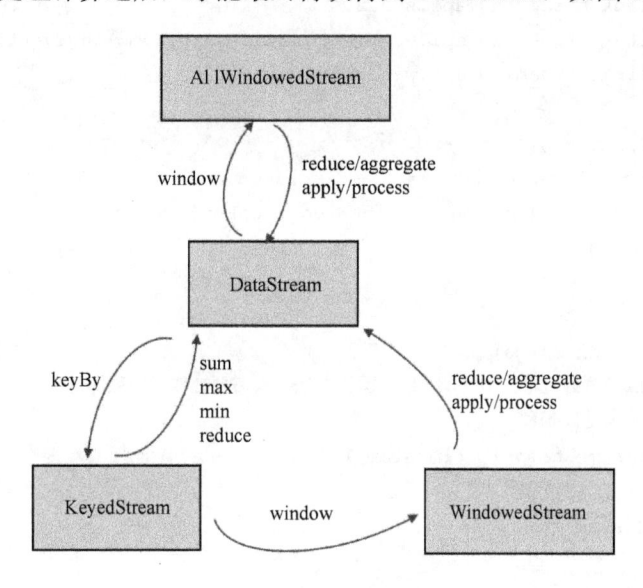

图 6-21 流之间的转换

窗口函数定义了要对窗口中收集的数据做的计算操作，根据处理的方式可以分为两类：增量聚合函数和全窗口函数。下面我们来分别讲解。

1. 增量聚合函数

窗口将数据收集起来，最基本的处理操作当然就是进行聚合。窗口对无限流的切分，可以看作得到了一个有界数据集。如果我们等到所有数据都收集齐，在窗口到了结束时间要输出结果的一瞬间再去进行聚合，显然就不够高效了——这相当于用批处理的思路来做实时流处理。

为了提高实时性，我们可以再次将流处理的思路发扬光大：就像 DataStream 的简单聚合一样，每来一条数据就立即进行计算，中间只要保持一个简单的聚合状态就可以了；区别只是在于不立即输出结果，而是要等到窗口结束时间。等到窗口到了结束时间需要输出计算结果的时候，我们只需要拿出之前聚合的状态直接输出，这无疑就大大提高了程序运行的效率和实时性。

典型的增量聚合函数有两个：归纳函数（ReduceFunction）和聚合函数（AggregateFunction）。

（1）归约函数。

最基本的聚合方式就是归约（reduce）。我们在基本转换的聚合算子中介绍过 reduce 的用法，窗口的归约聚合也非常类似，就是将窗口中收集到的数据两两进行归约。当我们进行流处理时，就是要保存一个状态；每来一个新的数据，就和之前的聚合状态做归约操作，这样就实现了增量式的聚合。

窗口函数中也提供了 ReduceFunction：只要基于 WindowedStream 调用.reduce()方法，然后传入 ReduceFunction 作为参数，就可以指定以归约两个元素的方式对窗口中的数据进行聚合。这里的 ReduceFunction 其实与简单聚合时用到的 ReduceFunction 是同一个函数类接口，所以使用方式也是完全一样的。

我们回忆一下，ReduceFunction 中需要重写一个 reduce()方法，它的两个参数代表输入的两个元素，而归约最终输出结果的数据类型，与输入的数据类型必须保持一致。也就是说，中间聚合的状态和输出的结果，都和输入的数据类型是一样的。

下面是使用 ReduceFunction 进行增量聚合的代码示例。

```scala
package com.atguigu.chapter06

import com.atguigu.chapter05.ClickSource
import org.apache.flink.streaming.api.scala._
import org.apache.flink.streaming.api.windowing.assigners.TumblingEventTimeWindows
import org.apache.flink.streaming.api.windowing.time.Time

object WindowReduceExample {
  def main(args: Array[String]): Unit = {
    val env = StreamExecutionEnvironment.getExecutionEnvironment
    env.setParallelism(1)

    env
      .addSource(new ClickSource)
      // 数据源中的时间戳是单调递增的，所以使用下面的方法，只需要抽取时间戳即可
      // 等同于最大延迟时间是 0 毫秒
      .assignAscendingTimestamps(_.timestamp)
      .map(r => (r.user, 1L))
      // 使用用户名对数据流进行分组
      .keyBy(_._1)
      // 设置 5 秒钟的滚动事件时间窗口
      .window(TumblingEventTimeWindows.of(Time.seconds(5)))
      // 保留第一个字段，针对第二个字段进行聚合
      .reduce((r1, r2) => (r1._1, r1._2 + r2._2))
      .print()

    env.execute()
  }
}
```

运行结果如下：

```
(Bob,1)
(Alice,2)
(Mary,2)
……
```

代码中我们对每个用户的行为数据进行了开窗统计。与 WordCount 逻辑类似，首先将数据转换成(user, count)的二元组形式，每条数据对应的初始 count 值都是 1；然后按照用户 id 分组，在处理时间下开启滚动

窗口，统计每 5 秒内的用户行为个数。对于窗口的计算，我们用 ReduceFunction 对 count 值做了增量聚合：窗口中会将当前的总 count 值保存成一个归约状态，每来一条数据，就会调用内部的 reduce()方法，将新数据中的 count 值叠加到状态上，并得到新的状态保存起来。等到了 5 秒窗口的结束时间，就把归约好的状态直接输出。

这里需要注意，我们经过窗口聚合转换输出的数据，数据类型依然是二元组（String, Long）。

（2）聚合函数。

ReduceFunction 可以解决大多数归约聚合的问题，但是这个接口有一个限制，就是聚合状态的类型、输出结果的类型都必须和输入数据类型一样。这就迫使我们必须在聚合前，先将数据转换（map）成预期结果类型；而在有些情况下，还需要对状态进行进一步处理才能得到输出结果，这时它们的类型可能不同，使用 ReduceFunction 就会非常麻烦。

例如，如果我们希望计算一组数据的平均值，应该怎样做聚合呢？很明显，这时我们需要计算两个状态量：数据的总和（sum）和数据的个数（count），而最终输出结果是两者的商（sum/count）。如果用 ReduceFunction，那么我们应该先把数据转换成二元组（sum, count）的形式，然后进行归约聚合，最后再将元组的两个元素相除，转换得到最后的平均值。本来应该只是一个任务，可我们却需要 map-reduce-map 三步操作，这显然不够高效。

于是自然可以想到，如果取消类型一致的限制，让输入数据、中间状态、输出结果三者类型都可以不同，不就可以一步直接搞定了吗？

Flink 的 Window API 中的 aggregate()就提供了这样的操作。直接基于 WindowedStream 调用 aggregate()方法，就可以定义更加灵活的窗口聚合操作。这个方法需要传入一个 AggregateFunction 的实现类作为参数。AggregateFunction 在源码中的定义如下：

```
public interface AggregateFunction<IN, ACC, OUT> extends Function, Serializable
{
    ACC createAccumulator();
    ACC add(IN value, ACC accumulator);
    OUT getResult(ACC accumulator);
    ACC merge(ACC a, ACC b);
}
```

AggregateFunction 可以看作 ReduceFunction 的通用版本，这里有三种类型：输入类型（IN）、累加器类型（ACC）和输出类型（OUT）。输入类型 IN 就是输入流中元素的数据类型；累加器类型 ACC 则是我们进行聚合的中间状态类型；而输出类型当然就是最终计算结果的类型了。

AggregateFunction 接口中有以下四个方法。

- createAccumulator()：创建一个累加器，这就是为聚合创建了一个初始状态，每个聚合任务只会调用一次。
- add()：将输入的元素添加到累加器中。这就是基于聚合状态，对新来的数据进行进一步聚合的过程。方法传入两个参数：当前新到的数据 value 和当前的累加器 accumulator；返回一个新的累加器值，也就是对聚合状态进行更新。每条数据到来之后都会调用这个方法。
- getResult()：从累加器中提取聚合的输出结果。也就是说，我们可以定义多个状态，然后再基于这些聚合的状态计算出一个结果进行输出。比如之前我们提到的计算平均值，就可以把 sum 和 count 作为状态放入累加器，而在调用这个方法时，相除得到最终结果。这个方法只在窗口要输出结果时调用。
- merge()：合并两个累加器，并将合并后的状态作为一个累加器返回。这个方法只在需要合并窗口的场景下才会被调用；最常见的合并窗口的场景就是会话窗口。

所以可以看到，AggregateFunction 的工作原理是：首先调用 createAccumulator()，为任务初始化一个状态（累加器）；而后每来一个数据就调用一次 add()方法，对数据进行聚合，将得到的结果保存在状态中；等到了窗口需要输出时，再调用 getResult()方法得到计算结果。很明显，与 ReduceFunction 相同，

AggregateFunction 也是增量式的聚合；而由于输入、中间状态、输出的类型可以不同，使得应用更加方便灵活。

下面来看一个案例。我们知道，在电商网站中，PV（页面浏览量）和 UV（独立访客数）是非常重要的两个流量指标。一般来说，PV 统计的是所有的点击量；而对用户 id 进行去重之后，得到的就是 UV。所以有时候我们会用 PV/UV 这个比值，来表示"人均重复访问量"，也就是平均每个用户会访问多少次页面，这在一定程度上代表了用户的黏度。

代码实现如下：

```scala
package com.atguigu.chapter06

import com.atguigu.chapter05.{ClickSource, Event}
import org.apache.flink.api.common.functions.AggregateFunction
import org.apache.flink.streaming.api.scala._
import org.apache.flink.streaming.api.windowing.assigners.SlidingEventTimeWindows
import org.apache.flink.streaming.api.windowing.time.Time

object AggregateFunctionExample {
  def main(args: Array[String]): Unit = {
    val env = StreamExecutionEnvironment.getExecutionEnvironment
    env.setParallelism(1)

    env
      .addSource(new ClickSource)
      .assignAscendingTimestamps(_.timestamp)
      // 通过为每条数据分配同样的 key，来将数据发送到同一个分区
      .keyBy(_ => "key")
      .window(SlidingEventTimeWindows.of(Time.seconds(10), Time.seconds(2)))
      .aggregate(new AvgPv)
      .print()

    env.execute()
  }

  class AvgPv extends AggregateFunction[Event, (Set[String], Double), Double] {
    // 创建空累加器，类型是元组，元组的第一个元素类型为 Set 数据结构，用来对用户名进行去重
    // 第二个元素用来累加 PV 操作，也就是每来一条数据就加一
    override def createAccumulator(): (Set[String], Double) = (Set[String](), 0L)
    // 累加规则
    override def add(value: Event, accumulator: (Set[String], Double)): (Set[String], Double) = (accumulator._1 + value.user, accumulator._2 + 1L)
    // 获取窗口关闭时向下游发送的结果
    override def getResult(accumulator: (Set[String], Double)): Double = accumulator._2 / accumulator._1.size
    // merge 方法只有在事件时间的会话窗口时，才需要实现，这里无须实现
    override def merge(a: (Set[String], Double), b: (Set[String], Double)): (Set[String], Double) = ???
  }
}
```

输出结果如下：

```
1.0
1.6666666666666667
```

......

代码中我们创建了事件时间滑动窗口，统计 10 秒钟的"人均 PV"，每 2 秒统计一次。由于聚合的状态还需要做处理计算，因此窗口聚合时使用了更加灵活的 AggregateFunction。为了统计 UV，我们用一个 HashSet 保存所有出现过的用户 id，实现自动去重；而 PV 的统计则类似一个计数器，每来一个数据就加一。所以这里的状态，定义为包含一个 HashSet 和一个 count 值的二元组（Tuple2<HashSet<String>，Long>），每来一条数据，就将 user 存入 HashSet，同时 count 加 1。这里的 count 就是 PV，而 HashSet 中元素的个数（size）就是 UV；所以最终窗口的输出结果，就是它们的比值。

这里没有涉及会话窗口，所以 merge()方法可以不做任何操作。

另外，Flink 也为窗口的聚合提供了一系列预定义的简单聚合方法，可以直接基于 WindowedStream 调用。主要包括 sum()、max()、maxBy()、min()和 minBy()，与 KeyedStream 的简单聚合非常相似。它们的底层，其实都是通过 AggregateFunction 来实现的。

通过 ReduceFunction 和 AggregateFunction 我们可以发现，增量聚合函数其实就是在用流处理的思路来处理有界数据集，核心是保持一个聚合状态，当数据到来时不停地更新状态。这就是 Flink 所谓的"有状态的流处理"，通过这种方式可以极大地提高程序运行的效率，所以在实际应用中最为常见。

2. 全窗口函数

窗口操作中的另一大类就是全窗口函数。与增量聚合函数不同，全窗口函数需要先收集窗口中的数据，并在内部缓存起来，等到窗口要输出结果的时候再取出数据进行计算。

很明显，这就是典型的批处理思路了——先攒数据，等一批都到齐了再正式启动处理流程。这样做毫无疑问是低效的：因为窗口全部的计算任务都积压在了要输出结果的那一瞬间，而在之前收集数据的漫长过程中却无所事事。

那么为什么还要有全窗口函数呢？这是因为在有些场景下，我们要做的计算必须基于全部的数据才有效，这时做增量聚合就没什么意义了。另外，输出的结果有可能要包含上下文中的一些信息（比如窗口的起始时间），这是增量聚合函数做不到的。所以，我们还需要有更丰富的窗口计算方式，这就可以用全窗口函数来实现。

在 Flink 中，全窗口函数也有两种：WindowFunction 和 ProcessWindowFunction。

（1）窗口函数。

WindowFunction 字面上就是"窗口函数"，它其实是老版本的通用窗口函数接口。我们可以基于 WindowedStream 调用.apply()方法，传入一个 WindowFunction 的实现类。

```
stream
    .keyBy(<key selector>)
    .window(<window assigner>)
    .apply(new MyWindowFunction())
```

这个类中可以获取包含窗口所有数据的可迭代集合（Iterable），还可以拿到窗口本身的信息。WindowFunction 接口在源码中的实现如下：

```
public interface WindowFunction<IN, OUT, KEY, W extends Window> extends Function, Serializable {
    void apply(KEY key, W window, Iterable<IN> input, Collector<OUT> out) throws Exception;
}
```

当窗口到达结束时间需要触发计算时，就会调用这里的 apply 方法。我们可以从 input 集合中取出窗口收集的数据，结合 key 和 window 信息，通过收集器（Collector）输出结果。这里 Collector 的用法，与 FlatMapFunction 中相同。

不过我们也看到了，WindowFunction 能提供的上下文信息较少，也没有更高级的功能。事实上，它的作用可以被 ProcessWindowFunction 全覆盖，所以之后可能会逐渐弃用。一般在实际应用，直接使用 ProcessWindowFunction 就可以了。

（2）处理窗口函数。

ProcessWindowFunction 是 Window API 中最底层的通用窗口函数接口。之所以说它"最底层"，是因为除了可以拿到窗口中的所有数据，ProcessWindowFunction 还可以获取一个"上下文对象"（Context）。这个"上下文对象"非常强大，不仅能够获取窗口信息，还可以访问当前的时间和状态信息。这里的时间就包括了处理时间和事件时间水位线。这就使得 ProcessWindowFunction 更加灵活、功能更加丰富。事实上，ProcessWindowFunction 是 Flink 底层 API——处理函数（Processfunction）中的一员，关于处理函数我们会在后续章节展开讲解。

当然，这些好处是以牺牲性能和资源为代价的。作为一个全窗口函数，ProcessWindowFunction 同样需要将所有的数据都缓存下来，等到窗口触发计算时才使用。它其实就是一个增强版的 WindowFunction。

具体使用跟 WindowFunction 非常类似，我们可以基于 WindowedStream 调用 process()方法，传入一个 ProcessWindowFunction 的实现类。下面是一个电商网站统计每小时 UV 的例子：

```scala
package com.atguigu.chapter06

import com.atguigu.chapter05.{ClickSource, Event}
import org.apache.flink.streaming.api.scala._
import org.apache.flink.streaming.api.scala.function.ProcessWindowFunction
import org.apache.flink.streaming.api.windowing.assigners.TumblingEventTimeWindows
import org.apache.flink.streaming.api.windowing.time.Time
import org.apache.flink.streaming.api.windowing.windows.TimeWindow
import org.apache.flink.util.Collector

import java.sql.Timestamp
import scala.collection.mutable.Set

object UvCountByWindowExample {
  def main(args: Array[String]): Unit = {
    val env = StreamExecutionEnvironment.getExecutionEnvironment
    env.setParallelism(1)

    env
      .addSource(new ClickSource)
      .assignAscendingTimestamps(_.timestamp)
      // 为所有数据都指定同一个 key，可以将所有数据都发送到同一个分区
      .keyBy(_ => "key")
      .window(TumblingEventTimeWindows.of(Time.seconds(10)))
      .process(new UvCountByWindow)
      .print()

    env.execute()
  }
  // 自定义窗口处理函数
  class UvCountByWindow extends ProcessWindowFunction[Event, String, String, TimeWindow] {
    override def process(key: String, context: Context, elements: Iterable[Event], out: Collector[String]): Unit = {
      // 初始化一个 Set 数据结构，用来对用户名进行去重
      var userSet = Set[String]()
      // 将所有用户名进行去重
      elements.foreach(userSet += _.user)
      // 结合窗口信息，包装输出内容
```

```
        val windowStart = context.window.getStart
        val windowEnd = context.window.getEnd
        out.collect("窗口: " + new Timestamp(windowStart) + "~" + new Timestamp(windowEnd) + "的独立
访客数量是: " + userSet.size)
    }
  }
}
```

输出结果形式如下:

```
窗口: ...~...的独立访客数量是: 2
窗口: ...~...的独立访客数量是: 3
......
```

这里我们使用的是事件时间语义。定义 5 秒钟的滚动事件窗口后,直接使用 ProcessWindowFunction 来定义处理的逻辑。我们可以创建一个 HashSet,将窗口中的所有数据的 userId 写入实现去重,最终得到 HashSet 的元素个数就是 UV 值。

当然,我们并没有用到上下文中的其他信息,其实没有必要使用 ProcessWindowFunction。全窗口函数因为运行效率较低,很少直接单独使用,往往会和增量聚合函数结合在一起,共同实现窗口的处理计算。

3. 增量聚合和全窗口函数的结合使用

我们已经了解了 Window API 中两类窗口函数的用法,下面我们先来做个简单的总结。

增量聚合函数处理计算会更高效。举一个最简单的例子,对一组数据求和。大量的数据连续不断到来,全窗口函数只是把它们收集缓存起来,并没有处理;到了窗口要关闭、输出结果的时候,再遍历所有数据依次叠加,得到最终结果。而如果我们采用增量聚合的方式,那么只需要保存一个当前求和的状态,每个数据到来时就会做一次加法,更新状态;到了要输出结果的时候,只要将当前状态直接拿出来就可以了。增量聚合相当于把计算量"均摊"到了窗口收集数据的过程中,自然就会比全窗口聚合更加高效、输出更加实时。

而全窗口函数的优势在于提供了更多的信息,可以认为是更加"通用"的窗口操作。它只负责收集数据、提供上下文相关信息,把所有的原材料都准备好,至于拿来做什么我们完全可以任意发挥。这就使得窗口计算更加灵活,功能更加强大。

所以在实际应用中,我们往往希望兼具这两者的优点,把它们结合在一起使用。Flink 的 Window API 就给我们实现了这样的用法。

我们之前在调用 WindowedStream 的 reduce()和 aggregate()方法时,只是简单地直接传入了一个 ReduceFunction 或 AggregateFunction 进行增量聚合。此外,还可以传入第二个参数:一个全窗口函数,可以是 WindowFunction 或 ProcessWindowFunction。

```
// ReduceFunction 与 WindowFunction 结合
public <R> SingleOutputStreamOperator<R> reduce(
    ReduceFunction<T> reduceFunction, WindowFunction<T, R, K, W> function)
// ReduceFunction 与 ProcessWindowFunction 结合
public <R> SingleOutputStreamOperator<R> reduce(
    ReduceFunction<T> reduceFunction, ProcessWindowFunction<T, R, K, W> function)
// AggregateFunction 与 WindowFunction 结合
public <ACC, V, R> SingleOutputStreamOperator<R> aggregate(
    AggregateFunction<T, ACC, V> aggFunction, WindowFunction<V, R, K, W> windowFunction)
// AggregateFunction 与 ProcessWindowFunction 结合
public <ACC, V, R> SingleOutputStreamOperator<R> aggregate(
    AggregateFunction<T, ACC, V> aggFunction,
    ProcessWindowFunction<V, R, K, W> windowFunction)
```

这样调用的处理机制是:基于第一个参数(增量聚合函数)来处理窗口数据,每来一个数据就做一次聚合；等到窗口需要触发计算时，则调用第二个参数（全窗口函数）的处理逻辑输出结果。需要注意的是，这里的全窗口函数就不再缓存所有数据了，而是直接将增量聚合函数的结果拿来当作 Iterable 类型的输入。一般情况下，这时的可迭代集合中就只有一个元素了。

下面我们举一个具体的实例来说明。在网站的各种统计指标中，一个很重要的统计指标就是热门的链接；想要得到热门的 url，前提是得到每个链接的"热门度"。一般情况下，可以用 url 的浏览量（点击量）表示热门度。我们这里统计 10 秒钟的 url 浏览量，每 5 秒钟更新一次；另外为了更加清晰地展示，还应该把窗口的起始结束时间一起输出。我们可以定义滑动窗口，并结合增量聚合函数和全窗口函数来得到统计结果。

具体实现代码如下：

```scala
package com.atguigu.chapter06

import com.atguigu.chapter05.Event
import com.atguigu.chapter06.EmitWatermarkInSourceFunction.ClickSource
import org.apache.flink.api.common.functions.AggregateFunction
import org.apache.flink.streaming.api.scala._
import org.apache.flink.streaming.api.scala.function.ProcessWindowFunction
import org.apache.flink.streaming.api.windowing.assigners.TumblingEventTimeWindows
import org.apache.flink.streaming.api.windowing.time.Time
import org.apache.flink.streaming.api.windowing.windows.TimeWindow
import org.apache.flink.util.Collector

object UrlViewCountExample {
  def main(args: Array[String]): Unit = {
    val env = StreamExecutionEnvironment.getExecutionEnvironment
    env.setParallelism(1)

    env
      .addSource(new ClickSource)
      .assignAscendingTimestamps(_.timestamp)
      // 使用 url 作为 key 对数据进行分区
      .keyBy(_.url)
      .window(SlidingEventTimeWindows.of(Time.seconds(10), Time.seconds(5)))
      // 注意这里调用的是 aggregate 方法
      // 增量聚合函数和全窗口聚合函数结合使用
      .aggregate(new UrlViewCountAgg, new UrlViewCountResult)
      .print()

    env.execute()
  }

  class UrlViewCountAgg extends AggregateFunction[Event, Long, Long] {
    override def createAccumulator(): Long = 0L
    // 每来一个事件就加一
    override def add(value: Event, accumulator: Long): Long = accumulator + 1L
    // 窗口闭合时发送的计算结果
    override def getResult(accumulator: Long): Long = accumulator

    override def merge(a: Long, b: Long): Long = ???
  }
```

```scala
    class UrlViewCountResult extends ProcessWindowFunction[Long, UrlViewCount, String, TimeWindow] {
      // 迭代器中只有一个元素，是增量聚合函数在窗口闭合时发送过来的计算结果
      override def process(key: String, context: Context, elements: Iterable[Long], out: Collector[UrlViewCount]): Unit = {
        out.collect(UrlViewCount(
          key,
          elements.iterator.next(),
          context.window.getStart,
          context.window.getEnd
        ))
      }
    }
    case class UrlViewCount(url: String, count: Long, windowStart: Long, windowEnd: Long)
}
```

这里我们为了方便处理，单独定义了一个样例类 UrlViewCount 来表示聚合输出结果的数据类型，包含了 url、浏览量以及窗口的起始结束时间。用一个 AggregateFunction 来实现增量聚合，每来一个数据就计数加一；得到的结果交给 ProcessWindowFunction，结合窗口信息包装成我们想要的 UrlViewCount，最终输出统计结果。

注意：ProcessWindowFunction 是处理函数中的一种，后面我们会详细讲解。这里只用它来将增量聚合函数的输出结果包裹一层窗口信息。

窗口处理的主体还是增量聚合，而引入全窗口函数又可以获取更多的信息包装输出，这样的结合兼具了两种窗口函数的优势，在保证处理性能和实时性的同时，支持了更加丰富的应用场景。

6.3.6 测试水位线和窗口的使用

之前讲过，当水位线到达窗口结束时间时，窗口就会闭合不再接收迟到的数据，因为根据水位线的定义，所有小于等于水位线的数据都已经到达，所以显然 Flink 会认为窗口中的数据都到达了（尽管可能存在迟到数据，也就是时间戳小于当前水位线的数据）。我们来写一个程序做一下测试：

```scala
package com.atguigu.chapter06

import org.apache.flink.api.common.eventtime.{SerializableTimestampAssigner, WatermarkStrategy}
import org.apache.flink.streaming.api.scala._
import org.apache.flink.streaming.api.scala.function.ProcessWindowFunction
import org.apache.flink.streaming.api.windowing.assigners.TumblingEventTimeWindows
import org.apache.flink.streaming.api.windowing.time.Time
import org.apache.flink.streaming.api.windowing.windows.TimeWindow
import org.apache.flink.util.Collector
import java.time.Duration

import com.atguigu.chapter05.{ClickSource, Event}

object WatermarkTest {
  def main(args: Array[String]): Unit = {
    val env = StreamExecutionEnvironment.getExecutionEnvironment
    env.setParallelism(1)

    env
      .socketTextStream("localhost", 7777)
```

```scala
      .map(data => {
        val fields = data.split(",")
        Event(fields(0).trim, fields(1).trim, fields(2).trim.toLong)
      })
//        .map(r => (r.split(",")(0), r.split(",")(1).toLong * 1000L))
      .assignTimestampsAndWatermarks(
        WatermarkStrategy
          // 最大延迟时间设置为 5 秒
          .forBoundedOutOfOrderness[Event](Duration.ofSeconds(5))
          .withTimestampAssigner(new SerializableTimestampAssigner[Event] {
            // 指定时间戳是哪个字段
            override def extractTimestamp(element: Event, recordTimestamp: Long): Long = element.timestamp
          })
      )
      .keyBy(_.user)
      .window(TumblingEventTimeWindows.of(Time.seconds(10)))
      .process(new WatermarkTestResult)
      .print()

    env.execute()
  }

  // 自定义处理窗口函数，输出当前的水位线和窗口信息
  class WatermarkTestResult extends ProcessWindowFunction[Event, String, String, TimeWindow] {
    override def process(key: String, context: Context, elements: Iterable[Event], out: Collector[String]): Unit = {
      // 获取窗口开始时间
      val start = context.window.getStart
      // 获取窗口结束时间
      val end = context.window.getEnd
      // 获取窗口闭合时的水位线大小
      val currentWatermark = context.currentWatermark
      // 获取窗口中的元素数量
      val count = elements.size
      // 发送数据
      out.collect("窗口" + start + " ~ " + end + "共" + count + "个元素，窗口闭合计算时，水位线处于: " + currentWatermark)
    }
  }
}
```

我们这里设置的最大延迟时间是 5 秒，所以当我们在终端启动 nc 程序，也就是 nc-lk 7777 然后输入如下数据时：

```
Alice, ./home, 1000
Alice, ./cart, 2000
Alice, ./prod?id=100, 10000
Alice, ./prod?id=200, 8000
Alice, ./prod?id=300, 15000
```

我们会看到如下结果：

窗口 0 ~ 10000 中共有 3 个元素，窗口闭合计算时，水位线处于：9999

我们会发现，当最后输入[Alice, ./prod?id=300, 15000]时，流中会周期性地（默认 200 毫秒）插入一个

时间戳为 15000L - 5 * 1000L - 1L = 9999 毫秒的水位线，已经到达了窗口[0, 10000)的结束时间，所以会触发窗口的闭合计算。而后面再输入一条[Alice, ./prod?id=200, 9000]时，将不会有任何结果；因为这是一条迟到数据，它所属的窗口已经触发计算然后销毁了（窗口默认被销毁），所以无法再进入到窗口中，自然也就无法更新计算结果了。窗口中的迟到数据默认会被丢弃，这会导致计算结果不够准确。Flink 提供了有效处理迟到数据的手段，我们在第 6.4 节详细介绍。

6.3.7 其他 API

对一个窗口算子而言，窗口分配器和窗口函数是必不可少的。此外，Flink 还提供了其他可选的 API，让我们可以更加灵活地控制窗口行为。

1. 触发器

触发器主要是用来控制窗口什么时候触发计算。所谓的"触发计算"，本质上就是执行窗口函数，所以可以认为是计算得到结果并输出的过程。

基于 WindowedStream 调用 trigger()方法，就可以传入一个自定义的窗口触发器（Trigger）。

```
stream.keyBy(...)
       .window(...)
       .trigger(new MyTrigger())
```

Trigger 是窗口算子的内部属性，每个窗口分配器都会对应一个默认的触发器；对于 Flink 内置的窗口类型，它们的触发器都已经做了实现。例如，所有事件的时间窗口，默认的触发器都是 EventTimeTrigger；类似的还有 ProcessingTimeTrigger 和 CountTrigger。所以一般情况下是不需要自定义触发器的，不过我们依然有必要了解它的原理。

Trigger 是一个抽象类，自定义时必须实现以下四个抽象方法。

- onElement()：窗口中每到来一个元素，就会调用这个方法。
- onEventTime()：当注册的事件时间定时器触发时，将调用这个方法。
- onProcessingTime()：当注册的处理时间定时器触发时，将调用这个方法。
- clear()：当窗口关闭销毁时，调用这个方法。一般用来清除自定义的状态。

可以看到，除了 clear()比较像生命周期方法，其他三个方法其实都是对某种事件的响应。onElement() 是对流中数据元素到来的响应；而另两个则是对时间的响应。这几个方法的参数中都有一个"触发器上下文"对象，可以用来注册定时器回调。这里提到的"定时器"，其实就是我们设定的一个"闹钟"，代表未来某个时间点会执行的事件；当时间进展到设定的值时，就会执行定义好的操作。很明显，对于时间窗口而言，就应该是在窗口的结束时间设定了一个定时器，这样到时间就可以触发窗口的计算输出了。关于定时器的内容，我们在后面讲解处理函数（process function）时还会提到。

上面的前三个方法可以响应事件，那么它们又是怎样与窗口操作联系起来的呢？这就需要了解一下它们的返回值。这三个方法的返回类型都是 TriggerResult，这是一个枚举类型，其中定义了对窗口进行操作的四种类型。

- CONTINUE：什么都不做。
- FIRE：触发计算，输出结果。
- PURGE：清空窗口中的所有数据，销毁窗口。
- FIRE_AND_PURGE：触发计算输出结果，并清除窗口。

我们可以看到，Trigger 除了可以控制触发计算，还可以定义窗口什么时候关闭（销毁）。上面的四种类型，其实也就是这两个操作交叉配对产生的结果。一般我们会认为，到了窗口的结束时间，那么就会触发计算输出结果，然后关闭窗口——似乎这两个操作应该是同时发生的；但 TriggerResult 的定义告诉我们，两者可以分开。稍后我们就会看到它们分开操作的场景。

下面我们举一个例子。在日常业务场景中，我们经常会开比较大的窗口来计算每个窗口的 pv 或者 uv 等数据。但窗口开的太大，会使我们看到计算结果的时间间隔增长。所以我们可以使用触发器，来隔一段时间触发一次窗口计算。我们在代码中计算了每个 url 在 10 秒滚动窗口的 pv 指标，然后设置了触发器，每隔 1 秒钟触发一次窗口的计算。

```scala
package com.atguigu.chapter06

import com.atguigu.chapter05.{ClickSource, Event}
import org.apache.flink.api.common.state.ValueStateDescriptor
import org.apache.flink.streaming.api.scala._
import org.apache.flink.streaming.api.scala.function.ProcessWindowFunction
import org.apache.flink.streaming.api.windowing.assigners.TumblingEventTimeWindows
import org.apache.flink.streaming.api.windowing.time.Time
import org.apache.flink.streaming.api.windowing.triggers.{Trigger, TriggerResult}
import org.apache.flink.streaming.api.windowing.windows.TimeWindow
import org.apache.flink.util.Collector

object TriggerExample {
  def main(args: Array[String]): Unit = {
    val env = StreamExecutionEnvironment.getExecutionEnvironment
    env.setParallelism(1)

    env
      .addSource(new ClickSource)
      .assignAscendingTimestamps(_.timestamp)
      .keyBy(_.url)
      .window(TumblingEventTimeWindows.of(Time.seconds(10)))
      // 设置触发器
      .trigger(new MyTrigger)
      .process(new WindowResult)
      .print()

    env.execute()
  }

  class MyTrigger extends Trigger[Event, TimeWindow] {
    override def onElement(t: Event, l: Long, w: TimeWindow, triggerContext: Trigger.TriggerContext): TriggerResult = {
      // 初始化一个布尔状态变量，用来做标志位，使得只在第一条数据到来时执行注册定时器的逻辑
      val isFirstEvent = triggerContext.getPartitionedState(
        new ValueStateDescriptor[Boolean]("first-event", classOf[Boolean])
      )
      if (!isFirstEvent.value()) {
        // 每隔 1 秒钟注册一个定时器
        for (i <- w.getStart until w.getEnd by 1000L) {
          triggerContext.registerEventTimeTimer(i)
        }
        // 标志位置为 true
        isFirstEvent.update(true)
      }
```

```
            TriggerResult.CONTINUE
        }
        // 定时器的逻辑，这里很简单，就是触发窗口的计算，也就是调用后面的process方法
        override def onEventTime(l: Long, w: TimeWindow, triggerContext: Trigger.TriggerContext):
TriggerResult = TriggerResult.FIRE
        // 处理时间定时器什么都不做
        override def onProcessingTime(l: Long, w: TimeWindow, triggerContext: Trigger. TriggerContext):
TriggerResult = TriggerResult.CONTINUE
        // 窗口闭合时清空状态变量
        override def clear(w: TimeWindow, triggerContext: Trigger.TriggerContext): Unit = {
            val isFirstEvent = triggerContext.getPartitionedState(
                new ValueStateDescriptor[Boolean]("first-event", classOf[Boolean])
            )
            isFirstEvent.clear
        }
    }

    class WindowResult extends ProcessWindowFunction[Event, UrlViewCount, String, TimeWindow] {
        override def process(key: String, context: Context, elements: Iterable[Event], out:
Collector[UrlViewCount]): Unit = {
            // 窗口计算逻辑，统计当前时间窗口中的元素数量并向下游发送
            out.collect(UrlViewCount(
                key, elements.size,
                context.window.getStart, context.window.getEnd
            ))
        }
    }

    case class UrlViewCount(url: String, count: Long, windowStart: Long, windowEnd: Long)
}
```

在以上代码中，应用到了 Flink 比较高阶的特性，例如状态（state）、定时器（timer）等，读者可能一时不能理解，这些内容在后面的章节中都会讲到。读者可以在学习完第 7 章和第 9 章之后再回头来看这段代码。

输出结果如下：

```
UrlViewCount{url='./prod?id=1', count=1, windowStart=2021-07-01 14:44:10.0, windowEnd=2021-07-01 14:44:20.0}
UrlViewCount{url='./prod?id=1', count=1, windowStart=2021-07-01 14:44:10.0, windowEnd=2021-07-01 14:44:20.0}
UrlViewCount{url='./prod?id=1', count=1, windowStart=2021-07-01 14:44:10.0, windowEnd=2021-07-01 14:44:20.0}
UrlViewCount{url='./prod?id=1', count=1, windowStart=2021-07-01 14:44:10.0, windowEnd=2021-07-01 14:44:20.0}
```

2. 移除器

移除器主要用来定义移除某些数据的逻辑。基于 WindowedStream 调用 .evictor() 方法，就可以传入一个自定义的移除器（Evictor）。Evictor 是一个接口，不同的窗口类型都有各自预实现的移除器。

```
stream.keyBy(...)
    .window(...)
    .evictor(new MyEvictor())
```

Evictor 接口定义了以下两个方法。

- evictBefore()：定义执行窗口函数之前的移除数据操作。
- evictAfter()：定义执行窗口函数之后的移除数据操作。

在默认情况下，预实现的移除器都是在执行窗口函数之前移除数据的。

3. 允许延迟

在事件时间语义下，窗口中可能会出现数据迟到的情况。这是因为在乱序流中，水位线并不一定能保证时间戳更早的所有数据不会再来。当水位线已经到达窗口结束时间时，窗口会触发计算并输出结果，这时一般也就要销毁窗口了；如果窗口关闭之后，又有本属于窗口内的数据姗姗来迟，默认情况下就会被丢弃。这也很好理解：窗口触发计算就像发车，如果要赶的车已经开走了，又不能坐其他的车（保证分配窗口的正确性），那就只好放弃坐班车了。

不过在多数情况下，直接丢弃数据也会导致统计结果不准确，我们还是希望该上车的人都能上来。为了解决迟到数据的问题，Flink 提供了一个特殊的接口，可以为窗口算子设置一个"允许的最大延迟"。也就是说，我们可以设定允许延迟一段时间，在这段时间内，窗口不会销毁，继续到来的数据依然可以进入窗口中并触发计算。直到水位线推进到了窗口结束时间+延迟时间，才真正将窗口的内容清空，正式关闭窗口。

基于 WindowedStream 调用 allowedLateness()方法，传入一个 Time 类型的延迟时间，就可以表示允许这段时间内的延迟数据。

```
stream.keyBy(...)
      .window(TumblingEventTimeWindows.of(Time.hours(1)))
      .allowedLateness(Time.minutes(1))
```

比如上面的代码中，我们定义了 1 小时的滚动窗口，并设置了允许 1 分钟的延迟数据。也就是说，在不考虑水位线延迟的情况下，对于 08:00:00—09:00:00 的窗口，本来应该是水位线到达 09:00:00 整就触发计算并关闭窗口；现在允许延迟 1 分钟，那么 09:00:00 就只是触发一次计算并输出结果，并不会关窗。后续到达的数据，只要属于 08:00:00—09:00:00 窗口，依然可以在之前统计的基础上继续叠加，并且再次输出一个更新后的结果。直到水位线到达了 09:01:00，这时就真正清空状态、关闭窗口，之后再来的迟到数据就会被丢弃了。

从这里我们可以看到，窗口的触发计算和清除操作确实可以分开。不过在默认情况下，允许的延迟是 0，这样一旦水位线到达了窗口结束时间，就会触发计算并清除窗口，两个操作看起来就是同时发生了。当窗口被清除（关闭）之后，再来的数据就会被丢弃。

4. 将迟到的数据放入侧输出流

我们自然会想到，即使可以设置窗口的延迟时间，终究还是有限的，后续的数据还是会被丢弃。如果不想丢弃任何一个数据，又该怎么做呢？

Flink 还提供了另外一种方式来处理迟到数据。我们可以将未收入窗口的迟到数据，放入"侧输出流"（side output）进行另外的处理。所谓的侧输出流，相当于是数据流的一个"分支"，这个流中单独放置那些错过了该上的车和本该被丢弃的数据。

基于 WindowedStream 调用 sideOutputLateData()方法，就可以实现这个功能。方法需要传入一个"输出标签"，用来标记分支的迟到数据流。因为保存的就是流中的原始数据，所以 OutputTag 的类型与流中的数据类型相同。

```
val stream = env.addSource(new ClickSource)
val outputTag = new OutputTag[Event]("late")
stream.keyBy("user")
      .window(TumblingEventTimeWindows.of(Time.hours(1)))
.sideOutputLateData(outputTag)
```

将迟到数据放入侧输出流后，还应该将它提取出来。基于窗口处理完成后的 DataStream，调用 getSideOutput()方法，传入对应的输出标签，就可以获取迟到数据所在的流了。

```
val winAggStream = stream.keyBy(...)
      .window(TumblingEventTimeWindows.of(Time.hours(1)))
.sideOutputLateData(outputTag)
```

```
.aggregate(new MyAggregateFunction)
val lateStream = winAggStream.getSideOutput(outputTag)
```

这里注意，getSideOutput()是 DataStream 的方法，获取的侧输出流数据类型应该和 OutputTag 指定的类型一致，与窗口聚合后流中的数据类型可以不同。

6.3.8 窗口的生命周期

熟悉了窗口 API 的使用，我们再回头梳理一下窗口本身的生命周期，这也是对窗口所有操作的一个总结。

1. 窗口的创建

窗口的类型和基本信息由窗口分配器指定，但窗口不会预先创建好，而是由数据驱动创建。当第一个应该属于这个窗口的数据元素到达时，就会创建对应的窗口。

2. 窗口计算的触发

除了窗口分配器，每个窗口还会有自己的窗口函数和触发器。窗口函数可以分为增量聚合函数和全窗口函数，主要定义了窗口中计算的逻辑；而触发器则是指定调用窗口函数的条件。

对于不同的窗口类型，触发计算的条件也会不同。例如，一个滚动事件时间窗口，应该在水位线到达窗口结束时间的时候触发计算，属于"定点发车"；而一个计数窗口，会在窗口中元素数量达到定义大小时触发计算，属于"人满就发车"。所以 Flink 预定义的窗口类型都有对应内置的触发器。

对于事件时间窗口而言，除去到达结束时间的"定点发车"，还有另一种情形。当我们设置了允许延迟，那么如果水位线超过了窗口结束时间，但还没有到达设定的最大延迟时间，这期间内到达的迟到数据也会触发窗口计算。这类似于没有准时赶上班车的人又追上了车，这时车要再次停靠、开门，将新的数据整合统计进来。

3. 窗口的销毁

一般情况下，当时间达到了结束点，就会直接触发计算输出结果，进而清除状态销毁窗口。这时窗口的销毁可以认为和触发计算是同一时刻的。这里需要注意，Flink 中只对时间窗口有销毁机制；由于计数窗口是基于全局窗口实现的，而全局窗口不会清除状态，所以就不会被销毁。

在特殊的场景下，窗口的销毁和触发计算会有所不同。事件时间语义下，如果设置了允许延迟，那么在水位线到达窗口结束时间时，仍然不会销毁窗口；窗口真正被完全删除的时间点，是窗口的结束时间加上用户指定的允许延迟时间。

4. 窗口 API 调用总结

到目前为止，我们已经彻底明白了 Flink 中窗口的概念和 Window API 的调用，我们再用一张图做一个完整总结，如图 6-22 所示。

Window API 首先按照是否按键分区分成两类。keyBy()之后的 KeyedStream，可以调用 window()方法声明按键分区窗口；而如果不做 keyBy()，DataStream 也可以直接调用 windowAll()声明非按键分区窗口。之后的方法调用就完全一样了。

接下来首先通过 window()/windowAll()方法定义窗口分配器，得到 WindowedStream；然后通过各种转换方法（reduce()、aggregate()、apply()、process()）给出窗口函数（ReduceFunction/AggregateFunction/ProcessWindowFunction），定义窗口的具体计算处理逻辑，转换之后重新得到 DataStream。这两者必不可少，是窗口算子最重要的组成部分。

此外，在这两者之间，还可以基于 WindowedStream 调用.trigger()自定义触发器、调用.evictor()定义移除器、调用 allowedLateness()指定允许延迟时间、调用 sideOutputLateData()将迟到数据写入侧输出流，这些都是可选的 API，一般不需要实现。而如果定义了侧输出流，可以基于窗口聚合之后的 DataStream 调用

getSideOutput()获取侧输出流。

```
Keyed Windows

stream
       .keyBy(...)              <-  keyed versus non-keyed windows
       .window(...)             <-  required: "assigner"
      [.trigger(...)]           <-  optional: "trigger" (else default trigger)
      [.evictor(...)]           <-  optional: "evictor" (else no evictor)
      [.allowedLateness(...)]   <-  optional: "lateness" (else zero)
      [.sideOutputLateData(...)] <- optional: "output tag" (else no side output for late data)
       .reduce/aggregate/fold/apply()  <-  required: "function"
      [.getSideOutput(...)]     <-  optional: "output tag"

Non-Keyed Windows

stream
       .windowAll(...)          <-  required: "assigner"
      [.trigger(...)]           <-  optional: "trigger" (else default trigger)
      [.evictor(...)]           <-  optional: "evictor" (else no evictor)
      [.allowedLateness(...)]   <-  optional: "lateness" (else zero)
      [.sideOutputLateData(...)] <- optional: "output tag" (else no side output for late data)
       .reduce/aggregate/fold/apply()  <-  required: "function"
      [.getSideOutput(...)]     <-  optional: "output tag"
```

图 6-22 窗口 API 总结

6.4 迟到数据的处理

有了事件时间、水位线和窗口的相关知识，现在就可以系统性地讨论一下怎样处理迟到数据了。我们知道，"迟到数据"是指某个水位线之后到来的数据，它的时间戳其实是在水位线之前的。所以只有在事件时间语义下，讨论迟到数据的处理才是有意义的。

事件时间里用来表示时钟进展的就是水位线。对于乱序流，水位线本身就可以设置一个延迟时间；而做窗口计算时，我们又可以设置窗口的允许延迟时间；另外窗口还有将迟到数据输出到侧输出流的用法。所有的这些方法，它们之间有什么关系，我们又该怎样合理利用呢？这一节我们就来讨论这个问题。

6.4.1 设置水位线延迟时间

水位线是事件时间的进展，它是我们整个应用的全局逻辑时钟。水位线生成之后，会随着数据在任务间流动，从而给每个任务指明当前的事件时间。所以从这个意义上讲，水位线是一个覆盖万物的存在，它并不只针对事件时间窗口有效。

之前我们讲到触发器时曾提到过"定时器"，时间窗口的操作底层就是靠定时器来控制触发的。既然是底层机制，定时器自然就不可能是窗口的专利了；事实上它是 Flink 底层 API——处理函数的重要部分。

所以水位线其实是所有事件时间定时器触发的判断标准。那么水位线的延迟，当然也就是全局时钟的滞后。

既然水位线这么重要，那一般情况就不应该把它的延迟设置得太大，否则流处理的实时性就会大大降低。因为水位线的延迟主要是用来对付分布式网络传输导致的数据乱序，而网络传输的乱序程度一般并不会很大，大多集中在几毫秒至几百毫秒。所以在实际应用中，我们往往会给水位线设置一个"能够处理大多数乱序数据的小延迟"，视需求一般设在毫秒至秒级。

当我们设置了水位线延迟时间后，所有定时器就都会按照延迟后的水位线来触发。如果一个数据包含的时间戳，小于当前的水位线，那么它就是所谓的"迟到数据"。

6.4.2 允许窗口处理迟到数据

水位线延迟设置得比较小，之后如果仍有数据迟到该怎么办？对于窗口计算而言，如果水位线已经到了窗口结束时间，默认窗口就会关闭，那么之后再来的数据就要被丢弃了。Flink 的窗口也可以设置延迟时间，允许继续处理迟到数据。

在这种情况下，由于大部分乱序数据已经被水位线的延迟等到了，所以往往迟到的数据不会太多。这样，我们会在水位线到达窗口结束时间时，先快速地输出一个近似正确的计算结果；然后保持窗口继续等到延迟数据，每来一条数据，窗口就会再次计算，并将更新后的结果输出。这样就可以逐步修正计算结果，最终得到准确的统计值了。

类比班车的例子，我们可以这样理解：大多数人是在发车时刻前后到达的，所以我们只要把表调慢，稍微等一会儿，绝大部分人就都上车了，这个把表调慢的时间就是水位线的延迟；到点之后，班车就准时出发了，不过可能还有该来的人没赶上。于是我们就先慢慢往前开，这段时间内，如果迟到的人抓点紧还是可以追上的；如果有人追上来了，就停车开门让他上来，然后车继续向前开。当然我们的车不能一直慢慢开，需要有一个时间限制，这就是窗口的允许延迟时间。一旦超过了这个时间，班车就不再停留，开上高速疾驰而去了。

所以我们将水位线的延迟和窗口的允许延迟数据结合起来，最后的效果就是先快速实时地输出一个近似的结果，而后再不断调整，最终得到正确的计算结果。回想流处理的发展过程，这不就是著名的 Lambda 架构吗？原先需要两套独立的系统来同时保证实时性和结果的最终正确性，如今 Flink 一套系统就全部搞定了。

6.4.3 将迟到数据放入窗口侧输出流

即使我们有了前面的双重保证，可窗口不能一直等下去，最后总要真正关闭。窗口一旦关闭，后续的数据就都要被丢弃了。如果真的还有漏网之鱼又该怎么办呢？

这就要用到最后一招了：用窗口的侧输出流来收集关窗以后的迟到数据。这种方式是最后"兜底"的方法，只能保证数据不丢失；因为窗口已经真正关闭，所以是无法基于之前窗口的结果直接做更新的。我们只能将之前的窗口计算结果保存下来，然后获取侧输出流中的迟到数据，判断数据所属的窗口，手动对结果进行合并更新。尽管有些烦琐，实时性也不够强，但能够保证最终结果一定是正确的。

如果还用赶班车来类比，那就是车已经上高速开走了，这辆班车是肯定赶不上了。不过我们还留下了行进路线和联系方式，迟到的人如果想办法辗转到了目的地，还是可以和大部队会合的。最终，所有该到的人都会在目的地出现。

所以总结起来，Flink 处理迟到数据，对于结果的正确性有三重保障：水位线的延迟，窗口允许迟到数据，以及将迟到数据放入窗口侧输出流。

我们可以回忆一下 6.3.5 节统计每个 url 浏览次数的代码 UrlViewCountExample，稍做改进，增加处理迟到数据的功能。具体代码如下。

```
package com.atguigu.chapter06

import java.time.Duration

import com.atguigu.chapter05.Event
import com.atguigu.chapter06.UrlViewCountExample.UrlViewCount
import org.apache.flink.api.common.eventtime.{SerializableTimestampAssigner, WatermarkStrategy}
import org.apache.flink.api.common.functions.AggregateFunction
```

```scala
import org.apache.flink.streaming.api.scala._
import org.apache.flink.streaming.api.scala.function.ProcessWindowFunction
import org.apache.flink.streaming.api.windowing.assigners.TumblingEventTimeWindows
import org.apache.flink.streaming.api.windowing.time.Time
import org.apache.flink.streaming.api.windowing.windows.TimeWindow
import org.apache.flink.util.Collector

object ProcessLateDataExample {
  def main(args: Array[String]): Unit = {
    val env = StreamExecutionEnvironment.getExecutionEnvironment
    env.setParallelism(1)

    // 为了方便测试,读取 socket 文本流进行处理
    val stream = env
      .socketTextStream("localhost", 7777)
      .map(data => {
        val fields = data.split(",")
        Event(fields(0).trim, fields(1).trim, fields(2).trim.toLong)
      })
      // 方式一:设置 watermark 延迟时间 2 秒
      .assignTimestampsAndWatermarks(WatermarkStrategy
        // 最大延迟时间设置为 5 秒
        .forBoundedOutOfOrderness[Event](Duration.ofSeconds(2))
        .withTimestampAssigner(new SerializableTimestampAssigner[Event] {
          // 指定时间戳是哪个字段
          override def extractTimestamp(element: Event, recordTimestamp: Long): Long = element.timestamp
        })
      )

    // 定义侧输出流标签
    val outputTag = OutputTag[Event]("late")

    val result = stream
      .keyBy(_.url)
      .window(TumblingEventTimeWindows.of(Time.seconds(10)))
      // 方式二:允许窗口处理迟到数据,设置 1 分钟的等待时间
      .allowedLateness(Time.minutes(1))
      // 方式三:将最后的迟到数据输出到侧输出流
      .sideOutputLateData(outputTag)
      .aggregate(new UrlViewCountAgg, new UrlViewCountResult)

    // 打印输出
    result.print("result")
    result.getSideOutput(outputTag).print("late")

    // 为方便观察,可以将原始数据也输出
    stream.print("input")

    env.execute()
  }
```

```scala
class UrlViewCountAgg extends AggregateFunction[Event, Long, Long] {
  override def createAccumulator(): Long = 0L

  // 每来一个事件就加一
  override def add(value: Event, accumulator: Long): Long = accumulator + 1L

  // 窗口闭合时发送的计算结果
  override def getResult(accumulator: Long): Long = accumulator

  override def merge(a: Long, b: Long): Long = ???
}

class UrlViewCountResult extends ProcessWindowFunction[Long, UrlViewCount, String, TimeWindow] {
  // 迭代器中只有一个元素，是增量聚合函数在窗口闭合时发送过来的计算结果
  override def process(key: String, context: Context, elements: Iterable[Long], out: Collector[UrlViewCount]): Unit = {
    out.collect(UrlViewCount(
      key,
      elements.iterator.next(),
      context.window.getStart,
      context.window.getEnd
    ))
  }
}
```

我们还是先启动 nc –lk 7777，然后依次输入以下数据：

```
Alice, ./home, 1000
Alice, ./home, 2000
Alice, ./home, 10000
Alice, ./home, 9000
Alice, ./cart, 12000
Alice, ./prod?id=100, 15000
Alice, ./home, 9000
Alice, ./home, 8000
Alice, ./prod?id=200, 70000
Alice, ./home, 8000
Alice, ./prod?id=300, 72000
Alice, ./home, 8000
```

下面我们来分析一下程序的运行过程。当输入数据[Alice, ./home, 10000]时，时间戳为10000，由于设置了 2 秒的水位线延迟时间，所以此时水位线到达了 8 秒（事实上是 7999 毫秒，这里不再追究减 1 的细节），并没有触发[0, 10s)窗口的计算；所以接下来时间戳为 9000 的数据到来，同样可以直接进入窗口做增量聚合。当时间戳为 12000 的数据到来时（无所谓 url 是什么，所有数据都可以推动水位线前进），水位线到达了 12000 − 2×1000 = 10000，所以触发了[0, 10s)窗口的计算，第一次输出了窗口统计结果，如下所示：

```
result> UrlViewCount{url='./home,', count=3, windowStart=1970-01-01 08:00:00.0, windowEnd=1970-01-01 08:00:10.0}
```

这里 count 值为 3，就包括了之前输入的时间戳为 1000、2000、9000 的三条数据。

不过窗口触发计算之后并没有关闭销毁，而是继续等待迟到数据。之后时间戳为 15000 的数据继续推进水位线，此时时钟已经进展到了 13000 毫秒；此时再来一条时间戳为 9000 的数据，我们会发现立即输

出了一条统计结果：

```
result> UrlViewCount{url='./home,', count=4, windowStart=1970-01-01 08:00:00.0, windowEnd=1970-01-01 08:00:10.0}
```

很明显，这仍然是[0, 10s)的窗口，在之前计数值 3 的基础上继续叠加，更新统计结果为 4。所以允许窗口处理迟到数据之后，相当于窗口有了一段等待时间，在这期间所有的迟到数据都会立即触发窗口计算，更新之前的结果。

因此，之后时间戳为 8000 的数据到来，同样会立即输出：

```
result> UrlViewCount{url='./home,', count=5, windowStart=1970-01-01 08:00:00.0, windowEnd=1970-01-01 08:00:10.0}
```

我们设置窗口等待的时间为 1 分钟，所以当时间推进到 10000 + 60×1000 = 70000 时，窗口就会真正被销毁。此前的所有迟到数据可以直接更新窗口的计算结果，而之后的迟到数据已经无法整合进窗口，就只能用侧输出流来捕获了。需要注意的是，这里的"时间"依然是由水位线来指示的，所以时间戳为 70000 的数据到来，并不会触发窗口的销毁；当时间戳为 72000 的数据到来，水位线推进到了 72000 − 2×1000 = 70000，此时窗口真正销毁关闭，之后再来的迟到数据就会输出到侧输出流了：

```
late> Event{user='Alice,', url='./home,', timestamp=1970-01-01 08:00:08.0}
```

6.5 本章总结

在流处理中，由于对实时性的要求非常高，同时又要求能够保证窗口操作结果的正确性，所以必须引入水位线来描述事件时间。而窗口正是时间相关的最佳应用场景，所以 Flink 为我们提供了丰富的窗口类型和处理操作；与此同时，在实际应用中很难对乱序流给出一个最佳的延迟时间，单独依赖水位线去保证结果的正确性是不够的，所以需要结合窗口处理迟到数据的相关 API。本章我们详细了解了 Flink 中时间语义和水位线的概念、窗口 API 的用法，以及处理迟到数据的相关知识，这些内容对于实时流处理来说非常重要。

Flink 的时间语义和窗口，主要就是为了处理大规模的乱序数据流时，同时保证低延迟、高吞吐和结果的正确性。这部分设计基本上是对谷歌（Google）著名论文《数据流模型：一种在大规模、无界、无序数据处理中平衡正确性、延迟和性能的实用方法》（*The Dataflow Model: A Practical Approach to Balancing Correctness, Latency, and Cost in Massive-Scale, Unbounded, Out-of-Order Data Processing*）的具体实现，如果读者有兴趣可以读一下原始论文，会对流处理有更加深刻的理解。

第 7 章
处理函数

之前介绍的流处理 API，无论是基本的转换、聚合，还是更为复杂的窗口操作，其实都是基于 DataStream 进行转换的；所以可以统称为 DataStream API，这也是 Flink 编程的核心。而我们知道，为了让代码有更强大的表现力和易用性，Flink 本身提供了多层 API，DataStream API 只是中间的一环。

在更底层，我们可以不定义任何具体的算子（比如 map()，filter()或者 window()），而只是提炼出一个统一的"处理"操作——它是所有转换算子的一个概括性的表达，可以自定义处理逻辑，所以这一层接口叫作"处理函数"。

在处理函数中，我们直面的就是数据流中最基本的元素：数据事件（event）、状态（state），以及时间（time）。这就相当于对流有了完全的控制权。处理函数比较抽象，没有具体的操作，所以对于一些常见的简单应用（比如，求和、开窗口）会显得有些麻烦；不过正是因为它不限定具体做什么，所以理论上我们可以做任何事情，实现所有需求。处理函数是我们进行 Flink 编程的"大招"，轻易不用，一旦放出来必然会扫平一切。

本章我们就深入底层，讨论一下 Flink 中处理函数的使用方法。

7.1 基本处理函数

处理函数主要是定义数据流的转换操作，也可以把它归到转换算子中。在 Flink 中，几乎所有转换算子都提供了对应的函数类接口，处理函数也不例外；它对应的函数类，叫作 ProcessFunction。

7.1.1 处理函数的功能和使用

我们之前学习的转换算子，一般只是针对某种具体操作来定义的，能够拿到的信息比较有限。比如 map()算子，在我们实现的 MapFunction 中，只能获取当前的数据，定义它转换之后的形式；而像窗口聚合这样的复杂操作，在 AggregateFunction 中除数据外，还可以获取当前的状态（以累加器 Accumulator 形式出现）。另外我们还介绍过富函数类，比如 RichMapFunction，它提供了获取运行时上下文的方法 getRuntimeContext()，可以获得状态、并行度、任务名称等运行时信息。

但是无论哪种算子，如果我们想要访问事件的时间戳，或者当前的水位线信息，都是完全做不到的。在定义生成规则之后，水位线会源源不断地产生，像数据一样在任务间流动，可我们却不能像数据一样去处理它；跟时间相关的操作，目前我们只会用窗口来处理。而在很多应用需求中，要求我们对时间有更精细的控制，需要能够获取水位线，甚至要"把控时间"，定义什么时候做什么事，这就不是基本的时间窗口能够实现的了。

于是必须再出大招，使用处理函数了。处理函数提供了一个"定时服务"（TimerService），我们可以通过它访问流中的事件（event）、时间戳（timestamp）、水位线（watermark），甚至可以注册"定时事件"。而且处理函数继承了 AbstractRichFunction 抽象类，所以拥有富函数类的所有特性，同样可以访问状态（state）和其他运行时信息。此外，处理函数还可以直接将数据输出到侧输出流（side output）中。所以，处理函数是最为灵活的处理方法，可以实现各种自定义的业务逻辑；同时也是整个 DataStream API 的底层基础。

处理函数的使用与基本的转换操作类似，只需要直接基于 DataStream 调用 process()方法就可以了。方法需要传入一个 ProcessFunction 作为参数，用来定义处理逻辑。

```
stream.process(new MyProcessFunction)
```

这里 ProcessFunction 不是接口，而是一个抽象类，继承了 AbstractRichFunction；MyProcessFunction 是它的一个具体实现。所以所有的处理函数，都是富函数（RichFunction），富函数可以调用的东西这里同样都可以调用。

下面是一个具体的应用示例：

```
package com.atguigu.chapter07

import com.atguigu.chapter05.{ClickSource, Event}
import org.apache.flink.streaming.api.functions._
import org.apache.flink.streaming.api.scala._
import org.apache.flink.util.Collector

object ProcessFunctionExample {
  def main(args: Array[String]): Unit = {
    val env = StreamExecutionEnvironment.getExecutionEnvironment
    env.setParallelism(1)

    env
      .addSource(new ClickSource)
      .assignAscendingTimestamps(_.timestamp)
      .process(new ProcessFunction[Event, String] {
        // 每来一条元素就会调用一次
        override def processElement(i: Event, context: ProcessFunction[Event, String]#Context, collector: Collector[String]): Unit = {
          if (i.user.equals("Mary")) {
            // 向下游发送数据
            collector.collect(i.user)
          } else if (i.user.equals("Bob")) {
            collector.collect(i.user)
            collector.collect(i.user)
          }
          // 打印当前水位线
          println(context.timerService.currentWatermark())
        }
      })
      .print()

    env.execute()
  }
}
```

这里我们在 ProcessFunction 中重写了 processElement()方法，自定义了一种处理逻辑：当数据的 user 为 "Mary" 时，将其输出一次；而如果为 "Bob" 时，将 user 输出两次。这里的输出，是通过调用 out.collect() 来实现的。另外，我们还可以通过调用 ctx.timerService().currentWatermark()来获取当前的水位线打印输出。

所以可以看到，ProcessFunction 函数有点像 FlatMapFunction 的升级版。可以实现 map()、filter()、flatMap() 的所有功能。很明显，处理函数非常强大，能够完成很多之前做不到的事情。

接下来我们就深入 ProcessFunction 内部来进行详细了解。

7.1.2　ProcessFunction 解析

在源码中我们可以看到，抽象类 ProcessFunction 继承了 AbstractRichFunction，有两个泛型类型参数：I 表示 Input，也就是输入的数据类型；O 表示 Output，也就是处理完成之后输出的数据类型。

内部单独定义了两个方法：一个是必须要实现的抽象方法 processElement()；另一个是非抽象方法 onTimer()。

```
public abstract class ProcessFunction<I, O> extends AbstractRichFunction {
    ...
    public abstract void processElement(I value, Context ctx, Collector<O> out) throws Exception;
    public void onTimer(long timestamp, OnTimerContext ctx, Collector<O> out) throws Exception {}
    ...
}
```

1. 抽象方法 processElement()

该方法用于"处理元素"，定义了处理的核心逻辑。这个方法对于流中的每个元素都会调用一次，参数包括三个：输入数据值 value，上下文 ctx，以及"收集器"（Collector）out。方法没有返回值，处理之后的输出数据是通过收集器 out 来定义的。

- value：当前流中的输入元素，也就是正在处理的数据，类型与流中的数据类型一致。
- ctx：类型是 ProcessFunction 中定义的内部抽象类 Context，表示当前运行的上下文，可以获取当前的时间戳，并提供了用于查询时间和注册定时器的"定时服务"，以及可以将数据发送到"侧输出流"的方法 output()。Context 抽象类定义如下：

```
public abstract class Context {
    public abstract Long timestamp();
    public abstract TimerService timerService();
    public abstract <X> void output(OutputTag<X> outputTag, X value);
}
```

- out："收集器"（类型为 Collector），用于返回输出数据。使用方式与 flatMap() 算子中的收集器完全一样，直接调用 out.collect() 方法就可以向下游发出一个数据。这个方法可以多次调用，也可以不调用。

通过几个参数的分析不难发现，ProcessFunction 可以轻松实现 flatMap 这样的基本转换功能（当然 map()、filter() 更不在话下）；而通过富函数提供的获取上下文方法.getRuntimeContext()，也可以自定义状态进行处理，这样就能实现聚合操作的功能了。关于自定义状态的具体实现，我们会在"状态管理"一章中详细介绍。

2. 非抽象方法 onTimer()

该方法用于定义定时触发的操作，这是一个非常强大和有趣的功能。这个方法只有在注册好的定时器触发的时候才会调用，而定时器是通过"定时服务" TimerService 来注册的。打个比方，注册定时器就是设了一个闹钟，到了设定时间闹钟就会响；而 onTimer() 中定义的，就是闹钟响的时候要做的事。所以它本质上是一个基于时间的"回调"方法，通过时间的进展来触发；在事件时间语义下就是由水位线来触发了。

与 processElement() 类似，定时方法 onTimer() 也有三个参数：时间戳、上下文，以及收集器。这里的 timestamp 是指设定好的触发时间，事件时间语义下当然就是水位线了。另外，这里同样有上下文和收集器，所以也可以调用定时服务，以及任意输出处理之后的数据。

既然有.onTimer()方法做定时触发，我们用 ProcessFunction 也可以自定义数据按照时间分组、定时触发计算输出结果；这其实就实现了窗口的功能。

我们也可以看到，处理函数都是基于事件触发的。水位线就如同插入流中的一条数据一样；只不过处理真正的数据事件调用的是 processElement()方法，而处理水位线事件调用的是 onTimer()。

这里需要注意的是，上面的 onTimer()方法只是定时器触发时的操作，而定时器真正的设置需要用到上下文 ctx 中的定时服务。在 Flink 中，只有"按键分区流"KeyedStream 才支持设置定时器的操作，所以之前的代码中我们并没有使用定时器。所以基于不同类型的流，可以使用不同的处理函数，它们之间还是有一些微小的区别。接下来我们就介绍一下处理函数的分类。

7.1.3 处理函数的分类

Flink 中的处理函数其实是一个大家族，ProcessFunction 只是其中的一员。

我们知道，DataStream 在调用一些转换方法之后，有可能生成新的流类型。例如。调用 keyBy()得到 KeyedStream，进而再调用 window()得到 WindowedStream。对于不同类型的流，其实都可以直接调用 process()方法进行自定义处理，这时传入的参数都叫作处理函数。当然，它们尽管本质相同，都是可以访问状态和时间信息的底层 API，可彼此之间也会有所差异。

Flink 提供了 8 个不同的处理函数，如下所示。

（1）ProcessFunction。

最基本的处理函数，基于 DataStream 直接调用 process()时作为参数传入。

（2）KeyedProcessFunction。

对流按键分区后的处理函数，基于 KeyedStream 调用 process()时作为参数传入。要想使用定时器，必须基于 KeyedStream。

（3）ProcessWindowFunction。

开窗之后的处理函数，也是全窗口函数的代表。基于 WindowedStream 调用 process()时，作为参数传入。

（4）ProcessAllWindowFunction。

同样是开窗之后的处理函数，基于 AllWindowedStream 调用 process()时作为参数传入。

（5）CoProcessFunction。

连接两条流之后的处理函数，基于 ConnectedStreams 调用 process()时作为参数传入。关于流的连接合并操作，我们会在后续章节详细介绍。

（6）ProcessJoinFunction。

间隔连接两条流之后的处理函数，基于 IntervalJoined 调用 process()时作为参数传入。

（7）BroadcastProcessFunction。

广播连接流处理函数，基于 BroadcastConnectedStream 调用 process()时作为参数传入。这里的"广播连接流"BroadcastConnectedStream，是一个未做 keyBy()处理的普通 DataStream 与一个广播流进行连接后的产物。关于广播流的相关操作，我们会在后续章节详细介绍。

（8）KeyedBroadcastProcessFunction。

按键分区的广播连接流处理函数，同样是基于 BroadcastConnectedStream 调用 process()时作为参数传入。与 BroadcastProcessFunction 不同的是，这时的广播连接流，是一个 KeyedStream 与广播流进行连接之后的产物。

接下来，我们就对 KeyedProcessFunction 和 ProcessWindowFunction 的具体用法展开详细说明。

7.2 按键分区处理函数

在 Flink 程序中,为了实现数据的聚合统计,或者开窗计算之类的功能,我们一般都要先用 keyBy() 算子对数据流进行"按键分区",得到一个 KeyedStream。也就是指定一个键(key),按照它的哈希值将数据分成不同的"组",然后分配到不同的并行子任务上执行计算;这相当于做了一个逻辑分流的操作,从而可以充分利用并行计算的优势实时处理海量数据。

我们在上节中也提到,只有在 KeyedStream 中才支持使用 TimerService 设置定时器的操作。所以一般情况下,我们都是先做了 keyBy() 分区之后,再去定义处理操作;代码中更加常见的处理函数是 KeyedProcessFunction,最基本的 ProcessFunction 反而出镜率没那么高。

接下来我们就先从定时服务入手,详细讲解 KeyedProcessFunction 的用法

7.2.1 定时器和定时服务

KeyedProcessFunction 的一个特色,就是可以灵活地使用定时器。

定时器是处理函数中进行时间相关操作的主要机制。在 onTimer() 方法中可以实现定时处理的逻辑,而它能触发的前提是之前曾经注册过定时器,并且现在已经到了触发时间。注册定时器的功能,是通过上下文中提供的定时服务来实现的。

定时服务与当前运行的环境有关。前面已经介绍过,ProcessFunction 的上下文中提供了 timerService() 方法,可以直接返回一个 TimerService 对象:

```
public abstract TimerService timerService();
```

TimerService 是 Flink 关于时间和定时器的基础服务接口,包含以下六个方法:

```
// 获取当前的处理时间
long currentProcessingTime();

// 获取当前的水位线(事件时间)
long currentWatermark();

// 注册处理时间定时器,当处理时间超过 time 时触发
void registerProcessingTimeTimer(long time);

// 注册事件时间定时器,当水位线超过 time 时触发
void registerEventTimeTimer(long time);

// 删除触发时间为 time 的处理时间定时器
void deleteProcessingTimeTimer(long time);

// 删除触发时间为 time 的处理时间定时器
void deleteEventTimeTimer(long time);
```

六个方法可以分成两大类:基于处理时间和基于事件时间。而对应的操作主要有三个:获取当前时间、注册定时器,以及删除定时器。需要注意的是,尽管处理函数中都可以直接访问 TimerService,不过只有基于 KeyedStream 的处理函数,才能调用注册和删除定时器的方法;未作按键分区的 DataStream 不支持定时器操作,只能获取当前时间。

对于处理时间和事件时间这两种类型的定时器,TimerService 内部会用一个优先队列将它们的时间戳保存起来,排队等待执行。可以认为,定时器其实是 KeyedStream 上处理算子的一个状态,它以时间戳作为区分。所以 TimerService 会以键和时间戳为标准,对定时器进行去重;也就是说对于每个 key 和时间戳,

最多只有一个定时器，如果注册了多次，onTimer()方法也只被调用一次。这样一来，我们在代码中就方便了很多，可以肆无忌惮地对一个 key 注册定时器，而不用担心重复定义——因为一个时间戳上的定时器只会触发一次。

基于 KeyedStream 注册定时器时，会传入一个定时器触发的时间戳，这个时间戳的定时器对于每个 key 都是有效的。这样，我们的代码并不需要做额外的处理，底层就可以直接对不同的 key 进行独立的处理操作了。

利用这个特性，有时我们可以故意降低时间戳的精度，来减少定时器的数量，从而提高处理性能。比如我们可以在设置定时器时只保留整秒数，那么定时器的触发频率就是最多 1 秒一次。

```
val coalescedTime = time / 1000 * 1000
ctx.timerService().registerProcessingTimeTimer(coalescedTime)
```

这里注意定时器的时间戳必须是毫秒数，所以我们得到整秒之后还要乘以 1000。定时器默认的区分精度是毫秒。

另外，Flink 对 onTimer()和 processElement()方法是同步调用的，所以也不会出现状态的并发修改。

Flink 的定时器同样具有容错性，它和状态一起都会被保存到一致性检查点中。当发生故障时，Flink 会重启并读取检查点中的状态，恢复定时器。如果是处理时间的定时器，有可能会出现已经"过期"的情况，这时它们会在重启时被立刻触发。关于 Flink 的检查点和容错机制，我们会在后续章节详细讲解。

7.2.2 KeyedProcessFunction 的使用

KeyedProcessFunction 可以认为是 ProcessFunction 的一个扩展。我们只要基于 keyBy()之后的 KeyedStream，直接调用 process()方法，这时需要传入的参数就是 KeyedProcessFunction 的实现类。

```
stream.keyBy( _._1 )
      .process(new MyKeyedProcessFunction)
```

类似地，KeyedProcessFunction 也是继承自 AbstractRichFunction 的一个抽象类，源码中定义如下：

```
public abstract class KeyedProcessFunction<K, I, O> extends AbstractRichFunction {
    ...
    public abstract void processElement(I value, Context ctx, Collector<O> out) throws Exception;
    public void onTimer(long timestamp, OnTimerContext ctx, Collector<O> out) throws Exception {}
    public abstract class Context {...}
    ...
}
```

可以看到与 ProcessFunction 的定义几乎完全一样，区别只是类型参数多了一个 K，这是当前按键分区的 key 的类型。同样地，我们必须实现一个 processElement()抽象方法，用来处理流中的每个数据；另外还有一个非抽象方法 onTimer()，用来定义定时器触发时的回调操作。由于定时器只能在 KeyedStream 上使用，所以到了 KeyedProcessFunction 这里，我们才真正对时间有了精细的控制，定时方法 onTimer()才真正派上了用场。

下面是一个使用处理时间定时器的具体示例：

```
package com.atguigu.chapter07

import org.apache.flink.streaming.api.functions.KeyedProcessFunction
import org.apache.flink.streaming.api.scala._
import org.apache.flink.util.Collector
import java.sql.Timestamp

object ProcessingTimeTimerExample {
  def main(args: Array[String]): Unit = {
```

```
    val env = StreamExecutionEnvironment.getExecutionEnvironment
    env.setParallelism(1)

    env
      .addSource(new ClickSource)
      .keyBy(r => true)
      .process(new KeyedProcessFunction[Boolean, Event, String] {

        override def processElement(value: Event, ctx: KeyedProcessFunction[Boolean, Event,
String]#Context, out: Collector[String]): Unit = {
          val currTs = ctx.timerService.currentProcessingTime()
          out.collect("数据到达，到达时间：" + new Timestamp(currTs))
          // 注册10秒之后的处理时间定时器
          ctx.timerService().registerProcessingTimeTimer(currTs + 10 * 1000L)
        }

        // 定时器的逻辑
        override def onTimer(timestamp: Long, ctx: KeyedProcessFunction[Boolean, Event,
String]#OnTimerContext, out: Collector[String]): Unit = {
          out.collect("定时器触发，触发时间：" + new Timestamp(timestamp))
        }
      })
      .print()

    env.execute()
  }
}
```

在上面的代码中，由于定时器只能在 KeyedStream 上使用，所以先要进行 keyBy()；这里的 keyBy(r -> true)是将所有数据的 key 都指定为了 true，其实就是所有数据拥有相同的 key，会分配到同一个分区。

之后我们自定义了一个 KeyedProcessFunction，其中 processElement()方法是每来一个数据就会调用一次，主要是定义了一个 10 秒之后的定时器；而 onTimer()方法则会在定时器触发时调用。所以我们会看到，程序运行后先在控制台输出"数据到达"的信息，等待 10 秒之后，又会输出"定时器触发"的信息，打印出的时间间隔正是 10 秒。

当然，上面的例子是处理时间的定时器，所以我们是真的需要等待 10 秒才会看到结果。事件时间语义下，又会有什么不同呢？我们可以对上面的代码略做修改，做一个测试：

```
package com.atguigu.chapter07

import org.apache.flink.streaming.api.functions.KeyedProcessFunction
import org.apache.flink.streaming.api.functions.source.SourceFunction
import org.apache.flink.streaming.api.scala._
import org.apache.flink.util.Collector

object EventTimeTimerExample {
  def main(args: Array[String]): Unit = {
    val env = StreamExecutionEnvironment.getExecutionEnvironment
    env.setParallelism(1)

    env.addSource(new CustomSource)
      .assignAscendingTimestamps(_.timestamp)
      .keyBy(r => true)
```

```scala
        // 基于 KeyedStream 定义事件时间定时器
        .process(new KeyedProcessFunction[Boolean, Event, String] {

          override def processElement(value: Event, ctx: KeyedProcessFunction[Boolean, Event, String]#Context, out: Collector[String]): Unit = {
            out.collect("数据到达，时间戳为：" + ctx.timestamp())
            out.collect("数据到达，水位线为：" + ctx.timerService().currentWatermark() + "\n
            -------分割线-------")
            // 注册一个10秒后的定时器
            ctx.timerService().registerEventTimeTimer(ctx.timestamp() + 10 * 1000L)
          }

          // 定时器的逻辑
          override def onTimer(timestamp: Long, ctx: KeyedProcessFunction[Boolean, Event, String]#OnTimerContext, out: Collector[String]): Unit = {
            out.collect("定时器触发，触发时间：" + timestamp)
          }
        })
        .print()

    env.execute()
  }

  // 自定义测试数据源
  class CustomSource extends SourceFunction[Event] {

    override def cancel(): Unit = ???

    override def run(ctx: SourceFunction.SourceContext[Event]): Unit = {
      // 直接发出测试数据
      ctx.collect(Event("Mary", "./home", 1000L))
      // 为了更加明显，中间停顿5秒
      Thread.sleep(5000L)

      // 发出10秒后的数据
      ctx.collect(Event("Mary", "./home", 11000L))
      Thread.sleep(5000L)

      // 发出10秒+1毫秒后的数据
      ctx.collect(Event("Alice", "./cart", 11001L))
      Thread.sleep(5000L)
    }
  }
}
```

由于是事件时间语义，所以我们必须从数据中提取出数据产生的时间戳。

这里为了更清楚地看到程序行为，我们自定义了一个数据源，发出三条测试数据，时间戳分别为1000、11000和11001，并且发出数据后都会停顿5秒。

在代码中，我们依然将所有数据分到同一分区，然后在自定义的 KeyedProcessFunction 中使用定时器。同样地，每来一条数据，我们就将当前的数据时间戳和水位线信息输出，并注册一个10秒后（以当前数据时间戳为基准）的事件时间定时器。执行程序结果如下：

```
数据到达，时间戳为：1000
```

```
       数据到达，水位线为：-9223372036854775808
       -------分割线-------
       数据到达，时间戳：11000
       数据到达，水位线为：999
       -------分割线-------
       数据到达，时间戳：11001
       数据到达，水位线为：10999
       -------分割线-------
       定时器触发，触发时间：11000
       定时器触发，触发时间：21000
       定时器触发，触发时间：21001
```

每来一条数据，都会输出两行"数据到达"的信息，并以分割线隔开；两条数据到达的时间间隔为 5 秒。当第三条数据到达后，随后立即输出一条定时器触发的信息；再过 5 秒，剩余两条定时器信息输出，程序运行结束。

我们可以发现，数据到来后，当前的水位线与时间戳并不是一致的。当第一条数据到来，时间戳为 1000，可水位线的生成是周期性的（默认 200 毫秒一次），不会立即发生改变，所以依然是最小值 Long.MIN_VALUE；随后只要到了水位线生成的时间点（200 毫秒到了），就会依据当前的最大时间戳 1000 来生成水位线了。这里我们没有设置水位线延迟，默认需要减去 1 毫秒，所以水位线推进到了 999。而当时间戳为 11000 的第二条数据到来之后，水位线同样没有立即改变，仍然是 999，就好像总是"滞后"数据一样。

这样程序的行为就可以得到合理解释了。事件时间语义下，定时器触发的条件就是水位线推进到设定的时间。第一条数据到来后，设定的定时器时间为 1000 + 10×1000 = 11000；而当时间戳为 11000 的第二条数据到来时，水位线还处在 999 的位置，当然不会立即触发定时器；而之后水位线会推进到 10999，同样是无法触发定时器的。必须等到第三条数据到来，将水位线真正推进到 11000，就可以触发第一个定时器了。第三条数据发出后再过 5 秒，没有更多的数据生成了，整个程序运行结束将要退出，此时 Flink 会自动将水位线推进到长整型的最大值（Long.MAX_VALUE）。于是所有尚未触发的定时器这时就统一触发了，我们就在控制台看到了后两个定时器的触发信息。

7.3 窗口处理函数

除了 KeyedProcessFunction，另外一大类常用的处理函数，就是基于窗口的 ProcessWindowFunction 和 ProcessAllWindowFunction 了。如果看了前面的章节，会发现我们之前已经简单地使用过窗口处理函数了。

7.3.1 窗口处理函数的使用

我们可以直接调用现成的简单聚合方法（sum()/max()/min()）进行窗口计算，也可以通过调用 reduce() 或 aggregate() 来自定义一般的增量聚合函数（ReduceFunction/AggregateFucntion）；而对于更加复杂、需要窗口信息和额外状态的一些场景，我们还可以直接使用全窗口函数，把数据全部收集保存在窗口内，等到触发窗口计算时再统一处理。窗口处理函数就是一种典型的全窗口函数。

窗口处理函数 ProcessWindowFunction 的使用与其他窗口函数类似，也是基于 WindowedStream 直接调用方法即可，只不过这时调用的是 process()。

```
stream.keyBy( _._1 )
        .window( TumblingEventTimeWindows.of(Time.seconds(10)) )
        .process(new MyProcessWindowFunction)
```

7.3.2 ProcessWindowFunction 解析

ProcessWindowFunction 既是处理函数又是全窗口函数。从名字上也可以推测出，它的本质似乎更倾向于"窗口函数"一些。事实上它的用法也确实跟其他处理函数有很大不同。我们可以从源码中的定义看到这一点：

```java
public abstract class ProcessWindowFunction<IN, OUT, KEY, W extends Window>
        extends AbstractRichFunction {
...
    public abstract void process(
            KEY key, Context context, Iterable<IN> elements, Collector<OUT> out) throws Exception;
    public void clear(Context context) throws Exception {}
    public abstract class Context implements java.io.Serializable {...}
}
```

ProcessWindowFunction 依然是一个继承了 AbstractRichFunction 的抽象类，它有以下四个类型参数。

- IN：input，数据流中窗口任务的输入数据类型。
- OUT：output，窗口任务进行计算后的输出数据类型。
- KEY：数据中键的类型。
- W：窗口的类型，是 Window 的子类型。一般情况下我们定义时间窗口，W 就是 TimeWindow。

而 ProcessWindowFunction 内部定义的方法，跟我们之前熟悉的处理函数就有所区别了。因为全窗口函数不是逐个处理元素的，所以处理数据的方法在这里并不是 processElement()，而是改成了 process()。方法包含四个参数。

- key：窗口作为统计计算基于的键，也就是之前 keyBy() 用来分区的字段。
- context：当前窗口进行计算的上下文，它的类型就是 ProcessWindowFunction 内部定义的抽象类 Context。
- elements：窗口收集到用来计算的所有数据，这是一个可迭代的集合类型。
- out：用来发送数据输出计算结果的收集器，类型为 Collector。

可以明显看出，这里的参数不再是一个输入数据，而是窗口中所有数据的集合。而上下文 context 所包含的内容也跟其他处理函数有所差别：

```java
public abstract class Context implements java.io.Serializable {
    public abstract W window();

    public abstract long currentProcessingTime();
    public abstract long currentWatermark();

    public abstract KeyedStateStore windowState();
    public abstract KeyedStateStore globalState();
    public abstract <X> void output(OutputTag<X> outputTag, X value);
}
```

除了可以通过 output() 方法定义侧输出流不变，其他部分都有所变化。这里不再持有 TimerService 对象，只能通过 currentProcessingTime() 和 currentWatermark() 来获取当前时间，所以失去了设置定时器的功能；另外，由于当前不是只处理一个数据，所以也不再提供 timestamp() 方法。与此同时，也增加了一些获取其他信息的方法：比如可以通过 window() 直接获取到当前的窗口对象，也可以通过 windowState() 和 globalState() 获取到当前自定义的窗口状态和全局状态。注意这里的"窗口状态"是自定义的，不包括窗口本身已经有的状态，针对当前 key、当前窗口有效；而"全局状态"同样是自定义的状态，针对当前 key 的所有窗口有效。

所以我们会发现，ProcessWindowFunction 中除了.process()方法，并没有 onTimer()方法，而是多出了一个 clear()方法。从名字就可以看出，这主要是方便我们进行窗口的清理工作。如果我们自定义了窗口状态，那么必须在.clear()方法中进行显式地清除，避免内存溢出。

这里有一个问题：没有了定时器，那窗口处理函数就失去了一个最给力的武器，如果我们希望有一些定时操作又该怎么做呢？其实仔细思考会发现，对于窗口而言，它本身的定义就包含了一个触发计算的时间点，其实一般情况下是没有必要再去做定时操作的。如果非要这么干，Flink 也提供了另外的途径——使用窗口触发器（Trigger）。在触发器中也有一个 TriggerContext，它可以起到类似 TimerService 的作用：获取当前时间、注册和删除定时器，另外还可以获取当前的状态。这样设计无疑会让处理流程更加清晰——定时操作也是一种"触发"，所以我们就让所有的触发操作归触发器管理，而所有处理数据的操作则归窗口函数管理。

至于另一种窗口处理函数 ProcessAllWindowFunction，它的用法非常类似。区别在于它基于的是 AllWindowedStream，相当于对没有 keyBy()的数据流直接开窗并调用 process()方法：

```
stream.windowAll( TumblingEventTimeWindows.of(Time.seconds(10)) )
      .process(new MyProcessAllWindowFunction)
```

7.4　应用案例——Top N

窗口的计算处理，在实际应用中非常常见。对于一些比较复杂的需求，如果增量聚合函数无法满足，我们就需要考虑使用窗口处理函数这样的"大招"了。

网站中一个非常经典的例子，就是实时统计一段时间内的热门 url。例如，需要统计最近 10 秒内最热门的两个 url 链接，并且每 5 秒更新一次。我们知道，这可以用一个滑动窗口来实现，而"热门度"一般可以直接用访问量来表示。于是就需要开放滑动窗口收集 url 的访问数据，按照不同的 url 进行统计，而后汇总排序并最终输出前两名。这其实就是著名的"Top N"问题。

很显然，简单的增量聚合可以得到 url 链接的访问量，但是后续的排序输出 Top N 就很难实现了。所以接下来我们用窗口处理函数进行实现。

7.4.1　使用 ProcessAllWindowFunction

一种最简单的想法是，我们干脆不区分 url 链接，而是将所有访问数据都收集起来，统一进行统计计算。所以可以不做 keyBy，直接基于 DataStream 开窗，然后使用全窗口函数 ProcessAllWindowFunction 来进行处理。

在窗口中可以用一个 HashMap 来保存每个 url 的访问次数，只要遍历窗口中的所有数据，自然就能得到所有 url 的热门度。最后把 HashMap 转成一个列表 ArrayList，然后进行排序，取出前两名输出就可以了。

代码实现如下：

```
package com.atguigu.chapter07

object ProcessAllWindowTopNExample {
  def main(args: Array[String]): Unit = {
    val env = StreamExecutionEnvironment.getExecutionEnvironment
    env.setParallelism(1)

    val eventStream = env
      .addSource(new ClickSource)
      .assignAscendingTimestamps(_.timestamp)
```

```scala
        // 只需要url就可以统计数量，所以抽取url转换成String，直接开窗统计
        eventStream.map(_.url)
          // 开窗口
          .windowAll(SlidingEventTimeWindows.of(Time.seconds(10),
          Time.seconds(5)))
          .process(new ProcessAllWindowFunction[String, String, TimeWindow] {
            override def process(context: Context, elements: Iterable[String], out: Collector[String]):
Unit = {
              // 初始化一个Map，key为url，value为url的pv数据
              val urlCountMap = Map[String, Long]()
              // 将url和pv数据写入Map中
              elements.foreach(
                r => urlCountMap.get(r) match {
                  case Some(count) => urlCountMap.put(r, count + 1L)
                  case None => urlCountMap.put(r, 1L)
                }
              )
              // 将Map中的KV键值对转换成列表数据结构
              // 列表中的元素是(K,V)元组
              var mapList = new ListBuffer[(String, Long)]()
              urlCountMap.keys.foreach(
                k => urlCountMap.get(k) match {
                  case Some(count) => mapList += ((k, count))
                  case None => mapList
                }
              )
              // 按照浏览量数据进行降序排列
              mapList.sortBy(-_._2)
              // 拼接字符串并输出
              val result = new StringBuilder
              result.append("==================================\n")
              for (i <- 0 to 1) {
                val temp = mapList(i)
                result
                  .append("浏览量No." + (i + 1) + " ")
                  .append("url: " + temp._1 + " ")
                  .append("浏览量是: " + temp._2 + " ")
                  .append("窗口结束时间是: " + new Timestamp(context.window.getEnd) + "\n")
              }
              result.append("==================================\n")
              out.collect(result.toString())
            }
          })
          .print()

      env.execute()
  }
}
```

运行结果如下所示：
```
================================
浏览量No.1 url：./prod?id=1 浏览量：2 窗口结束时间：2021-07-01 15:24:25.0
浏览量No.2 url：./cart 浏览量：1 窗口结束时间：2021-07-01 15:24:25.0
================================
```

7.4.2 使用 KeyedProcessFunction

在上一节的实现过程中，我们没有进行按键分区，直接将所有数据放在一个分区上进行了开窗操作。这相当于将并行度强行设置为 1，在实际应用中是要尽量避免的，所以 Flink 官方也并不推荐使用 AllWindowedStream 进行处理。另外，我们在全窗口函数中定义了 HashMap 来统计 url 链接的浏览量，计算过程是要先收集齐所有数据，然后再逐一遍历更新 HashMap，这显然不够高效。如果我们可以利用增量聚合函数的特性，每来一条数据就更新一次对应 url 的浏览量，那么到窗口触发计算时只需要做排序输出即可。

基于这样的想法，我们可以从两个方面去做优化：一是对数据进行按键分区，分别统计浏览量；二是进行增量聚合，得到结果后再做排序输出。所以，我们可以使用增量聚合函数 AggregateFunction 进行浏览量的统计，然后结合 ProcessWindowFunction 排序输出来实现 Top N 的需求。

具体的实现思路是，先按照 url 对数据进行 keyBy()分区，然后开窗进行增量聚合。这里就会发现一个问题：我们进行按键分区之后，窗口的计算就会只针对当前 key 有效了；也就是说，每个窗口的统计结果中，只会有一个 url 的浏览量，这是无法直接用 ProcessWindowFunction 进行排序的。所以我们只能分成两步：先对每个 url 链接统计出浏览量，然后再将统计结果收集起来，排序输出最终结果。因为最后的排序还是基于每个时间窗口的，所以为了让输出的统计结果中包含窗口信息，我们可以借用第 6 章中定义的 POJO 类 UrlViewCount 来表示，它包含了 url、浏览量（count）以及窗口的起始结束时间。之后对 UrlViewCount 的处理，可以先按窗口分区，然后用 KeyedProcessFunction 来实现。

总结处理流程如下：
（1）读取数据源。
（2）筛选浏览行为（PV）。
（3）提取时间戳并生成水位线。
（4）按照 url 进行 keyBy()分区操作。
（5）设置长度为 1 小时、步长为 5 分钟的事件时间滑动窗口。
（6）使用增量聚合函数 AggregateFunction，并结合全窗口函数 WindowFunction 进行窗口聚合，得到每个 url 在每个统计窗口内的浏览量，包装成 UrlViewCount。
（7）按照窗口进行 keyBy()分区操作。
（8）对同一窗口的统计结果数据，使用 KeyedProcessFunction 进行收集并排序输出。

这里又会带来另一个问题，最后我们用 KeyedProcessFunction 来收集数据做排序，这时面对的就是窗口聚合之后的数据流，而窗口已经不存在了。那么到底什么时候会收集齐所有数据呢？这个问题听起来似乎有些没道理。我们统计浏览量的窗口已经关闭，就说明了当前已经到了要输出结果的时候，直接输出不就行了吗？

事实上没有这么简单。因为数据流中的元素是逐个到来的，所以即使理论上我们应该"同时"收到很多 url 的浏览量统计结果，实际也是有先后的，只能一条一条处理。下游任务（就是我们定义的 KeyedProcessFunction）看到一个 url 的统计结果，并不能保证这个时间段的统计数据不会再来了，所以也不能贸然进行排序输出。解决的办法是要等所有数据到齐了——这很容易让我们联想起水位线设置延迟时间的方法。这里我们也可以"多等一会儿"，等到水位线真正超过了窗口结束时间，要统计的数据就肯定到齐了。

具体实现上，可以采用一个延迟触发的事件时间定时器。基于窗口的结束时间来设定延迟，其实并不需要等太久——因为我们是靠水位线的推进来触发定时器的，而水位线的含义就是"之前的数据都到齐了"。所以我们只需要设置 1 毫秒的延迟，就一定可以保证这一点。

而在等待过程中，之前已经到达的数据应该缓存起来，我们这里用一个自定义的"列表状态"（ListState）来进行存储，如图 7-1 所示。这个状态需要使用富函数类的 getRuntimeContext()方法获取运行时上下文来定义，我们一般把它放在 open()生命周期方法中。之后每来一个 UrlViewCount，就把它添加到当前的列表状态中，并注册一个触发时间为窗口结束时间加 1 毫秒（windowEnd + 1）的定时器。待到水位线到达这个时间时，定时器触发，我们可以保证当前窗口所有 url 的统计结果 UrlViewCount 都到齐了，于是从状态中取出进行排序输出。

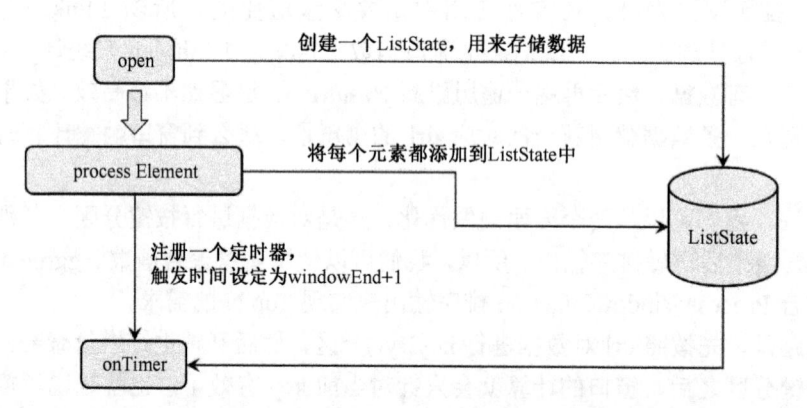

图 7-1　使用"列表状态"进行排序

具体代码实现如下：

```
package com.atguigu.chapter07

import org.apache.flink.api.common.functions.AggregateFunction
import org.apache.flink.api.common.state.{ListState, ListStateDescriptor}
import org.apache.flink.streaming.api.functions.KeyedProcessFunction
import org.apache.flink.streaming.api.scala._
import org.apache.flink.streaming.api.scala.function.ProcessWindowFunction
import org.apache.flink.streaming.api.windowing.assigners.SlidingEventTimeWindows
import org.apache.flink.streaming.api.windowing.time.Time
import org.apache.flink.streaming.api.windowing.windows.TimeWindow
import org.apache.flink.util.Collector
import java.sql.Timestamp

import com.atguigu.chapter05.{ClickSource, Event}
import org.apache.flink.configuration.Configuration

object KeyedProcessTopNExample {
  def main(args: Array[String]): Unit = {
    val env = StreamExecutionEnvironment.getExecutionEnvironment
    env.setParallelism(1)

    val eventStream = env
      .addSource(new ClickSource)
      .assignAscendingTimestamps(_.timestamp)

    // 需要按照url分组，求出每个url的访问量
```

```scala
    val urlCountStream = eventStream
      .keyBy(_.url)
      // 开窗口
      .window(SlidingEventTimeWindows.of(Time.seconds(10), Time.seconds(5)))
      // 增量聚合函数和全窗口聚合函数结合使用
      // 计算结果是每个窗口中每个 url 的浏览次数
      .aggregate(new UrlViewCountAgg, new UrlViewCountResult)

    // 对结果中同一个窗口的统计数据，进行排序处理
    val result = urlCountStream
      .keyBy(_.windowEnd)
      .process(new TopN(2))

    result.print()

    env.execute()
  }

  class TopN(n: Int) extends KeyedProcessFunction[Long, UrlViewCount, String] {
    // 定义列表状态，存储 UrlViewCount 数据
    var urlViewCountListState: ListState[UrlViewCount] = _

    override def open(parameters: Configuration): Unit = {
      urlViewCountListState = getRuntimeContext.getListState(
        new ListStateDescriptor[UrlViewCount]("list-state", classOf[UrlViewCount]))
    }

    override def processElement(i: UrlViewCount, context: KeyedProcessFunction[Long, UrlViewCount,
String]#Context, collector: Collector[String]): Unit = {
      // 每来一条数据就添加到列表状态变量中
      urlViewCountListState.add(i)
      // 注册一个定时器，由于来的数据的 windowEnd 是相同的，所以只会注册一个定时器
      context.timerService.registerEventTimeTimer(i.windowEnd + 1)
    }

    override def onTimer(timestamp: Long, ctx: KeyedProcessFunction[Long, UrlViewCount, String]#
OnTimerContext, out: Collector[String]): Unit = {
      // 导入隐式类型转换
      import scala.collection.JavaConversions._
      // 下面的代码将列表状态变量里的元素取出，然后放入 List 中，方便排序
      val urlViewCountList = urlViewCountListState.get().toList
      // 由于数据已经放入 List 中，所以可以将状态变量手动清空了
      urlViewCountListState.clear()
      // 按照浏览次数降序排列
      urlViewCountList.sortBy(-_.count)
      // 拼接要输出的字符串
      val result = new StringBuilder
      result.append("==========================\n")
      for (i <- 0 until n) {
        val urlViewCount = urlViewCountList(i)
```

```
            result
              .append("浏览量No." + (i + 1) + " ")
              .append("url: " + urlViewCount.url + " ")
              .append("浏览量:" + urlViewCount.count + " ")
              .append("窗口结束时间:" + new Timestamp(timestamp - 1L) + "\n")
          }
          result.append("========================\n")
          out.collect(result.toString())
        }
      }

      class UrlViewCountAgg extends AggregateFunction[Event, Long, Long] {
        override def createAccumulator(): Long = 0L

        override def add(value: Event, accumulator: Long): Long = accumulator + 1L

        override def getResult(accumulator: Long): Long = accumulator

        override def merge(a: Long, b: Long): Long = ???
      }

      class UrlViewCountResult extends ProcessWindowFunction[Long, UrlViewCount, String, TimeWindow]
{
        override def process(key: String, context: Context, elements: Iterable[Long], out: Collector
[UrlViewCount]): Unit = {
          // 迭代器中只有一条元素,就是增量聚合函数发送过来的聚合结果
          out.collect(UrlViewCount(
            key, elements.iterator.next(), context.window.getStart, context.window.getEnd
          ))
        }
      }
      case class UrlViewCount(url: String, count: Long, windowStart: Long, windowEnd: Long)
    }
```

在代码中,我们还利用了定时器的特性:针对同一key、同一时间戳会进行去重。所以对于同一个窗口而言,我们接到统计结果数据后设定的windowEnd + 1的定时器都是一样的,最终只会触发一次计算。而对于不同的key(这里key是windowEnd),定时器和状态都是独立的,所以我们也不用担心不同窗口间数据的干扰。

我们在上面的代码中使用了后面要讲解的ListState。这里可以先简单说明一下。我们先声明一个列表状态变量:

```
var urlViewCountListState: ListState[UrlViewCount] = _
```

然后在open()方法中初始化了列表状态变量,我们初始化的时候使用了ListStateDescriptor描述符,这个描述符用来告诉Flink列表状态变量的名字和类型。列表状态变量是单例,也就是说只会被实例化一次。这个列表状态变量的作用域是当前key对应的逻辑分区。我们使用add()方法向列表状态变量中添加数据,使用get()方法读取列表状态变量中的所有元素。

另外,根据水位线的定义,这里的延迟时间设为0,事实上也是可以保证数据都到齐的。感兴趣的读者可以自行修改代码进行测试。

7.5 侧输出流

处理函数还有另外一个特有功能,就是将自定义的数据放入"侧输出流"(side output)输出。这个概念我们并不陌生,之前在讲到窗口处理迟到数据时,最后一招就是输出到侧输出流。而这种处理方式的本质,其实就是处理函数的侧输出流功能。

我们之前讲到的绝大多数转换算子,输出的都是单一流,流里的数据类型只能有一种。而侧输出流可以认为是"主流"上分叉出的"支流",所以可以由一条流产生出多条流,而且这些流中的数据类型还可以不一样。利用这个功能可以很容易地实现"分流"操作。

在进行具体应用时,只要在处理函数的 processElement()或者 onTimer()方法中,调用上下文的 output()方法就可以了。

```
val stream = env.addSource(new ClickSource)

val longStream = stream.process(new ProcessFunction[Event, Long] {
    override def processElement(value: Event, ctx: ProcessFunction[Event, Long]#Context, out: Collector[Long]) = {
        //将时间戳输出到主流中
        out.collect(value.timestamp)
        //将用户名输出到侧输出流中
        ctx.output(outputTag, "side-output: " + value.user)
    }
});
```

这里的 output()方法需要传入两个参数,第一个是一个"输出标签"OutputTag,用来标识侧输出流,一般会在外部统一声明;第二个就是要输出的数据。

我们可以在外部先将 OutputTag 声明出来:

```
val outputTag: OutputTag[String] = OutputTag[String]("user")
```

如果想要获取这个侧输出流,可以基于处理后的 DataStream 直接调用 getSideOutput()方法,传入对应的 OutputTag,这个方式与窗口 API 中获取侧输出流是完全一样的。

```
val stringStream = longStream.getSideOutput(outputTag)
```

7.6 本章总结

Flink 拥有非常丰富的多层 API,而底层的处理函数可以说是最为强大和灵活的一种。广义上来讲,处理函数也可以认为是 DataStream API 中的一部分,它的调用方式与其他转换算子完全一致。处理函数可以访问时间、状态,定义定时操作,它可以直接触及流处理最为本质的组成部分。所以处理函数不仅是我们处理复杂需求时兜底的"大招",更是理解流处理本质的重要一环。

在本章中,我们详细介绍了处理函数的功能和底层的结构,重点讲解了最为常用的 KeyedProcessFunction 和 ProcessWindowFunction,并实现了电商应用中 Top N 的经典案例,另外还介绍了侧输出流的用法。而关于合并两条流之后的处理函数,以及广播连接流(BroadcastConnectedStream)的处理操作,调用方法和原理都非常类似,我们会在后续章节继续展开。

第 8 章

多流转换

无论是基本的简单转换和聚合，还是基于窗口的计算，我们都是针对一条流上的数据进行处理的。而在实际应用中，可能需要将不同来源的数据连接合并在一起处理，也可能需要将一条流拆分开，所以经常会有对多条流进行处理的场景。本章我们就来讨论 Flink 中对多条流进行转换的操作。

简单划分的话，多流转换可以分为"分流"和"合流"两大类。目前分流的操作一般是通过侧输出流来实现的，而合流的算子比较丰富，根据不同的需求可以调用 union()、connect()、join()和 coGroup()等接口进行连接合并操作。下面我们就进行具体的讲解。

8.1 分流

所谓"分流"，就是将一条数据流拆分成完全独立的两条甚至多条流。也就是基于一个 DataStream，得到完全平等的多个子 DataStream，如图 8-1 所示。一般来说，我们会定义一些筛选条件，将符合条件的数据拣选出来，放到对应的流里。

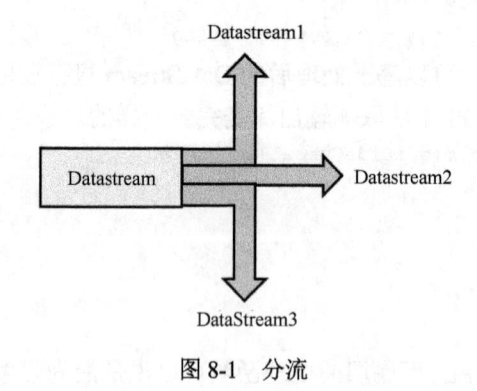

图 8-1 分流

8.1.1 简单实现

其实根据条件筛选数据的需求，本身非常容易实现：只要针对同一条流多次独立调用 filter()方法进行筛选，就可以得到拆分后的流了。

例如，我们可以将电商网站收集的用户行为数据进行一个拆分，根据类型（type）的不同，分为"Mary"的浏览数据、"Bob"的浏览数据等。代码实现如下：

```
package com.atguigu.chapter08

import com.atguigu.chapter05.ClickSource
```

```scala
    import org.apache.flink.streaming.api.scala._

    object SplitStreamByFilterExample {
      def main(args: Array[String]): Unit = {
        val env = StreamExecutionEnvironment.getExecutionEnvironment
        env.setParallelism(1)

        val stream = env.addSource(new ClickSource)

        val maryStream = stream.filter(_.user == "Mary")

        val bobStream = stream.filter(_.user == "Bob")

        val elseStream = stream.filter(r => !(r.user == "Mary") && !(r.user == "Bob"))

        maryStream.print("Mary pv")
        bobStream.print("Bob pv")
        elseStream.print("else pv")

        env.execute()
      }
    }
```

输出结果是:
```
Bob pv> Event{user='Bob', url='./home', timestamp=2021-06-23 17:30:57.388}
else pv> Event{user='Alice', url='./home', timestamp=2021-06-23 17:30:58.399}
else pv> Event{user='Alice', url='./home', timestamp=2021-06-23 17:30:59.409}
Bob pv> Event{user='Bob', url='./home', timestamp=2021-06-23 17:31:00.424}
else pv> Event{user='Alice', url='./prod?id=1', timestamp=2021-06-23 17:31:01.441}
else pv> Event{user='Alice', url='./prod?id=1', timestamp=2021-06-23 17:31:02.449}
Mary pv> Event{user='Mary', url='./home', timestamp=2021-06-23 17:31:03.465}
```

这种实现非常简单，但代码显得有些冗余——我们的处理逻辑对拆分出的三条流其实是一样的，却重复写了三次。而且这段代码背后的含义，是将原始数据流 stream 复制三份，然后对每份分别做筛选；这明显是不够高效的。我们自然会想到，能不能不用复制流，直接用一个算子就把它们都拆分开呢？

在早期的版本中，DataStream API 中提供了一个 split()方法，专门用来将一条流"切分"成多个。它的基本思路其实就是按照给定的筛选条件，给数据分类"盖戳"；然后基于这条盖戳之后的流，分别拣选想要的"戳"就可以得到拆分后的流。这样我们就不必再对流进行复制了。不过这种方法有一个缺陷：因为只是"盖戳"拣选，所以无法对数据进行转换，分流后的数据类型必须跟原始流保持一致。这就极大地限制了分流操作的应用场景。现在 split()方法已经被淘汰了，我们以后分流只使用下面要讲的侧输出流。

8.1.2 使用侧输出流

Flink 1.13 版本已经弃用了 split()方法，取而代之的是直接用处理函数的侧输出流。

我们知道，处理函数本身可以认为是一个转换算子，它的输出类型是单一的，处理之后得到的仍然是一个 DataStream；而侧输出流则不受限制，可以任意自定义输出数据，它们就像从"主流"上分叉出的"支流"。尽管看起来主流和支流有所区别，实际上它们都是某种类型的 DataStream，所以本质上还是平等的。利用侧输出流就可以很方便地实现分流操作，而且得到的多条 DataStream 类型可以不同，这就给我们的应用带来了极大的便利。

关于处理函数中侧输出流的用法，我们已经在 7.5 节进行了详细介绍。简单来说，只需要调用上下文 ctx 的 output()方法，就可以输出任意类型的数据了。而侧输出流的标记和提取都离不开一个"输出标签"（OutputTag），它就相当于 split()分流时的"戳"，指定了侧输出流的名称和类型。

我们可以使用侧输出流将 8.1.1 节的分流代码改写如下：

```scala
package com.atguigu.chapter08

import org.apache.flink.streaming.api.functions._
import org.apache.flink.streaming.api.scala._
import org.apache.flink.util.Collector

object SplitStreamBySideOutputExample {
  // 实例化侧输出标签
  val maryTag = OutputTag[(String, String, Long)]("Mary-pv")
  val bobTag = OutputTag[(String, String, Long)]("Bob-pv")

  def main(args: Array[String]): Unit = {
    val env = StreamExecutionEnvironment.getExecutionEnvironment
    env.setParallelism(1)

    val stream = env.addSource(new ClickSource)

    val processedStream = stream
      .process(new ProcessFunction[Event, Event] {

        override def processElement(value: Event, ctx: ProcessFunction[Event, Event]#Context, out: Collector[Event]): Unit = {
          // 将不同的数据发送到不同的侧输出流
          if (value.user == "Mary") {
            ctx.output(maryTag, (value.user, value.url, value.timestamp))
          } else if (value.user == "Bob") {
            ctx.output(bobTag, (value.user, value.url, value.timestamp))
          } else {
            out.collect(value)
          }
        }
      })

    // 打印各输出流中的数据
    processedStream.getSideOutput(maryTag).print("Mary pv")
    processedStream.getSideOutput(bobTag).print("Bob pv")
    processedStream.print("else pv")

    env.execute()
  }
}
```

输出结果是：

```
Bob pv> (Bob,./prod?id=1,1624442886645)
Mary pv> (Mary,./prod?id=1,1624442887664)
Bob pv> (Bob,./home,1624442888673)
Mary pv> (Mary,./prod?id=1,1624442889676)
```

```
else> Event{user='Alice', url='./prod?id=1', timestamp=2021-06-23 18:08:10.693}
else> Event{user='Alice', url='./prod?id=1', timestamp=2021-06-23 18:08:11.697}
else> Event{user='Alice', url='./prod?id=1', timestamp=2021-06-23 18:08:12.702}
Mary pv> (Mary,./cart,1624442893705)
Bob pv>  (Bob,./cart,1624442894710)
else> Event{user='Alice', url='./cart', timestamp=2021-06-23 18:08:15.722}
Mary pv> (Mary,./prod?id=1,1624442896725)
```

这里我们定义了两个侧输出流，分别拣选 Mary 的浏览事件和 Bob 的浏览事件；由于类型已经确定，我们可以只保留（用户 id、url、时间戳）这样一个三元组。而剩余的事件则直接输出到主流，类型依然保留 Event，就相当于之前的 elseStream。这样的实现方式显然更简洁，也更加灵活。

8.2 基本合流操作

既然一条流可以分开，自然多条流就可以合并。在实际应用中，我们经常会遇到来源不同的多条流，需要将它们的数据进行联合处理。所以 Flink 中合流的操作会更加普遍，对应的 API 也更加丰富。

8.2.1 联合

最简单的合流操作就是直接将多条流合在一起，叫作流的"联合"（union），如图 8-2 所示。联合操作要求流中的数据类型必须相同，合并之后的新流会包括所有流中的元素，数据类型不变。这种合流方式非常简单粗暴，就像公路上多个车道汇在一起一样。

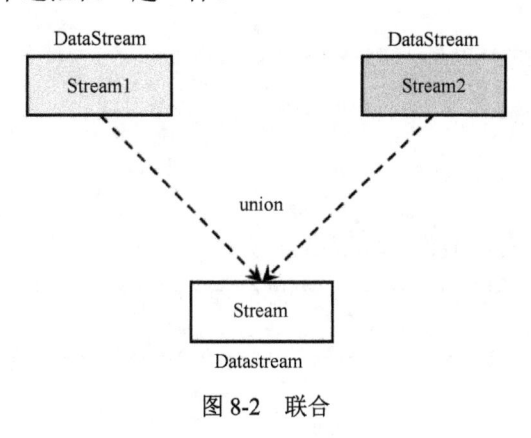

图 8-2 联合

在代码中，我们只要基于 DataStream 直接调用 union()方法，传入其他 DataStream 作为参数，就可以实现流的联合了；得到的依然是一个 DataStream：

```
stream1.union(stream2, stream3, ...)
```

注意：union()的参数可以是多个 DataStream，所以联合操作可以实现多条流的合并。

这里需要考虑一个问题，在事件时间语义下，水位线是时间的进度标志；在不同的流中，水位线的进展快慢可能完全不同，如果它们合并在一起，水位线又该以哪个为准呢？

所以要考虑水位线的本质含义，是"之前的所有数据已经到齐了"；对于合流之后的水位线，也是要以最小的那个为准，这样才可以保证所有流都不会再传来之前的数据。换句话说，多流合并时处理的时效性是以最慢的那个流为准的。我们自然可以想到，这与之前介绍的并行任务水位线传递的规则是完全一致的；多条流的合并，某种意义上也可以看作多个并行任务向同一个下游任务汇合的过程。

我们可以用下面的代码做一个简单测试：

```
package com.atguigu.chapter08
```

```scala
import org.apache.flink.streaming.api.functions.ProcessFunction
import org.apache.flink.streaming.api.scala._
import org.apache.flink.util.Collector

object UnionTest {
  def main(args: Array[String]): Unit = {
    val env = StreamExecutionEnvironment.getExecutionEnvironment
    env.setParallelism(1)

    val stream1 = env
      .socketTextStream("hadoop102", 7777)
      .map(data => {
        val fields = data.split(",")
        Event(fields(0).trim, fields(1).trim, fields(2).trim.toLong)
      })
      .assignAscendingTimestamps(_.timestamp)

    stream1.print("stream1")

    val stream2 = env
      .socketTextStream("hadoop103", 7777)
      .map(data => {
        val fields = data.split(",")
        Event(fields(0).trim, fields(1).trim, fields(2).trim.toLong)
      })
      .assignAscendingTimestamps(_.timestamp)

    stream2.print("stream2")

    stream1
      .union(stream2)
      .process(new ProcessFunction[Event, String] {
        override def processElement(value: Event, ctx: ProcessFunction[Event, String]#Context, out: Collector[String]): Unit = {
          out.collect("当前水位线是: " + ctx.timerService().currentWatermark())
        }
      })
      .print()

    env.execute()
  }
}
```

这里为了更清晰地看到水位线的进展,我们创建了两条流来读取 socket 文本数据,并从数据中提取时间戳作为生成水位线的依据。用 union()将两条流合并后,用一个 ProcessFunction 来进行处理,获取当前的水位线进行输出。我们会发现两条流中每输入一个数据,合并之后的流中都会有数据出现;而水位线只有在两条流中水位线最小值增大的时候,才会真正向前推进。

我们可以来分析一下程序的运行。

在合流之后的 ProcessFunction 对应的算子任务中,ProcessFunction 算子中逻辑时钟的初始状态如图 8-3 所示。

```
┌─────────────────────────────────────────────────────────┐
│  第一条流的水位线：Long.MIN_VALUE                        │
│                                                          │
│                        ┌────────────────────────────────┐│
│                        │ 算子的水位线：Long.MIN_VALUE   ││
│                        └────────────────────────────────┘│
│  第二条流的水位线：Long.MIN_VALUE                        │
└─────────────────────────────────────────────────────────┘
```

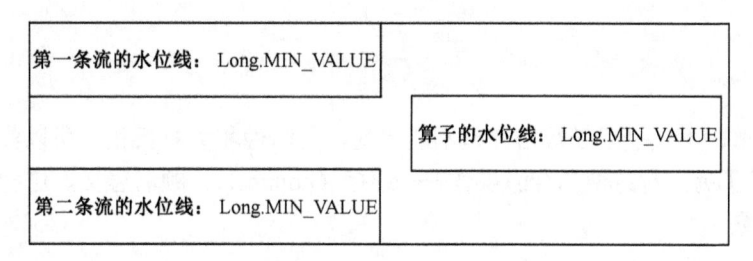

图 8-3　逻辑时钟的初始状态

由于 Flink 会在流的开始处，插入一个负无穷大（Long.MIN_VALUE）的水位线，因此合流后的 ProcessFunction 对应的处理任务会为合并的每条流保存一个"分区水位线"，初始值都是 Long.MIN_VALUE；而此时算子任务的水位线是所有分区水位线的最小值，因此也是 Long.MIN_VALUE。

我们在第一条 socket 文本流输入数据[Alice, ./home, 1000]时，水位线不会立即改变，只有到水位线生成周期的时间点（200 毫秒一次）才会推进到 1000 − 1 = 999 毫秒；这与我们在 7.3.2 节中对事件时间定时器的测试是一致的。不过即使第一条水位线推进到了 999，由于另一条流没有变化，因此合流之后的 Process 任务水位线仍然是初始值，如图 8-4 所示。

```
┌─────────────────────────────────────────────────────────┐
│  第一条流的水位线：999毫秒                               │
│                                                          │
│                        ┌────────────────────────────────┐│
│                        │ 算子的水位线：Long.MIN_VALUE   ││
│                        └────────────────────────────────┘│
│  第二条流的水位线：Long.MIN_VALUE                        │
└─────────────────────────────────────────────────────────┘
```

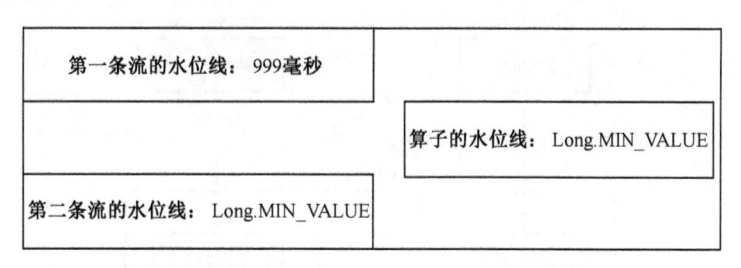

图 8-4　插入第一条流的第一个水位线后的状态

如果这时我们在第二条 socket 文本流输入数据[Alice, ./home, 2000]，那么第二条流的水位线会随之推进到 2000 − 1 = 1999 毫秒，Process 任务保存的第二条流分区水位线更新为 1999；这样两个分区水位线取最小值，Process 任务的水位线也就可以推进到 999 了，如图 8-5 所示。

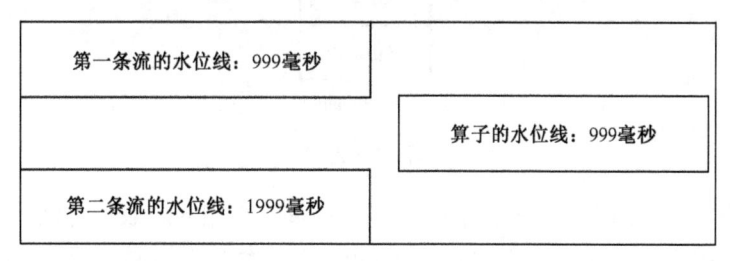

```
┌─────────────────────────────────────────────────────────┐
│  第一条流的水位线：999毫秒                               │
│                                                          │
│                        ┌────────────────────────────────┐│
│                        │ 算子的水位线：999毫秒          ││
│                        └────────────────────────────────┘│
│  第二条流的水位线：1999毫秒                              │
└─────────────────────────────────────────────────────────┘
```

图 8-5　插入第二条流的第一个水位线后的状态

如果我们继续在第一条流中输入数据[Alice, ./home, 3000]，Process 任务的第一条流分区水位线就会更新为 2999，同时将算子任务的时钟推进到 1999。状态如图 8-6 所示，和你推测的结果一样吗？

```
┌─────────────────────────────────────────────────────────┐
│  第一条流的水位线：2999毫秒                              │
│                                                          │
│                        ┌────────────────────────────────┐│
│                        │ 算子的水位线：1999毫秒         ││
│                        └────────────────────────────────┘│
│  第二条流的水位线：1999毫秒                              │
└─────────────────────────────────────────────────────────┘
```

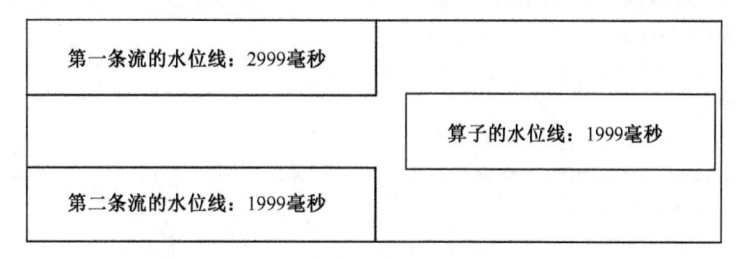

图 8-6　输入第三个数据后的状态

8.2.2 连接

流的联合虽然简单，不过受限于数据类型不能改变，灵活性将大打折扣，所以实际应用较少出现。除了联合，Flink 还提供了另一种方便的合流操作——连接（connect）。顾名思义，这种操作就是直接把两条流像接线一样对接起来。

1. 连接流

为了处理更加灵活，连接操作允许流的数据类型不同。但我们知道一个 DataStream 中的数据只能有唯一的类型，所以连接得到的并不是 DataStream，而是一个"连接流"（ConnectedStreams）。连接流可以看成两条流形式上的"统一"，被放在了同一个流中；事实上，内部仍保持各自的数据形式不变，彼此之间是相互独立的。要想得到新的 DataStream，还需要进一步定义一个"同处理"（co-process）转换操作，用来说明对于不同来源、不同类型的数据，怎样分别进行处理转换、得到统一的输出类型。所以整体上来看，两条流可以保持各自的数据类型、处理方式也可以不同，不过最终还是会统一到同一个 DataStream 中，如图 8-7 所示。

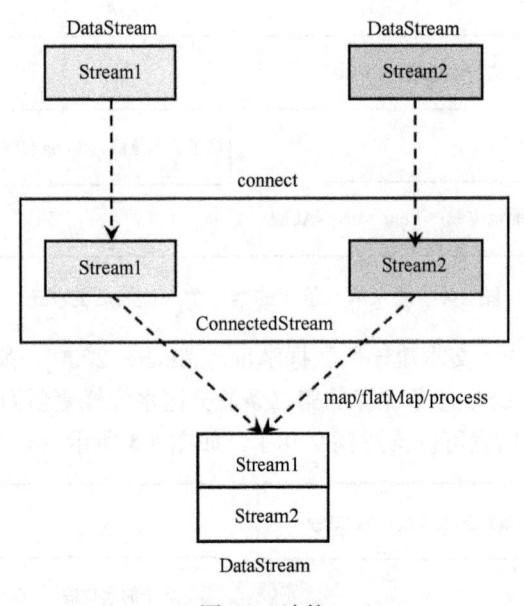

图 8-7 连接

在代码实现上，需要分为两步：首先基于一条 DataStream 调用 connect()方法，传入另一条 DataStream 作为参数，将两条流连接起来，得到一个 ConnectedStreams；然后调用同处理方法得到 DataStream。这里可以调用的同处理方法有 map()、flatMap()及 process()方法。

```
package com.atguigu.chapter08

import org.apache.flink.streaming.api.functions.co.CoMapFunction
import org.apache.flink.streaming.api.scala._

object CoMapExample {
  def main(args: Array[String]): Unit = {
    val env = StreamExecutionEnvironment.getExecutionEnvironment
    env.setParallelism(1)

    val stream1 = env.fromElements(1,2,3)
    val stream2 = env.fromElements(1L,2L,3L)
```

```
    val connectedStreams = stream1.connect(stream2)

    val result = connectedStreams
      .map(new CoMapFunction[Int, Long, String] {
        // 处理来自第一条流的事件
        override def map1(in1: Int): String = "Int: " + in1
        // 处理来自第二条流的事件
        override def map2(in2: Long): String = "Long: " + in2
      })

    result.print()

    env.execute()
  }
}
```
输出结果:
```
Integer: 1
Integer: 2
Integer: 3
Long: 1
Long: 2
Long: 3
```

上面的代码中,ConnectedStreams 有两个类型参数,分别表示内部包含的两条流各自的数据类型;调用 map()方法时传入的不再是一个简单的 MapFunction,而是一个 CoMapFunction,表示分别对两条流中的数据执行 map 操作。这个接口有三个类型参数,依次表示第一条流、第二条流,以及合并后的流中的数据类型。需要实现的方法也非常直白:map1()方法就是对第一条流中数据的 map 操作,map2()方法则是针对第二条流。这里我们将一条 Integer 流和一条 Long 流合并,转换成 String 输出。所以当遇到第一条流输入的整型值时,调用 map1();而遇到第二条流输入的长整型数据时,调用 map2(),最终都转换为字符串输出,合并成了一条字符串流。

值得一提的是,ConnectedStreams 也可以直接调用 keyBy()进行按键分区的操作,得到的还是一个 ConnectedStreams:

```
connectedStreams.keyBy(keySelector1, keySelector2)
```

这里传入两个参数:keySelector1 和 keySelector2,是两条流中各自的键选择器;当然也可以直接传入键的位置值(keyPosition),或者键的字段名(field),这与普通的 keyBy()用法完全一致。ConnectedStreams 进行 keyBy()操作,其实就是把两条流中 key 相同的数据放到了一起,然后针对来源的流再做各自处理,这在一些场景下非常有用。另外,我们也可以在合并之前就将两条流分别进行 keyBy(),得到的 KeyedStream 再进行连接(connect)操作,效果是一样的。要注意两条流定义的键的类型必须相同,否则会抛出异常。

两条流的连接(connect)与联合(union)操作相比,最大的优势就是可以处理不同类型的流的合并,使用更灵活、应用更广泛。当然它也有限制,就是合并流的数量只能是 2,而 union()可以同时进行多条流的合并。这也非常容易理解:union()限制了类型不变,所以直接合并没有问题;而 connect()的后续处理接口中只定义了两个转换方法,不能应用于多于两条流的情况,如果需要扩展,就重新定义接口。

2. CoProcessFunction

对于连接流 ConnectedStreams 的处理操作,需要分别定义对两条流的处理转换,因此接口中就有两个相同的方法需要实现,用数字"1""2"区分,在两条流中的数据到来时分别调用。我们把这种接口叫作"协同处理函数"。与 CoMapFunction 类似,如果想要调用 flatMap(),就需要传入一个 CoFlatMapFunction,需要实现 flatMap1()和 flatMap2()两个方法；而在调用 process()时，传入的则是一个 CoProcessFunction。

抽象类 CoProcessFunction 在源码中定义如下：

```java
public abstract class CoProcessFunction<IN1, IN2, OUT> extends AbstractRichFunction {
    ...
    public abstract void processElement1(IN1 value, Context ctx, Collector<OUT> out) throws Exception;
    public abstract void processElement2(IN2 value, Context ctx, Collector<OUT> out) throws Exception;
    public void onTimer(long timestamp, OnTimerContext ctx, Collector<OUT> out) throws Exception {}
    public abstract class Context {...}
    ...
}
```

我们可以看到，CoProcessFunction 也是"处理函数"家族中的一员，用法非常相似。它需要实现 processElement1()和 processElement2()两个方法，在每个数据到来时，会根据来源的流调，使用其中的一个方法进行处理。CoProcessFunction 同样可以通过上下文 ctx 来访问 timestamp、水位线，并通过 TimerService 注册定时器；也提供了 onTimer()方法，用于定义定时触发的处理操作。

下面是 CoProcessFunction 的一个具体示例：我们可以实现一个实时对账的需求，也就是 App 支付操作和第三方支付操作的一个双流 join。App 支付事件和第三方支付事件将会互相等待 5 秒，如果等不来对应的支付事件，那么就输出报警信息。程序如下：

```scala
package com.atguigu.chapter08

import org.apache.flink.api.common.state.ValueStateDescriptor
import org.apache.flink.streaming.api.functions.co._
import org.apache.flink.streaming.api.scala._
import org.apache.flink.util.Collector

object BillCheckExample {
  def main(args: Array[String]): Unit = {
    val env = StreamExecutionEnvironment.getExecutionEnvironment
    env.setParallelism(1)

    // 来自 App 的支付日志
    val appStream = env
      .fromElements(
        ("order-1", "app", 1000L),
        ("order-2", "app", 2000L)
      )
      .assignAscendingTimestamps(_._3)

    // 来自第三方支付平台的支付日志
    val thirdPartyStream = env
      .fromElements(
        ("order-1", "third-party", "success", 3000L),
        ("order-3", "third-party", "success", 4000L)
      )
      .assignAscendingTimestamps(_._4)

    // 检测同一支付单在两条流中是否匹配，不匹配就报警
    appStream.connect(thirdPartyStream)
      .keyBy(_._1, _._1)
```

```scala
      .process(new OrderMatchResult)
      .print()

    env.execute()
  }

  // 自定义实现 CoProcessFunction
  class OrderMatchResult extends CoProcessFunction[(String, String, Long), (String, String, String, Long), String] {
    // 定义状态变量，用来保存已经到达的事件；使用 lazy 定义是一种简洁的写法
    lazy val appEvent = getRuntimeContext.getState(
      new ValueStateDescriptor[(String, String, Long)]("app", classOf[(String, String, Long)])
    )
    lazy val thirdPartyEvent = getRuntimeContext.getState(
      new ValueStateDescriptor[(String, String, String, Long)]("third-party", classOf[(String, String, String, Long)])
    )

    override def processElement1(value: (String, String, Long), ctx: CoProcessFunction[(String, String, Long), (String, String, String, Long), String]#Context, out: Collector[String]): Unit = {
      if (thirdPartyEvent.value() != null) {
        // 如果对应的第三方支付事件的状态变量不为空，则说明第三方支付事件先到达，对账成功
        out.collect(value._1 + " 对账成功")
        // 清空保存第三方支付事件的状态变量
        thirdPartyEvent.clear()
      } else {
        // 如果是 App 支付事件先到达，就把它保存在状态中
        appEvent.update(value)
        // 注册 5 秒之后的定时器，也就是等待第三方支付事件 5 秒
        ctx.timerService.registerEventTimeTimer(value._3 + 5000L)
      }
    }
    // 和上面的逻辑是对称关系
    override def processElement2(value: (String, String, String, Long), ctx: CoProcessFunction[(String, String, Long), (String, String, String, Long), String]#Context, out: Collector[String]): Unit = {
      if (appEvent.value() != null) {
        out.collect(value._1 + " 对账成功")
        appEvent.clear()
      } else {
        thirdPartyEvent.update(value)
        ctx.timerService.registerEventTimeTimer(value._4 + 5000L)
      }
    }

    override def onTimer(timestamp: Long, ctx: CoProcessFunction[(String, String, Long), (String, String, String, Long), String]#OnTimerContext, out: Collector[String]): Unit = {
      // 如果 App 事件的状态变量不为空，说明等待了 5 秒，第三方支付事件没有到达
      if (appEvent.value() != null) {
        out.collect(appEvent.value()._1 + " 对账失败，订单的第三方支付信息未到")
        appEvent.clear()
```

```
        }
        // 如果第三方支付事件没有到达，说明等待了 5 秒，App 事件没有到达
        if (thirdPartyEvent.value() != null) {
          out.collect(thirdPartyEvent.value()._1 + " 对账失败，订单的 App 支付信息未到")
          thirdPartyEvent.clear()
        }
      }
    }
  }
}
```

输出结果是：
```
order-1 对账成功
order-2 对账失败，订单的第三方支付信息未到
order-3 对账失败，订单的 App 支付信息未到
```

在程序中，我们声明了两个状态变量分别用来保存 App 支付信息和第三方支付信息。App 支付信息到达以后，会检查对应的第三方支付信息是否已经先到达（先到达会保存在对应的状态变量中），如果已经到达了，那么对账成功，直接输出对账成功的信息，并将保存第三方支付消息的状态变量清空。如果 App 对应的第三方支付信息没有到达，那么我们会注册一个 5 秒之后的定时器，也就是说，等待第三方支付事件 5 秒。当定时器触发时，检查保存 App 支付信息的状态变量是否还在，如果还在，说明对应的第三方支付信息没有到达，所以输出报警信息。

3. 广播连接流（BroadcastConnectedStream）

关于两条流的连接，还有一种比较特殊的用法：当 DataStream 调用 .connect() 方法时，传入的参数也可以不是一个 DataStream，而是一个"广播流"（BroadcastStream），这时合并两条流得到了一个"广播连接流"（BroadcastConnectedStream）。

这种连接方式往往用在需要动态定义某些规则或配置的场景。因为规则是实时变动的，所以我们可以用一个单独的流来获取规则数据；而这些规则或配置是对整个应用全局有效的，所以不能只把数据传递给一个下游并行子任务来处理，而是要"广播"（broadcast）给所有的并行子任务。而下游子任务收到广播出来的规则，会把它保存成一个状态，这就是所谓的"广播状态"。

广播状态底层是用一个"映射"（map）结构来保存的。在代码实现上，可以直接调用 DataStream 的 broadcast() 方法，传入一个"映射状态描述器"（MapStateDescriptor）说明状态的名称和类型，就可以得到规则数据的"广播流"（BroadcastStream）：

```
val ruleStateDescriptor = new MapStateDescriptor[](...);
val ruleBroadcastStream = ruleStream
                .broadcast(ruleStateDescriptor)
```

接下来我们就可以将要处理的数据流，与这条广播流进行连接，得到的就是所谓的"广播连接流"。基于 BroadcastConnectedStream 调用 process() 方法，就可以同时获取规则和数据，进行动态处理了。

这里既然调用了 process() 方法，当然传入的参数也应该是处理函数大家族中的一员——如果与广播流连接的数据流曾经进行过 keyBy()，那么要传入的参数就是 KeyedBroadcastProcessFunction；如果数据流没有进行过按键分区，就传入 BroadcastProcessFunction。

```
val output = stream
             .connect(ruleBroadcastStream)
             .process( new BroadcastProcessFunction[]() {...} )
```

BroadcastProcessFunction 与 CoProcessFunction 类似，同样是一个抽象类，需要实现两个方法，针对合并的两条流中的元素分别定义处理操作。区别在于，这里的一条流是正常处理数据，而另一条流则要用新规则来更新广播状态，所以对应的两个方法叫作 processElement() 和 processBroadcastElement()。源码中定义如下：

```
public abstract class BroadcastProcessFunction<IN1, IN2, OUT> extends BaseBroadcast
ProcessFunction {
    ...
    public abstract void processElement(IN1 value, ReadOnlyContext ctx, Collector<OUT> out) throws
Exception;
    public abstract void processBroadcastElement(IN2 value, Context ctx, Collector<OUT> out)
throws Exception;
    ...
}
```

关于广播状态和广播连接流的用法和示例，我们会在第 9 章讲解 Flink 中的状态之后详细介绍。

8.3 基于时间的合流——联结

对于两条流的合并，很多情况我们并不是简单地将所有数据放在一起，而是希望根据某个字段的值将它们联结起来，"配对"去做处理。例如，用传感器监控火情时，我们需要将大量温度传感器和烟雾传感器采集到的信息，按照传感器 id 分组，再将两条流中数据合并起来，如果同时超过设定阈值，就要报警。

我们发现，这种需求与关系型数据库中表的 join 操作非常相近。事实上，Flink 中两条流的 connect() 操作，就可以通过 keyBy() 指定键进行分组后合并，实现了类似 SQL 中的 join 操作；另外，connect() 支持处理函数，可以使用自定义状态和 TimerService 灵活地实现各种需求。

不过处理函数是底层接口，所以尽管 connect() 能做的事情多，但在一些具体应用场景下还是显得太过抽象了。比如，如果我们希望统计固定时间内两条流数据的匹配情况，就需要设置定时器、自定义触发逻辑来实现——其实这完全可以用窗口（window）来表示。为了更方便地实现基于时间的合流操作，Flink 的 DataStrema API 提供了两种内置的 join() 算子和 coGroup() 算子。本节我们就来做一个详细的讲解。

需要注意的是，在 SQL 中，join 一般会翻译为"连接"；我们这里为了区分不同的算子，一般的合流操作 connect() 翻译为"连接"，而把 join() 翻译为"联结"。

8.3.1 窗口联结

基于时间的操作，最基本的当然就是时间窗口了。我们之前已经介绍过 Window API 的用法，主要是针对单一数据流在某些时间段内的处理计算。如果我们希望将两条流的数据进行合并，且同样针对某段时间进行处理和统计，又该怎么做呢？

Flink 为这种场景专门提供了一个窗口联结算子，可以定义时间窗口，并将两条流中共享一个公共键的数据放在窗口中进行配对处理。

1. 窗口联结的调用

窗口联结在代码中的实现，首先需要调用 DataStream 的 join() 方法来合并两条流，得到一个 JoinedStreams；接着通过 where() 和 equalTo() 方法指定两条流中联结的 key；然后通过 window() 开窗口，并调用 apply() 传入联结窗口函数进行处理计算。通用调用形式如下：

```
stream1.join(stream2)
    .where(<KeySelector>)
    .equalTo(<KeySelector>)
    .window(<WindowAssigner>)
    .apply(<JoinFunction>)
```

上面代码中，.where() 的参数是键选择器（KeySelector），用来指定第一条流中的 key；而 .equalTo() 传入的 KeySelector 则指定了第二条流中的 key。两者相同的元素，如果在同一窗口中，就可以匹配起来，并通过一个"联结函数"（JoinFunction）进行处理了。

这里 window()传入的就是窗口分配器，之前讲到的三种时间窗口都可以用在这里：滚动窗口、滑动窗口和会话窗口。

而后面调用 apply()可以看作实现了一个特殊的窗口函数。注意，这里只能调用 apply()，没有其他替代的方法。

传入的 JoinFunction 也是一个函数类接口，使用时需要实现内部的 join()方法。这个方法有两个参数，分别表示两条流中成对匹配的数据。JoinFunction 在源码中的定义如下：

```
public interface JoinFunction<IN1, IN2, OUT> extends Function, Serializable {
    OUT join(IN1 first, IN2 second) throws Exception;
}
```

这里需要注意的是，JoinFunciton 并不是真正的"窗口函数"，它只是定义了窗口函数在调用时对匹配数据的具体处理逻辑。

当然，既然是窗口计算，在 window()和 apply()之间也可以调用可选 API 去做一些自定义，比如用 trigger()定义触发器，用 allowedLateness()定义允许的延迟时间，等等。

2. 窗口联结的处理流程

JoinFunction 中的两个参数，分别代表了两条流中的匹配的数据。这里就会有一个问题：什么时候匹配好数据，调用 join()方法呢？接下来我们就来介绍一下窗口 join 的具体处理流程。

两条流的数据到来之后，首先会按照 key 分组、进入对应的窗口中存储；当到达窗口结束时间时，算子会先统计出窗口内两条流的数据的所有组合，也就是对两条流中的数据做一个笛卡儿积（相当于表的交叉连接，cross join），然后进行遍历，把每一对匹配的数据作为参数(first, second)传入 JoinFunction 的 join()方法进行计算处理，得到的结果直接输出，如图 8-8 所示。所以窗口中每有一对数据成功联结匹配，JoinFunction 的 join()方法就会被调用一次，并输出一个结果。

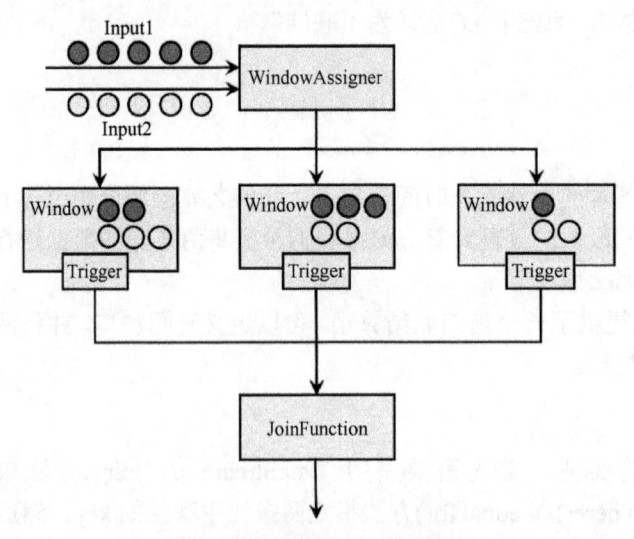

图 8-8　窗口联结的处理流程

除了 JoinFunction，在 apply()方法中还可以传入 FlatJoinFunction，用法非常类似，只是内部需要实现的 join()方法没有返回值。结果的输出是通过收集器来实现的，所以一对匹配数据可以输出任意条结果。

仔细观察可以发现，窗口 join 的调用语法和我们熟悉的 SQL 中表的 join 非常相似：

```
SELECT * FROM table1 t1, table2 t2 WHERE t1.id = t2.id;
```

上面这句 SQL 中 where 子句的表达等价于 inner join ... on，所以本身表示的是两张表基于 id 的"内连接"。而 Flink 中的 window join 同样类似于 inner join。也就是说,最后处理输出的只有两条流中数据按 key 配对成功的那些;如果某个窗口中一条流的数据没有任何另一条流的数据匹配,就不会调用 JoinFunction 的 join()方法,也就没有任何输出了。

3. 窗口联结实例

在电商网站中,往往需要统计用户不同行为之间的转化,这就需要对不同的行为数据流,按照用户 ID 进行分组后再合并,以分析它们之间的关联。如果这些是以固定时间周期(如 1 小时)来统计的,我们就可以使用窗口 join 来实现这样的需求。

示例代码如下:

```scala
package com.atguigu.chapter08

import org.apache.flink.api.common.eventtime.{SerializableTimestampAssigner, WatermarkStrategy}
import org.apache.flink.api.common.functions.JoinFunction
import org.apache.flink.streaming.api.scala._
import org.apache.flink.streaming.api.windowing.assigners.TumblingEventTimeWindows
import org.apache.flink.streaming.api.windowing.time.Time

object WindowJoinExample {
  def main(args: Array[String]): Unit = {
    val env = StreamExecutionEnvironment.getExecutionEnvironment
    env.setParallelism(1)

    val stream1 = env.fromElements(
      ("a", 1000L),
      ("b", 1000L),
      ("a", 2000L),
      ("b", 2000L)
    ).assignAscendingTimestamps(_._2)

    val stream2 = env.fromElements(
      ("a", 3000L),
      ("b", 3000L),
      ("a", 4000L),
      ("b", 4000L)
    ).assignAscendingTimestamps(_._2)

    stream1
      .join(stream2)
      .where(_._1)  // 指定第一条流中元素的 key
      .equalTo(_._1)  // 指定第二条流中元素的 key
      // 开窗口
      .window(TumblingEventTimeWindows.of(Time.seconds(5)))
      .apply(new JoinFunction[(String, Long), (String, Long), String] {
        // 处理来自两条流的相同 key 的事件
        override def join(first: (String, Long), second: (String, Long)) = {
          first + "=>" + second
        }
      }).print()

    env.execute()
```

```
    }
  }
```
输出结果是：
```
(a,1000)=>(a,3000)
(a,1000)=>(a,4000)
(a,2000)=>(a,3000)
(a,2000)=>(a,4000)
(b,1000)=>(b,3000)
(b,1000)=>(b,4000)
(b,2000)=>(b,3000)
(b,2000)=>(b,4000)
```
可以看到，窗口的联结是笛卡儿积。

8.3.2 间隔联结

在有些场景下，我们要处理的时间间隔可能并不是固定的。比如，在交易系统中，需要实时地对每一笔交易进行核验，保证两个账户转入转出数额相等，也就是所谓的"实时对账"。两次转账的数据可能写入了不同的日志流，它们的时间戳应该相差不大，所以我们可以考虑只统计一段时间内是否有出账入账的数据匹配。这时显然不应该用滚动窗口或滑动窗口来处理——因为匹配的两个数据有可能刚好"卡在"窗口边缘两侧，于是窗口内就都没有匹配了；会话窗口虽然时间不固定，但也明显不适合这个场景。基于时间的窗口联结已经无能为力了。

为了应对这样的需求，Flink 提供了一种叫作"间隔联结"（interval join）的合流操作。顾名思义，间隔联结的思路就是针对一条流的每个数据，开辟出其时间戳前后的一段时间间隔，看这期间是否有来自另一条流的数据匹配。

1. 间隔联结的原理

间隔联结具体的定义方式是，我们给定两个时间点，分别叫作间隔的"上界"（upperBound）和"下界"（lowerBound）。于是对于一条流（不妨叫作 A）中的任意一个数据元素 a，就可以开辟一段时间间隔：[a.timestamp + lowerBound, a.timestamp + upperBound]，即以 a 的时间戳为中心，下至下界点、上至上界点的一个闭区间；我们就把这段时间作为可以匹配另一条流数据的"窗口"范围。所以对于另一条流（不妨叫 B）中的数据元素 b，如果它的时间戳落在了这个区间范围内，a 和 b 就可以成功配对，进而进行计算输出结果。所以匹配的条件为：

a.timestamp + lowerBound <= b.timestamp <= a.timestamp + upperBound

这里需要注意的是，做间隔联结的两条流 A 和 B 也必须基于相同的 key；下界 lowerBound 应该小于等于上界 upperBound，两者都可正可负；间隔联结目前只支持事件时间语义。

如图 8-9 所示，我们可以清楚地看到间隔联结的方式。下方的流 A 间隔联结上方的流 B，所以基于 A 的每个数据元素，都可以开辟一个间隔区间。我们这里设置下界为-2毫秒，上界为 1 毫秒。于是对于时间戳为 2 的 A 中元素，它的可匹配区间就是[0, 3]，流 B 中有时间戳为 0、1 的两个元素落在这个范围内，所以就可以得到匹配数据对(2,0)和(2,1)。同样地，A 中时间戳为 3 的元素，可匹配区间为[1,4]，B 中只有时间戳为 1 的一个数据可以匹配，于是得到匹配数据对(3,1)。

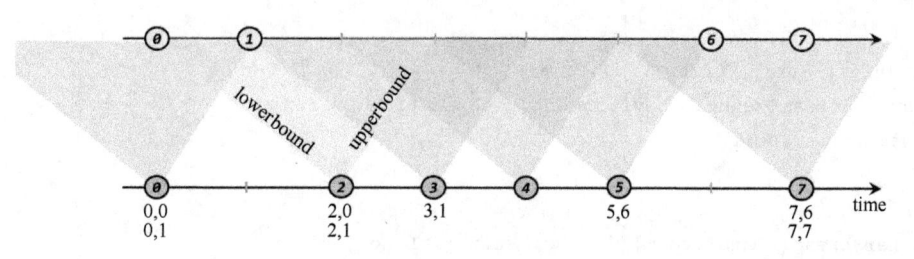

图 8-9 间隔联结

所以我们可以看到，间隔联结同样是一种内连接。与窗口联结不同的是，interval join 进行匹配的时间段是基于流中的数据的，所以并不确定；而且流 B 中的数据可以不只在一个区间内被匹配。

2. 间隔联结的调用

间隔联结是基于 KeyedStream 的联结（join）操作。DataStream 在 keyBy()得到 KeyedStream 之后，可以调用 intervalJoin()来合并两条流，传入的参数同样是一个 KeyedStream，两者的 key 类型应该一致；得到的是一个 IntervalJoin 类型。后续的操作同样是完全固定的：先通过 between()方法指定间隔的上下界，再调用 process()方法，定义对匹配数据对的处理操作。调用 process()需要传入一个处理函数，这是处理函数家族的最后一员："处理联结函数"。

通用调用形式如下：

```
stream1
    .keyBy(_._1)
    .intervalJoin(stream2.keyBy(_._1))
    .between(Time.milliseconds(-2),Time.milliseconds(1))
    .process(new ProcessJoinFunction[(String, Long), (String, Long), String] {
      override def processElement(left: (String, Long), right: (String, Long), ctx: ProcessJoinFunction[(String, Long), (String, Long), String]#Context, out: Collector[String]) = {
        out.collect(left + "," + right)
      }
    });
```

可以看到，抽象类 ProcessJoinFunction 就像是 ProcessFunction 和 JoinFunction 的结合，内部同样有一个抽象方法 processElement()。与其他处理函数不同的是，它多了一个参数，这自然是因为有来自两条流的数据。参数中 left 指的就是第一条流中的数据，right 则是第二条流中与它匹配的数据。每当检测到一组匹配，就会调用这里的 processElement()方法，经处理转换之后输出结果。

3. 间隔联结实例

在电商网站中，某些用户行为往往会有短时间内的强关联。我们这里举一个例子，我们有两条流，一条是下订单的流，一条是浏览数据的流。我们可以针对同一个用户，来做这样一个联结。也就是使用一个用户下订单的事件和这个用户最近十分钟的浏览数据进行一个联结查询。

下面是一段示例代码：

```
package com.atguigu.chapter08

import org.apache.flink.streaming.api.functions.co.ProcessJoinFunction
import org.apache.flink.streaming.api.scala._
import org.apache.flink.streaming.api.windowing.time.Time
import org.apache.flink.util.Collector

//基于间隔的join
object IntervalJoinExample {
```

```scala
def main(args: Array[String]): Unit = {
  val env = StreamExecutionEnvironment.getExecutionEnvironment
  env.setParallelism(1)

  // 订单事件流
  val orderStream: DataStream[(String, String, Long)] = env
    .fromElements(
      ("Mary", "order-1", 5000L),
      ("Alice", "order-2", 5000L),
      ("Bob", "order-3", 20000L),
      ("Alice", "order-4", 20000L),
      ("Cary", "order-5", 51000L)
    ).assignAscendingTimestamps(_._3)

  // 单击事件流
  val pvStream: DataStream[Event] = env
    .fromElements(
      Event("Bob", "./cart", 2000L),
      Event("Alice", "./prod?id=100", 3000L),
      Event("Alice", "./prod?id=200", 3500L),
      Event("Bob", "./prod?id=2", 2500L),
      Event("Alice", "./prod?id=300", 36000L),
      Event("Bob", "./home", 30000L),
      Event("Bob", "./prod?id=1", 23000L),
      Event("Bob", "./prod?id=3", 33000L)
    ).assignAscendingTimestamps(_.timestamp)

  // 两条流进行间隔联结，输出匹配结果
  orderStream
    .keyBy(_._1)
    .intervalJoin(pvStream.keyBy(_.user))
    // 指定间隔
    .between(Time.minutes(-5), Time.minutes(10))
    .process(
      new ProcessJoinFunction[(String, String, Long), Event, String] {
        override def processElement(left: (String, String, Long), right: Event, ctx: ProcessJoinFunction[(String, String, Long), Event, String]#Context, out: Collector[String]): Unit = {
          out.collect(left + "=>" + right)
        }
      })
    .print()

  env.execute()
}
```

输出结果是：

```
Event(Alice,./prod?id=100,3000)=>(Alice,order-2,5000)
Event(Alice,./prod?id=200,3500)=>(Alice,order-2,5000)
Event(Bob,./home,30000)=>(Bob,order-3,20000)
Event(Bob,./prod?id=1,23000)=>(Bob,order-3,20000)
```

8.3.3 窗口同组联结

除了窗口联结和间隔联结，Flink 还提供了一个"窗口同组联结"操作。它的用法与 window join 非常类似，也是将两条流合并之后开窗处理匹配的元素，调用时只需要将 join()换为 coGroup()就可以了。

```
stream1.coGroup(stream2)
    .where(<KeySelector>)
    .equalTo(<KeySelector>)
    .window(TumblingEventTimeWindows.of(Time.hours(1)))
    .apply(<CoGroupFunction>)
```

与 window join 的区别在于，调用 apply()方法定义具体操作时，传入的是一个 CoGroupFunction。这也是一个函数类接口，源码中定义如下：

```
public interface CoGroupFunction<IN1, IN2, O> extends Function, Serializable {
    void coGroup(Iterable<IN1> first, Iterable<IN2> second, Collector<O> out) throws Exception;
}
```

内部的 coGroup()方法，类似于 FlatJoinFunction 中 join()的形式，同样有三个参数，分别代表两条流中的数据以及用于输出的收集器（Collector）。不同的是，这里的前两个参数不再是单独的每一组"配对"数据了，而是传入了可遍历的数据集合。也就是说，现在不会再去计算窗口中两条流数据集的笛卡儿积，而是直接把收集到的所有数据一次性传入，至于要怎样配对完全是自定义的。这样 coGroup()方法只会被调用一次，而且即使一条流的数据没有任何另一条流的数据匹配，也可以出现在集合中，当然也可以定义输出结果了。

所以能够看出，coGroup()操作比窗口的 join()更加通用，不仅可以实现类似 SQL 中的内连接（inner join），也可以实现左外连接（left outer join）、右外连接（right outer join）和全外连接（full outer join）。事实上，窗口 join 的底层也是通过 coGroup()来实现的。

下面是一段 coGroup()的示例代码：

```
package com.atguigu.test

import java.lang

import org.apache.flink.api.common.functions.CoGroupFunction
import org.apache.flink.streaming.api.scala._
import org.apache.flink.streaming.api.windowing.assigners.TumblingEventTimeWindows
import org.apache.flink.streaming.api.windowing.time.Time
import org.apache.flink.util.Collector

object CoGroupExample {
  def main(args: Array[String]): Unit = {
    val env = StreamExecutionEnvironment.getExecutionEnvironment
    env.setParallelism(1)

    val stream1 = env.fromElements(
      ("a", 1000L),
      ("b", 1000L),
      ("a", 2000L),
      ("b", 2000L)
    ).assignAscendingTimestamps(_._2)
    val stream2 = env.fromElements(
      ("a", 3000L),
```

```
      ("b", 3000L),
      ("a", 4000L),
      ("b", 4000L)
    ).assignAscendingTimestamps(_._2)

    stream1
      .coGroup(stream2)
      .where(_._1)    // 指定第一条流中元素的 key
      .equalTo(_._1)  // 指定第二条流中元素的 key
      .window(TumblingEventTimeWindows.of(Time.seconds(5)))
      .apply(
        new CoGroupFunction[(String, Long), (String, Long), String] {
          override def coGroup(first: lang.Iterable[(String, Long)], second: lang.Iterable[(String,
Long)], out: Collector[String]) = {
            out.collect(first + "=>" + second)
          }
        }).print()

    env.execute()
  }
}
```

输出结果是:

```
[(a,1000), (a,2000)]=>[(a,3000), (a,4000)]
[(b,1000), (b,2000)]=>[(b,3000), (b,4000)]
```

8.4 本章总结

多流转换是流处理在实际应用中常见的需求，主要包括分流和合流两大类，本章分别做了详细讲解。在 Flink 中，分流操作可以通过处理函数的侧输出流很容易地实现，而合流则提供不同层级的各种 API。

最基本的合流方式是联合和连接，两者的主要区别在于 union 可以对多条流进行合并，数据类型必须一致；而 connect 只能连接两条流，数据类型可以不同。事实上，connect 提供了最底层的处理函数接口，可以通过状态和定时器实现任意自定义的合流操作，所以是最为通用的合流方式。

此外，Flink 还提供了内置的几个联结操作，它们都是基于某个时间段的双流合并，是需求特化之后的高层级 API，主要包括窗口联结、间隔联结和窗口同组联结。其中，window join 和 coGroup() 都是基于时间窗口的操作，窗口分配器的定义与之前介绍的相同，而窗口函数则被限定为一种，通过 apply() 来调用；interval join 则与窗口无关，而是基于每个数据元素截取对应的一个时间段来做联结，最终的处理操作则需调用 process()，由处理函数 ProcessJoinFunction 实现。

可以看到，基于时间的联结操作的每一步操作都是固定的接口，并没有其他变化，使用起来"专项专用"，非常方便。

至此，我们已经将 DataStream API 的主要用法介绍完毕，处理函数家族中的成员也都已一一亮相。而处理函数中一些比较高级和复杂的用法往往会涉及定时器和状态。在下一章中，我们将继续深入展开，系统地介绍 Flink 的状态管理机制和状态编程的用法。

第9章 状态编程

Flink 处理机制的核心就是"有状态的流式计算"。我们在之前的章节中也已经多次提到了"状态"（state），不论是简单聚合、窗口聚合，还是处理函数的应用，都会有状态的身影出现。在第 1 章中，我们已经简单地介绍过有状态流处理，状态就如同事务处理时数据库中保存的信息一样，是用来辅助进行任务计算的数据。而在 Flink 这样的分布式系统中，我们不仅需要定义状态在任务并行时的处理方式，还需要考虑如何持久化保存，以便发生故障时正确地恢复。这就需要一套完整的管理机制来处理所有的状态，在代码中对状态的配置和使用一般就称为"状态编程"。

本章将从状态的概念入手，详细介绍 Flink 中的状态分类、状态的使用、持久化及状态后端的配置。

9.1 Flink 中的状态

在流处理中，数据是连续不断到来的。每个任务进行计算处理时，可以基于当前数据直接转换得到输出结果，也可以依赖一些其他数据。这些由一个任务维护，并且用来计算输出结果的所有数据，就叫作这个任务的状态。

9.1.1 有状态算子

在 Flink 中，算子任务可以分为无状态和有状态两种情况。

无状态的算子任务只需要观察每个独立事件，根据当前输入的数据直接转换输出结果，如图 9-1 所示。例如，可以将一个字符串类型的数据拆分为元组输出；也可以对数据做一些计算，比如每个代表数量的字段加 1。我们之前讲到的基本转换算子，如 map()、filter()和 flatMap()，计算时不依赖其他数据，就都属于无状态的算子。

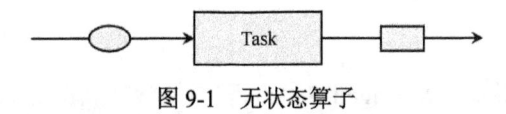

图 9-1 无状态算子

而有状态的算子任务除了当前数据，还需要一些其他数据来得到计算结果。这里的"其他数据"，就是所谓的状态（state），最常见的就是之前到达的数据，或者由之前数据计算出的某个结果。比如，在进行求和（sum）计算时，需要保存之前所有数据的和，这就是状态；窗口算子中会保存已经到达的所有数据，这些也都是它的状态。另外，如果我们希望检索到某种"事件模式"（event pattern），比如"先有下单行为，后有支付行为"，那么也应该把之前的行为保存下来，这同样属于状态。不难发现，之前讲过的聚合算子、窗口算子都属于有状态的算子。

如图 9-2 所示为有状态算子的一般处理流程，具体步骤如下。

(1) 算子任务接收到上游发来的数据。
(2) 获取当前状态。
(3) 根据业务逻辑进行计算，更新状态。
(4) 得到计算结果，输出发送到下游任务。

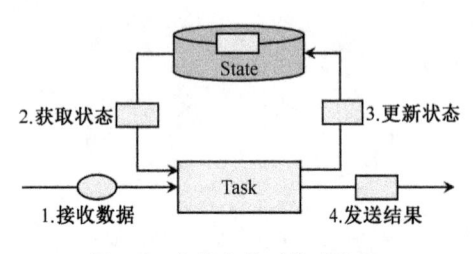

图 9-2　有状态算子处理流程

9.1.2　状态的管理

在传统的事务型处理架构中，这种额外的状态数据是保存在数据库中的。而对于实时流处理来说，这样做需要频繁地读写外部数据库，如果数据规模非常大，肯定就达不到性能要求了。所以，Flink 的解决方案是将状态直接保存在内存中来保证性能，并通过分布式扩展来提高吞吐量。

在 Flink 中，每一个算子任务都可以设置并行度，从而可以在不同的 slots 上并行运行多个实例，我们把它们叫作"并行子任务"。而状态既然在内存中，那么就可以认为是子任务实例上的一个本地变量，能够被任务的业务逻辑访问和修改。

这样看来状态的管理似乎非常简单，我们直接把它作为一个对象交给 JVM 就可以了。然而在大数据的场景下，我们必须使用分布式架构来做扩展，在低延迟、高吞吐的基础上还要保证容错性，一系列复杂的问题就会随之而来。

- 状态的访问权限。我们知道 Flink 上的聚合和窗口操作，一般都是基于 KeyedStream 的，数据会按照 key 的哈希值进行分区，聚合处理的结果也应该是只对当前 key 有效。然而同一个分区（也就是 slot）上执行的任务实例可能会包含多个 key 的数据，它们同时访问和更改本地变量，就会导致计算结果错误。所以，这时的状态并不是单纯的本地变量。
- 容错性，也就是故障后的恢复。状态只保存在内存中显然是不够稳定的，我们需要将它持久化保存，做一个备份；在发生故障后，可以从这个备份中恢复状态。
- 我们还应该考虑到分布式应用的横向扩展性。比如处理的数据量增大时，我们应该相应地对计算资源扩容，调大并行度。这时就涉及了状态的重组调整。

可见，状态的管理并不是一件轻松的事。好在 Flink 作为有状态的大数据流式处理框架，已经帮我们搞定了这一切。Flink 有一套完整的状态管理机制，将一些底层核心功能全部封装起来，包括状态的高效存储和访问、持久化保存和故障恢复，以及资源扩展时的调整。这样，我们只需要调用相应的 API 就可以很方便地使用状态，或对应用的容错机制进行配置，从而将更多的精力放在业务逻辑的开发上。

9.1.3　状态的分类

1. 托管状态和原始状态

Flink 的状态有两种：托管状态（Managed State）和原始状态（Raw State）。托管状态由 Flink 统一管理，状态的存储访问、故障恢复和重组等一系列问题都由 Flink 实现，我们只要调接口即可；而原始状态则是自定义的，相当于开辟了一块内存，需要我们自己管理，实现状态的序列化和故障恢复。

具体来讲，托管状态是由 Flink 的运行时（Runtime）来托管的；在配置容错机制后，状态会自动持久化保存，并在发生故障时自动恢复。当应用发生横向扩展时，状态也会自动地重组，分配到所有的子任务实例上。对于具体的状态内容，Flink 也提供了值状态（ValueState）、列表状态（ListState）、映射状态（MapState）、聚合状态（AggregateState）等多种结构，内部支持各种数据类型。聚合、窗口等算子中内置的状态，就都是托管状态；我们也可以在富函数类（RichFunction）中通过上下文来自定义状态，这些也都是托管状态。

而对比之下，原始状态就全部需要自定义了。Flink 不会对状态进行任何自动操作，也不知道状态的具体数据类型，只会把它当作最原始的字节（Byte）数组来存储。我们需要花费大量的精力来处理状态的管理和维护。

所以只有在遇到托管状态无法实现的特殊需求时，我们才会考虑使用原始状态，一般情况下不推荐使用。在绝大多数应用场景中，我们都可以用 Flink 提供的算子或者自定义托管状态来实现需求。

2. 算子状态和按键分区状态

接下来我们的重点就是托管状态。在 Flink 中，一个算子任务会按照并行度分为多个并行子任务执行，而不同的子任务会占据不同的任务槽（task slots）。因为不同的任务槽在计算资源上是物理隔离的，所以 Flink 能管理的状态在并行任务间是无法共享的，每个状态只能针对当前子任务的实例有效。

而很多有状态的操作（比如聚合、窗口）都要先对 keyBy() 进行按键分区。在进行了按键分区后，任务进行的所有计算都应该只针对当前 key 有效，所以状态也应该按照 key 彼此隔离。在这种情况下，状态的访问方式又会有所不同。

基于这样的想法，我们又可以将托管状态分为两类：算子状态（Operator State）和按键分区状态（Keyed State）。

（1）算子状态。

状态作用范围限定为当前的算子任务实例，也就是只对当前并行子任务实例有效。这就意味着，一个并行子任务占据了一个"分区"，它所处理的所有数据都会访问到相同的状态，状态对于同一任务而言是共享的，如图 9-3 所示。

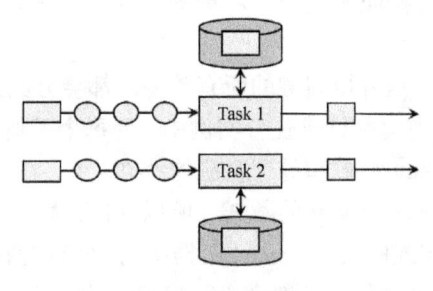

图 9-3　算子状态

算子状态可以用在所有算子上，使用的时候其实就跟一个本地变量没什么区别——因为本地变量的作用域也是当前任务实例。在使用时，我们还需进一步实现 CheckpointedFunction 接口。

（2）按键分区状态。

状态是根据输入流中定义的键（key）来维护和访问的，所以只能定义在按键分区流（KeyedStream）中，也就是在 keyBy() 之后才可以使用，如图 9-4 所示。

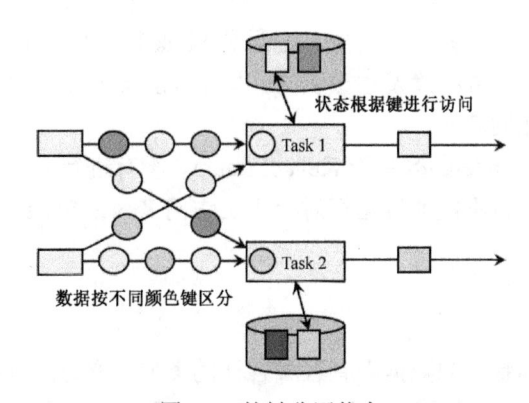

图 9-4　按键分区状态

按键分区状态应用非常广泛。之前讲到的聚合算子必须在 keyBy() 之后才能使用，就是因为聚合的结果是以 Keyed State 的形式保存的。另外，也可以通过富函数类来自定义 Keyed State，所以只要提供了富函数类接口的算子，也都可以使用 Keyed State。

所以即使是 map()、filter() 这样无状态的基本转换算子，我们也可以通过富函数类给它们"追加"Keyed State，或者实现 CheckpointedFunction 接口来定义 Operator State；从这个角度讲，Flink 中所有的算子都可以是有状态的，不愧是"有状态的流处理"。

无论是 Keyed State 还是 Operator State，它们都是在本地实例上维护的，也就是说，每个并行子任务维护着对应的状态，算子的子任务之间状态不共享。关于状态的具体使用，我们会在下面展开讲解。

9.2 按键分区状态

在实际应用中，我们一般需要将数据按照某个 key 进行分区，再进行计算处理；所以最为常见的状态类型就是 Keyed State。之前介绍到 keyBy 之后的聚合、窗口计算、算子所持有的状态都是 Keyed State。

另外，我们还可以通过富函数类对转换算子进行扩展、实现自定义功能，比如 RichMapFunction 和 RichFilterFunction。在富函数中，我们可以调用 .getRuntimeContext() 获取当前的运行时上下文（RuntimeContext），进而获取到访问状态的句柄。这种富函数中自定义的状态也是 Keyed State。

9.2.1 基本概念和特点

顾名思义，按键分区状态是任务按照键来访问和维护的状态。它的特点非常鲜明，就是以 key 为作用范围进行隔离。

我们知道，在进行按键分区后，具有相同键的所有数据，都会分配到同一个并行子任务中；所以如果当前任务定义了状态，Flink 就会在当前并行子任务实例中，为每个键值维护一个状态的实例。于是当前任务就会为分配来的所有数据，按照 key 维护和处理对应的状态。

因为一个并行子任务可能会处理多个 key 的数据，所以 Flink 需要对 Keyed State 进行一些特殊优化。在底层，Keyed State 类似于一个分布式的映射（map）数据结构，所有的状态会根据 key 保存成键值对（key-value）的形式。这样当一条数据到来时，任务就会自动将状态的访问范围限定为当前数据的 key，从 map 存储中读取出对应的状态值。所以具有相同 key 的所有数据都会到访问相同的状态，而不同的 key 的状态之间是彼此隔离的。

这种将状态绑定到 key 上的方式，相当于使状态和流的逻辑分区一一对应了：不会有别的 key 的数据来访问当前状态；而当前状态对应 key 的数据也只会访问这一个状态，不会分发到其他分区去。这就保证了对状态的操作都是本地进行的，对数据流和状态的处理做到了分区一致性。

另外，在应用的并行度改变时，状态也需要随之进行重组。不同 key 对应的 Keyed State 可以进一步组成所谓的键组，每一组都对应着一个并行子任务。键组是 Flink 重新分配 Keyed State 的单元，键组的数量就等于定义的最大并行度。当算子并行度发生改变时，Keyed State 就会按照当前的并行度重新平均分配，保证运行时各个子任务的负载相同。

需要注意的是，使用 Keyed State 必须基于 KeyedStream。没有进行 keyBy 分区的 DataStream，即使转换算子实现了对应的富函数类，也不能通过运行时上下文访问 Keyed State。

9.2.2 支持的结构类型

在实际应用中，需要保存为状态的数据会有各种各样的类型，有时还需要复杂的集合类型，比如列表（List）和映射（Map）。对于这些常见的用法，Flink 的按键分区状态提供了足够的支持。接下来我们就来了解一下 Keyed State 支持的结构类型。

1. 值状态（ValueState）

顾名思义，状态中只保存一个"值"（value）。ValueState<T>本身是一个接口，在源码中定义如下：

```
public interface ValueState<T> extends State {
    T value() throws IOException;
    void update(T value) throws IOException;
}
```

这里的 T 是泛型，表示状态的数据内容可以是任何具体的数据类型。如果想要保存一个长整型值作为状态，那么类型就是 ValueState<Long>。

我们可以在代码中读写值的状态，实现对状态的访问和更新。

- T value()：获取当前状态的值。
- update(T value)：对状态进行更新，传入的参数 value 就是要覆盖写入的状态值。

在具体使用时，为了让运行时上下文清楚到底是哪个状态，我们还需要创建一个"状态描述器"（StateDescriptor）来提供状态的基本信息。例如，源码中 ValueState 的状态描述器构造方法如下：

```
public ValueStateDescriptor(String name, Class<T> typeClass) {
    super(name, typeClass, null);
}
```

这里需要传入状态的名称和类型——这跟我们声明一个变量时做的事情完全一样。有了这个描述器，运行时环境就可以获取到状态的控制句柄了。关于代码中状态的使用，我们会在下一节详细介绍。

2. 列表状态（ListState）

将需要保存的数据以列表的形式组织起来。在 ListState<T>接口中同样有一个类型参数 T，表示列表中数据的类型。ListState 也提供了一系列的方法来操作状态，使用方式与一般的 List 非常相似。

- Iterable<T> get()：获取当前的列表状态，返回的是一个可迭代类型 Iterable<T>。
- update(List<T> values)：传入一个列表 values，直接对状态进行覆盖。
- add(T value)：在状态列表中添加一个元素 value。
- addAll(List<T> values)：向列表中添加多个元素，以列表 values 形式传入。

例如，ListState 的状态描述器就叫作 ListStateDescriptor，用法跟 ValueStateDescriptor 完全一致。

3. 映射状态（MapState）

把一些键值对（key-value）作为状态整体保存起来，可以认为就是一组 key-value 映射的列表。对应的 MapState<UK, UV>接口中就会有 UK、UV 两个泛型，分别表示保存的 key 和 value 的类型。同样，MapState 提供了操作映射状态的方法，与 Map 的使用非常类似。

- UV get(UK key)：传入一个 key 作为参数，查询对应的 value 值。
- put(UK key, UV value)：传入一个键值对，更新 key 对应的 value 值。
- putAll(Map<UK, UV> map)：将传入的映射 map 中所有的键值对全部添加到映射状态中。
- remove(UK key)：将指定 key 对应的键值对删除。
- boolean contains(UK key)：判断是否存在指定的 key，返回一个 boolean 值。

另外，MapState 也提供了获取整个映射相关信息的方法：

- Iterable<Map.Entry<UK, UV>> entries()：获取映射状态中所有的键值对。
- Iterable<UK> keys()：获取映射状态中所有的键（key），返回一个可迭代 Iterable 类型。
- Iterable<UV> values()：获取映射状态中所有的值（value），返回一个可迭代 Iterable 类型。
- boolean isEmpty()：判断映射是否为空，返回一个 boolean 值。

4. 归约状态（ReducingState）

类似于值状态，不过需要对添加进来的所有数据进行归约，将归约聚合之后的值作为状态保存下来。ReducintState<T>这个接口调用的方法类似于 ListState，只不过它保存的只是一个聚合值，所以调用 add()方法时不是在状态列表里添加元素，而是直接把新数据和之前的状态进行归约，并用得到的结果更新状态。

归约逻辑的定义，是在归约状态描述器中，通过传入一个归约函数（ReduceFunction）来实现的。这里的归约函数就是我们之前介绍 reduce()聚合算子时讲到的 ReduceFunction，所以状态类型与输入的数据类型是一样的。

```
public ReducingStateDescriptor(
        String name, ReduceFunction<T> reduceFunction, Class<T> typeClass) {...}
```

这里的描述器有三个参数，其中第二个参数就是定义了归约聚合逻辑的 ReduceFunction，另外两个参数则是状态的名称和类型。

5. 聚合状态（AggregatingState）

与归约状态非常类似，聚合状态也是一个值，用来保存添加进来的所有数据的聚合结果。与 ReducingState 不同的是，它的聚合逻辑是由描述器中传入一个更加一般化的聚合函数来定义的；这就是之前我们讲过的 AggregateFunction，通过一个累加器来表示状态，所以聚合的状态类型可以跟添加进来的数据类型完全不同，使用更加灵活。

同样地，AggregatingState 接口调用方法也与 ReducingState 相同，在调用 add()方法添加元素时，会直接使用指定的 AggregateFunction 进行聚合并更新状态。

9.2.3 代码实现

了解了按键分区状态的基本概念和类型，接下来我们就可以尝试在代码中使用状态了。

在 Flink 中，状态始终是与特定算子相关联的。算子在使用状态前首先需要"注册"，其实就是告诉 Flink 当前上下文中定义状态的信息，这样运行时的 Flink 才能知道算子有哪些状态。

状态的注册主要是通过"状态描述器"（StateDescriptor）来实现的。状态描述器中最重要的内容就是状态的名称（name）和类型（type）。我们知道，Flink 中的状态可以认为是增加了一些复杂操作的内存中的变量；而当我们在代码中声明一个局部变量时，都需要指定变量类型和名称，名称就代表了变量在内存中的地址，类型则指定了占据内存空间的大小。同样地，我们一旦指定了名称和类型，Flink 就可以在运行时准确地在内存中找到对应的状态，进而返回状态对象供我们使用了。所以在一个算子中，我们也可以定义多个状态，只要它们的名称不同就可以了。

另外，状态描述器中还可能需要传入一个用户自定义函数（User-Defined-Function，UDF），用来说明处理逻辑，比如前面提到的 ReduceFunction 和 AggregateFunction。

以 ValueState 为例，我们可以定义值状态描述器如下：

```
val descriptor = new ValueStateDescriptor[Long](
    "my state", // 状态名称
    classOf[Long] // 状态类型
)
```

这里我们定义了一个叫作"my state"的长整型 ValueState 的描述器。

代码中完整的操作是：首先定义出状态描述器；然后调用 getRuntimeContext()方法获取运行时的上下文；继而调用 RuntimeContext 获取状态的方法，将状态描述器传入，就可以得到对应的状态了。

因为状态的访问需要获取运行时的上下文，这只能在富函数类中获取，所以自定义的 Keyed State 只能在富函数中使用。当然，底层的处理函数本身继承了 AbstractRichFunction 抽象类，所以也可以使用。

在富函数中，当调用 getRuntimeContext()方法获取运行时的上下文之后，RuntimeContext 有以下几个获取状态的方法：

```
ValueState<T> getState(ValueStateDescriptor<T>)
MapState<UK, UV> getMapState(MapStateDescriptor<UK, UV>)
ListState<T> getListState(ListStateDescriptor<T>)
ReducingState<T> getReducingState(ReducingStateDescriptor<T>)
AggregatingState<IN, OUT> getAggregatingState(AggregatingStateDescriptor<IN, ACC, OUT>)
```

对于不同结构类型的状态，只要传入对应的描述器、调用对应的方法就可以了。

获取状态对象之后，就可以调用它们各自的方法进行读写操作了。另外，所有类型的状态都有一个方法 clear()，用于清除当前状态。

代码中使用状态的整体结构如下：

```scala
class MyFlatMapFunction extends RichFlatMapFunction[Long, String] {
    // 声明状态
    lazy val  state = getRuntimeContext.getState(new ValueStateDescriptor[Long]("my state", classOf[Long]))

    override defflatMap(input: Long, out: Collector[String] ): Unit = {
        // 访问状态
        var currentState = state.value()
        currentState += 1     // 状态数值加 1
        // 更新状态
        state.update(currentState)
        if (currentState >= 100) {
            out.collect("state: " + currentState)
            state.clear()     // 清空状态
        }
    }
}
```

我们使用惰性求值（或者叫懒加载）的方式初始化了一个状态变量（如果不使用懒加载的方式初始化状态变量，则应该在 open()方法中，也就是生命周期的开始初始化状态变量）。另外需要注意的是，这种方式定义的都是 Keyed State，它对于每个 key 都会保存一份状态实例。所以对状态进行读写操作时，获取的状态跟当前输入数据的 key 有关；只有相同 key 的数据才会操作同一个状态，不同 key 的数据访问到的状态值是不同的。而且上面提到的 clear()方法也只会清除当前 key 对应的状态。

另外，状态不一定都存储在内存中，也可以放在磁盘或其他地方，具体的位置是由一个可配置的组件来管理的，这个组件叫作"状态后端"。关于状态后端，我们将在 9.5 节详细介绍。

下面我们给出不同类型的状态的应用实例。

1. 值状态（ValueState）

我们使用用户 id 来进行分流，然后分别统计每个用户的 PV 数据，由于我们并不想每次 PV+1，就将统计结果发送到下游去，所以这里我们注册了一个定时器，用来隔一段时间发送 PV 的统计结果，这样对下游算子的压力不至于太大。具体实现方式是定义一个用来保存定时器时间戳的值状态变量。当定时器触发并向下游发送数据后，便清空储存定时器时间戳的状态变量，这样当新的数据到来时，发现并没有定时器存在，就可以注册新的定时器了，注册完定时器后，将定时器的时间戳继续保存在状态变量中。

```scala
package com.atguigu.chapter09

import com.atguigu.chapter05.{ClickSource, Event}
import org.apache.flink.api.common.state.ValueStateDescriptor
import org.apache.flink.streaming.api.functions.KeyedProcessFunction
```

```scala
import org.apache.flink.streaming.api.scala._
import org.apache.flink.util.Collector

object PeriodicPvExample {
  def main(args: Array[String]): Unit = {
    val env = StreamExecutionEnvironment.getExecutionEnvironment
    env.setParallelism(1)

    env
      .addSource(new ClickSource)
      .assignAscendingTimestamps(_.timestamp)
      .keyBy(_.user)      // 按照用户分组
      .process(new PeriodicPvResult)     // 自定义 KeyedProcessFunction 进行处理
      .print()

    env.execute()
  }

  // 注册定时器，周期性输出 pv
  class PeriodicPvResult extends KeyedProcessFunction[String, Event, String] {
    // 懒加载值状态变量，用来储存当前 PV 数据
    lazy val countState = getRuntimeContext.getState(
      new ValueStateDescriptor[Long]("count", classOf[Long])
    )
    // 懒加载状态变量，用来储存发送 PV 数据的定时器的时间戳
    lazy val timerTsState = getRuntimeContext.getState(
      new ValueStateDescriptor[Long]("timer-ts", classOf[Long])
    )
    override def processElement(value: Event, ctx: KeyedProcessFunction[String, Event, String]
#Context, out: Collector[String]): Unit = {
      // 更新 count 值
      val count = countState.value()
      countState.update(count + 1)

      // 如果保存发送 PV 数据的定时器的时间戳的状态变量为 0L，则注册一个 10 秒后的定时器
      if (timerTsState.value() == 0L) {
        // 注册定时器
        ctx.timerService.registerEventTimeTimer(value.timestamp + 10 * 1000L)
        // 将定时器的时间戳保存在状态变量中
        timerTsState.update(value.timestamp + 10 * 1000L)
      }
    }

    override def onTimer(timestamp: Long, ctx: KeyedProcessFunction[String, Event, String]
#OnTimerContext, out: Collector[String]): Unit = {
      // 定时器触发，向下游输出当前统计结果
      out.collect("用户 " + ctx.getCurrentKey + " 的 pv 是：" + countState.value())
      // 清空保存定时器时间戳的状态变量，这样新数据到来时又可以注册定时器了
```

```
      timerTsState.clear()
    }
  }
}
```

2. 列表状态（ListState）

在 Flink SQL 中，支持两条流的全量 join 语法如下：

```
SELECT * FROM A INNER JOIN B WHERE A.id = B.id;
```

这样一条 SQL 语句要慎用，因为 Flink 会将 A 流和 B 流的所有数据都保存下来，然后进行 join。不过在这里我们可以用列表状态变量来实现这个 SQL 语句的功能。代码如下：

```
package com.atguigu.chapter09

import org.apache.flink.api.common.state.ListStateDescriptor
import org.apache.flink.streaming.api.functions.co._
import org.apache.flink.streaming.api.scala._
import org.apache.flink.util.Collector

object TwoStreamFullJoin {
  def main(args: Array[String]): Unit = {
    val env = StreamExecutionEnvironment.getExecutionEnvironment
    env.setParallelism(1)

    val stream1 = env
      .fromElements(
        ("a", "stream-1", 1000L),
        ("b", "stream-1", 2000L)
      )
      .assignAscendingTimestamps(_._3)

    val stream2 = env
      .fromElements(
        ("a", "stream-2", 3000L),
        ("b", "stream-2", 4000L)
      )
      .assignAscendingTimestamps(_._3)

    stream1.keyBy(_._1)
      // 连接两条流
      .connect(stream2.keyBy(_._1))
      .process(new CoProcessFunction[(String, String, Long), (String, String, Long), String] {
        // 用来保存来自第一条流的事件的列表状态变量
        lazy val stream1ListState = getRuntimeContext.getListState(
          new ListStateDescriptor[(String, String, Long)]("stream1-list", classOf[(String, String, Long)])
        )
        // 用来保存来自第二条流的事件的列表状态变量
        lazy val stream2ListState = getRuntimeContext.getListState(
          new ListStateDescriptor[(String, String, Long)]("stream2-list", classOf[(String, String, Long)])
        )
        // 处理来自第一条流的事件
        override def processElement1(left: (String, String, Long), context: CoProcessFunction
```

```
[(String, String, Long), (String, String, Long), String]#Context, collector: Collector[String]): Unit = {
        // 将事件添加到列表状态变量
        stream1ListState.add(left)
        // 导入隐式类型转换
        import scala.collection.convert.ImplicitConversions._
        // 当前事件和第二条流的已经到达的事件做联结
        for (right <- stream2ListState.get) {
          collector.collect(left + " => " + right)
        }
      }
      // 处理来自第二条流的事件
      override def processElement2(right: (String, String, Long), context: CoProcessFunction
[(String, String, Long), (String, String, Long), String]#Context, collector: Collector[String]): Unit = {
        // 将事件添加到列表状态变量中
        stream2ListState.add(right)
        import scala.collection.convert.ImplicitConversions._
        // 当前事件和第一条流的已经到达的事件做联结
        for (left <- stream1ListState.get) {
          collector.collect(left + " => " + right)
        }
      }
    })
    .print()

  env.execute()
  }
}
```

输出结果是：

```
(a,stream-1,1000) => (a,stream-2,3000)
(b,stream-1,2000) => (b,stream-2,4000)
```

3. 映射状态（MapState）

映射状态的用法和 Java 中的 HashMap 很相似。在这里我们可以通过 MapState 的使用来探索一下窗口的底层实现，也就是我们要用映射状态来完整地模拟窗口的功能。这里我们模拟一个滚动窗口。我们要计算的是每个 url 在每个窗口中的 pv 数据。我们之前使用增量聚合和全窗口聚合结合的方式实现过这个需求。这里我们用 MapState 再来实现一下。

```
package com.atguigu.chapter09

import com.atguigu.chapter05.{ClickSource, Event}
import org.apache.flink.api.common.state.MapStateDescriptor
import org.apache.flink.streaming.api.functions.KeyedProcessFunction
import org.apache.flink.streaming.api.scala._
import org.apache.flink.util.Collector

import java.sql.Timestamp

object FakeWindowExample {
  def main(args: Array[String]): Unit = {
    val env = StreamExecutionEnvironment.getExecutionEnvironment
    env.setParallelism(1)
```

```scala
    // 统计每 10s 滚动窗口内，每个 url 的 pv
    env
      .addSource(new ClickSource)
      .assignAscendingTimestamps(_.timestamp)
      .keyBy(_.url)
      .process(new FakeWindowResult(10000L))
      .print()

    env.execute()
  }

  // 自定义 KeyedProcessFunction 实现滚动窗口功能
  class FakeWindowResult(windowSize: Long) extends KeyedProcessFunction[String, Event, String] {
    // 初始化一个 MapState 状态变量，key 为窗口的开始时间，value 为窗口对应的 pv 数据
    lazy val windowPvMapState = getRuntimeContext.getMapState(
      new MapStateDescriptor[Long, Long]("window-pv", classOf[Long], classOf[Long])
    )

    override def processElement(value: Event, ctx: KeyedProcessFunction[String, Event, String]
#Context, out: Collector[String]): Unit = {
      // 根据事件的时间戳，计算当前事件所属的窗口开始时间和结束时间
      val windowStart = value.timestamp / windowSize * windowSize
      val windowEnd = windowStart + windowSize
      // 注册一个 windowEnd - 1ms 的定时器，用来触发窗口计算
      ctx.timerService.registerEventTimeTimer(windowEnd - 1)

      // 更新状态中的 pv 值
      if (windowPvMapState.contains(windowStart)) {
        val pv = windowPvMapState.get(windowStart)
        windowPvMapState.put(windowStart, pv + 1L)
      } else {
        // 如果 key 不存在，说明当前窗口的第一个事件到达
        windowPvMapState.put(windowStart, 1L)
      }
    }

    // 定时器触发，直接输出统计的 PV 结果
    override def onTimer(timestamp: Long, ctx: KeyedProcessFunction[String, Event, String]
#OnTimerContext, out: Collector[String]): Unit = {
      // 计算窗口的结束时间和开始时间
      val windowEnd = timestamp + 1L
      val windowStart = windowEnd - windowSize
      // 发送窗口计算的结果
      out.collect( "url: " + ctx.getCurrentKey()
        + " 访问量: " + windowPvMapState.get(windowStart)
        + " 窗口: " + new Timestamp(windowStart) + " ~ " + new Timestamp(windowEnd))
      // 模拟窗口的销毁，清除 map 中的 key
      windowPvMapState.remove(windowStart)
    }
  }
}
```

4. 聚合状态（AggregatingState）

我们举一个简单的例子，对用户单击事件流每 5 个数据统计一次平均时间戳。这是一个类似计数窗口求平均值的计算，这里我们可以使用一个有聚合状态的 RichFlatMapFunction 来实现。

```scala
package com.atguigu.chapter09

import java.sql.Timestamp

import org.apache.flink.api.common.functions.{AggregateFunction, RichFlatMapFunction}
import org.apache.flink.api.common.state.{AggregatingStateDescriptor, ValueStateDescriptor}
import org.apache.flink.streaming.api.scala._
import org.apache.flink.util.Collector

object AverageTimestampExample {
  def main(args: Array[String]): Unit = {
    val env = StreamExecutionEnvironment.getExecutionEnvironment
    env.setParallelism(1)

    // 统计每个用户的单击频次，到达 5 次就输出统计结果
    env
      .addSource(new ClickSource)
      .assignAscendingTimestamps(_.timestamp)
      .keyBy(_.user)
      .flatMap(new AvgTsResult)
      .print()

    env.execute()
  }

  // 自定义 RichFlatMapFunction
  class AvgTsResult extends RichFlatMapFunction[Event, String]{
    // 定义聚合状态，用来计算平均时间戳，中间累加器保存一个(sum, count)二元组
    lazy val avgTsAggState = getRuntimeContext.getAggregatingState(
      new AggregatingStateDescriptor[Event, (Long, Long), Long](
        "avg-ts",      // 状态变量的名字
        new AggregateFunction[Event, (Long, Long), Long] {
          override def add(value: Event, accumulator: (Long, Long)): (Long, Long) =
            (accumulator._1 + value.timestamp, accumulator._2 + 1)

          override def createAccumulator(): (Long, Long) = (0L, 0L)

          override def getResult(accumulator: (Long, Long)): Long = accumulator._1 / accumulator._2

          override def merge(a: (Long, Long), b: (Long, Long)): (Long, Long) = ???
        },    // 增量聚合函数的定义，定义了聚合的逻辑
        classOf[(Long, Long)]    // 累加器的类型
      )
    )

    // 定义一个值状态，用来保存当前用户访问频次
    lazy val countState = getRuntimeContext.getState(
      new ValueStateDescriptor[Long]("count", classOf[Long])
```

```
    )

    override def flatMap(value: Event, out: Collector[String]): Unit = {
      // 更新 count 值
      val count = countState.value()
      countState.update(count + 1)

      // 增量聚合
      avgTsAggState.add(value)

      // 达到 5 次就输出结果，并清空状态
      if (conuntState.value == 5){
        out.collect(value.user + " 平均时间戳: " + new Timestamp(avgTsAggState.get()))
        countState.clear()
      }
    }
  }
}
```

9.2.4 状态生存时间

在实际应用中，很多状态会随着时间的推移逐渐增长，如果不加以限制，最终就会导致耗尽存储空间。一个优化的思路是直接在代码中调用 clear()方法来清除状态，但是有时候我们的逻辑要求不能直接清除。这时就需要配置一个状态的"生存时间"（Time-To-Live，TTL），当状态在内存中存在的时间超出这个值时，就将它清除。

具体实现上，如果用一个进程不停地扫描所有状态看是否过期，显然会占用大量资源做无用功。状态的失效其实不需要立即删除，所以我们可以给状态附加一个属性，也就是状态的"失效时间"。在创建状态时，设置"失效时间 = 当前时间 + TTL"；之后如果有对状态的访问和修改，我们可以再对失效时间进行更新；当设置的清除条件被触发时（比如，状态被访问时，或者每隔一段时间扫描一次失效状态），就可以判断状态是否失效，从而进行清除了。

在配置状态的 TTL 时需要创建一个 StateTtlConfig 配置对象，然后调用状态描述器的 enableTimeToLive() 方法启动 TTL 功能。

```
val ttlConfig = StateTtlConfig
    .newBuilder(Time.seconds(10))
    .setUpdateType(StateTtlConfig.UpdateType.OnCreateAndWrite)
    .setStateVisibility(StateTtlConfig.StateVisibility.NeverReturnExpired)
    .build()
val stateDescriptor = new ValueStateDescriptor[String](
    "my-state",
    classOf[String]
)
stateDescriptor.enableTimeToLive(ttlConfig)
```

这里用到了以下几个配置项。

（1）newBuilder()。

状态 TTL 配置的构造器方法，必须调用。通过调用这个方法，可以返回一个 Builder 对象，Builder 对象再调用.build()方法即可得到 StateTtlConfig。方法需要传入一个 Time 作为参数，这就是设定的状态生存时间。

（2）setUpdateType()。

设置更新类型。更新类型指定了什么时候更新状态失效时间，这里的 OnCreateAndWrite 表示只有创建状态和更改状态（写操作）时更新失效时间。另一种类型 OnReadAndWrite 则表示无论读写操作都会更新失效时间，也就是只要对状态进行了访问，就表明它是活跃的，从而延长生存时间。这个配置默认为 OnCreateAndWrite。

（3）setStateVisibility()。

设置状态的可见性。"状态可见性"是指因为清除操作并不是实时的，所以当状态过期后还有可能存在，这时如果对它进行访问，能否正常读取到就是一个问题了。这里设置的 NeverReturnExpired 是默认行为，表示从不返回过期值，也就是只要过期就认为它已经被清除了，应用不能继续读取；这在处理会话或者隐私数据时比较重要。对应的另一种配置是 ReturnExpireDefNotCleanedUp，如果过期状态还存在，就返回它的值。

此外，TTL 配置还可以设置在保存检查点（checkpoint）时触发清除操作，或者配置增量的清理（incremental cleanup），还可以针对 RocksDB 状态后端使用压缩过滤器（compaction filter）进行后台清理。关于检查点和状态后端的内容，我们会在后续章节继续讲解。

这里需要注意的是，目前的 TTL 设置只支持处理时间。另外，所有集合类型的状态（例如 ListState、MapState）在设置 TTL 时，都是针对每一项（per-entry）元素的。也就是说，一个列表状态中的每一个元素都会以自己的失效时间来进行清理，而不是整个列表一起清理。

9.3 算子状态

除了按键分区状态（Keyed State），另一大类受控状态就是算子状态（Operator State）。从某种意义上说，算子状态是更底层的状态类型，因为它只针对当前算子并行任务有效，不需要考虑不同 key 的隔离。算子状态功能不如按键分区状态丰富，应用场景较少，它的调用方法也会有一些区别。

9.3.1 基本概念和特点

算子状态（Operator State）就是一个算子并行实例上定义的状态，作用范围被限定为当前算子任务。算子状态跟数据的 key 无关，所以不同 key 的数据只要被分发到同一个并行子任务，就会访问到同一个 Operator State。

算子状态的实际应用场景不如 Keyed State 多，一般用在 Source 或 Sink 等与外部系统连接的算子上，或者完全没有 key 定义的场景。比如 Flink 的 Kafka 连接器就用到了算子状态。在我们给 Source 算子设置并行度后，Kafka 消费者的每一个并行实例都会为对应的主题（topic）分区维护一个偏移量，作为算子状态保存起来。这在保证 Flink 应用"精确一次"（exactly-once）状态一致性时非常有用。关于状态一致性的内容，我们会在第 10 章详细展开。

当算子的并行度发生变化时，算子状态也支持在并行的算子任务实例之间做重组分配。根据状态的类型不同，重组分配的方案也会不同。

9.3.2 状态类型

算子状态也支持不同的结构类型，主要有三种：列表状态（ListState）、联合列表状态（UnionListState）和广播状态（BroadcastState）。

1. 列表状态

与 Keyed State 中的 ListState 一样，将状态表示为一组数据的列表。

与 Keyed State 中的列表状态的区别是：在算子状态的上下文中，不会按键分别处理状态，所以每一个并行子任务上只会保留一个"列表"（list），也就是当前并行子任务上所有状态项的集合。列表中的状态项就是可以重新分配的最细粒度，彼此之间完全独立。

当算子并行度进行缩放调整时，算子列表状态中的所有元素项会被统一收集起来，相当于把多个分区的列表合并成了一个"大列表"，再均匀地分配给所有并行任务。这种"均匀分配"的具体方法就是"轮询"（Round-Robin），与之前介绍的 rebanlance() 数据传输方式类似，是通过逐一"发牌"的方式将状态项平均分配的。这种方式也叫作"平均分割重组"（even-split redistribution）。

算子状态中不会存在"键组"这样的结构，所以为了方便重组分配，就把它直接定义成了"列表"（list）。这也就解释了，为什么算子状态中没有最简单的值状态。

2. 联合列表状态

与 ListState 类似，联合列表状态也会将状态表示为一个列表。它与常规列表状态的区别在于，算子并行度进行缩放调整时对状态的分配方式不同。

UnionListState 的重点在于"联合"（union）。在并行度调整时，常规列表状态是轮询分配状态项，而联合列表状态的算子则会直接广播状态的完整列表。这样，并行度缩放之后的并行子任务就获取了联合后完整的"大列表"，可以自行选择要使用的状态项和要丢弃的状态项。这种分配也叫作"联合重组"（union redistribution）。如果列表中状态项数量太多，为资源和效率考虑一般不建议使用联合重组的方式。

3. 广播状态

有时我们希望算子并行子任务都保持同一份"全局"状态，用来做统一的配置和规则设定。这时所有分区的所有数据都会访问到同一个状态，状态就像被"广播"到所有分区一样，这种特殊的算子状态，就叫作广播状态。

因为广播状态在每个并行子任务上的实例都一样，所以在并行度调整的时候就比较简单，只要复制一份到新的并行任务就可以实现扩展；而对于并行度缩小的情况，多余的并行子任务连同状态可以被直接砍掉——因为状态都是复制出来的，并不会丢失。

在底层，广播状态是以类似映射结构的键值对来保存的，必须基于一个"广播流"来创建。关于广播流，我们在第 8 章"广播连接流"的讲解中已经做过介绍，稍后还会在 9.4 节做一个总结。

9.3.3 代码实现

我们已经知道，状态从本质上来说就是算子并行子任务实例上的一个特殊本地变量。它的特殊之处在于，Flink 会提供完整的管理机制，来保证它的持久化保存，以便发生故障时进行状态恢复；另外，还可以针对不同的 key 保存独立的状态实例。按键分区状态对这两个功能都要考虑；而算子状态并不考虑 key 的影响，所以主要任务就是要让 Flink 了解状态的信息，将状态数据持久化后保存到外部存储空间。

看起来算子状态的使用应该更加简单才对。不过仔细思考又会发现一个问题：我们对状态进行持久化保存的目的是故障恢复；在发生故障、重启应用后，数据还会被发往之前分配的分区吗？显然不是，因为并行度可能发生了调整，不论是按键的哈希值分区还是直接轮询分区，数据分配到的分区都会发生变化。这很好理解，当打牌的人数从 3 个增加到 4 个时，即使牌的次序不变，轮流发到每个人手里的牌也会不同。数据分区发生变化，带来的问题就是，怎样保证原来的状态与故障恢复后数据的对应关系呢？

对于 Keyed State 这个问题很好解决：状态都是与 key 相关的，而相同 key 的数据不管发往哪个分区，总是会全部进入一个分区的；于是只要将状态也按照 key 的哈希值计算出对应的分区，进行重组分配就可以了。恢复状态后继续处理数据，就总能按照 key 找到对应之前的状态，就保证了结果的一致性。所以 Flink 对 Keyed State 进行了非常完善的包装，我们无须实现任何接口就可以直接使用。

而对于 Operator State 来说就会有所不同。因为不存在 key，所有数据发往哪个分区是不可预测的；也就是说，当发生故障重启后，我们不能保证某个数据跟之前一样，进入同一个并行子任务、访问同一个状态。所以 Flink 无法直接判断该怎样保存和恢复状态，而是提供了接口，让我们根据业务需求自行设计状态的快照保存和恢复逻辑。

1. CheckpointedFunction 接口

在 Flink 中，对状态进行持久化保存的快照机制叫作"检查点"（Checkpoint）。在使用算子状态时，就需要对检查点的相关操作进行定义，实现一个 CheckpointedFunction 接口。

CheckpointedFunction 接口在源码中定义如下：

```java
public interface CheckpointedFunction {
    // 保存状态快照到检查点时，调用这个方法
    void snapshotState(FunctionSnapshotContext context) throws Exception
    // 初始化状态时调用这个方法，也会在恢复状态时调用
    void initializeState(FunctionInitializationContext context) throws Exception;
}
```

每次应用保存检查点做快照时，都会调用 snapshotState()方法，将状态进行外部持久化。而在算子任务进行初始化时，会调用 initializeState()方法。又分两种情况：一种情况是整个应用第一次运行，这时状态会被初始化为一个默认值（default value）；另一种情况是当应用重启时，从检查点或者保存点中读取之前状态的快照，并赋给本地状态。所以，接口中的 snapshotState()方法定义了检查点的快照保存逻辑，而 initializeState()方法不仅定义了初始化逻辑，还定义了恢复逻辑。

这里需要注意，CheckpointedFunction 接口中的两个方法，分别传入了一个上下文（context）作为参数。不同的是，snapshotState()方法拿到的是快照的上下文 FunctionSnapshotContext，它可以提供检查点的相关信息，不过无法获取状态句柄；而 initializeState()方法拿到的是 FunctionInitializationContext，这是函数类进行初始化时的上下文，是真正的"运行时上下文"。FunctionInitializationContext 中提供了"算子状态存储"和"按键分区状态存储"，在这两个存储对象中可以非常方便地获取当前任务实例中的 Operator State 和 Keyed State。例如：

```scala
val descriptor = new ListStateDescriptor[String](
    "buffer-elements",
    classOf[String]
)
val checkpointedState = context.getOperatorStateStore().getListState(descriptor)
```

我们看到，算子状态的注册和使用跟 Keyed State 非常类似，也是需要先定义一个状态描述器，告诉 Flink 当前状态的名称和类型，然后从上下文提供的算子状态存储中获取对应的状态对象。如果想要从 KeyedStateStore 中获取 Keyed State 对象也是一样的，前提是必须基于定义了 key 的 KeyedStream，这和富函数类中的方式并不矛盾。通过这里的描述可以发现，CheckpointedFunction 是 Flink 中非常底层的接口，它为有状态的流处理提供了灵活且丰富的应用。

2. 示例代码

接下来我们列举一个算子状态的应用案例。在下面的例子中，自定义的 SinkFunction 会在 CheckpointedFunction 中进行数据缓存，然后统一发送到下游。这个例子演示了列表状态的平均分割重组（event-split redistribution）。

```scala
package com.atguigu.chapter09

import org.apache.flink.api.common.state.{ListState, ListStateDescriptor}
```

```scala
import org.apache.flink.runtime.state.{FunctionInitializationContext, FunctionSnapshotContext}
import org.apache.flink.streaming.api.checkpoint.CheckpointedFunction
import org.apache.flink.streaming.api.functions.sink.SinkFunction
import org.apache.flink.streaming.api.functions.sink.SinkFunction.Context
import org.apache.flink.streaming.api.scala._

import scala.collection.mutable.ListBuffer

object BufferingSinkExample {
  def main(args: Array[String]): Unit = {
    val env = StreamExecutionEnvironment.getExecutionEnvironment
    env.setParallelism(1)

    env.addSource(new ClickSource)
      .assignAscendingTimestamps(_.timestamp)
      .addSink(new BufferingSink(10))

    env.execute()
  }

  //实现 SinkFunction 和 CheckpointedFunction 这两个接口
  class BufferingSink(threshold: Int) extends SinkFunction[Event]
    with CheckpointedFunction {

    private var checkpointedState: ListState[Event] = _
    private val bufferedElements = ListBuffer[Event]()

    override def invoke(value: Event): Unit = super.invoke(value)

    // 每来一条数据调用一次 invode() 方法
    override def invoke(value: Event, context: Context): Unit = {
      // 将数据先缓存起来
      bufferedElements += value
      // 当缓存中的数据量到达了阈值，执行 sink 逻辑
      if (bufferedElements.size == threshold) {
        for (element <- bufferedElements) {
          // 输出到外部系统，这里用控制台打印模拟
          println(element)
        }
        println("==========输出完毕=========")
        // 清空缓存
        bufferedElements.clear()
      }
    }

    // 对状态做快照
    override def snapshotState(context: FunctionSnapshotContext): Unit = {
      checkpointedState.clear()  // 清空状态变量
      // 把当前局部变量中的所有元素写入检查点中
      for (element <- bufferedElements) {
        // 将缓存中的数据写入状态变量
```

```
        checkpointedState.add(element)
      }
    }

    // 初始化算子状态变量
    override def initializeState(context: FunctionInitializationContext): Unit = {
      val descriptor = new ListStateDescriptor[Event](
        "buffered-elements",
        classOf[Event]
      )
      // 初始化状态变量
  checkpointedState = context.getOperatorStateStore.getListState(descriptor)

      // 如果是从故障中恢复,就要将ListState中的所有元素添加到局部变量中
      if (context.isRestored) {
        import scala.collection.JavaConversions._
        for (element <- checkpointedState.get()) {
          bufferedElements += element
        }
      }
    }
  }
}
```

当初始化好状态对象后,我们可以通过调用 isRestored()方法判断当前程序是从故障中恢复的还是第一次启动。在代码中初始化 BufferingSink 时,恢复出的 ListState 的所有元素会添加到一个局部变量 bufferedElements 中,以后进行检查点快照时就可以直接使用了。在调用 snapshotState()时,直接清空 ListState,然后把当前局部变量中的所有元素写入检查点中。

对于不同类型的算子状态,需要调用不同的获取状态对象的接口,对应地也就会使用不同的状态分配重组算法。比如获取列表状态时,调用 getListState()会使用最简单的平均分割重组(even-split redistribution)算法;而获取联合列表状态时调用的是 getUnionListState(),对应就会使用联合重组(union redistribution)算法。

9.4 广播状态

算子状态中有一类很特殊,就是广播状态(BroadcastState)。从概念和原理上讲,广播状态非常容易理解:状态广播出去,所有并行子任务的状态都是相同的;并行度调整时只要直接复制就可以了。然而在应用上,广播状态却与其他算子状态大不相同。本节我们就专门来讨论一下广播状态的使用。

9.4.1 基本用法

广播状态让所有并行子任务都持有同一份状态,也就意味着一旦状态有变化,所有子任务上的实例都要更新。什么时候会用到这样的广播状态呢?

一个最为普遍的应用就是"动态配置"或者"动态规则"。我们在处理流数据时,有时会基于一些配置或者规则。简单的配置当然可以直接读取配置文件,一次加载,永久有效;但数据流是连续不断的,如果

配置随着时间推移还会动态变化，那么又该怎么办呢？

一个简单的想法是定期扫描配置文件，发现改变就立即更新。但这样就需要另外启动一个扫描进程，如果扫描周期太长，配置更新不及时就会导致结果错误；如果扫描周期太短，又会耗费大量资源做无用功。解决的办法还是流处理的"事件驱动"思路——我们可以将这个动态的配置数据看作一条流，将这条流和本身要处理的数据流进行连接，就可以实时地更新配置进行计算了。

由于配置或者规则数据是全局有效的，我们需要把它广播给所有的并行子任务。而子任务需要把它作为一个算子状态保存起来，以保证故障恢复后处理结果是一致的。这时的状态就是一个典型的广播状态。我们知道，广播状态与其他算子状态的列表结构不同，底层是以键值对形式描述的，所以其实就是一个映射状态。

在代码上，可以直接调用 DataStream 的 broadcast()方法，传入一个映射状态描述器说明状态的名称和类型，就可以得到一个广播流；进而将要处理的数据流与这条广播流进行连接，就会得到广播连接流。注意，广播状态只能用在广播连接流中。

关于广播连接流，我们已经在 8.2.2 节做过介绍，这里可以复习一下：

```
val ruleStateDescriptor = new MapStateDescriptor[String, Rule](...)
val ruleBroadcastStream = ruleStream
                    .broadcast(ruleStateDescriptor)
val output = stream
              .connect(ruleBroadcastStream)
              .process( new BroadcastProcessFunction[]{})
```

我们定义了一个规则流 ruleStream，这里的数据表示了数据流 stream 处理的规则，规则的数据类型定义为 Rule。于是需要先定义一个 MapStateDescriptor 来描述广播状态，然后传入 ruleStream.broadcast()，得到广播流，接着用 stream 和广播流进行连接。状态描述器中的 key 类型为 String，是为了区分不同的状态值而给定的 key 的名称。

对于广播连接流调用 process()方法，可以传入广播处理函数 KeyedBroadcastProcessFunction 或者 BroadcastProcessFunction 来进行处理计算。广播处理函数里面有两个方法：processElement()和 processBroadcastElement()，源码中定义如下：

```
public abstract class BroadcastProcessFunction<IN1, IN2, OUT> extends BaseBroadcast ProcessFunction
{
    ...
    public abstract void processElement(IN1 value, ReadOnlyContext ctx, Collector<OUT> out) throws Exception;
    public abstract void processBroadcastElement(IN2 value, Context ctx, Collector<OUT> out) throws Exception;
    ...
}
```

这里的 processElement()方法处理的是正常数据流，第一个参数 value 就是当前到来的流数据；而 processBroadcastElement()方法就相当于是用来处理广播流的，它的第一个参数 value 就是广播流中的规则或者配置数据。两个方法的第二个参数都是一个上下文 ctx，都可以通过调用 getBroadcastState()方法获取当前的广播状态；区别在于，processElement()方法里的上下文是只读的，因此获取的广播状态也只能读取不能更改；而 processBroadcastElement()方法里的 Context 则没有限制，可以根据当前广播流中的数据来更新状态。

```
val rule = ctx.getBroadcastState( new MapStateDescriptor[String, Rule]("rules", classOf[String], classOf[Rule])).get("my rule");
```

通过调用 ctx.getBroadcastState()方法，传入一个 MapStateDescriptor，可以得到当前的广播状态（"rules"）；调用它的 get()方法就可以取出其中 "my rule" 对应的值进行计算处理。

9.4.2 代码实例

接下来我们举一个广播状态的应用案例。考虑在电商应用中，往往需要判断用户先后发生的行为的"组合模式"，比如"登录—下单"或者"登录—支付"，检测出这些连续的行为进行统计，就可以了解平台的运用状况，以及用户的行为习惯。

具体代码如下：

```scala
package com.atguigu.chapter09

object BroadcastStateExample {
  def main(args: Array[String]): Unit = {
    val env = StreamExecutionEnvironment.getExecutionEnvironment
    env.setParallelism(1)

    // 读取用户行为事件流
    val actionStream = env.fromElements(
      Action("Alice", "login"),
      Action("Alice", "pay"),
      Action("Bob", "login"),
      Action("Bob", "buy")
    )
    // 定义行为模式流，代表了要检测的标准
    val patternStream = env.fromElements(
      Pattern("login", "pay"),
      Pattern("login", "buy")
    )

    // 定义广播状态的描述器，创建广播流
    val bcStateDescriptor = new MapStateDescriptor[Unit, Pattern]("patterns", classOf[Unit], classOf[Pattern])
    val bcPatterns = patternStream.broadcast(bcStateDescriptor)

    // 将事件流和广播流连接起来进行处理
    val matches = actionStream
      .keyBy(_.userId)    // 按用户id进行分组
      .connect(bcPatterns)    // 连接两条流
      .process(new PatternEvaluator)

    matches.print()

    env.execute()
  }

  class PatternEvaluator extends KeyedBroadcastProcessFunction[String, Action, Pattern, (String, Pattern)] {
    // 定义一个值状态，保存上一次用户行为
    lazy val prevActionState = getRuntimeContext.getState(
      new ValueStateDescriptor[String]("lastAction", classOf[String])
    )
    // 处理来自广播流的事件
    override def processBroadcastElement(pattern: Pattern, ctx: KeyedBroadcast ProcessFunction
```

```
[String, Action, Pattern, (String, Pattern)]#Context, out: Collector [(String, Pattern)]): Unit = {
    val bcState = ctx.getBroadcastState(
      new MapStateDescriptor[Unit, Pattern]("patterns", classOf[Unit], classOf[Pattern])
    )
    // 将广播状态更新为当前的 pattern
    bcState.put(Unit, pattern)
  }

  override def processElement(action: Action, ctx: KeyedBroadcastProcessFunction [String,
Action, Pattern, (String, Pattern)]#ReadOnlyContext, out: Collector[(String, Pattern)]): Unit = {
    // 获取模板
    val pattern = ctx.getBroadcastState(
      new MapStateDescriptor[Unit, Pattern]("patterns", classOf[Unit], classOf[Pattern])
    ).get(Unit)
    // 获取前一次的动作
    val prevAction = prevActionState.value()

    if (pattern != null && prevAction != null) {
      // 如果前后两次行为都符合模式定义，输出一组匹配
      if (pattern.action1 == prevAction && pattern.action2 == action.action) {
        out.collect((ctx.getCurrentKey, pattern))
      }
    }
    // 将当前动作保存下来，更新状态
    prevActionState.update(action.action)
  }
}

// 定义输入事件的样例类
case class Pattern(action1: String, action2: String)
case class Action(userId: String, action: String)
}
```

这里我们将检测的行为模式定义为样例类 Pattern，里面包含了连续的两个行为。由于广播状态中只保存了一个 Pattern，并不关心 MapState 中的 key，因此也可以直接将 key 的类型指定为 Void，具体值就是 null。在具体的操作过程中，我们将广播流中的 Pattern 数据保存为广播变量；在行为数据 Action 到来之后读取当前广播变量，确定行为模式，并将之前的一次行为保存为一个 ValueState——这是针对当前用户的状态保存，所以用到了 Keyed State。检测到如果前一次行为与 Pattern 中的 action1 相同，而当前行为与 action2 相同，则发现了匹配模式的一组行为，输出检测结果。

9.5 状态持久化和状态后端

在 Flink 的状态管理机制中，很重要的一个功能就是对状态进行持久化保存，这样就可以在发生故障后进行重启恢复。Flink 对状态进行持久化的方式，就是将当前所有分布式状态进行"快照"保存，写入一个检查点或者保存点保存到外部存储系统中。具体的存储介质，一般是分布式文件系统。

9.5.1 检查点

有状态流应用中的检查点（checkpoint）其实就是所有任务的状态在某个时间点的一个快照（一份拷贝）。简单来讲，就是一次"存盘"，让我们之前处理数据的进度不要丢掉。在一个流应用程序运行时，Flink

会定期保存检查点，在检查点中会记录每个算子的 id 和状态；如果发生故障，Flink 就会用最近一次成功保存的检查点来恢复应用的状态，重新启动处理流程，就如同"读档"一样。

如果保存检查点之后又处理了一些数据，然后发生了故障，那么重启恢复状态后，这些数据带来的状态改变会丢失。为了让最终处理结果正确，我们还需要让数据源重新读取这些数据，再次处理一遍。这就需要流的数据源具有"数据重放"的能力，一个典型的例子就是 Kafka，我们可以通过保存消费数据的偏移量，在故障重启后，重新提交来实现数据的重放。这是对至少一次状态一致性的保证，如果希望实现精确一次的一致性，还需要数据写入外部系统时的相关保证。关于这部分内容我们会在第 10 章继续讨论。

默认情况下，检查点是被禁用的，需要在代码中手动开启。直接调用执行环境的.enableCheckpointing()方法就可以开启检查点。

```
val env = StreamExecutionEnvironment.getEnvironment
env.enableCheckpointing(1000)
```

这里传入的参数是检查点的间隔时间，单位为毫秒。关于检查点的详细配置，可以参考第 10 章的内容。

除了检查点，Flink 还提供了保存点的功能。保存点在原理和形式上跟检查点完全一样，也是状态持久化保存的一个快照；二者的区别在于，保存点是自定义的镜像保存，所以不会由 Flink 自动创建，而需要用户手动触发。这在有计划地停止、重启应用时非常有用。

9.5.2 状态后端

检查点的保存离不开 JobManager 和 TaskManager，以及外部存储系统的协调。在应用进行检查点保存时，首先会由 JobManager 向所有 TaskManager 发出触发检查点的命令；TaskManger 收到之后，将当前任务的所有状态进行快照保存，持久化到远程的存储介质中；完成之后向 JobManager 返回确认信息。这个过程是分布式的，当 JobManger 收到所有 TaskManager 的返回信息后，就会确认当前检查点成功保存，如图 9-5 所示。而这一切工作的协调就需要一个"专职人员"来完成。

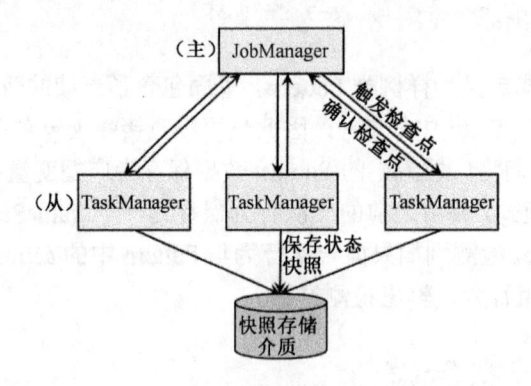

图 9-5　检查点的保存

在 Flink 中，状态的存储、访问以及维护都是由一个可插拔的组件决定的，这个组件就叫作状态后端。状态后端主要负责两件事：一是本地的状态管理，二是将检查点写入远程的持久化存储。

1. 状态后端的分类

状态后端是一个"开箱即用"的组件，可以在不改变应用程序逻辑的情况下独立配置。Flink 中提供了两类不同的状态后端：一种是哈希表状态后端（HashMapStateBackend），另一种是内嵌 RocksDB 状态后端（EmbeddedRocksDBStateBackend）。如果没有进行特别配置，系统默认的状态后端是 HashMapStateBackend。

（1）哈希表状态后端。

这种方式就是我们之前介绍的，把状态存放在内存里。具体实现上，哈希表状态后端在内部会直接把状态当作对象（objects），保存在 Taskmanager 的 JVM 堆（heap）上。普通的状态，以及窗口中收集的数据和触发器，都会以键值对的形式存储起来，所以底层是一个哈希表，这种状态后端也因此得名。

对于检查点的保存，一般是放在持久化的分布式文件系统中，也可以通过配置检查点存储来另外指定。HashMapStateBackend 将本地状态全部放入内存，这样可以获得最快的读写速度，使计算性能达到最佳；代价则是内存的占用。它适用于具有大状态、长窗口、大键值状态的作业，对所有高可用性设置也是有效的。

（2）内嵌 RocksDB 状态后端。

RocksDB 是一种内嵌的 key-value 存储介质，可以把数据持久化到本地硬盘。配置 EmbeddedRocksDBStateBackend 后，会将处理中的数据全部放入 RocksDB 数据库中，RocksDB 默认存储在 TaskManager 的本地数据目录里。

与 HashMapStateBackend 直接在堆内存中存储对象不同，这种方式下状态主要是放在 RocksDB 中的。数据被存储为序列化的字节数组，读写操作需要序列化/反序列化，因此状态的访问性能要差一些。另外，因为做了序列化，key 的比较也会按照字节进行，而不是直接调用 hashCode()方法和 equals()方法。

对于检查点，同样会写入远程的持久化文件系统中。

EmbeddedRocksDBStateBackend 始终执行的是异步快照，也就是不会因为保存检查点而阻塞数据的处理，而且提供了增量式保存检查点的机制，这在很多情况下可以大大提升保存效率。

由于它会把状态数据落盘，而且支持增量化的检查点，因此在状态非常大、窗口非常长、键/值状态很大的应用场景中是一个好选择，同样对所有高可用性设置有效。

2. 如何选择正确的状态后端

HashMap 和 RocksDB 两种状态后端最大的区别，就在于本地状态存放在哪里：前者存放于内存中，后者存放于 RocksDB 中。在实际应用中，选择哪种状态后端，主要是需要根据业务需求在处理性能和应用的扩展性上做一个选择。

HashMapStateBackend 是内存计算，读写速度非常快；但是，状态的大小会受到集群可用内存的限制，如果应用的状态随着时间不停地增长，就会耗尽内存资源。

而 RocksDB 是硬盘存储，所以可以根据可用的磁盘空间进行扩展，而且是唯一支持增量检查点的状态后端，所以它非常适合超级海量状态的存储。不过由于每个状态的读写都需要做序列化/反序列化，而且可能需要直接从磁盘读取数据，这就会导致性能降低，平均读写性能要比 HashMapStateBackend 慢一个数量级。

通过以上分析，我们可以看到，实际应用的结果都是权衡利弊后的结果。最理想的情况是处理速度快，内存不受限制，能处理海量状态。若想达到此种结果，就需要非常大的内存资源。不加节制地增加内存资源，会导致项目成本超出预算。在实际开发中，为了降低预算，开发人员更能接受稍慢的处理速度或稍小的处理规模。

3. 状态后端的配置

不做配置时，应用程序使用的默认状态后端是由集群配置文件 flink-conf.yaml 中指定的，配置的键名称为 state.backend。这个默认配置对集群上运行的所有作业都有效，我们可以通过更改配置值来改变默认的状态后端。另外，我们还可以在代码中为当前作业单独配置状态后端，这个配置会覆盖集群配置文件的默认值。

（1）配置默认的状态后端。

在 flink-conf.yaml 中，可以使用 state.backend 来配置默认状态后端。

state.backend 配置项的值可以是一个 hashmap，这样配置的就是 HashMapStateBackend；state.backend 也可以是 rocksdb，这样配置的值就是 EmbeddedRocksDBStateBackend。另外，也可以是一个实现了状态后

端工厂 StateBackendFactory 的类的完全限定类名。

下面是一个配置 HashMapStateBackend 的例子：

```
# 默认状态后端
state.backend: hashmap
# 存放检查点的文件路径
state.checkpoints.dir: hdfs://namenode:40010/flink/checkpoints
```

这里的 state.checkpoints.dir 配置项定义了状态后端将检查点和元数据写入的目录。

（2）为每个作业单独配置状态后端。

每个作业独立的状态后端，可以在代码中基于作业的执行环境直接设置。代码如下：

```
val env = StreamExecutionEnvironment.getExecutionEnvironment();
env.setStateBackend(new HashMapStateBackend())
```

上面代码设置的是 HashMapStateBackend，如果想要设置 EmbeddedRocksDBStateBackend，可以用下面的配置方式：

```
val env = StreamExecutionEnvironment.getExecutionEnvironment();
env.setStateBackend(new EmbeddedRocksDBStateBackend())
```

需要注意的是，如果想在 IDE 中使用 EmbeddedRocksDBStateBackend，需要为 Flink 项目添加依赖：

```
<dependency>
    <groupId>org.apache.flink</groupId>
    <artifactId>flink-statebackend-rocksdb_2.11</artifactId>
    <version>1.13.0</version>
</dependency>
```

由于 Flink 发行版中默认就包含了 RocksDB，因此只要我们的代码中没有使用 RocksDB 的相关内容，就不需要引入这个依赖。即使我们在 flink-conf.yaml 配置文件中设定了 state.backend 为 rocksdb，也可以直接正常运行，并且使用 RocksDB 作为状态后端。

9.6 本章总结

有状态的流处理是 Flink 的本质，所以状态可以说是 Flink 中最为重要的概念。在聚合算子、窗口算子中已经提到了状态的概念，通过本章的学习，我们对整个 Flink 的状态管理机制和状态编程的方式都有了非常详尽的了解。

本章从状态的概念和分类出发，详细介绍了 Flink 中按键分区状态和算子状态的特点和用法，并对广播状态做了进一步的展开说明，最后介绍了状态的持久化和状态后端，引出了检查点的概念。检查点是一个非常重要的概念，是 Flink 容错机制的核心，我们将在第 10 章继续进行详细的讨论。

第10章

容错机制

因为流式数据是连续不断地到来且是无休无止的,所以流处理程序也是持续运行的,并没有一个明确的结束退出时间。机器运行程序"996"起来比人要容易得多,不过希望"永远运行"也是不切实际的。因为各种硬件、软件的原因,运行一段时间后程序可能会异常退出、机器可能宕机,如果我们只依赖一台机器来运行,就会使任务的处理被迫中断。

解决方案就是多台机器组成集群,以"分布式架构"来运行程序。这样不仅扩展了系统的并行处理能力,还可以解决单点故障的问题,从而大大提高系统的稳定性和可用性。

在分布式架构中,当某个节点出现故障时,其他节点基本不受影响。这时只需要重启应用,恢复之前某个时间点的状态继续处理即可。这一切看似简单,可是在实时流处理中,我们不仅需要保证故障后能够重启继续运行,还要保证结果的正确性、故障恢复的速度,以及对处理性能的影响,这就需要在架构上做出更加精巧的设计。

Flink 有一套完整的容错机制(fault tolerance)来保证故障后的恢复,其中最重要的就是检查点。在第9章中,我们已经介绍过检查点的基本概念和用途,接下来我们就深入探讨一下检查点的原理和 Flink 的容错机制。

10.1 检查点

发生故障后怎么办?最简单的想法当然是重启机器或重启应用。由于是分布式的集群,即使一个节点无法恢复,也不会影响应用的重启执行。这里的问题在于,流处理应用中的任务都是有状态的,而为了快速访问这些状态一般会直接放在堆内存里;现在重启应用,内存中的状态已经丢失,就意味着之前的计算全部白费了,需要从头来过。就像编写文档或是玩 RPG 游戏,因为宕机没保存而要重来一遍是一件令人崩溃的事情;这种惨痛的经历让我们养成了一个好习惯——随时存档,如图 10-1 所示。

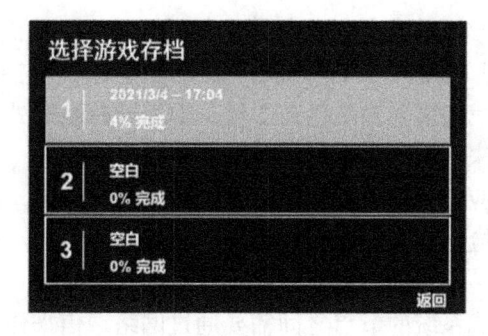

图 10-1 游戏存档

在流处理中，我们同样可以用存档读档的思路，保存之前的计算结果，这样重启之后就可以继续处理新数据，而不需要重新计算了。进一步地，我们知道在有状态的流处理中，任务继续处理新数据，并不需要"之前的计算结果"，而是需要任务"之前的状态"。所以我们最终的选择就是将之前某个时间点所有的状态保存下来，这份"存档"就是所谓的"检查点"。

遇到故障重启的时候，我们可以从检查点中"读档"，恢复之前的状态，这样就可以回到当时保存的一刻接着处理数据了。

检查点是 Flink 容错机制的核心。这里所谓的"检查"其实是针对故障恢复的结果而言的：故障恢复后继续处理的结果，应该与发生故障前完全一致，我们需要"检查"结果的正确性。所以，有时又会把 checkpoint 叫作"一致性检查点"。

10.1.1 检查点的保存

什么时候进行检查点的保存呢？最理想的情况下，我们应该"随时"保存，也就是每处理完一个数据就保存当前的状态；这样如果在处理某条数据时出现故障，我们只要回到上一个数据处理完之后的状态，然后重新处理一遍这条数据就可以了。这样重复处理的数据最少，完全没有多余的操作，可以做到最低的延迟。然而实际情况并不会这么完美。

1. 周期性的触发保存

"随时存档"确实恢复起来很方便，可是需要我们不停地做存档操作。如果每处理一条数据就进行检查点的保存，当大量数据同时到来时，数据处理的速度就会受到影响。所以更好的方式是，每隔一段时间就做一次存档，这样既不会影响数据的正常处理，也不会有太大的延迟——毕竟故障恢复的情况不是随时发生的。在 Flink 中，检查点的保存是周期性触发的，间隔时间可以进行设置。

所以检查点作为应用状态的一份"存档"，其实就是所有任务状态在同一时间点的一个"快照"（snapshot），它的触发是周期性的。具体来说，当每隔一段时间检查点保存操作被触发时，就把每个任务当前的状态复制一份，按照一定的逻辑结构放在一起持久化保存起来，就构成了检查点。

2. 保存的时间点

这里有一个关键问题：当检查点的保存被触发时，任务有可能正在处理某个数据，这时该怎么办呢？

最简单的想法是，可以在某个时刻"按下暂停键"，让所有任务停止处理数据。这样状态就不再更改，大家可以一起复制保存；保存完毕，再同时恢复数据处理就可以了。

然而仔细思考就会发现这有很多问题。这种想法其实是粗暴地"停止一切来拍照"，在保存检查点的过程中，任务完全中断了，这会造成很大的延迟；我们之前为了实时性做出的所有设计就毁在了做快照上。另外，我们做快照的目的是故障恢复。在现在的快照中，有些任务正在处理数据，那么它保存的到底是处理到什么程度的状态呢？

举个例子，我们在程序的某一步操作中自定义了一个 ValueState，处理的逻辑是：当遇到一个数据时，状态先加 1；而后经过一些其他步骤后再加 1。现在停止处理数据，状态到底是被加了 1 还是加了 2 呢？这很重要，因为状态恢复之后，我们需要知道当前数据从哪里开始继续处理。要满足这个要求，就必须将暂停时的所有环境信息都保存下来——而这显然是很麻烦的。

为了解决这个问题，我们不应该"一刀切"地把所有任务同时停掉，而是至少得先把手头正在处理的数据处理完。这样的话，我们在检查点中就不需要保存所有上下文信息，只要知道当前处理到哪个数据就可以了。

这样做依然会有问题：分布式系统的节点之间需要通过网络通信来传递数据，如果我们在保存检查点时刚好有数据在网络传输的路上，那么下游任务是没法将数据保存起来的；故障重启后，我们只能期待上游任务重新发送这个数据。然而上游任务是无法知道下游任务是否收到数据的，只能盲目地重发，这可能导致下游将数据处理两次，结果就会出现错误。

所以我们最终的选择是：当所有任务都恰好处理完一个相同的输入数据时，将它们的状态保存下来。首先，这样避免了除状态之外其他额外信息的存储，提高了检查点保存的效率。其次，一个数据要么是被所有任务完整地处理完，状态得到了保存；要么就是没处理完，状态全部没保存：这就相当于构建了一个事务。如果出现故障，我们恢复到之前保存的状态，故障时正在处理的所有数据都需要重新处理；所以我们只需要让数据源任务向数据源重新提交偏移量、请求重放数据就可以了。这需要源任务可以把偏移量作为算子状态保存下来，而且外部数据源能够重置偏移量；Kafka 就是满足这些要求的一个最好的例子，我们会在后面详细讨论。

3. 保存的具体流程

保存检查点的关键的就是要等所有任务将"同一个数据"处理完毕。下面我们通过一个具体的例子来详细描述一下检查点具体的保存过程。

回忆一下我们最初实现的统计词频的程序——WordCount。这里为了方便，我们直接从数据源读入已经分开的一个个单词，例如这里输入的就是：

```
hello
world
hello
flink
hello
world
hello
```

对应的代码就可以简化为：

```
val wordCountStream = env.addSource(...)
    .map((_,1))
    .keyBy(_._1)
    .sum(1)
```

源（source）任务从外部数据源读取数据，并记录当前的偏移量，作为算子状态保存下来。然后将数据发给下游的 map 任务，它会将一个单词转换成(word, count)二元组，初始 count 都是 1，也就是("hello", 1)、("world", 1)这样的形式；这是一个无状态的算子任务。进而以 word 作为键进行分区，调用 sum()方法就可以对 count 值进行求和统计了；sum()算子会把当前求和的结果作为按键分区状态保存下来。最后得到的就是当前单词的频次统计(word, count)，如图 10-2 所示。

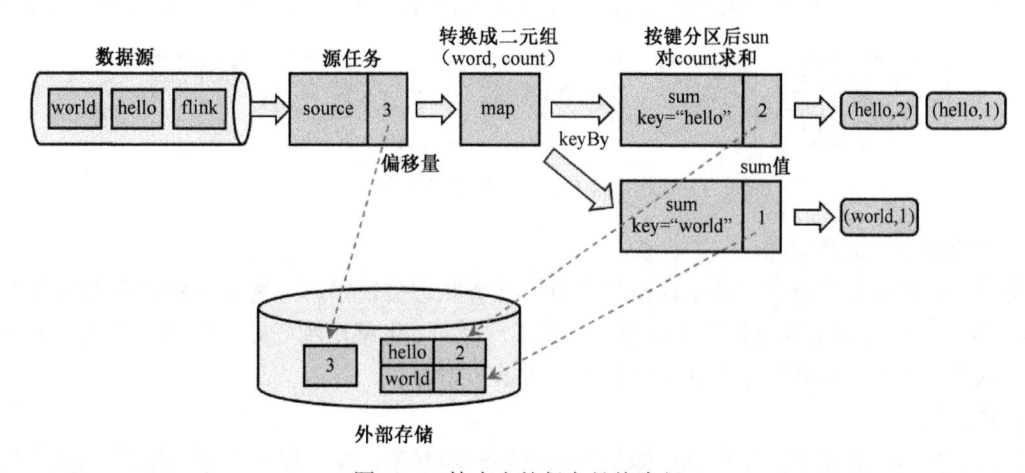

图 10-2 检查点的保存具体流程

当我们需要保存检查点时，就是在所有任务处理完同一条数据后，对状态做个快照保存下来。例如图 10-2 中，已经处理了三个数据："hello""world""hello"，所以我们会看到 Source 算子的偏移量为 3；后面的 sum() 算子处理完第三条数据 "hello" 之后，此时已经有 2 个 "hello" 和 1 个 "world"，所以对应的状态为 "hello"→2，"world"→1（这里 KeyedState 底层会以 key-value 形式存储）。此时所有任务都已经处理完了前三个数据，所以我们可以把当前的状态保存成一个检查点，写入外部存储中。至于具体保存到哪里，这是由状态后端的配置项检查点存储来决定的，可以有作业管理器的堆内存和文件系统两种选择。一般情况下，我们会将检查点写入持久化的分布式文件系统中。

10.1.2 从检查点恢复状态

在运行流处理程序时，Flink 会周期性地保存检查点。当发生故障时，就需要找到最近一次成功保存的检查点来恢复状态。

例如在上节的 WordCount 示例中，我们处理完三个数据后保存了一个检查点。之后继续运行，又正常处理了一个数据 "flink"，在处理第 5 个数据 "hello" 时发生了故障，如图 10-3 所示。

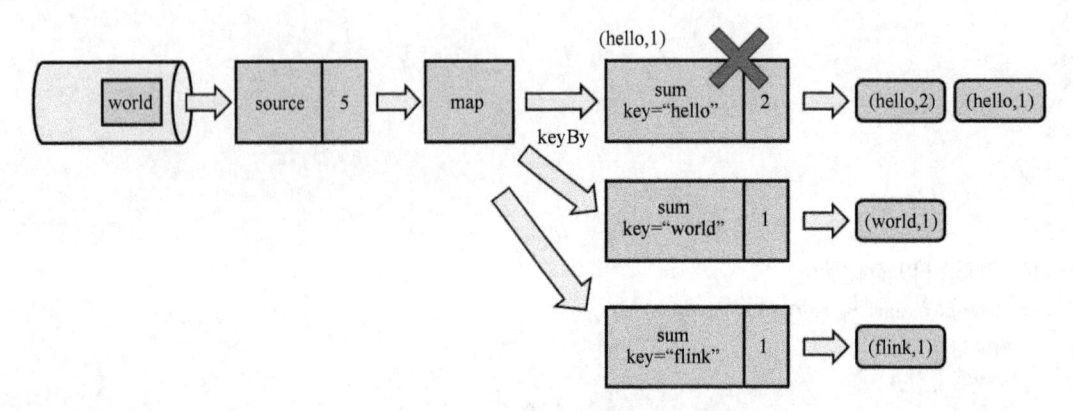

图 10-3 处理数据过程时发生故障

这里 source 任务已经处理完毕，所以偏移量为 5；map 任务也处理完成了。而 sum 任务在处理中发生了故障，此时状态并未保存。

接下来就需要从检查点来恢复状态了。具体的步骤如下所示。

（1）重启应用。

遇到故障之后，第一步当然就是重启。我们将应用重新启动后，所有任务的状态会清空，如图 10-4 所示。

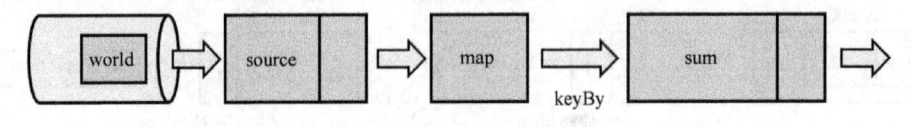

图 10-4 重启应用

（2）读取检查点，重置状态。

找到最近一次保存的检查点，从中读出每个算子任务状态的快照，分别填充到对应的状态中。这样，Flink 内部所有任务的状态就恢复到了保存检查点的那一时刻，也就是刚好处理完第三个数据的时候，如图 10-5 所示。这里 key 为 "flink" 并没有数据到来，所以初始为 0。

（3）重放数据。

从检查点恢复状态后还有一个问题：如果直接继续处理数据，那么保存检查点之后、到发生故障这段时间内的数据，也就是第 4、第 5 个数据（"flink""hello"）就相当于丢掉了；这会造成计算结果的错误。

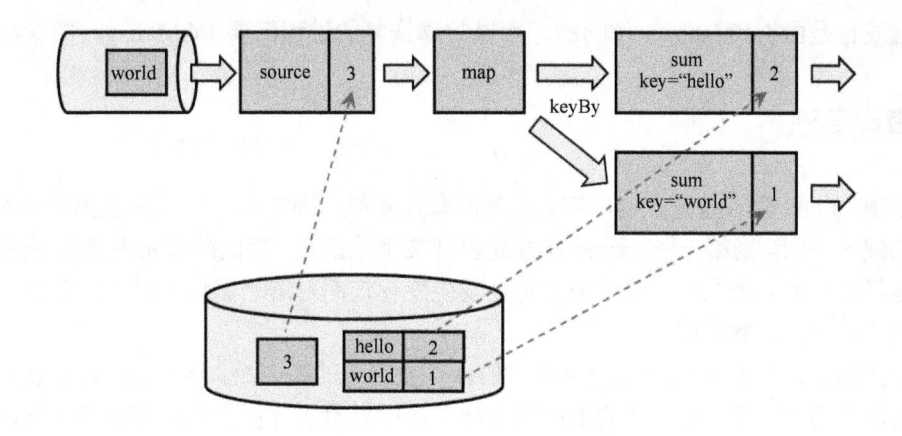

图 10-5　读取检查点，重置状态

为了不丢数据，我们应该从保存检查点后开始重新读取数据，这可以通过 source 任务向外部数据源重新提交偏移量（offset）来实现，如图 10-6 所示。

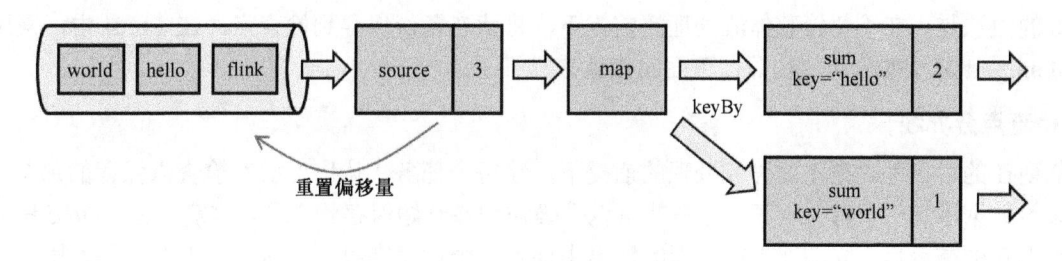

图 10-6　重置偏移量

这样，整个系统的状态已经完全回退到了检查点保存完成的那一时刻。

（4）继续处理数据。

接下来，我们就可以正常处理数据了。首先是重放第 4、5 个数据，然后继续读取后面的数据，如图 10-7 所示。

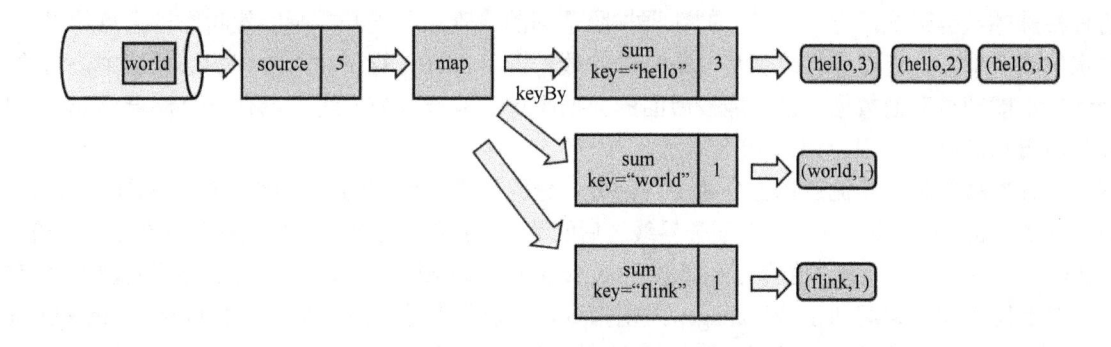

图 10-7　继续处理数据

当处理到第 5 个数据时，就已经追上了发生故障时的系统状态。之后继续处理，就好像没有发生过故障一样；我们既没有丢掉数据也没有重复计算数据，这就保证了计算结果的正确性。在分布式系统中，这叫作实现了精确一次的状态一致性保证。关于状态一致性的概念，我们将在 10.2 节继续展开。

这里我们也可以发现，想要正确地从检查点中读取并恢复状态，必须知道每个算子任务状态的类型和它们的先后顺序（拓扑结构）。因此，为了可以从之前的检查点中恢复状态，我们在改动程序、修复 bug 时要保证状态的拓扑顺序和类型不变。状态的拓扑结构在 JobManager 上可以由 JobGraph 分析得到，而检查点保存的定期触发也是由 JobManager 控制的，所以故障恢复的过程需要 JobManager 的参与。

10.1.3 检查点算法

我们已经知道，Flink 保存检查点的时间点，是所有任务都处理完同一个输入数据的时候。但是不同的任务处理数据的速度不同，当第一个 source 任务处理到某个数据时，后面的 sum 任务可能还在处理之前的数据。而且数据经过任务处理之后，类型和值都会发生变化，面对着"面目全非"的数据，不同的任务怎么知道处理的是"同一个"数据呢？

一个简单的想法是，当接到 JobManager 发出的保存检查点的指令后，source 任务处理完当前数据就暂停等待，不再读取新的数据了。这样我们就可以保证在流中只有需要保存到检查点的数据，只要把它们全部处理完，就可以保证所有任务刚好处理完最后一个数据。这时把所有状态保存起来，合并之后就是一个检查点了。这就好比我们想要保存所有同学刚好毕业时的状态，那就在所有人答辩完成后，集合起来拍一张毕业合照。这样做最大的问题是每个人的进度可能不同；先答辩完的人为了保证状态一致不能进行其他工作，只能等待。先保存完状态的任务需要等待其他任务完成，这种情况就会造成资源的闲置和性能的降低。所以更好的做法是，在不暂停整体流处理的前提下，将状态备份保存到检查点。在 Flink 中，采用了基于 Chandy-Lamport 算法的分布式快照，下面我们就来详细了解一下。

1. 检查点分界线

我们现在的目标是，在不暂停流处理的前提下，让每个任务"认出"触发检查点保存的那个数据。

如果给数据添加一个特殊标识，任务就可以准确识别并开始保存状态了。这需要在 source 任务收到触发检查点保存的指令后，立即在当前处理的数据中插入一个标识字段，然后再向下游任务发出。但是假如 source 任务此时并没有正在处理的数据，这个操作就无法实现了。

所以我们可以借鉴水位线的设计，在数据流中插入一个特殊的数据结构，专门用来表示触发检查点保存的时间点。收到保存检查点的指令后，source 任务可以在当前数据流中插入这个结构；之后的所有任务只要遇到它就开始对状态做持久化快照保存。由于数据流是保持顺序依次处理的，因此遇到这个标识就代表之前的数据都处理完了，可以保存一个检查点；而在它之后的数据，引起的状态改变就不会体现在这个检查点中，而需要保存到下一个检查点。

这种特殊的数据形式，把一条流上的数据按照不同的检查点分隔开，所以就叫作检查点的"分界线"。

与水位线类似，检查点分界线也是一条特殊的数据，由 source 算子注入常规的数据流中，它的位置是限定好的，不能超过其他数据，也不能被后面的数据超过。检查点分界线中带有一个检查点 id，这是当前要保存的检查点的唯一标识，如图 10-8 所示。

这样，分界线就将一条流逻辑上分成了两部分：分界线之前到来的数据导致的状态更改，都会被包含在当前分界线所表示的检查点中；而基于分界线之后的数据导致的状态更改，则会被包含在之后的检查点中。

在 JobManager 中有一个"检查点协调器"（checkpoint coordinator），专门用来协调处理检查点的相关工作。检查点协调器会定期向 TaskManager 发出指令，要求保存检查点（带着检查点 id）；TaskManager 会让所有的 source 任务把自己的偏移量（算子状态）保存起来，并将带有检查点 id 的分界线插入当前的数据流，然后像正常的数据一样向下游传递；之后 source 任务就可以继续读入新的数据了。

每个算子任务只要处理到这个 barrier，就把当前的状态进行快照；在收到 barrier 之前，还是正常地处理之前的数据，完全不受影响。如图 10-8 所示，source 任务收到 1 号检查点保存指令时，读取完三个数据，然后将偏移量 3 保存到外部存储中；而后将 id 为 1 的 barrier 注入数据流；与此同时，map 任务刚刚收到上一条数据"hello"，而 sum 任务则还在处理之前的第二条数据(world, 1)。下游任务不会在这时就立刻保存状态，而是等收到 barrier 时才去做快照，这时可以保证前三个数据都已经处理完了。同样地，下游任务在进行状态快照时也不会影响上游任务的处理，每个任务的快照保存并行不悖，不会有暂停等待的时间。

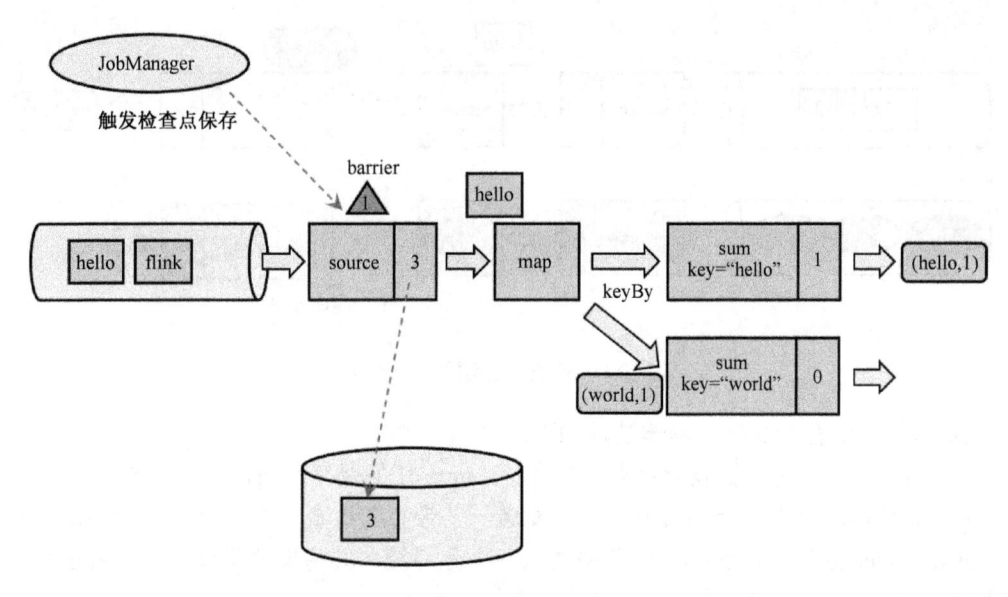

图 10-8　检查点分界线

如果还是拿拍毕业照来类比的话，现在就不需要大家答辩完之后聚在一起排队摆 pose 了——每个人完成答辩之后只要单独拍照，就可以继续做自己的事情去了；最后由班主任老师发挥 P 图技能合成合照，这样无疑就省去了大家集合等待的时间。

2. 分布式快照算法

通过在流中插入分界线，我们可以明确地指示触发检查点保存的时间。在一条单一的流上，数据依次进行处理，顺序保持不变；不过对分布式流处理来说，想要一直保持数据的顺序就不是那么容易了。

我们先回忆一下水位线的处理：上游任务向多个并行下游任务传递时，需要广播出去；而多个上游任务向同一个下游任务传递时，则需要下游任务为每个上游并行任务维护一个"分区水位线"，取其中最小的那个作为当前任务的事件时钟。

barrier 在并行数据流中的传递，是不是也有类似的规则呢？

watermark 指示的是"之前的数据全部到齐了"，而 barrier 指示的是"之前所有数据的状态更改保存到当前检查点"：它们都是一个"截止时间"的标志。所以在处理多个分区的传递时，也要以是否还会有数据到来作为一个判断标准。

在具体实现上，Flink 使用了 Chandy-Lamport 算法的一种变体，被称为异步分界线快照算法。算法的核心有两个原则：当上游任务向多个并行下游任务发送 barrier 时，需要广播出去；而当多个上游任务向同一个下游任务传递 barrier 时，需要在下游任务执行分界线对齐操作，也就是需要等到所有并行分区的 barrier 都到齐，才可以开始状态的保存。

为了详细解释检查点算法的原理，我们对之前的 WordCount 程序进行扩展，考虑所有算子并行度为 2 的场景，如图 10-9 所示。

我们有两个并行的 source 任务，会分别读取两个数据流（或者是一个源的不同分区）。这里每条流中的数据都是一个个的单词："hello""world""hello""flink"交替出现。此时第一条流的 source 任务（为了方便，下文中我们直接叫它"source 1"，其他任务类似）读取了 3 个数据，偏移量为 3；而第二条流的 source 任务（source 2）只读取了一个"hello"数据，偏移量为 1。第一条流中的第一个数据"hello"已经完全处理完毕，所以 sum 任务状态中 key 为 hello 对应着值 1，而且已经发出了结果(hello,1)；第二个数据"world"经过了 map 任务的转换，还在被 sum 任务处理；第三个数据"hello"还在被 map 任务处理。而第二条流的第一个数据"hello"同样已经经过了 map 转换，正在被 sum 任务处理。

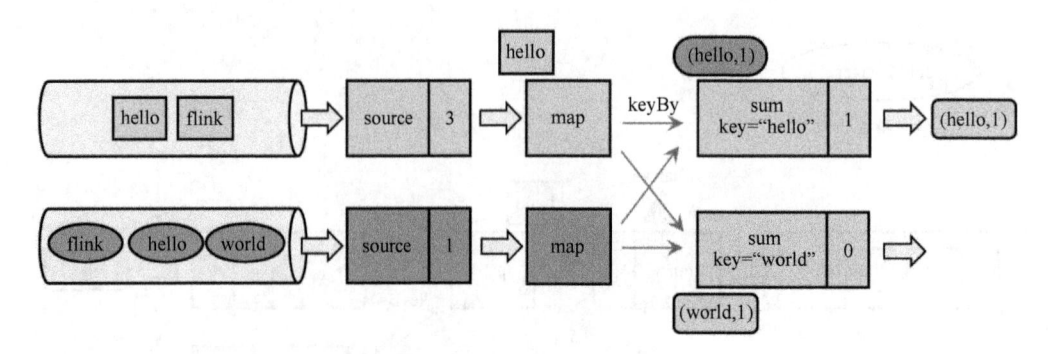

图 10-9　检查点算法的并行场景

接下来就是检查点保存的算法。具体过程如下。

（1）JobManager 发送指令，触发检查点的保存；source 任务保存状态，插入分界线。

JobManager 会周期性地向每个 TaskManager 发送一条带有新检查点 ID 的消息，从而启动检查点。收到指令后，TaskManger 会在所有 source 任务中插入一个分界线，并将偏移量保存到远程的持久化存储中，如图 10-10 所示。

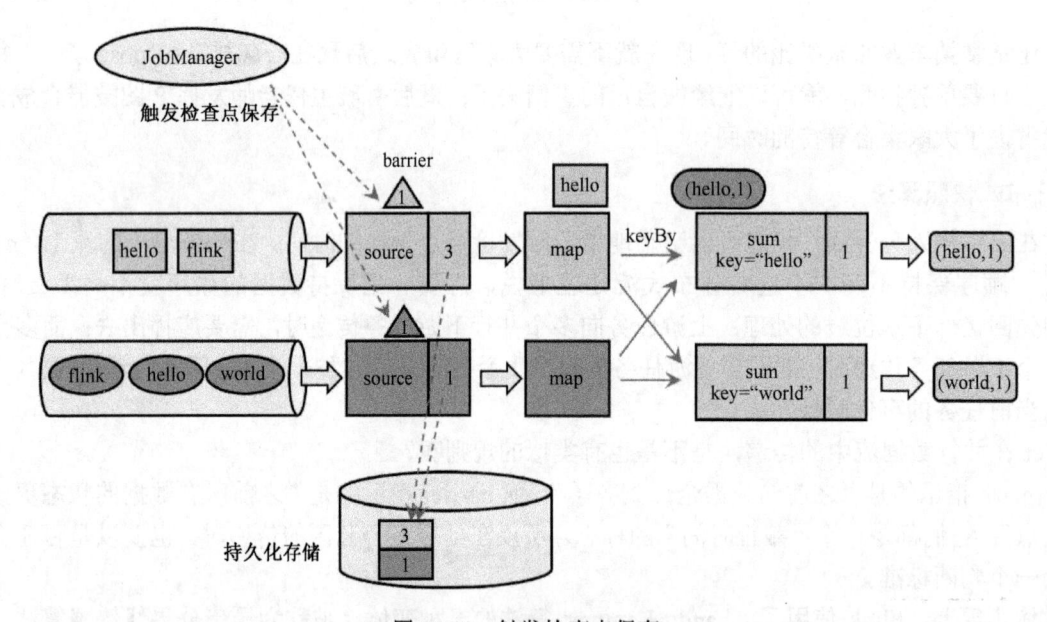

图 10-10　触发检查点保存

并行的 source 任务保存的状态为 3 和 1，表示当前的 1 号检查点应该包含：第一条流中截至第三个数据、第二条流中截至第一个数据的所有状态更改。可以发现，source 任务做这些的时候并不影响后面任务的处理，sum 任务已经处理完了第一条流中传来的(world, 1)，对应的状态也有了更改。

（2）状态快照保存完成，分界线向下游传递。

状态存入持久化存储之后，会返回通知 source 任务；source 任务就会向 JobManager 确认检查点完成，然后像数据一样把 barrier 向下游任务传递，如图 10-11 所示。

由于 source 和 map 之间是一对一（forward）的传输关系（这里没有考虑算子链 operator chain）的，因此 barrier 可以直接传递给对应的 map 任务。之后 source 任务就可以继续读取新的数据了。与此同时，sum 1 已经将第二条流传来的(hello, 1)处理完毕，更新了状态。

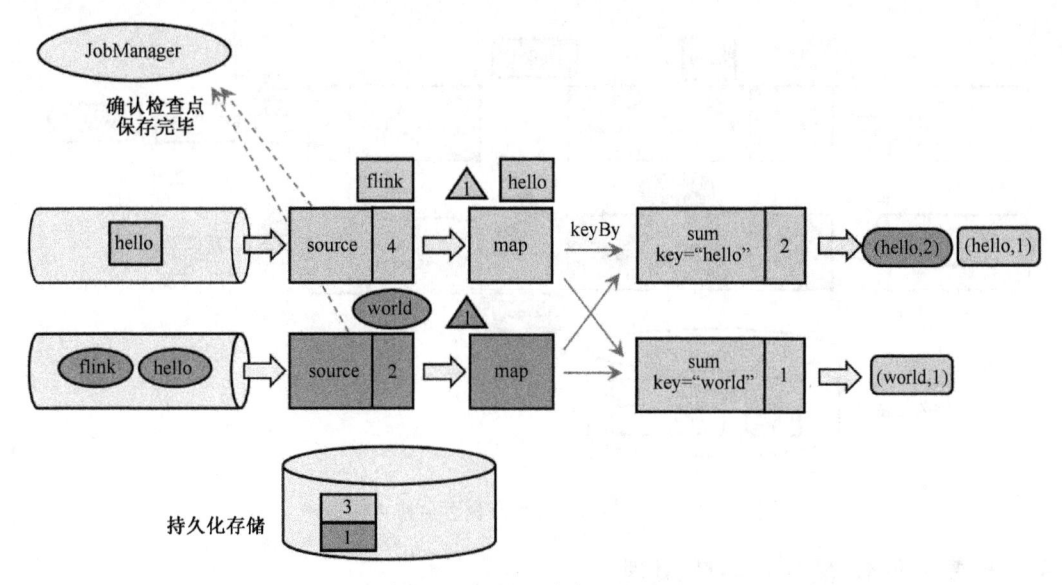

图 10-11　分界线向下游传递

（3）向下游多个并行子任务广播分界线，执行分界线对齐。

map 任务没有状态，所以直接将 barrier 继续向下游传递。这时由于进行了 keyBy() 分区，因此需要将 barrier 广播到下游并行的两个 sum 任务，如图 10-12 所示。同时，sum 任务可能收到来自上游两个并行 map 任务的 barrier，所以需要执行"分界线对齐"操作。

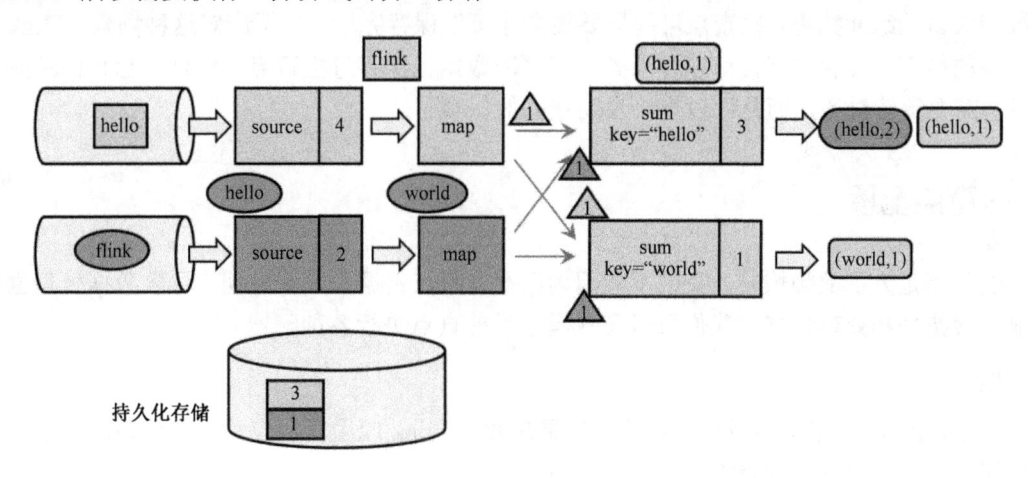

图 10-12　分界线对齐

此时的 sum 2 收到了来自上游两个 map 任务的 barrier，说明第一条流第三个数据、第二条流第一个数据都已经处理完，可以进行状态的保存了；而 sum 1 只收到了来自 map 2 的 barrier，所以这时需要等待分界线对齐。在等待的过程中，如果分界线尚未到达的分区任务 Map 1 又传来了数据(hello, 1)，说明这是需要保存到检查点的，sum 任务应该正常继续处理数据，状态更新为 3；而如果分界线已经到达的分区任务 map 2 又传来数据，这已经是下一个检查点要保存的内容了，就不应该立即处理，而是要缓存起来，等到状态保存之后再做处理。

（4）分界线对齐后，保存状态到持久化存储。

各个分区的分界线都对齐后，就可以对当前状态进行快照处理，并保存到持久化存储了。存储完成之后，同样将 barrier 向下游继续传递，并通知 JobManager 保存完毕，如图 10-13 所示。

在这个过程中，每个任务保存自己的状态都是相对独立的，互不影响。我们可以看到，当 sum 将当前状态保存完毕时，source 1 任务已经读取到第一条流的第 5 个数据了。

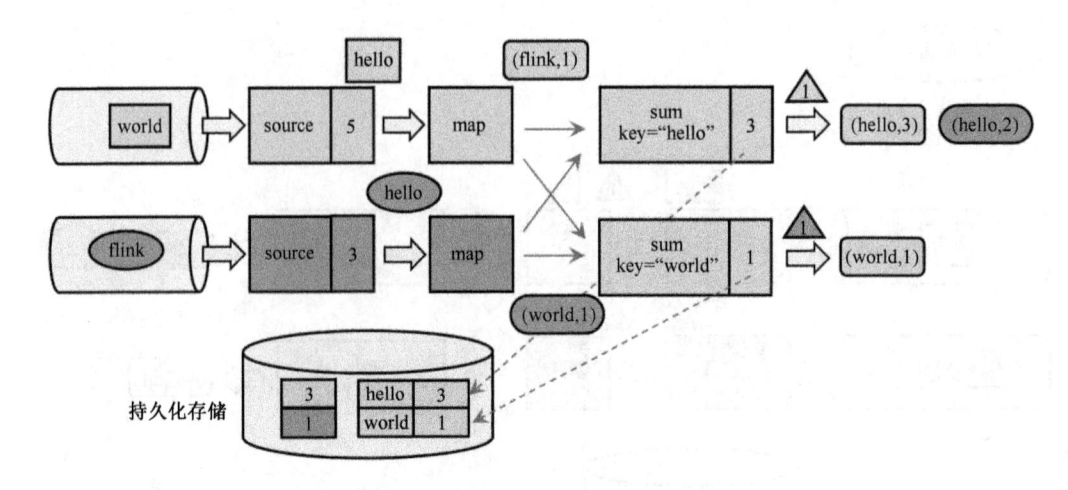

图 10-13　有状态算子将状态保存至持久化存储

（5）先处理缓存数据，然后正常继续处理。

完成检查点保存后，任务就可以继续正常处理数据了。这时如果有等待分界线对齐时缓存的数据，需要先做处理，再按照顺序依次处理新到的数据。

当 JobManager 收到所有任务成功保存状态的信息，就可以确认当前检查点成功保存。之后遇到故障就可以从这里恢复了。

由于分界线对齐要求先到达的分区做缓存等待，在一定程度上会影响处理的速度；当出现背压时，下游任务会堆积大量的缓冲数据，检查点可能需要很久才可以保存完毕。为了应对这种场景，Flink 1.11 之后提供了不对齐的检查点保存方式，可以将未处理的缓冲数据也保存进检查点。这样，当我们遇到一个分区 barrier 时就不需要等待对齐，而是可以直接启动状态的保存了。

10.1.4　检查点配置

检查点的作用是为了故障恢复，我们不能因为保存检查点占据了大量时间、导致数据处理性能明显降低。为了兼顾容错性和处理性能，我们可以在代码中对检查点进行各种配置。

1. 启用检查点

默认情况下，Flink 程序是禁用检查点的。如果想要为 Flink 应用开启自动保存快照的功能，需要在代码中显式地调用执行环境的 enableCheckpointing()方法：

```
val env = StreamExecutionEnvironment.getExecutionEnvironment
// 每隔 1 秒启动一次检查点保存
env.enableCheckpointing(1000)
```

这里需要传入一个长整型的毫秒数，表示周期性保存检查点的间隔时间。如果不传参数直接启用检查点，默认的间隔周期为 500 毫秒，这种方式已经被弃用。

检查点的间隔时间是对处理性能和故障恢复速度的一个权衡。如果我们希望对性能的影响更小，可以调大间隔时间；而如果希望故障重启后迅速赶上实时的数据处理，就需要将间隔时间设小一些。

2. 检查点存储

具体的持久化存储位置，取决于检查点存储的设置。默认情况下，检查点存储在 JobManager 的堆（heap）内存中。而对于大状态的持久化保存，Flink 也提供了在其他存储位置进行保存的接口，这就是 CheckpointStorage。

具体可以通过调用检查点配置的 setCheckpointStorage()来配置，需要传入一个 CheckpointStorage 的实现类。Flink 主要提供了两种 CheckpointStorage，分别是将检查点存储至作业管理器的堆内存（JobManagerCheckpointStorage）和文件系统（FileSystemCheckpointStorage）。

```
// 配置存储检查点到 JobManager 堆内存
env.getCheckpointConfig.setCheckpointStorage(new JobManagerCheckpointStorage)
// 配置存储检查点到文件系统
env.getCheckpointConfig.setCheckpointStorage(new
FileSystemCheckpointStorage("hdfs://namenode:40010/flink/checkpoints"))
```

在实际生产应用中，我们一般会将 CheckpointStorage 配置为高可用的分布式文件系统（HDFS, S3 等）。

3. 其他高级配置

检查点还有很多可以配置的选项，可以通过获取检查点配置（CheckpointConfig）来进行设置。

```
val checkpointConfig = env.getCheckpointConfig
```

我们这里做一个简单的列举说明。

（1）设置检查点模式（setCheckpointingMode）。

设置检查点一致性的保证级别，有精确一次和至少一次两个选项。默认级别为 exactly-once，而对于大多数低延迟的流处理程序来说，at-least-once 就够用了，而且处理效率会更高。关于一致性级别，我们会在 10.2 节继续展开。

（2）设置超时时间（setCheckpointTimeout）。

用于指定检查点保存的超时时间，超时没完成就会被丢弃掉。传入一个长整型毫秒数作为参数，表示超时时间。

（3）设置最小间隔时间（setMinPauseBetweenCheckpoints）。

用于指定在上一个检查点完成后，检查点协调器（Checkpoint Coordinator）最快等多久可以出发保存下一个检查点的指令。这就意味着即使已经达到了周期触发的时间点，只要距离上一个检查点完成的间隔不够，就不能开启下一次检查点的保存。这就为正常处理数据留下了充足的间隙。当指定这个参数时，maxConcurrentCheckpoints 的值强制为 1。

（4）设置最大并发检查点数量（setMaxConcurrentCheckpoints）。

用于指定运行中的检查点最多可以有多少个。由于每个任务的处理进度不同，完全可能出现后面的任务还没完成前一个检查点的保存，前面任务已经开始保存下一个检查点了。这个参数就是限制同时进行的最大数量。

如果前面设置了 minPauseBetweenCheckpoints，则 maxConcurrentCheckpoints 这个参数就不起作用了。

（5）设置开启外部持久化存储（enableExternalizedCheckpoints）。

用于开启检查点的外部持久化，而且默认在作业失败时不会自动清理，如果想释放空间需要自己手工清理。里面传入的参数 ExternalizedCheckpointCleanup 指定了当作业取消时外部的检查点该如何清理。

- DELETE_ON_CANCELLATION：在作业取消时会自动删除外部检查点，但是如果是作业失败退出，则会保留检查点。
- RETAIN_ON_CANCELLATION：作业取消时也会保留外部检查点。

（6）设置检查点异常时是否让整个任务失败（failOnCheckpointingErrors）。

用于指定在检查点发生异常时，是否应该让任务直接失败退出。默认为 true，如果设置为 false，则任务会丢弃掉检查点，然后继续运行。

（7）设置不对齐检查点（enableUnalignedCheckpoints）。

不再执行检查点的分界线对齐操作，启用之后可以大大减少产生背压时的检查点保存时间。这个设置要求检查点模式（CheckpointingMode）必须为 exctly-once，并且并发的检查点个数为 1。

代码中具体设置如下：

```
val env = StreamExecutionEnvironment.getExecutionEnvironment

// 启用检查点，间隔时间 1 秒
env.enableCheckpointing(1000)
CheckpointConfig checkpointConfig = env.getCheckpointConfig
// 设置精确一次模式
checkpointConfig.setCheckpointingMode(CheckpointingMode.EXACTLY_ONCE)
// 最小间隔时间 500 毫秒
checkpointConfig.setMinPauseBetweenCheckpoints(500)
// 超时时间 1 分钟
checkpointConfig.setCheckpointTimeout(60000)
// 同时只能有一个检查点
checkpointConfig.setMaxConcurrentCheckpoints(1)
// 开启检查点的外部持久化保存，作业取消后依然保留
checkpointConfig.enableExternalizedCheckpoints(
    ExternalizedCheckpointCleanup.RETAIN_ON_CANCELLATION)
// 启用不对齐的检查点保存方式
checkpointConfig.enableUnalignedCheckpoints
// 设置检查点存储，可以直接传入一个 String，指定文件系统的路径
checkpointConfig.setCheckpointStorage("hdfs://my/checkpoint/dir")
```

10.1.5 保存点

除了检查点，Flink 还提供了另一个非常独特的镜像保存功能——保存点。

从名称就可以看出，这也是一个存盘的备份，它的原理和算法与检查点完全相同，只是多了一些额外的元数据。事实上，保存点就是通过检查点的机制来创建流式作业状态的一致性镜像（consistent image）的。

保存点中的状态快照，是以算子 id 和状态名称组织起来的，相当于一个键值对。从保存点启动应用程序时，Flink 会将保存点的状态数据重新分配给相应的算子任务。

1. 保存点的用途

保存点与检查点最大的区别就是触发的时机。检查点是由 Flink 自动管理的，定期创建，发生故障后自动读取进行恢复，这是一个"自动存盘"的功能；而保存点不会自动创建，必须由用户明确地手动触发保存操作，所以就是"手动存盘"。因此两者尽管原理一致，但用途就有所差别了：检查点主要用来进行故障恢复，是容错机制的核心；保存点则更加灵活，可以用来做有计划的手动备份和恢复。

保存点可以当作一个强大的运维工具来使用。我们可以在需要的时候创建一个保存点，然后停止应用，做一些处理调整之后再从保存点重启。它适用的具体场景如下所示。

（1）版本管理和归档存储。

对重要的节点进行手动备份，设置为某一版本，归档存储应用程序的状态。

（2）更新 Flink 版本。

目前 Flink 的底层架构已经非常稳定，所以当 Flink 版本升级时，程序本身一般是兼容的。这时不需要重新执行所有的计算，只要创建一个保存点，停掉应用、升级 Flink 后，从保存点重启就可以继续处理了。

（3）更新应用程序。

我们不仅可以在应用程序不变，更新 Flink 版本，还可以直接更新应用程序，前提是程序必须是兼容的，也就是说更改之后的程序，状态的拓扑结构和数据类型都是不变的，这样才能正常从之前的保存点加载。

这个功能非常有用。我们可以及时修复应用程序中的逻辑 bug，更新之后接着继续处理。也可以用于

有不同业务逻辑的场景，比如 A/B 测试等。

（4）调整并行度。

如果应用运行的过程中，发现需要的资源不足或已经有了大量剩余，也可以通过从保存点重启的方式，将应用程序的并行度增大或减小。

（5）暂停应用程序。

有时候我们不需要调整集群或者更新程序，只是单纯地希望把应用暂停、释放一些资源来处理更重要的应用程序。使用保存点就可以灵活实现应用的暂停和重启，可以对有限的集群资源做最好的优化配置。

需要注意的是，保存点能够在程序更改的时候依然兼容，前提是状态的拓扑结构和数据类型不变。我们知道保存点中状态都是以算子 id-状态名称这样的 key-value 组织起来的，算子 id 可以在代码中直接调用 DataStream 的.uid()方法来进行指定：

```
val stream = env
    .addSource(new StatefulSource)
    .uid("source-id")
    .map(new StatefulMapper)
    .uid("mapper-id")
    .print()
```

对于没有设置 id 的算子，Flink 默认会自动进行设置，所以在重新启动应用后，可能会导致因 id 不同而无法兼容以前的状态。所以为了方便后续维护，强烈建议在程序中为每一个算子手动指定 id。

2. 使用保存点

保存点的使用非常简单，我们可以使用命令行工具来创建保存点，也可以从保存点重启应用。

（1）创建保存点。

要在命令行中为运行的作业创建一个保存点镜像，只需要执行：

```
bin/flink savepoint :jobId [:targetDirectory]
```

这里 jobId 需要填充要做镜像保存的作业 id，目标路径 targetDirectory 可选，表示保存点存储的路径。

对于保存点的默认路径，可以通过配置文件 flink-conf.yaml 中的 state.savepoints.dir 项来设定：

```
state.savepoints.dir: hdfs:///flink/savepoints
```

当然对于单独的作业，我们也可以在程序代码中通过执行环境来设置：

```
env.setDefaultSavepointDir("hdfs:///flink/savepoints");
```

用户在创建保存点后，一般会在更改环境后重启，所以紧随创建保存点操作后，就停止作业。除了对运行的作业创建保存点，我们也可以在停掉一个作业时直接创建保存点：

```
bin/flink stop --savepointPath [:targetDirectory] :jobId
```

（2）从保存点重启应用。

我们已经知道，提交启动一个 Flink 作业，使用的命令是 flink run；现在要从保存点重启一个应用，其本质是一样的：

```
bin/flink run -s :savepointPath [:runArgs]
```

这里只要增加一个-s 参数，指定保存点的路径就可以了，其他启动时的参数还是完全一样的。细心的读者可能还记得，我们在第 3 章使用 Web UI 进行作业提交时，可以填入的参数除了入口类、并行度和运行参数，还有一个"Savepoint Path"，这就是从保存点启动应用的配置。

10.2 状态一致性

接下来我们对状态一致性的概念进行展开，结合理论和实际应用场景，讨论一下 Flink 流式处理架构中的应对机制。

10.2.1 一致性的概念和级别

在分布式系统中,一致性是一个非常重要的概念;在事务中,一致性也是一个重要特性。Flink 中一致性的概念,主要用在故障恢复的描述中,所以更加类似事务中的表述。那到底什么是一致性呢?

简单来讲,一致性其实就是结果的正确性。对于分布式系统而言,强调的是不同节点中相同数据的副本应该总是"一致的",也就是从不同节点读取时总能得到相同的值;而对于事务而言,是要求提交更新操作后,能够读取到新的数据。对于 Flink 来说,多个节点并行处理不同的任务,我们要保证计算结果是正确的,就不能漏掉任何一个数据,而且不会重复处理同一个数据。流式计算本身就是一个一个来的,所以正常处理的过程中结果肯定是正确的,但在发生故障且需要恢复状态进行回滚时就需要更多的保障机制了。我们通过检查点的保存来保证状态恢复后结果的正确性,所以主要讨论的就是"状态的一致性"。

一般说来,状态一致性有三种级别,如下所示。

(1) 最多一次。

当任务发生故障时,最简单的做法就是直接重启,别的什么都不干;既不恢复丢失的状态,也不重放丢失的数据。每个数据在正常情况下会被处理一次,遇到故障时就会丢掉,所以就是"最多处理一次"。

我们发现,如果数据可以直接被丢掉,其实就是没有任何操作来保证结果的准确性,所以这种类型的保证也叫"没有保证"。尽管看起来比较糟糕,如果我们的主要诉求是"快",而对近似正确的结果也能接受,那么这也不失为一种很好的解决方案。

(2) 至少一次。

在实际应用中,我们希望至少不要丢掉数据。这种一致性级别就叫作至少一次(at-least-once),就是说是所有数据都不会丢,肯定被处理了;不过不能保证只处理一次,有些数据会被重复处理。

在有些场景下,重复处理数据是不影响结果的正确性的,这种操作具有"幂等性"。比如,如果我们统计电商网站的 UV,需要对每个用户的访问数据进行去重处理,所以即使同一个数据被处理多次,也不会影响最终的结果,这时使用 at-least-once 语义是完全没问题的。当然,如果重复数据对结果有影响,比如统计的是 PV 或者之前的统计词频 word count,使用 at-least-once 语义就可能导致结果的不一致了。

为了保证达到 at-least-once 的状态一致性,我们需要在发生故障时能够重放数据。最常见的做法是,用持久化的事件日志系统把所有的事件写入持久化存储中。这时只要记录一个偏移量,当任务发生故障重启后,重置偏移量就可以重放检查点之后的数据了。Kafka 就是这种架构的一个典型实现。

(3) 精确一次。

最严格的一致性保证,就是所谓的精确一次(exactly-once,有时也译作恰好一次)。这也是最难实现的状态一致性语义。exactly-once 意味着所有数据不仅不会丢失,而且只被处理一次,不会重复处理。也就是说对于每一个数据,最终体现在状态和输出结果上,只能有一次统计。

exactly-once 可以真正意义上保证结果的绝对正确,在发生故障恢复后,就好像从未发生过故障一样。

很明显,要做的 exactly-once,首先必须能达到 at-least-once 的要求,就是数据不丢。所以同样需要有数据重放机制来保证这一点。另外,还需要有专门的设计保证每个数据只被处理一次。Flink 中使用的是一种轻量级快照机制——检查点(checkpoint)来保证 exactly-once 语义。

10.2.2 端到端的状态一致性

我们已经知道检查点可以保证 Flink 内部状态的一致性,而且可以做到精确一次。那是不是说,只要开启了检查点,发生故障进行恢复,结果就不会有任何问题呢?

没那么简单。在实际应用中,一般要保证从用户的角度看,最终消费的数据是正确的。而用户或者外部应用不会直接从 Flink 内部的状态读取数据,往往需要我们将处理结果写入外部存储中。这就要求我们不仅要考虑 Flink 内部数据的处理转换，还涉及从外部数据源读取，以及写入外部持久化系统，整个应用处理流程从头到尾都应该是正确的。

所以完整的流处理应用应该包括数据源、流处理器和外部存储系统三部分。这个完整应用的一致性就叫作端到端（end-to-end）的状态一致性，它取决于三个组件中最弱的那一环。一般来说，能否达到 at-least-once 一致性级别，主要看数据源能够重放数据；而能否达到 exactly-once 级别，流处理器内部、数据源、外部存储都要有相应的保证机制。我们将在 10.3 节详细讨论端到端的 exactly-once 一致性语义如何保证。

10.3 端到端精确一次

在实际应用中，最难做到、也最希望做到的一致性语义无疑就是端到端（end-to-end）的精确一次。我们知道，对于 Flink 内部来说，检查点机制可以保证故障恢复后数据不丢（在能够重放的前提下），并且只处理一次，所以已经可以做到 exactly-once 的一致性语义了。

需要注意的是，我们说检查点能够保证故障恢复后数据只处理一次，并不是说之前统计过某个数据，现在就不能再次统计了；而是要看状态的改变和输出的结果，是否只包含了一次这个数据的处理。由于检查点保存的是之前所有任务处理完某个数据后的状态快照，所以重放的数据引起的状态改变一定不会包含在里面，最终结果中只处理了一次。

所以，端到端一致性的关键点，就在于输入的数据源端和输出的外部存储端。

10.3.1 输入端保证

输入端指的是 Flink 读取的外部数据源。对于一些数据源来说，并不提供数据的缓冲或是持久化保存，数据被消费后就彻底不存在了。例如，socket 文本流就是这样，socket 服务器是不负责存储数据的，发送一条数据后，我们只能消费一次，是"一锤子买卖"。对于这样的数据源，发生故障后即使通过检查点恢复之前的状态，可是保存检查点后到发生故障期间的数据已经不能重发了，这就会导致数据丢失。所以只能保证 at-most-once 的一致性语义，相当于没有保证。

想要在故障恢复后不丢数据，外部数据源必须拥有重放数据的能力。常见的做法是对数据进行持久化保存，并且可以重设数据的读取位置。一个最经典的应用就是 Kafka。在 Flink 的 source 任务中将数据读取的偏移量保存为状态，这样就可以在故障恢复时从检查点中读取出来，对数据源重置偏移量，重新获取数据。

数据源可重放数据，或者说可重置读取数据偏移量，加上 Flink 的 source 任务将偏移量作为状态保存进检查点，就可以保证数据不丢失。这是达到 at-least-once 一致性语义的基本要求，当然也是实现端到端 exactly-once 的基本要求。

10.3.2 输出端保证

有了 Flink 的检查点机制，以及可重放数据的外部数据源，我们已经能做到 at-least-once 了。但是想要实现 exactly-once 却有更大的困难：数据有可能重复写入外部系统。因为检查点保存之后，继续到来的数据也会一一处理，任务的状态也会更新，最终通过 Sink 任务将计算结果输出到外部系统；只是状态改变还没有保存到下一个检查点中。这时如果出现故障，这些数据都会重新来一遍，等于计算了两次。我们知道对 Flink 内部状态来说，重复计算的动作是没有影响的，因为状态已经回滚，最终改变只会发生一次；但对于外部系统来说，已经写入的结果就是泼出去的水，已经无法收回了，再次执行写入就会把同一个数据写入两次。所以这时，我们只保证了端到端的 at-least-once 语义。

为了实现端到端 exactly-once，我们还需要对外部存储系统、Sink 连接器有额外的要求。能够保证 exactly-once 一致性的写入方式有以下两种：
- 幂等写入。
- 事务写入。

我们需要外部存储系统对这两种写入方式的支持，而 Flink 也提供了一些 Sink 连接器接口。接下来我们进行展开讲解。

1. 幂等（idempotent）写入

所谓"幂等"操作，是指一个操作可以重复执行很多次，但只导致一次结果更改。也就是说，后面再重复执行就不会对结果起作用了。

数学中的一个典型例子是，对 $f(x) = e^x$ 进行求导，无论做多少次，得到的都是自身。

而在数据处理领域，最典型的就是对 HashMap 的插入操作：如果是相同的键值对，后面的重复插入就都没什么作用了。

这相当于说，我们并没有真正解决数据重复计算、写入的问题，而是说，重复写入也没关系，结果不会改变。所以这种方式主要的限制在于外部存储系统必须支持这样的幂等写入：比如 Redis 中键值存储，或者关系型数据库（如 MySQL）中满足查询条件的更新操作。

需要注意的是，对于幂等写入，当遇到故障进行恢复时，有可能会出现短暂的不一致问题。因为保存点完成后到发生故障之间的数据已经写入了一遍，回滚的时候并不能消除它们。如果有一个外部应用读取写入的数据，可能会看到奇怪的现象：在短时间内，结果会突然"跳回"到之前的某个值，然后"重播"一段之前的数据。不过当数据的重放逐渐超过发生故障的点时，最终的结果还是一致的。

2. 事务（transactional）写入

如果说幂等写入对应用场景的限制太多，那么事务写入可以说是更一般化地保证一致性的方式。

之前我们提到，输出端最大的问题就是"覆水难收"，写入外部系统的数据难以撤回。那怎样可以收回一条已写入的数据呢？利用事务就可以做到。

我们都知道，事务是应用程序中一系列严密的操作，所有操作必须成功完成，否则在每个操作中所做的所有更改都会被撤销。事务有四个基本特性：原子性（Atomicity）、一致性（Correspondence）、隔离性（Isolation）和持久性（Durability），这就是著名的 ACID。

当 Flink 流处理的结果写入外部系统时，如果能够构建一个事务，让写入操作可以随着检查点来提交和回滚，那么自然就可以解决重复写入的问题了。所以事务写入的基本思想是：用一个事务来进行数据向外部系统的写入，这个事务是与检查点绑定在一起的。当 Sink 任务遇到 barrier 时，开始保存状态的同时就开启一个事务，接下来所有数据的写入都在这个事务中；待到当前检查点保存完毕，将事务提交，所有写入的数据就真正可用了。如果中间过程出现故障，状态会回退到上一个检查点，而当前事务没有正常关闭（因为当前检查点没有保存完），所以也会回滚，写入外部的数据就被撤销了。

具体来说，事务写入又有两种实现方式：预写日志和两阶段提交（2PC）。

（1）预写日志（Write-Ahead-Log，WAL）。

我们发现，事务提交是需要外部存储系统支持事务的，否则没有办法真正实现写入的回撤。那么对于一般不支持事务的存储系统，能够实现事务写入吗？

预写日志就是一种非常简单的方式。具体步骤如下所示：

① 先把结果数据作为日志（log）状态保存起来。

② 进行检查点保存时，也会将这些结果数据一并做持久化存储。

③ 在收到检查点完成的通知时，将所有结果一次性写入外部系统。

我们会发现，这种方式类似于检查点完成时做一个批处理，一次性写入会带来一些性能上的问题；而优点就是比较简单，由于数据提前在状态后端中做了缓存，因此无论什么样的外部存储系统，理论上都能用这种方式一批搞定。在 Flink 中，DataStream API 提供了一个模板类 GenericWriteAheadSink，用来实现这种事务型的写入方式。

需要注意的是，预写日志这种一批写入的方式有可能会写入失败。所以在执行写入动作后，必须等待发送成功的返回确认消息。在成功写入所有数据后，在内部再次确认相应的检查点，这才代表检查点的真正完成。这里需要将确认信息也进行持久化保存，在故障恢复时，只有存在对应的确认信息，才能保证这批数据已经写入，可以恢复到对应的检查点位置。

但这种"再次确认"的方式也会有一些缺陷。如果我们的检查点已经成功保存、数据也成功地一批写入外部系统，但是最终保存确认信息时出现了故障，Flink 最终还是会认为没有成功写入。于是，在发生故障时不会使用这个检查点，而是需要回退到上一个检查点，这样就会导致这批数据的重复写入。

（2）两阶段提交（two-phase-commit，2PC）。

前面提到的各种实现 exactly-once 的方式多少都有些缺陷，有没有更好的方法呢？自然是有的，这就是传说中的两阶段提交（2PC）。

顾名思义，两阶段提交的想法是先做"预提交"，等检查点完成后再正式提交。这种提交方式是真正基于事务的，它需要外部系统提供事务支持。

具体的实现步骤如下所示：

① 当第一条数据到来或者收到检查点的分界线时，Sink 任务都会启动一个事务。

② 接下来接收到的所有数据，都通过这个事务写入外部系统；这时，由于事务没有提交，因此数据尽管写入了外部系统，但是不可用，是"预提交"的状态。

③ 当 Sink 任务收到 JobManager 发来检查点完成的通知时，正式提交事务，写入的结果就真正可用了。

当中间发生故障时，当前未提交的事务就会回滚，于是所有写入外部系统的数据也就实现了撤回。这种两阶段提交（2PC）的方式充分利用了 Flink 现有的检查点机制：分界线的到来，标志着开始一个新事务；而收到来自 JobManager 的 checkpoint 成功的消息，就是提交事务的指令。每个结果数据的写入依然是流式的，不再有预写日志时批处理的性能问题；最终提交时也只需要额外发送一个确认信息即可。所以 2PC 协议不仅真正意义上实现了 exactly-once，而且通过搭载 Flink 的检查点机制来实现事务，只给系统增加了很少的开销。

Flink 提供了 TwoPhaseCommitSinkFunction 接口，方便我们自定义实现两阶段提交的 SinkFunction 实现，提供了真正端到端的 exactly-once 保证。

不过两阶段提交虽然精巧，却对外部系统有很高的要求。这里将 2PC 对外部系统的要求列举如下：

- 外部系统必须提供事务支持，或者 Sink 任务必须能够模拟外部系统上的事务。
- 在检查点的间隔期间里，必须能够开启一个事务，并接受数据写入。
- 在收到检查点完成的通知之前，事务必须是"等待提交"的状态。在故障恢复的情况下，这可能需要一些时间。如果这时候外部系统关闭事务（例如，超时了），那么未提交的数据就会丢失。
- Sink 任务必须能够在进程失败后恢复事务。
- 提交事务必须是幂等操作。也就是说，事务的重复提交应该是无效的。

可见，2PC 在实际应用同样会受到比较大的限制。具体在项目中的选型，最终还应该是一致性级别和处理性能的权衡考量。

10.3.3 Flink 和 Kafka 连接时的精确一次保证

在流处理的应用中，最佳的数据源当然就是可重置偏移量的消息队列了；它不仅可以提供数据重放的功能，而且天生就是以流的方式存储和处理数据的。所以作为大数据工具中消息队列的代表，Kafka 可以说与 Flink 是天作之合，在实际项目中也经常会看到以 Kafka 作为数据源和写入的外部系统的应用。在本节中，我们就来具体讨论一下，当 Flink 和 Kafka 连接时，怎样保证端到端的 exactly-once 状态一致性。

1. 整体介绍

既然是端到端的 exactly-once，我们依然可以从三个组件的角度来进行分析。

（1）Flink 内部。

Flink 内部可以通过检查点机制保证状态和处理结果的 exactly-once 语义。

（2）输入端。

输入数据源端的 Kafka 可以对数据进行持久化保存，并可以重置偏移量（offset）。所以我们可以在 Source 任务中将当前读取的偏移量保存为算子状态，写入检查点中；当发生故障时，从检查点中读取恢复状态，并由连接器 FlinkKafkaConsumer 向 Kafka 重新提交偏移量，就可以重新消费数据、保证结果的一致性了。

（3）输出端。

输出端保证 exactly-once 的最佳实现，当然就是两阶段提交（2PC）。作为与 Flink 天生一对的 Kafka，自然需要用最强有力的一致性保证来证明自己。

在 Flink 官方实现的 Kafka 连接器中，提供了写入 Kafka 的 FlinkKafkaProducer，它就实现了 TwoPhaseCommitSinkFunction 接口。

```
public class FlinkKafkaProducer<IN> extends TwoPhaseCommitSinkFunction<IN, FlinkKafkaProducer.KafkaTransactionState, FlinkKafkaProducer.KafkaTransactionContext> {
    ...
}
```

也就是说，我们写入 Kafka 的过程实际上是一个两段式的提交：处理完毕得到结果，写入 Kafka 时是基于事务的"预提交"；等到检查点保存完毕，才会提交事务进行"正式提交"。如果中间出现故障，事务进行回滚，预提交就会被放弃；恢复状态后，也只能恢复所有已经确认提交的操作。

2. 具体步骤

为了方便说明，我们来考虑一个具体的流处理系统，由 Flink 从 Kafka 读取数据，并将处理结果写入 Kafka，如图 10-14 所示。

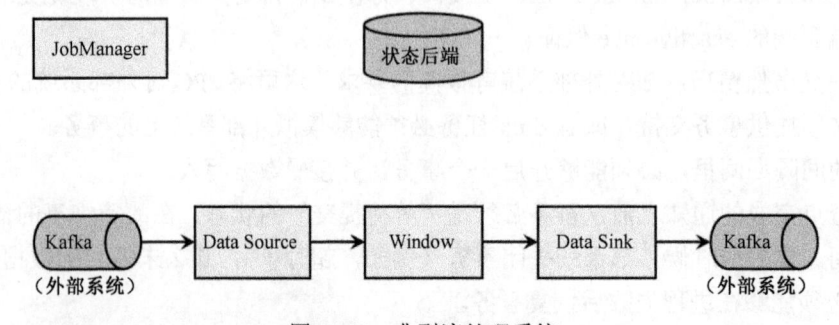

图 10-14 典型流处理系统

这是一个 Flink 与 Kafka 构建的完整数据管道，Source 任务从 Kafka 读取数据，经过一系列处理（比如窗口计算），然后由 Sink 任务将结果再写入 Kafka。

Flink 与 Kafka 连接的两阶段提交，离不开检查点的配合，这个过程需要 JobManager 协调各个

TaskManager 进行状态快照，而检查点具体存储位置则是由状态后端（State Backend）来配置管理的。一般情况下，我们会将检查点存储到分布式文件系统上。

实现端到端 exactly-once 的具体过程如下所示。

（1）启动检查点保存。

检查点保存的启动，标志着我们进入了两阶段提交协议的"预提交"阶段。当然，现在还没有具体提交的数据。

如图 10-15 所示，JobManager 通知各个 TaskManager 启动检查点保存，Source 任务会将检查点分界线注入数据流。这个 barrier 可以将数据流中的数据，分为进入当前检查点的集合和进入下一个检查点的集合。

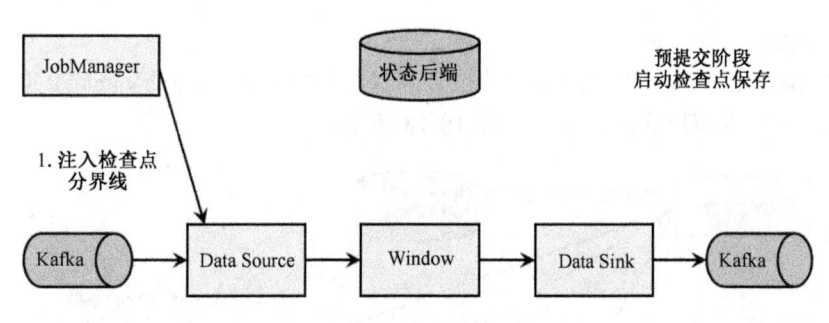

图 10-15　启动检查点保存

（2）算子任务对状态做快照。

分界线会在算子间传递下去。每个算子收到 barrier 时，会将当前的状态做个快照，保存到状态后端。

如图 10-16 所示，Source 任务将 barrier 插入数据流后，也会将当前读取数据的偏移量作为状态写入检查点，存入状态后端；然后把 barrier 向下游传递，自己就可以继续读取数据了。

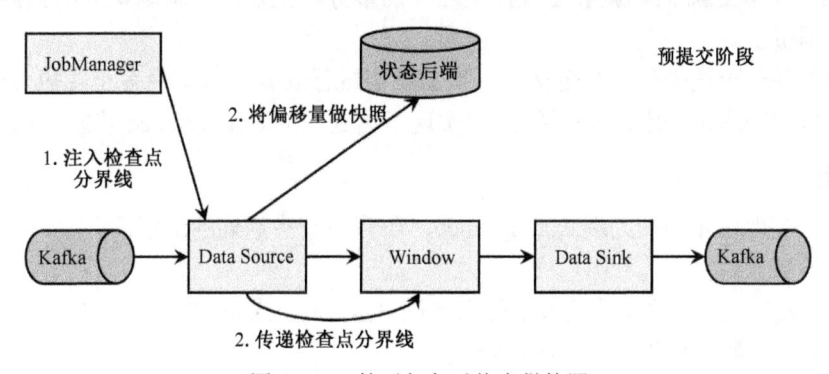

图 10-16　算子任务对状态做快照

接下来 barrier 传递到了内部的 Window 算子，它同样会对自己的状态进行快照保存，写入远程的持久化存储。

（3）Sink 任务开启事务，进行预提交。

如图 10-17 所示，分界线终于传到了 Sink 任务，这时 Sink 任务会开启一个事务。接下来到来的所有数据，Sink 任务都会通过这个事务来写入 Kafka。这里 barrier 是检查点的分界线，也是事务的分界线。由于之前的检查点可能尚未完成，因此上一个事务也可能尚未提交；此时 barrier 的到来开启了新的事务，上一个事务尽管可能没有被提交，但也不再接收新的数据了。

对于 Kafka 而言，提交的数据会被标记为未确认。这个过程就是预提交。

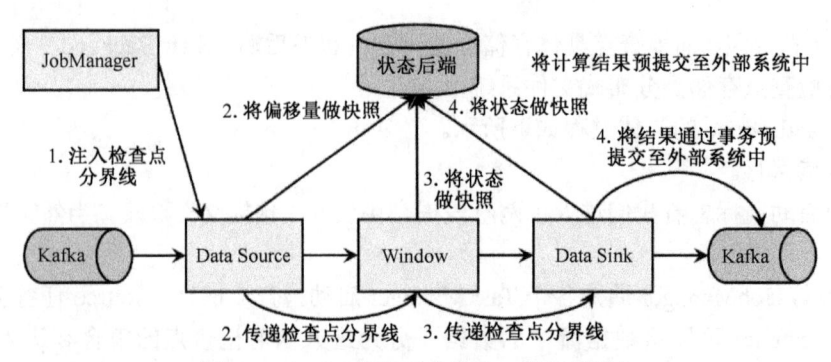

图 10-17　Sink 任务开启事务，进行预提交

（4）检查点保存完成，提交事务。

当所有算子的快照都已完成，也就是这次的检查点保存最终完成时，JobManager 会向所有任务发送确认通知，告诉大家当前检查点已成功保存，如图 10-18 所示。

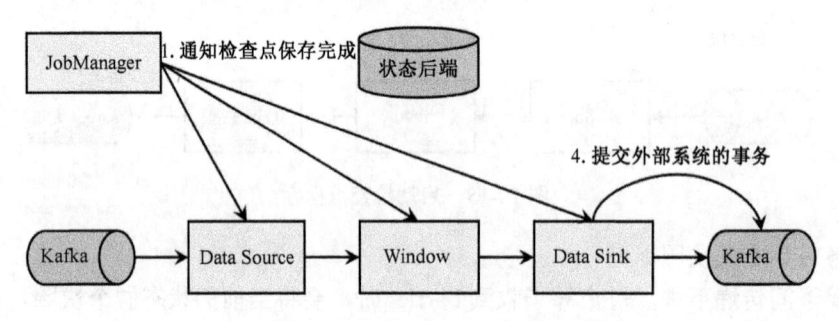

图 10-18　检查点保存完成，提交事务

当 Sink 任务收到确认通知后，就会正式提交之前的事务，把之前"未确认"的数据标为"已确认"，接下来就可以正常消费了。

在任务运行中的任何阶段失败，都会从上一次的状态进行恢复，所有没有正式提交的数据都会回滚。这样，Flink 和 Kafka 连接构成的流处理系统，就实现了端到端的 exactly-once 状态一致性。

3. 需要的配置

在具体应用中，实现真正的端到端 exactly-once，还需要一些额外的配置。

（1）必须启用检查点。

（2）在 FlinkKafkaProducer 的构造函数中传入参数 Semantic.EXACTLY_ONCE。

（3）配置 Kafka 读取数据的消费者的隔离级别。

这里所说的 Kafka，是写入的外部系统。预提交阶段数据已经写入，只是被标记为未提交（uncommitted），而 Kafka 中默认的隔离级别 isolation.level 是 read_uncommitted，也就是可以读取未提交的数据。这样一来，外部应用就可以直接消费未提交的数据，对于事务性的保证就失效了。所以应该将隔离级别配置为 read_committed，表示消费者遇到未提交的消息时，会停止从分区中消费数据，直到消息被标记为已提交才会再次恢复消费。当然，这样做的话，外部应用消费数据就会有显著的延迟。

（4）事务超时配置。

Flink 的 Kafka 连接器中配置的事务超时时间 transaction.timeout.ms 默认是 1 小时，而 Kafka 集群配置的事务最大超时时间 transaction.max.timeout.ms 默认是 15 分钟。所以在检查点保存时间很长时，有可能出现 Kafka 已经认为事务超时了，丢弃了预提交的数据；而 Sink 任务认为还可以继续等待。如果接下来检查点保存成功，发生故障后回滚到这个检查点的状态，这部分数据就被真正丢掉了。所以这两个超时时间，前者应该小于等于后者。

10.4 本章总结

  Flink 作为一个大数据分布式流处理框架，必须要考虑系统的容错性，主要是发生故障之后的恢复。Flink 容错机制的核心就是检查点，它通过巧妙的分布式快照算法保证了故障恢复后的一致性，并且尽可能地降低对处理性能的影响。

  本章详细介绍了 Flink 检查点的原理、算法和配置，并且结合一致性理论与 Flink-Kafka 的实际互连系统，阐述了如何用 Flink 实现流处理应用的端到端 exactly-once 状态一致性。这既是 Flink 底层原理的深入，也与之前的状态管理、水位线机制有联系和相通之处。相信通过本章内容的学习，读者会对 Flink 乃至分布式系统的容错机制有更加深刻的理解。

第11章

Table API 和 SQL

在 Flink 提供的多层级 API 中，核心是 DataStream API，这是我们开发流处理应用的基本途径；底层则是所谓的处理函数，可以访问事件的时间信息、注册定时器、自定义状态，进行有状态的流处理。DataStream API 和处理函数比较通用，有了这些 API，理论上我们就可以实现所有场景的需求了。

不过在实际应用中，往往会面对大量类似的处理逻辑，所以一般会将底层 API 包装成更加具体的应用级接口。怎样的接口风格最容易让大家接收呢？作为大数据工程师，我们最为熟悉的数据统计方式，当然就是写 SQL 了。

SQL 是结构化查询语言（Structured Query Language）的缩写，是我们对关系型数据库进行查询和修改的通用编程语言。在关系型数据库中，数据是以表（table）的形式组织起来的，所以也可以认为 SQL 是用来对表进行处理的工具语言。无论是传统架构中进行数据存储的 MySQL、PostgreSQL，还是大数据应用中的 Hive，都少不了 SQL 的身影；而 Spark 作为大数据处理引擎，为了更好地支持在 Hive 中的 SQL 查询，也提供了 Spark SQL 作为入口。

Flink 同样提供了对于"表"处理的支持，这就是更高层级的应用 API，在 Flink 中被称为 Table API 和 SQL。Table API 顾名思义，就是基于"表"的一套 API，它是内嵌在 Java、Scala 等语言中的一种声明式领域特定语言，也就是专门为处理表而设计的；在此基础上，Flink 还基于 Apache Calcite 实现了对 SQL 的支持。这样一来，我们就可以在 Flink 程序中直接写 SQL 来实现处理需求了。

在 Flink 中这两种 API 被集成在一起，SQL 执行的对象也是 Flink 中的表，所以我们一般会认为它们是一体的，本章会放在一起进行介绍。Flink 是批流统一的处理框架，无论是批处理还是流处理，在上层应用中都可以直接使用 Table API 或者 SQL 来实现。这两种 API 对于一张表执行相同的查询操作，得到的结果是完全一样的。本章中我们主要以流处理应用为例进行讲解。

需要说明的是，Table API 和 SQL 最初并不完善，在 Flink 1.9 版本合并阿里巴巴内部版本 Blink 之后发生了非常大的改变，此后也一直处在快速开发和完善的过程中，直到 Flink 1.12 版本才基本上做到了功能上的完善。而即使是在目前最新的 Flink 1.13 版本中，Table API 和 SQL 也依然不算稳定，接口用法还在不停地调整和更新。所以这部分内容希望大家重在理解原理和基本用法，具体的 API 调用可以随时关注官网的更新变化。

11.1 快速上手

如果我们对关系型数据库和 SQL 非常熟悉，那么 Table API 和 SQL 的使用其实非常简单：只要得到一个表，然后对它调用 Table API，或者直接写 SQL 就可以了。接下来我们就以一个非常简单的例子上手，初步了解一下这种高层级 API 的使用方法。

11.1.1 需要引入的依赖

我们想要在代码中使用 Table API，必须引入相关的依赖。

```xml
<dependency>
    <groupId>org.apache.flink</groupId>
    <artifactId>flink-table-api-scala-bridge_${scala.binary.version}</artifactId>
    <version>${flink.version}</version>
</dependency>
```

这里的依赖是一个 Scala 的桥接器，主要是负责 Table API 和下层 DataStream API 的连接支持，按照不同的语言分为 Java 版和 Scala 版。

如果我们希望在本地的集成开发环境中运行 Table API 和 SQL，还需要引入以下依赖：

```xml
<dependency>
    <groupId>org.apache.flink</groupId>
    <artifactId>flink-table-planner-blink_${scala.binary.version}</artifactId>
    <version>${flink.version}</version>
</dependency>
```

这里主要添加的依赖是一个计划器，它是 Table API 的核心组件，负责提供运行时环境，并生成程序的执行计划。这里我们用到的是新版的 blink planner。由于 Flink 安装包的 lib 目录下会自带 planner，所以在生产集群环境中提交的作业不需要打包这个依赖。

而在 Table API 的内部实现上，部分相关的代码是用 Scala 实现的，所以还需要额外添加一个 Scala 版流处理的相关依赖。

另外，如果想实现自定义的数据格式来做序列化，可以引入下面的依赖：

```xml
<dependency>
    <groupId>org.apache.flink</groupId>
    <artifactId>flink-table-common</artifactId>
    <version>${flink.version}</version>
</dependency>
```

11.1.2 一个简单示例

有了基本的依赖，接下来我们就可以尝试在 Flink 代码中使用 Table API 和 SQL 了。比如，我们可以自定义一些 Event 类型（包含了 user、url 和 timestamp 三个字段，参考 5.2.1 节中的定义）的用户访问事件，作为输入的数据源；而后从中提取 url 地址和用户名 user 两个字段作为输出。

如果使用 DataStream API，我们可以直接读取数据源后，用一个简单转换算子 map() 来做字段的提取。而这个需求直接写 SQL 的话，实现会更加简单：

```
select url, user from EventTable;
```

这里我们把流中所有数据组成的表叫作 EventTable。在 Flink 代码中直接对这个表执行上面的 SQL，就可以得到想要提取的数据了。

在代码中具体实现如下：

```scala
package com.atguigu.chapter11

import com.atguigu.chapter05.Event
import org.apache.flink.streaming.api.scala._
import org.apache.flink.table.api.bridge.scala.StreamTableEnvironment

object TableExample {
  def main(args: Array[String]): Unit = {
    // 获取流执行环境
```

```
        val env = StreamExecutionEnvironment.getExecutionEnvironment
        env.setParallelism(1)
        // 读取数据源
        val eventStream = env
          .fromElements(
            Event("Alice", "./home", 1000L),
            Event("Bob", "./cart", 1000L),
            Event("Alice", "./prod?id=1", 5 * 1000L),
            Event("Cary", "./home", 60 * 1000L),
            Event("Bob", "./prod?id=3", 90 * 1000L),
            Event("Alice", "./prod?id=7", 105 * 1000L)
          )
        // 获取表环境
        val tableEnv = StreamTableEnvironment.create(env)
        // 将数据流转换成表
        val eventTable = tableEnv.fromDataStream(eventStream)
        // 用执行 SQL 的方式提取数据
        val visitTable = tableEnv.sqlQuery("select url, user from " + eventTable)
        // 将表转换成数据流，打印输出
        tableEnv.toDataStream(visitTable).print()
        // 执行程序
        env.execute()
      }
    }
```

这里我们需要创建一个表环境，然后将数据流转换成一个表；之后就可以执行 SQL 在这个表中查询数据了。查询得到的结果依然是一个表，把它重新转换成流就可以打印输出了。

代码执行的结果如下：

```
+I[./home, Alice]
+I[./cart, Bob]
+I[./prod?id=1, Alice]
+I[./home, Cary]
+I[./prod?id=3, Bob]
+I[./prod?id=7, Alice]
```

可以看到，我们将原始的 Event 数据转换成了(url，user)这样类似二元组的类型。每行输出结果的最前面有一个"+I"标志，这表示每条数据都是插入（Insert）到表中的新增数据。

Table 是 Table API 中的核心接口类，对应着我们熟悉的"表"的概念。基于 Table 我们也可以调用一系列查询方法直接进行转换，这就是 Table API 的处理方式：

```
// 用 Table API 方式提取数据
val clickTable2 = eventTable.select($("url"), $("user"))
```

这里的"$"符号是 Table API 中定义的"表达式"类 Expressions 中的一个静态方法，传入一个字段名称，就可以指代数据中的对应字段，这个方法需要使用如下的方式进行手动导入。

```
import org.apache.flink.table.api.Expressions.$
```

11.2 基本 API

通过上节中的简单示例，我们已经对 Table API 和 SQL 的用法有了大致的了解。本节将继续展开，对 API 的相关用法做一个详细的说明。

11.2.1 程序架构

在 Flink 中，Table API 和 SQL 可以看作联结在一起的一套 API，这套 API 的核心概念就是"表"。在我们的程序中，输入数据可以定义成一张表；然后对这张表进行查询，就可以得到新的表，这相当于流数据的转换操作；最后还可以定义一张用于输出的表，负责将处理结果写入外部系统。

我们可以看到，程序的整体处理流程与 DataStream API 非常相似，也可以分为读取数据源、转换、输出三部分。只不过这里的输入输出操作不需要额外定义，只需要将用于输入和输出的表定义出来，然后进行转换查询就可以了。

程序基本架构如下：

```
// 创建表环境
val tableEnv = ...;

// 创建输入表，连接外部系统读取数据
tableEnv.executeSql("CREATE TEMPORARY TABLE inputTable ... WITH ( 'connector' = ... )")

// 注册一个表，连接到外部系统，用于输出
tableEnv.executeSql("CREATE TEMPORARY TABLE outputTable ... WITH ( 'connector' = ... )")

// 执行 SQL 对表进行查询转换，得到一个新的表
val table1 = tableEnv.sqlQuery("SELECT ... FROM inputTable... ")

// 使用 Table API 对表进行查询转换，得到一个新的表
val table2 = tableEnv.from("inputTable").select(...)

// 将得到的结果写入输出表
val tableResult = table1.executeInsert("outputTable")
```

与上一节不同，这里不是从一个 DataStream 转换成 Table，而是通过执行 DDL（Data Definition Language，数据定义语言）来直接创建一个表。这里执行的 CREATE 语句中用 WITH 指定了外部系统的连接器，于是就可以连接外部系统读取数据了。这其实是更加一般化的程序架构，因为这样我们就可以完全抛开 DataStream API，直接用 SQL 语句实现全部的流处理过程。

而后面对于输出表的定义是完全一样的。可以发现，在创建表的过程中，其实并不区分"输入"还是"输出"，只需要将这个表"注册"进来，连接到外部系统就可以了。这里的 inputTable、outputTable 只是注册的表名，并不代表处理逻辑，可以随意更换。至于表的具体作用，则要等到执行后面的查询转换操作时才能明确。我们直接从 inputTable 中查询数据，那么 inputTable 就是输入表；而 outputTable 会接收查询的结果进行写入，那么就是输出表。

在早期的版本中，有专门用于输入输出的 TableSource 和 TableSink，这与流处理里的概念是一一对应的；不过这种方式与关系型表和 SQL 的使用习惯不符，所以已被弃用，不再区分 Source 和 Sink。

11.2.2 创建表环境

对于 Flink 这样的流处理框架来说，数据流和表在结构上还是有所区别的。所以使用 Table API 和 SQL 需要一个特别的运行时环境，这就是所谓的表环境。它主要负责：

（1）注册 Catalog 和表。
（2）执行 SQL 查询。
（3）注册用户自定义函数。

(4) DataStream 和表之间的转换。

这里的 Catalog 就是"目录",与标准 SQL 中的概念是一致的,主要用来管理所有数据库和表的元数据。通过 Catalog 可以方便地对数据库和表进行查询管理,所以可以认为我们定义的表都会"挂靠"在某个目录下,这样就可以快速检索。在表环境中可以由用户自定义 Catalog,并在其中注册表和自定义函数(UDF)。默认的 Catalog 就叫作 default_catalog。

每个表和 SQL 的执行,都必须绑定在一个表环境中。TableEnvironment 是 Table API 中提供的基本接口类,可以通过调用静态的 create()方法来创建一个表环境实例。方法需要传入一个环境的配置参数 EnvironmentSettings,它可以指定当前表环境的执行模式和计划器。执行模式有批处理和流处理两种选择,默认是流处理模式;计划器默认使用 blink planner。

```
import org.apache.flink.table.api.EnvironmentSettings
import org.apache.flink.table.api.TableEnvironment

val settings = EnvironmentSettings
  .newInstance()
  .inStreamingMode()    // 使用流处理模式
  .build()

val tableEnv = TableEnvironment.create(settings)
```

对于流处理场景,其实默认配置就完全够用了。所以我们也可以用另一种更加简单的方式来创建表环境:

```
import org.apache.flink.streaming.api.environment.StreamExecutionEnvironment
import org.apache.flink.table.api.EnvironmentSettings
import org.apache.flink.table.api.bridge.java.StreamTableEnvironment

val env = StreamExecutionEnvironment.getExecutionEnvironment
val tableEnv = StreamTableEnvironment.create(env)
```

这里我们引入了一个流式表环境(StreamTableEnvironment),它继承了 TableEnvironment 特质(trait)。调用它的 create()方法,只需要直接将当前的流执行环境(StreamExecutionEnvironment)传入,就可以创建出对应的流式表环境了。这也正是我们在上一节简单示例中使用的方式。

11.2.3 创建表

表是我们非常熟悉的一个概念,它是关系型数据库中数据存储的基本形式,也是 SQL 执行的基本对象。Flink 中的表概念也并不特殊,是由多个"行"数据构成的,每个行又可以有定义好的多个列字段。整体来看,表就是固定类型的数据组成的二维矩阵。

为了方便查询,表环境中会维护一个目录和表的对应关系。所以表都是通过 Catalog 来进行注册创建的。表在环境中有一个唯一的 ID,由三部分组成:目录名、数据库名及表名。在默认情况下,目录名为 default_catalog,数据库名为 default_database。所以如果我们直接创建一个叫作 MyTable 的表,它的 id 就是:

```
default_catalog.default_database.MyTable
```

具体创建表的方式包括通过连接器和虚拟表两种。

1. 连接器表

最直观的创建表的方式,就是通过连接器连接到一个外部系统,然后定义出对应的表结构。例如,我们可以连接到 Kafka 或者文件系统,将存储在这些外部系统的数据以"表"的形式定义出来,这样对表的读写就可以通过连接器转换成对外部系统的读写了。当我们在表环境中读取这张表,连接器就会从外部系统读取数据并进行转换;而当我们向这张表写入数据,连接器就会将数据输出到外部系统中。

在代码中，我们可以调用表环境的 executeSql()方法，可以传入一个 DDL 作为参数执行 SQL 操作。这里我们传入一个 CREATE 语句进行表的创建，并通过 WITH 关键字指定连接到外部系统的连接器：

```
tableEnv.executeSql("CREATE [TEMPORARY] TABLE MyTable ... WITH ( 'connector' = ... )")
```

这里的 TEMPORARY 关键字可以省略。关于连接器的具体定义，我们会在 11.9 节中展开讲解。

这里没有定义 Catalog 和 Database，所以都是默认的，表的完整 id 就是 default_catalog.default_database.MyTable。如果希望使用自定义的目录名和库名，可以在环境中进行设置：

```
tEnv.useCatalog("custom_catalog")
tEnv.useDatabase("custom_database")
```

这样我们创建的表的完整 id 就变成了 custom_catalog.custom_database.MyTable。之后在表环境中创建的所有表，id 也会都以 custom_catalog.custom_database 作为前缀。

2. 虚拟表

在表环境中注册之后，我们就可以在 SQL 中直接使用这张表进行查询转换了。

```
val newTable = tableEnv.sqlQuery("SELECT ... FROM MyTable... ")
```

这里调用了表环境的 sqlQuery()方法，直接传入一条 SQL 语句作为参数执行查询，得到的结果是一个 Table 对象。Table 是 Table API 中提供的核心接口类，就代表了一个 Java 中定义的表实例。

得到的 newTable 是一个中间转换结果，如果之后又希望直接使用这个表执行 SQL，又该怎么做呢？由于 newTable 是一个 Table 对象，并没有在表环境中注册。所以我们还需要将这个中间结果表注册到环境中，才能在 SQL 中使用：

```
tableEnv.createTemporaryView("NewTable", newTable)
```

需要注意的是，这里的第一个参数"NewTable"是注册的表名，而第二个参数 newTable 是 Java 中的 Table 对象。

我们发现，这里的注册其实是创建了一个虚拟表（Virtual Table）。这个概念与 SQL 语法中的视图（View）非常类似，所以调用的方法也叫作创建虚拟视图（createTemporaryView）。视图之所以是"虚拟"的，是因为我们并不会直接保存这个表的内容，并没有"实体"；只是在用到这张表的时候，会将它对应的查询语句嵌入 SQL 中。

注册为虚拟表之后，我们又可以在 SQL 中直接使用 NewTable 进行查询转换了。不难看到，通过虚拟表可以非常方便地让 SQL 分步骤执行得到中间结果，这为代码编写提供了很大得便利。

另外，虚拟表也可以让我们在 Table API 和 SQL 之间进行自由切换。一个 Java 中的 Table 对象可以直接调用 Table API 中定义好的查询转换方法，得到一个中间结果表。这跟对注册好的表直接执行 SQL 结果是一样的。具体我们会在下一节继续讲解。

11.2.4 表的查询

创建好了表，接下来自然就是对表进行查询转换了。对一个表的查询（Query）操作，就对应着流数据的处理。

Flink 为我们提供了两种查询方式：SQL 和 Table API。

1. 执行 SQL 进行查询

基于表执行 SQL 语句，是我们最为熟悉的查询方式。Flink 基于 Apache Calcite 来提供对 SQL 的支持，Calcite 是一个为不同的计算平台提供标准 SQL 查询的底层工具。很多大数据框架，比如 Apache Hive、Apache Kylin 中的 SQL 支持都是通过集成 Calcite 来实现的。

在代码中，我们只要调用表环境的 sqlQuery()方法，传入一个字符串形式的 SQL 查询语句就可以了。执行得到的结果，是一个 Table 对象。

```
// 创建表环境
val tableEnv = ...

// 创建表
tableEnv.executeSql("CREATE TABLE EventTable ... WITH ( 'connector' = ... )")

// 查询用户 Alice 的单击事件,并提取表中前两个字段
val aliceVisitTable = tableEnv.sqlQuery(
   "SELECT user, url " +
   "FROM EventTable " +
   "WHERE user = 'Alice' "
)
```

目前 Flink 支持标准 SQL 中的绝大部分用法,并提供了丰富的计算函数。这样我们就可以把已有的技术迁移过来,像在 MySQL、Hive 中那样直接通过编写 SQL 实现自己的处理需求,从而大大降低了 Flink 上手的难度。

例如,我们也可以通过 GROUP BY 关键字定义分组聚合,调用 COUNT()、SUM()这样的函数来进行统计计算:

```
val urlCountTable = tableEnv.sqlQuery(
   "SELECT user, COUNT(url) " +
   "FROM EventTable " +
   "GROUP BY user "
)
```

上面的例子得到的是一个新的 Table 对象,我们可以再次将它注册为虚拟表继续在 SQL 中调用。另外,我们也可以直接将查询的结果写入已经注册的表中,这需要调用表环境的 executeSql()方法来执行 DDL,传入的是一个 INSERT 语句:

```
// 注册表
tableEnv.executeSql("CREATE TABLE EventTable ... WITH ( 'connector' = ... )")
tableEnv.executeSql("CREATE TABLE OutputTable ... WITH ( 'connector' = ... )")


// 将查询结果输出到 OutputTable 中
tableEnv.executeSql (
"INSERT INTO OutputTable " +
   "SELECT user, url " +
   "FROM EventTable " +
   "WHERE user = 'Alice' "
)
```

2. 调用 Table API 进行查询

另外一种查询方式就是调用 Table API。这是嵌入在 Java 和 Scala 语言内的查询 API,核心就是 Table 接口类,通过一步步链式调用 Table 的方法,就可以定义出所有的查询转换操作。每一步方法调用的返回结果,都是一个 Table。

由于 Table API 是基于 Table 的 Java 实例进行调用的,因此我们首先要得到表的 Java 对象。基于环境中已注册的表,可以通过表环境的 from()方法非常容易地得到一个 Table 对象:

```
val eventTable = tableEnv.from("EventTable")
```

传入的参数就是注册好的表名。注意这里 eventTable 是一个 Table 对象,而 EventTable 是在环境中注册的表名。得到 Table 对象之后,就可以调用 API 进行各种转换操作了,得到的是一个新的 Table 对象:

```
val maryClickTable = eventTable
```

```
            .where($("user").isEqual("Mary"))
            .select($("url"), $("user"))
```

这里每个方法的参数都是一个表达式，用方法调用的形式直观地说明了想要表达的内容；"$"符号用来指定表中的一个字段。上面的代码和直接执行 SQL 是等效的。

Table API 是嵌入编程语言中的 DSL，SQL 中的很多特性和功能必须要有对应的实现才可以使用，因此跟直接写 SQL 比起来肯定就要麻烦一些。目前，Table API 支持的功能相对更少，可以预见未来 Flink 社区也会以扩展 SQL 为主，为大家提供更加通用的接口方式；所以我们接下来也会以介绍 SQL 为主，简略地提及 Table API。

3. 两种 API 的结合使用

可以发现，无论是调用 Table API 还是执行 SQL，得到的结果都是一个 Table 对象；所以这两种 API 的查询可以很方便地结合在一起。

（1）无论是哪种方式得到的 Table 对象，都可以继续调用 Table API 进行查询转换。

（2）如果想要对一个表执行 SQL 操作（用 FROM 关键字引用），必须先在环境中对它进行注册。所以我们可以通过创建虚拟表的方式实现两者的转换：

```
tableEnv.createTemporaryView("MyTable", myTable)
```

注意：这里的第一个参数"MyTable"是注册的表名，而第二个参数 myTable 是 Table 对象。

另外要说明的是，在 11.1.2 节的简单示例中，我们并没有将 Table 对象注册为虚拟表就直接在 SQL 中使用了：

```
val clickTable = tableEnvironment.sqlQuery("select url, user from " + eventTable)
```

这其实是一种简略的写法，我们将 Table 对象名 eventTable 直接以字符串拼接的形式添加到 SQL 语句中。解析时，会自动注册一个同名的虚拟表到环境中，这样就省略了创建虚拟视图的步骤。

两种 API 殊途同归，在实际应用中可以按照自己的习惯任意选择。不过由于结合使用容易引起混淆，而 Table API 功能相对较少、通用性较差，所以企业项目中往往会直接选择 SQL 的方式来实现需求。

11.2.5 输出表

表的创建和查询，就对应着流处理中的读取数据源和转换；而最后一个步骤 Sink，也就是将结果数据输出到外部系统，就对应着表的输出操作。

在代码中，输出一张表最直接的方法就是调用 Table 的 executeInsert()方法，将一个表写入已注册的表中，方法传入的参数就是注册的表名。

```
// 注册表，用于输出数据到外部系统
tableEnv.executeSql("CREATE TABLE OutputTable ... WITH ( 'connector' = ... )")

// 经过查询转换，得到结果表
val result = ...

// 将结果表写入已注册的输出表中
result.executeInsert("OutputTable")
```

在底层，表的输出是通过将数据写入 TableSink 来实现的。TableSink 是 Table API 中提供的一个向外部系统写入数据的通用接口，可以支持不同的文件格式（如 CSV、Parquet）、存储数据库（如 JDBC、HBase、Elasticsearch）和消息队列（如 Kafka）。它有些类似于 DataStream API 中调用 addSink()方法时传入的 SinkFunction，有不同的连接器对它进行了实现。关于不同外部系统的连接器，我们将在 11.8 节展开介绍。

这里可以发现，我们在环境中注册的"表"，其实在写入数据时就对应着一个 TableSink。

11.2.6 表和流的转换

从创建表环境开始，历经表的创建、查询转换和输出，我们已经可以使用 Table API 和 SQL 进行完整的流处理了。不过在应用的开发过程中，我们测试业务逻辑一般不会将结果直接写入外部系统，而是在本地控制台打印输出。对于 DataStream，直接调用 print()方法就可以看到结果数据流的内容了，但对于 Table 就比较悲剧——它没有提供 print()方法。这该怎么办呢？

在 Flink 中我们可以将 Table 再转换成 DataStream，然后进行打印输出。这就涉及了表和流的转换。

1. 将表转换成流

（1）调用 toDataStream()方法。

将一个 Table 对象转换成 DataStream 非常简单，只要直接调用表环境的 toDataStream()方法即可。例如，我们可以将 11.2.4 节经 SQL 查询转换得到的表 aliceVisitTable 转换成流打印输出，这代表了"Alice 点击的 url 列表"：

```
val aliceVisitTable = tableEnv.sqlQuery(
    "SELECT user, url " +
    "FROM EventTable " +
    "WHERE user = 'Alice' "
)

// 将表转换成数据流
tableEnv.toDataStream(aliceVisitTable).print()
```

这里需要将要转换的 Table 对象作为参数传入。

（2）调用 toChangelogStream()方法。

将 aliceVisitTable 转换成流打印输出是很简单的；然而，如果我们同样希望将"用户点击次数统计"表 urlCountTable 进行打印输出，就会抛出一个 TableException 异常：

```
Exception in thread "main" org.apache.flink.table.api.TableException: Table sink 'default_catalog.default_database.Unregistered_DataStream_Sink_1' doesn't support consuming update changes ...
```

这表示当前的 TableSink 并不支持表的更新操作。这是什么意思呢？

因为 print()本身也可以看作一个 Sink 操作，所以这个异常就是说打印输出的 Sink 操作不支持对数据进行更新。具体来说，urlCountTable 表中进行了分组聚合统计，所以表中的每一行是会"更新"的。也就是说，Alice 的第一个点击事件到来，表中会有一行(Alice, 1)；第二个点击事件到来，这一行就要更新为(Alice, 2)。但之前的(Alice, 1)已经打印输出了，我们怎么能对它进行更改呢？所以就会抛出异常。

解决的思路是，对于这样有更新操作的表，我们不要试图直接把它转换成 DataStream 打印输出，而是记录一下它的更新日志。这样一来，对于表的所有更新操作，就变成了一条更新日志的流，我们就可以转换成流打印输出了。

代码中需要调用的是表环境的 toChangelogStream()方法：

```
val urlCountTable = tableEnv.sqlQuery(
    "SELECT user, COUNT(url) " +
    "FROM EventTable " +
    "GROUP BY user "
)

// 将表转换成更新日志流
tableEnv.toChangelogStream(urlCountTable).print()
```

与更新日志流对应的，是那些只做了简单转换、没有进行聚合统计的表，例如前面提到的

aliceVisitTable。它们的特点是数据只会插入、不会更新,所以也被叫作仅插入流。

2. 将流转换成表

(1) 调用 fromDataStream()方法。

想要将一个 DataStream 转换成表也很简单,可以通过调用表环境的 fromDataStream()方法来实现,返回的就是一个 Table 对象。例如,我们可以直接将事件流 eventStream 转换成一个表:

```
val env = StreamExecutionEnvironment.getExecutionEnvironment

// 获取表环境
val tableEnv = StreamTableEnvironment.create(env)

// 读取数据源
val eventStream = env.addSource(...)

// 将数据流转换成表
val eventTable = tableEnv.fromDataStream(eventStream)
```

由于流中的数据本身就是定义好的样例类对象类型 Event,所以我们将流转换成表之后,每一行数据就对应着一个 Event,而表中的列名就对应着 Event 中的属性。

另外,我们还可以在 fromDataStream()方法中增加参数,用来指定提取哪些属性作为表中的字段名,并可以任意指定位置:

```
// 提取 Event 中的 timestamp 和 url 作为表中的列
val eventTable2 = tableEnv.fromDataStream(eventStream, $("timestamp"), $("url"))
```

需要注意的是,timestamp 本身是 SQL 中的关键字,所以我们在定义表名、列名时要尽量避免。这时可以通过表达式的 as()方法对字段进行重命名:

```
// 将 timestamp 字段重命名为 ts
val eventTable2 = tableEnv.fromDataStream(eventStream, $("timestamp").as("ts"), $("url"))
```

(2) 调用 createTemporaryView()方法。

调用 fromDataStream()方法简单直观,可以直接实现 DataStream 到 Table 的转换。如果我们希望直接在 SQL 中引用这张表,需要调用表环境的 createTemporaryView()方法来创建虚拟视图。

对于这种场景,也有一种更简洁的调用方式。我们可以直接调用 createTemporaryView()方法创建虚拟表,传入两个参数,第一个依然是注册的表名,而第二个可以直接就是 DataStream。之后仍旧可以传入多个参数,用来指定表中的字段。

```
tableEnv.createTemporaryView("EventTable", eventStream,
    $("timestamp").as("ts"),$("url"));
```

这样,我们接下来就可以直接在 SQL 中引用表 EventTable 了。

(3) 调用 fromChangelogStream ()方法。

表环境还提供了一个 fromChangelogStream()方法,可以将一个更新日志流转换成表。这个方法要求流中的数据类型只能是 Row,而且每一个数据都需要指定当前行的更新类型。所以一般由连接器帮忙实现,直接应用比较少见,感兴趣的读者可以查看官网的文档说明。

3. 支持的数据类型

前面示例中的 DataStream,流中的数据类型都是定义好的样例类。如果 DataStream 中的类型是简单的基本类型,还可以直接转换成表吗?这就涉及了 Table 中支持的数据类型。

整体来看,DataStream 中支持的数据类型,Table 中也是都支持的,只不过在进行转换时需要注意一些细节。

（1）原子类型。

在 Flink 中，基础数据类型（Integer、Double、String）和通用数据类型（也就是不可再拆分的数据类型）统一称作原子类型。原子类型的 DataStream，转换之后就成了只有一列的 Table，列字段（field）的数据类型可以由原子类型推断出。另外，还可以在 fromDataStream()方法里增加参数，用来重新命名列字段。

```
val tableEnv = ...

val stream = ...

// 将数据流转换成动态表，动态表只有一个字段，重命名为myLong
val table = tableEnv.fromDataStream(stream, $("myLong"))
```

（2）Tuple 类型。

当原子类型不做重命名时，默认的字段名就是"_1"，容易想到这其实就是将原子类型看作一元组 Tuple1 的处理结果。

Table 支持 Scala 中定义的元组类型 Tuple，对应在表中，字段名默认就是元组中元素的属性名_1、属性_2、属性_3...所有字段都可以被重新排序，也可以提取其中的一部分字段。字段还可以通过调用表达式的 as()方法来进行重命名。

```
val tableEnv = ...

val stream = ...

// 将数据流转换成只包含 1 字段的表
val table = tableEnv.fromDataStream(stream, $("_1"))

// 将数据流转换成包含-1 和-2 字段的表，在表中-1 和-2 位置交换
val table = tableEnv.fromDataStream(stream, $("-2"), $("-1"))

// 将_2 字段命名为 myInt，_1 命名为 myLong
val table = tableEnv.fromDataStream(stream, $("_2").as("myInt"), $("_1").as("myLong"))
```

（3）case class 类型。

Flink 也支持多种数据类型组合成的"复合类型"，最典型的就是简单样例类对象（case class 类型）。由于 case class 中已经定义好了可读性强的字段名，这种类型的数据流转换成 Table 就显得无比顺畅了。

将 case class 类型的 DataStream 转换成 Table，如果不指定字段名称，就会直接使用原始 case class 类型中的字段名称。case class 中的字段同样可以被重新排序、提却和重命名，这在之前的例子中已经有过体现。

```
val tableEnv = ...

val stream = ...

val table = tableEnv.fromDataStream(stream)
val table = tableEnv.fromDataStream(stream, $("user"))
val table = tableEnv.fromDataStream(stream, $("user").as("myUser"), $("url").as("myUrl"))
```

（4）Row 类型。

Flink 中还定义了一个在关系型表中更加通用的数据类型——行，它是 Table 中数据的基本组织形式。Row 类型也是一种复合类型，它的长度固定，而且无法直接推断出每个字段的类型，所以在使用时必须指明具体的类型信息。我们在创建 Table 时调用的 CREATE 语句就会将所有的字段名称和类型指定，这在 Flink 中被称为表的模式结构。此外，Row 类型还附加了一个属性 RowKind，用来表示当前行在更新操作中的类型。这样，Row 就可以用来表示更新日志流中的数据，从而架起了 Flink 中流和表的转换桥梁。

所以在更新日志流中，元素的类型必须是 Row，而且需要调用 ofKind()方法来指定更新类型。下面是

一个具体的例子:
```scala
val dataStream =
    env.fromElements(
        Row.ofKind(RowKind.INSERT, "Alice", 12),
        Row.ofKind(RowKind.INSERT, "Bob", 5),
        Row.ofKind(RowKind.UPDATE_BEFORE, "Alice", 12),
        Row.ofKind(RowKind.UPDATE_AFTER, "Alice", 100))

// 将更新日志流转换为表
val table = tableEnv.fromChangelogStream(dataStream)
```

4. 综合应用示例

现在,我们可以将介绍过的所有 API 整合起来,写出一段完整的代码。同样还是用户的一组点击事件,我们可以查询出某个用户(例如,Alice)点击的 url 列表,也可以统计出每个用户累计的点击次数,这可以用两句 SQL 来分别实现。具体代码如下:

```scala
package com.atguigu.chapter11

import com.atguigu.chapter05.Event
import org.apache.flink.streaming.api.scala._
import org.apache.flink.table.api.bridge.scala.StreamTableEnvironment

object TableToStreamExample {
  def main(args: Array[String]): Unit = {
    // 获取流环境
    val env = StreamExecutionEnvironment.getExecutionEnvironment
    env.setParallelism(1)
    // 读取数据源
    val eventStream = env
      .fromElements(
        Event("Alice", "./home", 1000L),
        Event("Bob", "./cart", 1000L),
        Event("Alice", "./prod?id=1", 5 * 1000L),
        Event("Cary", "./home", 60 * 1000L),
        Event("Bob", "./prod?id=3", 90 * 1000L),
        Event("Alice", "./prod?id=7", 105 * 1000L)
      )
    // 获取表环境
    val tableEnv = StreamTableEnvironment.create(env)
    // 将数据流转换成表
    tableEnv.createTemporaryView("EventTable", eventStream)
    // 查询 Alice 的访问 url 列表
    val aliceVisitTable = tableEnv.sqlQuery("SELECT url, user FROM EventTable WHERE user = 'Alice'")

    // 统计每个用户的点击次数
    val urlCountTable = tableEnv.sqlQuery("SELECT user, COUNT(url) FROM EventTable GROUP BY user")
    // 将表转换成数据流,在控制台打印输出
```

```
        tableEnv.toDataStream(aliceVisitTable).print("alice visit")
        tableEnv.toChangelogStream(urlCountTable).print("count")

        // 执行程序
        env.execute()
    }
}
```

用户 Alice 的点击 url 列表只需要一个简单的条件查询就可以得到，对应的表中只有插入操作，所以我们可以直接调用 toDataStream()将它转换成数据流，然后打印输出。控制台输出的结果如下：

```
alice visit > +I[./home, Alice]
alice visit > +I[./prod?id=1, Alice]
alice visit > +I[./prod?id=7, Alice]
```

这里每条数据前缀的+I 就是 RowKind，表示 INSERT（插入）。

而由于统计点击次数时用到了分组聚合，造成结果表中数据会有更新操作，所以在打印输出时需要将表 urlCountTable 转换成更新日志流。控制台输出的结果如下：

```
count> +I[Alice, 1]
count> +I[Bob, 1]
count> -U[Alice, 1]
count> +U[Alice, 2]
count> +I[Cary, 1]
count> -U[Bob, 1]
count> +U[Bob, 2]
count> -U[Alice, 2]
count> +U[Alice, 3]
```

这里数据的前缀出现了+I、-U 和+U 三种 RowKind，分别表示 INSERT（插入）、UPDATE_BEFORE（更新前）和 UPDATE_AFTER（更新后）。当收到每个用户的第一次点击事件时，会在表中插入一条数据，例如+I[Alice, 1]、+I[Bob, 1]。而后每当用户增加一次点击事件，就会带来一次更新操作，更新日志流（changelog stream）中对应会出现两条数据，分别表示之前数据的失效和新数据的生效。例如，当 Alice 的第二条点击数据到来时，会出现一个-U[Alice,1]和一个+U[Alice,2]，表示 Alice 的点击个数从 1 变成了 2。

这种表示更新日志的方式，有点像是声明"撤回"了之前的一条数据、再插入一条更新后的数据，所以也叫作撤回流。关于表到流转换过程的编码方式，我们会在 11.3 节进行更深入的讨论。

11.3 流处理中的表

在上一节中介绍了 Table API 和 SQL 的基本使用方法。我们会发现，在 Flink 中使用表和 SQL 基本上与其他场景是一样的。不过对于表和流的转换，却稍显复杂。当我们将一个 Table 转换成 DataStream 时，有仅插入流和更新日志流两种不同的方式，具体使用哪种方式取决于表中是否存在更新操作。

这种麻烦其实是不可避免的。我们知道，Table API 和 SQL 本质上都是基于关系型表的操作方式，而关系型表（Table）本身是有界的，更适合批处理的场景。所以在 MySQL、Hive 这样的固定数据集中进行查询，使用 SQL 就会显得得心应手。而对于 Flink 这样的流处理框架来说，要处理的是源源不断到来的无界数据流，我们无法等到数据都到齐再做查询，每来一条数据就应该更新一次结果。这时如果一定要使用表和 SQL 进行处理，就会显得有些别扭了，需要引入一些特殊的概念。

我们可以将关系型表/SQL 与流处理做一个对比，如表 11-1 所示。

表 11-1 关系型表/SQL 的查询和流处理的对比

对比点	关系型表/SQL	流处理
处理的数据对象	字段元组的有界集合	字段元组的无限序列
查询（Query）对数据的访问	可以访问到完整的数据输入	无法访问到所有数据，必须"持续"等待流式输入
查询终止条件	生成固定大小的结果集后终止	永不停止，根据持续收到的数据不断更新查询结果

可以看到，其实关系型表和 SQL，主要是针对批处理设计的，这和流处理有着天生的隔阂。那么 Flink 中的 Table API 和 SQL 又是怎样做流处理的呢？接下来我们就来深入探讨流处理中表的概念。

11.3.1 动态表和持续查询

流处理面对的数据是连续不断的，这导致了流处理中的"表"与我们熟悉的关系型数据库中的表完全不同；而基于表执行的查询操作，也就有了新的含义。

如果我们希望把流数据转换成表的形式，那么表中的数据就会不断增长；如果进一步基于表执行 SQL 查询，那么得到的结果就不是一成不变的，而是会随着新数据的到来持续更新。

1. 动态表

当流中有新数据到来，初始的表中会插入一行；而基于这个表定义的 SQL 查询，就应该在之前的基础上更新结果。这样得到的表就会不断地动态变化，被称为动态表。

动态表是 Flink 在 Table API 和 SQL 中的核心概念，它为流数据处理提供了表和 SQL 支持。我们所熟悉的表一般用来做批处理，面向的是固定的数据集，可以认为是静态表；而动态表则完全不同，里面的数据会随着时间产生变化。

我们在传统的关系型数据库中已经接触过动态表的概念。数据库中的表，其实是一系列 INSERT、UPDATE 和 DELETE 语句执行的结果；在关系型数据库中，我们一般把它称为更新日志流。如果我们保存了表在某一时刻的快照，那么接下来只要读取更新日志流，就可以得到表之后的变化过程和最终结果了。在很多高级关系型数据库（比如 Oracle、DB2）中都有物化视图的概念，可以用来缓存 SQL 查询的结果。它的更新其实就是不停地处理更新日志流的过程。

Flink 中的动态表，就借鉴了物化视图的思想。

2. 持续查询

动态表可以像静态的批处理表一样进行查询操作。由于数据在不断变化，因此基于它定义的 SQL 查询也不可能执行一次就得到最终结果。这样一来，我们对动态表的查询也就永远不会停止，一直在随着新数据的到来而继续执行，这样的查询称作持续查询。对动态表定义的查询操作，都是持续查询，而持续查询的结果也会是一个动态表。

由于每次数据到来都会触发查询操作，因此可以认为一次查询面对的数据集，就是当前输入动态表中收到的所有数据。这相当于对输入动态表做了一个快照，当作有限数据集进行批处理；流式数据的到来会触发连续不断的快照查询，像动画一样连贯起来，就构成了"持续查询"。

如图 11-1 所示，描述了持续查询的过程。这里我们也可以清晰地看到流、动态表和持续查询的关系。

持续查询的步骤如下：

（1）流被转换为动态表。
（2）对动态表进行持续查询，生成新的动态表。
（3）生成的动态表被转换成流。

这样，只要 API 将流和动态表的转换封装起来，我们就可以直接在数据流上执行 SQL 查询，用处理表的方式来做流处理了。

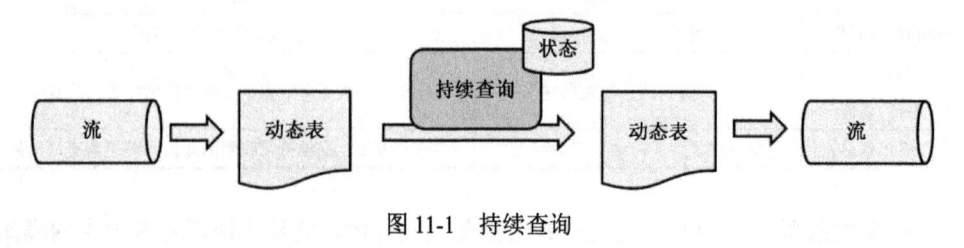

图 11-1　持续查询

11.3.2　将流转换成动态表

为了能够使用 SQL 做流处理，我们必须先把流转换成动态表。当然，之前在讲解基本 API 时，已经介绍过代码中的 DataStream 和 Table 如何转换；现在我们要抛开具体的数据类型，从原理上理解流和动态表的转换过程。

如果把流看作一张表，那么流中每个数据的到来，都应该看作是对表的一次插入操作，会在表的末尾添加一行数据。因为流是连续不断的，而且之前的输出结果无法改变、只能在后面追加。所以我们其实是通过一个只有插入操作的更新日志流，来构建一个表。

为了更好地说明流转换成动态表的过程，我们还是用 11.2 节中举的例子来做分析说明。

```scala
// 获取流环境
val env = StreamExecutionEnvironment.getExecutionEnvironment
env.setParallelism(1)

// 读取数据源
val eventStream = env
            .fromElements(
                Event("Alice", "./home", 1000L),
                Event("Bob", "./cart", 1000L),
                Event("Alice", "./prod?id=1", 5 * 1000L),
                Event("Cary", "./home", 60 * 1000L),
                Event("Bob", "./prod?id=3", 90 * 1000L),
                Event("Alice", "./prod?id=7", 105 * 1000L)
            )

// 获取表环境
val tableEnv = StreamTableEnvironment.create(env)

// 将数据流转换成表
tableEnv.createTemporaryView("EventTable", eventStream, $("user"), $("url"), $("timestamp").as("ts"))

// 统计每个用户的点击次数
val urlCountTable = tableEnv.sqlQuery("SELECT user, COUNT(url) as cnt FROM EventTable GROUP BY user")

// 将表转换成数据流，在控制台打印输出
tableEnv.toChangelogStream(urlCountTable).print("count")

// 执行程序
```

```
env.execute()
```
我们现在的输入数据，就是用户在网站上的点击访问行为，数据类型被包装为 POJO 类型 Event。我们将它转换成一个动态表，注册为 EventTable。表中的字段定义如下：
```
[
  user: VARCHAR,    // 用户名
  url:  VARCHAR,    // 用户访问的 URL
  ts: BIGINT        // 时间戳
]
```
如图 11-2 所示，当用户点击事件到来时，就对应着动态表中的一次插入操作，每条数据就是表中的一行；随着插入更多的点击事件，得到的动态表将不断增长。

eventStream		EventTable		
		usr	url	ts
Alice, ./home, 1000	→	Alice	./home	1000
Bob, ./cart, 1000	→	Bob	./cart	1000
Alice, ./prod?id=1, 5000	→	Alice	./prod?id=1	5000
Cary, ./home, 60000	→	Cary	./home	60000
Bob, ./prod?id=3, 90000	→	Bob	./prod?id=3	90000
Alice, ./prod?id=7, 105000	→	Alice	./prod?id=7	105000
		...		

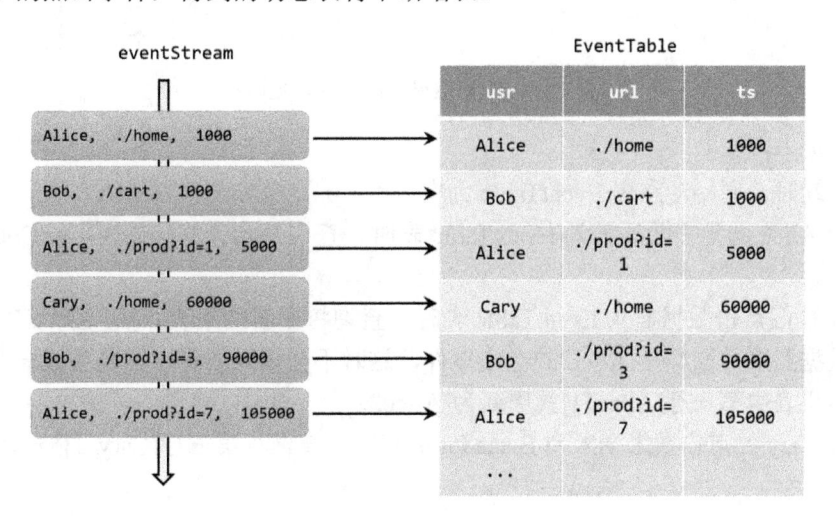

图 11-2　点击事件流转换成动态表

11.3.3　用 SQL 持续查询

1. 更新查询

我们在代码中定义了一个 SQL 查询。
```
val urlCountTable = tableEnv.sqlQuery("SELECT user, COUNT(url) as cnt FROM EventTable GROUP BY user")
```
这个查询很简单，主要是分组聚合统计每个用户的点击次数。我们把原始的动态表注册为 EventTable，经过查询转换后得到 urlCountTable；这个结果动态表中包含两个字段，具体定义如下：
```
[
  user: VARCHAR,    // 用户名
  cnt:  BIGINT      // 用户访问 url 的次数
]
```
如图 11-3 所示，当原始动态表不停地插入新的数据时，查询得到的 urlCountTable 会持续地进行更改。由于 count 数量可能会叠加增长，因此这里的更改操作可以是简单的插入，也可以是对之前数据的更新。换句话说，用来定义结果表的更新日志流中，包含了 INSERT 和 UPDATE 两种操作。这种持续查询被称为更新查询，更新查询得到的结果表如果想要转换成 DataStream，必须调用 toChangelogStream()方法。

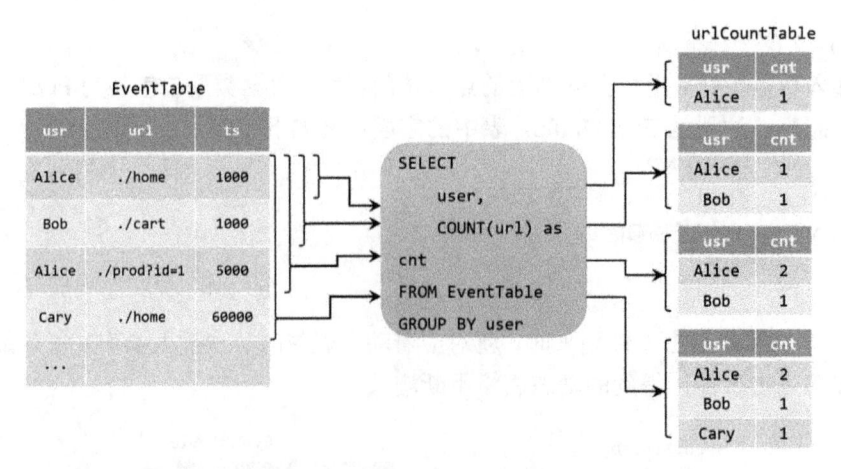

图 11-3 查询结果表的插入与更新

具体步骤解释如下：
（1）当查询启动时，原始动态表 EventTable 为空。
（2）当第一行 Alice 的点击数据插入 EventTable 表时，查询开始计算结果表，urlCountTable 中插入一行数据[Alice, 1]。
（3）当第二行 Bob 点击数据插入 EventTable 表时，查询将更新结果表并插入新行[Bob, 1]。
（4）第三行数据到来，同样是 Alice 的点击事件，这时不会插入新行，而是生成一个针对已有行的更新操作。这样，结果表中第一行[Alice, 1]就更新为[Alice, 2]。
（5）当第四行 Cary 的点击数据插入到 EventTable 表时，查询将第三行[Cary, 1]插入到结果表中。

2. 追加查询

上面的例子中，查询过程用到了分组聚合，结果表中就会产生更新操作。如果我们执行一个简单的条件查询，结果表中就会像原始表 EventTable 一样，只有插入操作了。

```
val aliceVisitTable = tableEnv.sqlQuery("SELECT url, user FROM EventTable WHERE user = 'Alice'")
```

这样的持续查询称为追加查询，它定义结果表的更新日志（changelog）流中只有 INSERT 操作。追加查询得到的结果表，转换成 DataStream 调用方法没有限制，可以直接用 toDataStream()，也可以像更新查询一样调用 toChangelogStream()。

这样看来，我们似乎可以总结一个规律：只要用到了聚合，在之前的结果上有叠加，就会产生更新操作，就是一个更新查询。但事实上，更新查询的判断标准是结果表中的数据是否会有 UPDATE 操作，如果聚合的结果不再改变，那么同样也不是更新查询。

什么时候聚合的结果会保持不变呢？一个典型的例子就是窗口聚合。

我们考虑使用滚动窗口，统计每一小时内所有用户的点击次数，并在结果表中增加一个 endT 字段，表示当前统计窗口的结束时间。这时结果表的字段定义如下：

```
[
  user:  VARCHAR,    // 用户名
  endT:  TIMESTAMP,  // 窗口结束时间
  cnt:   BIGINT      // 用户访问 url 的次数
]
```

如图 11-4 所示，与之前的分组聚合一样，当原始动态表不停地插入新的数据时，查询到的结果 result 会持续地进行更改。比如时间戳在 12:00:00 到 12:59:59 之间的有四条数据，其中 Alice 三次点击、Bob 一次点击；所以当水位线达到 13:00:00 时窗口关闭，输出到结果表中的就是新增两条数据[Alice, 13:00:00, 3]和[Bob, 13:00:00, 1]。同理，当下一小时的窗口关闭时，也会将统计结果追加到 result 表后面，而不会更新之前的数据。

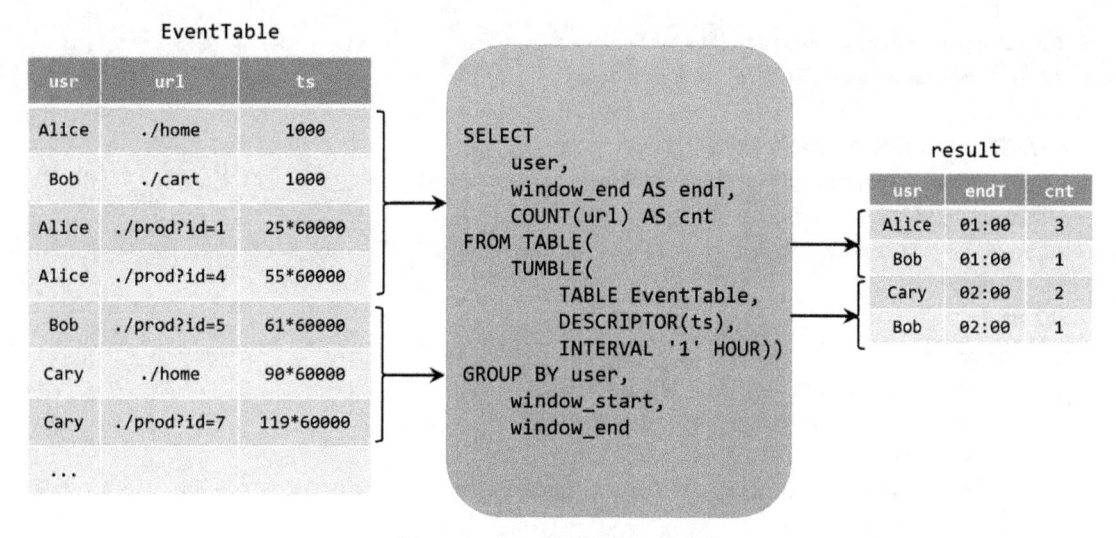

图 11-4 窗口聚合结果表的变化

我们发现，由于窗口的统计结果是一次性写入结果表的，所以结果表的更新日志流中只会包含插入 INSERT 操作，而没有更新 UPDATE 操作。这里的持续查询，依然是一个追加查询。结果表 result 如果转换成 DataStream，可以直接调用 toDataStream()方法。

需要注意的是，由于涉及时间窗口，我们还需要为事件时间提取时间戳和生成水位线。完整代码如下：

```scala
package com.atguigu.chapter11

import com.atguigu.chapter05.Event
import org.apache.flink.streaming.api.scala._
import org.apache.flink.table.api.Expressions.$
import org.apache.flink.table.api.bridge.scala.StreamTableEnvironment

object AppendQueryExample {
  def main(args: Array[String]): Unit = {
    val env = StreamExecutionEnvironment.getExecutionEnvironment
    env.setParallelism(1)
    // 读取数据源，并分配时间戳、生成水位线
    val eventStream = env
      .fromElements(
        Event("Alice", "./home", 1000L),
        Event("Bob", "./cart", 1000L),
        Event("Alice", "./prod?id=1", 25 * 60 * 1000L),
        Event("Alice", "./prod?id=4", 55 * 60 * 1000L),
        Event("Bob", "./prod?id=5", 3600 * 1000L + 60 * 1000L),
        Event("Cary", "./home", 3600 * 1000L + 30 * 60 * 1000L),
        Event("Cary", "./prod?id=7", 3600 * 1000L + 59 * 60 * 1000L)
      )
      .assignAscendingTimestamps(_.timestamp)
    // 创建表环境
    val tableEnv = StreamTableEnvironment.create(env)
    // 将数据流转换成表，并指定时间属性
    val eventTable = tableEnv.fromDataStream(
      eventStream,
      $("user"),
      $("url"),
```

```
        $("timestamp").rowtime().as("ts")
        // 将 timestamp 指定为事件时间,并命名为 ts
      )
      // 为方便在 SQL 中引用,在环境中注册表 EventTable
      tableEnv.createTemporaryView("EventTable", eventTable);
      // 设置 1 小时滚动窗口,执行 SQL 统计查询
      val result = tableEnv
        .sqlQuery(
          "SELECT " +
            "user, " +
            "window_end AS endT, " + // 窗口结束时间
            "COUNT(url) AS cnt " + // 统计 url 访问次数
            "FROM TABLE( " +
            "TUMBLE( TABLE EventTable, " + // 1 小时滚动窗口
            "DESCRIPTOR(ts), " +
            "INTERVAL '1' HOUR)) " +
            "GROUP BY user, window_start, window_end "
        )
      tableEnv.toDataStream(result).print()
      env.execute()
    }
}
```

运行结果如下:

```
+I[Alice, 1970-01-01T01:00, 3]
+I[Bob, 1970-01-01T01:00, 1]
+I[Cary, 1970-01-01T02:00, 2]
+I[Bob, 1970-01-01T02:00, 1]
```

可以看到,输出结果都以+I 为前缀,表示都是以 INSERT 操作追加到结果表中的。这是一个追加查询,所以我们直接使用 toDataStream()转换成流是没有问题的。这里输出的 window_end 是一个 TIMESTAMP 类型;由于我们直接以一个长整型数作为事件发生的时间戳,所以可以看到对应的都是 1970 年 1 月 1 日的时间。

关于 Table API 和 SQL 中窗口和聚合查询的使用,我们会在后面详细讲解。

3. 查询限制

在实际应用中,有些持续查询会因为计算代价太高而受到限制。所谓的"代价太高",可能是由于需要维护的状态持续增长,也可能是由于更新数据的计算太复杂。

(1)状态大小。

用持续查询做流处理,往往会运行至少几周到几个月,所以持续查询处理的数据总量可能非常大。例如我们介绍的更新查询的例子,需要记录每个用户访问 url 的次数。如果随着时间的推移用户数越来越大,那么要维护的状态也将逐渐增长,最终可能会耗尽存储空间导致查询失败。

```
SELECT user, COUNT(url)
FROM clicks
GROUP BY user;
```

(2)更新计算。

对于有些查询来说,更新计算的复杂度可能很高。每来一条新的数据,更新结果的时候可能需要全部重新计算,并且对很多已经输出的行进行更新。一个典型的例子是 RANK()函数,它会基于一组数据计算当前值的排名。例如下面的 SQL 查询,会根据用户最后一次点击的时间为每个用户计算一个排名。当我们收到一个新的数据,用户的最后一次点击时间就会更新,进而所有用户必须重新排序计算一个新的排名。

当一个用户的排名发生改变时，被他超过的那些用户的排名也会改变。这样的更新操作无疑代价巨大，而且还会随着用户的增多越来越严重。

```sql
SELECT user, RANK() OVER (ORDER BY lastAction)
FROM (
  SELECT user, MAX(ts) AS lastAction FROM EventTable GROUP BY user
);
```

这样的查询操作，就不太适合作为连续查询在流处理中执行。这里 RANK() 的使用要配合一个 OVER 子句，这是所谓的"开窗聚合"，我们将在 11.5 节展开介绍。

11.3.4 将动态表转换为流

与关系型数据库中的表一样，动态表也可以通过插入、更新和删除操作，进行持续的更改。将动态表转换为流或将其写入外部系统时，就需要对这些更改操作进行编码，通过发送编码消息的方式告诉外部系统要执行的操作。在 Flink 中，Table API 和 SQL 支持三种编码方式。

（1）仅追加流。

仅通过插入（insert）更改来修改的动态表，可以直接转换为"仅追加"流。这个流中发出的数据，其实就是动态表中新增的每一行。

（2）撤回流。

撤回流是包含两类消息的流，添加消息和撤回消息。

具体的编码规则是：INSERT 插入操作编码为 add 消息；DELETE 删除操作编码为 retract 消息；而 UPDATE 更新操作则编码为被更改行的 retract 消息，和更新后行（新行）的 add 消息。这样，我们可以通过编码后的消息指明所有的增删改操作，一个动态表就可以转换为撤回流了。

可以看到，更新操作对于撤回流来说，对应着两个消息：之前数据的撤回（删除）和新数据的插入。

如图 11-5 所示，显示了将动态表转换为撤回流的过程。

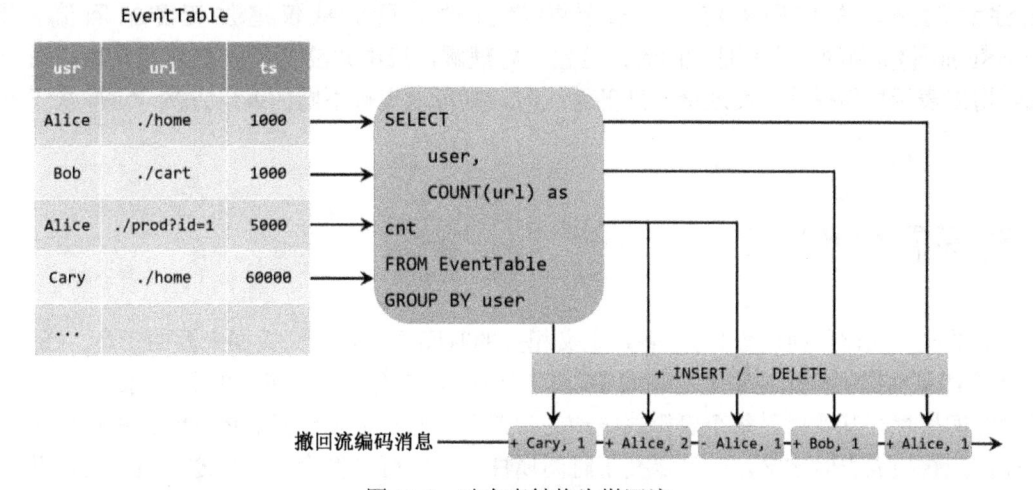

图 11-5 动态表转换为撤回流

这里我们用"+"代表 add 消息（对应插入 INSERT 操作），用"-"代表 retract 消息（对应删除 DELETE 操作）；当 Alice 的第一个点击事件到来时，结果表新增一条数据[Alice, 1]；而当 Alice 的第二个点击事件到来时，结果表会将[Alice, 1]更新为[Alice, 2]，对应的编码就是删除[Alice, 1]、插入[Alice, 2]。这样当一个外部系统收到这样的两条消息时，就知道是要对 Alice 的点击统计次数进行更新了。

（3）更新插入流。

更新插入流中只包含两种类型的消息：更新插入消息和删除消息。

所谓的 upsert 其实是 update 和 insert 的合成词，所以对于更新插入流来说，INSERT 插入操作和 UPDATE 更新操作，统一被编码为 upsert 消息，而 DELETE 删除操作则被编码为 delete 消息。

既然更新插入流中不区分插入和更新，那我们自然会想到一个问题：如果希望更新一行数据时，怎么保证最后做的操作不是插入呢？

这就需要动态表中必须有唯一的键。通过这个 key 进行查询，如果存在对应的数据就做更新，如果不存在就直接插入。这是一个动态表可以转换为更新插入流的必要条件。当然，收到这条流中数据的外部系统，也需要知道唯一的键，这样才能正确地处理消息。

如图 11-6 所示，显示了将动态表转换为更新插入流的过程。

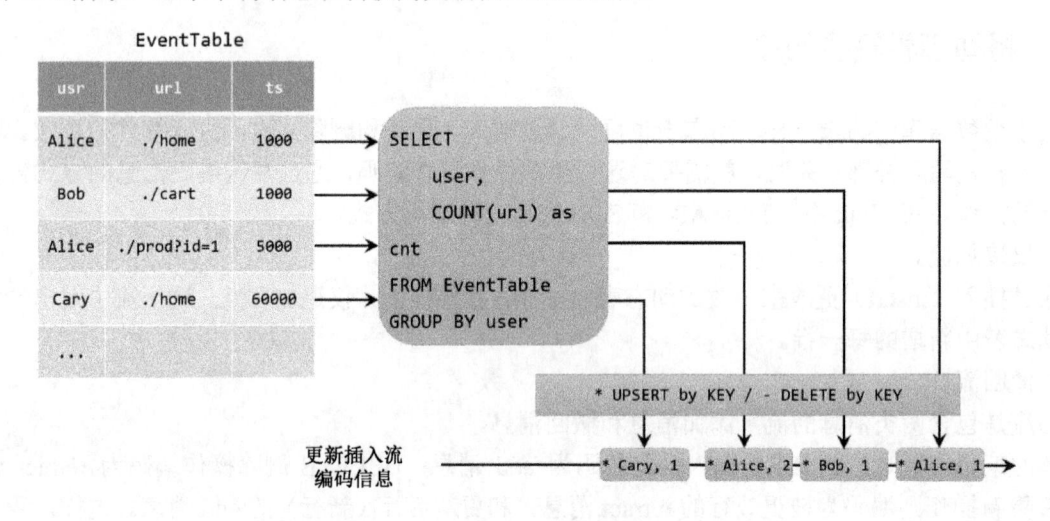

图 11-6　动态表转换为更新插入流

可以看到，更新插入流与撤回流的主要区别在于，更新操作由于有 key 的存在，只需要用单条消息编码就可以，因此效率更高。

需要注意的是，在代码里将动态表转换为流时，只支持仅追加流和撤回流，我们调用 toChangelogStream() 得到的其实就是撤回流；这也很好理解，流中并没有 key 的定义，所以只能通过两条消息一减一增来表示更新操作。而连接到外部系统时，则可以支持不同的编码方法，这取决于外部系统本身的特性。

11.4　时间属性和窗口

基于时间的操作（比如时间窗口），需要定义相关的时间语义和时间数据来源的信息。在 Table API 和 SQL 中，会给表单独提供一个逻辑上的时间字段，专门用来在表处理程序中指示时间。

所谓的时间属性，其实就是每个表模式结构的一部分。它可以在创建表的 DDL 里直接定义为一个字段，也可以在流转换成表时定义。一旦定义了时间属性，它就可以作为一个普通字段引用，并且可以在基于时间的操作中使用。

时间属性的数据类型为 TIMESTAMP，它的行为类似于常规时间戳，可以直接访问并且进行计算。

按照时间语义的不同，我们可以把时间属性的定义分成事件时间和处理时间两种情况。

11.4.1　事件时间

在实际应用中，最常用的就是事件时间。在事件时间语义下，允许表处理程序根据每个数据中包含的时间戳（也就是事件发生的时间）来生成结果。

事件时间语义最大的用途就是处理乱序事件或者延迟事件的场景。我们通过设置水位线来表示事件时间的进展，而水位线可以根据数据的最大时间戳设置一个延迟时间。即使在出现乱序的情况下，对数据的处理也可以获得正确的结果。

为了处理无序事件，并区分流中的迟到事件。Flink 需要从事件数据中提取时间戳，并生成水位线，用来推进事件时间的进展。

事件时间属性可以在创建表 DDL 中定义，也可以在数据流和表的转换中定义。

1. 在创建表的 DDL 中定义

在创建表的 DDL 中，可以增加一个字段，通过 WATERMARK 语句来定义事件时间属性。WATERMARK 语句主要用来定义水位线的生成表达式，这个表达式会将带有事件时间戳的字段标记为事件时间属性，并在此基础上给出水位线的延迟时间。具体定义方式如下：

```
CREATE TABLE EventTable(
  user STRING,
  url STRING,
  ts TIMESTAMP(3),
  WATERMARK FOR ts AS ts - INTERVAL '5' SECOND
) WITH (
  ...
);
```

这里我们把 ts 字段定义为事件时间属性，而且基于 ts 设置了 5 秒的水位线延迟。这里的 "5 秒" 是以 "时间间隔" 的形式定义的，格式是 INTERVAL <数值> <时间单位>：

```
INTERVAL '5' SECOND
```

这里的数值必须用单引号引起来，而单位用 SECOND 和 SECONDS 是等效的。

Flink 中支持的事件时间属性数据类型必须为 TIMESTAMP 或者 TIMESTAMP_LTZ。这里 TIMESTAMP_LTZ 是指带有本地时区信息的时间戳（TIMESTAMP WITH LOCAL TIME ZONE）；一般情况下如果数据中的时间戳是 "年-月-日-时-分-秒" 的形式，那就是不带时区信息的，可以将事件时间属性定义为 TIMESTAMP 类型。

而如果原始的时间戳就是一个长整型的毫秒数，这时就需要另外定义一个字段来表示事件时间属性，类型定义为 TIMESTAMP_LTZ 会更方便：

```
CREATE TABLE events (
  user STRING,
  url STRING,
  ts BIGINT,
  ts_ltz AS TO_TIMESTAMP_LTZ(ts, 3),
  WATERMARK FOR ts_ltz AS time_ltz - INTERVAL '5' SECOND
) WITH (
  ...
);
```

这里我们另外定义了一个字段 ts_ltz，是把长整型的 ts 转换为 TIMESTAMP_LTZ 得到的，进而使用 WATERMARK 语句将它设为事件时间属性，并设置 5 秒的水位线延迟。

2. 在数据流转换为表时定义

事件时间属性也可以在 DataStream 转换为表的时候来定义。我们调用 fromDataStream()方法创建表时，可以追加参数来定义表中的字段结构。这时可以给某个字段加上 rowtime()后缀，就表示将当前字段指定为事件时间属性。这个字段可以是数据中本不存在、额外追加上去的 "逻辑字段"，就像之前 DDL 中定义的第二种情况。也可以是本身固有的字段，那么这个字段就会被事件时间属性所覆盖，类型也会被转换为

TIMESTAMP。不论哪种方式,时间属性字段中保存的都是事件的时间戳(TIMESTAMP 类型)。

需要注意的是,这种方式只负责指定时间属性,而时间戳的提取和水位线的生成应该之前就在 DataStream 上定义好了。由于 DataStream 中没有时区概念,因此 Flink 会将事件时间属性解析成不带时区的 TIMESTAMP 类型,所有的时间值都被当作 UTC 标准时间。

在代码中的定义方式如下:

```
// 方法一:
// 流中数据类型为二元组 Tuple2,包含两个字段,需要自定义提取时间戳并生成水位线
val stream = inputStream.assignTimestampsAndWatermarks(...)

// 声明一个额外的逻辑字段作为事件时间属性
val table = tEnv.fromDataStream(stream, $("user"), $("url"), $("ts").rowtime())

// 方法二:
// 流中数据类型为三元组 Tuple3,最后一个字段就是事件时间戳
val stream = inputStream.assignTimestampsAndWatermarks(...)

// 不再声明额外字段,直接用最后一个字段作为事件时间属性
val table = tEnv.fromDataStream(stream, $("user"), $("url"), $("ts").rowtime())
```

11.4.2 处理时间

相比之下处理时间就比较简单了,它就是我们的系统时间,使用时不需要提取时间戳和生成水位线。因此在定义处理时间属性时,必须要额外声明一个字段,专门用来保存当前的处理时间。

类似地,处理时间属性的定义也有两种方式:在创建表 DDL 中定义,或者在数据流转换为表时定义。

1. 在创建表的 DDL 中定义

在创建表的 DDL 中,可以增加一个额外的字段,通过调用系统内置的 PROCTIME()函数来指定当前的处理时间属性,返回的类型是 TIMESTAMP_LTZ。

```
CREATE TABLE EventTable(
  user STRING,
  url STRING,
  ts AS PROCTIME()
) WITH (
  ...
);
```

这里的时间属性,其实是以计算列的形式定义出来的。所谓的计算列是 Flink SQL 中引入的特殊概念,是指通过一个 AS 语句在表中产生数据中不存在的列,并且可以利用原有的列、各种运算符及内置函数。在前面事件时间属性的定义中,将 ts 字段转换成 TIMESTAMP_LTZ 类型的 ts_ltz,也是计算列的定义方式。

2. 在数据流转换为表时定义

处理时间属性同样可以在 DataStream 转换为表的时候来定义。我们调用 fromDataStream()方法创建表时,可以用 proctime()后缀来指定处理时间属性字段。由于处理时间是系统时间,原始数据中并没有这个字段,所以处理时间属性一定不能定义在一个已有的字段上,只能定义在表结构所有字段的最后,作为额外的逻辑字段出现。

代码中定义处理时间属性的方法如下：
```
val stream = ...

// 声明一个额外的字段作为处理时间属性字段
val table = tEnv.fromDataStream(stream, $("user"), $("url"),
$("ts").proctime())
```

11.4.3 窗口

有了时间属性，接下来就可以定义窗口进行计算了。我们知道，窗口可以将无界流切割成大小有限的桶（bucket）来做计算，通过截取有限数据集来处理无限的流数据。在 DataStream API 中提供了对不同类型的窗口进行定义和处理的接口，而在 Table API 和 SQL 中，类似的功能也都可以实现。

1. 分组窗口

在 Flink 1.12 之前的版本中，Table API 和 SQL 提供了一组分组窗口函数，常用的时间窗口如滚动窗口、滑动窗口、会话窗口都有对应的实现。具体在 SQL 中就是调用 TUMBLE()、HOP()、SESSION()，传入时间属性字段、窗口大小等参数就可以了。以滚动窗口为例：

```
TUMBLE(ts, INTERVAL '1' HOUR)
```

这里的 ts 是定义好的时间属性字段，窗口大小用"时间间隔"INTERVAL 来定义。

在进行窗口计算时，分组窗口是将窗口本身当作一个字段对数据进行分组的，可以对组内的数据进行聚合。基本使用方式如下：

```
val result = tableEnv.sqlQuery(
            "SELECT " +
                "user, " +
            "TUMBLE_END(ts, INTERVAL '1' HOUR) as endT, " +
                "COUNT(url) AS cnt " +
            "FROM EventTable " +
            "GROUP BY " +                       // 使用窗口和用户名进行分组
                "user, " +
                "TUMBLE(ts, INTERVAL '1' HOUR)" // 定义 1 小时滚动窗口
        )
```

这里定义了 1 小时的滚动窗口，将窗口和用户 user 一起作为分组的字段。用聚合函数 COUNT()对分组数据的个数进行了聚合统计，并将结果字段重命名为 cnt。用 TUPMBLE_END()函数获取滚动窗口的结束时间，重命名为 endT 提取出来。

分组窗口的功能比较有限，只支持窗口聚合，所以目前已经处于弃用（deprecated）的状态。

2. 窗口表值函数（Windowing TVF，新版本）

从 Flink 1.13 版本开始，开始使用窗口表值函数（Windowing Table-Valued Function，Windowing TVF）来定义窗口。窗口表值函数是 Flink 定义的多态表函数（PTF），可以将表进行扩展后返回。表函数可以看作返回一个表的函数，关于这部分内容，我们将在 11.6 节进行介绍。

目前 Flink 提供了以下几个窗口 TVF：
- 滚动窗口。
- 滑动窗口（跳跃窗口）。
- 累积窗口。
- 会话窗口（目前尚未完全支持）。

窗口表值函数可以完全替代传统的分组窗口函数。窗口表值函数更符合 SQL 标准，性能得到了优化，拥有更强大的功能。可以支持基于窗口的复杂计算，如窗口 Top-N、窗口联结等。当然，目前窗口 TVF 的功能还不完善，会话窗口和很多高级功能还不支持，不过正在快速地更新完善。可以预见在未来的版本中，窗口 TVF 将越来越强大，将会是窗口处理的唯一入口。

在窗口表值函数的返回值中，除去原始表中的所有列，还增加了用来描述窗口的额外 3 个列：窗口起始点、窗口结束点、窗口时间。起始点和结束点比较好理解，这里的"窗口时间"指的是窗口中的时间属性，它的值等于 window_end - 1ms，所以相当于是窗口中能够包含数据的最大时间戳。

窗口表值函数在 SQL 中的声明方式，与以前的分组窗口是类似的，直接调用 TUMBLE()、HOP()、CUMULATE()就可以实现滚动、滑动和累积窗口，不过传入的参数会有所不同。下面我们就分别对这几种窗口 TVF 进行介绍。

（1）滚动窗口。

滚动窗口在 SQL 中的概念与 DataStream API 中的定义完全一样，是长度固定、时间对齐、无重叠的窗口，一般用于周期性的统计计算。

在 SQL 中通过调用 TUMBLE()函数就可以声明一个滚动窗口，只有一个核心参数就是窗口大小。在 SQL 中不考虑计数窗口，所以滚动窗口就是滚动时间窗口，参数中还需要将当前的时间属性字段传入。另外，窗口 TVF 本质上是表函数，可以对表进行扩展，所以还应该把当前查询的表作为参数整体传入。具体声明如下：

```
TUMBLE(TABLE EventTable, DESCRIPTOR(ts), INTERVAL '1' HOUR)
```

这里基于时间字段 ts，对表 EventTable 中的数据开了大小为 1 小时的滚动窗口。窗口会将表中的每一行数据，按照它们 ts 的值分配到一个指定的窗口中。

（2）滑动窗口。

滑动窗口的使用与滚动窗口类似，可以通过设置滑动步长来控制统计输出的频率。在 SQL 中通过调用 HOP()来声明滑动窗口。除了要传入表名、时间属性，还要传入窗口大小和滑动步长两个参数。

```
HOP(TABLE EventTable, DESCRIPTOR(ts), INTERVAL '5' MINUTES, INTERVAL '1' HOURS));
```

这里我们基于时间属性 ts，在表 EventTable 上创建了大小为 1 小时的滑动窗口，每 5 分钟滑动一次。需要注意的是，紧跟在时间属性字段后面的第三个参数是步长，第四个参数才是窗口大小。

（3）累积窗口。

滚动窗口和滑动窗口，可以用来计算大多数周期性的统计指标。不过在实际应用中还会遇到这样一类需求：我们的统计周期可能较长，因此希望中间每隔一段时间就输出一次当前的统计值；与滑动窗口不同的是，在一个统计周期内，我们会多次输出统计值，它们应该是不断叠加累积的。

例如，我们按天来统计网站的 PV（Page View，页面浏览量），如果用 1 天的滚动窗口，那么需要到每天 24 点才会计算一次，输出频率太低；如果用滑动窗口，计算频率可以更高，但统计的就变成了"过去 24 小时的 PV"。所以我们真正希望的还是按照自然日统计每天的 PV，不过需要每隔 1 小时就输出一次当天到目前为止的 PV 值。这种特殊的窗口就叫作累积窗口。

累积窗口是窗口 TVF 中新增的窗口功能，它会在一定的统计周期内进行累积计算。累积窗口中有两个核心参数：最大窗口长度和累积步长。最大窗口长度其实就是"统计周期"，最终目的就是统计这段时间内的数据。如图 11-7 所示，开始时创建的第一个窗口大小就是步长 step；之后的每个窗口都会在之前的基础上再扩展 step 的长度，直到达到最大窗口长度。

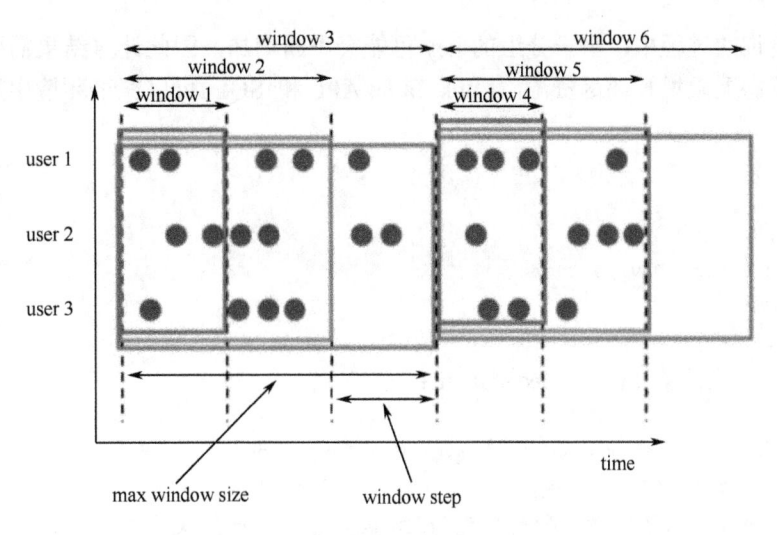

图 11-7 累积窗口

在 SQL 中可以用 CUMULATE()函数来定义，具体如下：
```
CUMULATE(TABLE EventTable, DESCRIPTOR(ts), INTERVAL '1' HOURS, INTERVAL '1' DAYS))
```
这里我们基于时间属性 ts，在表 EventTable 上定义了一个统计周期为 1 天、累积步长为 1 小时的累积窗口。注意第三个参数为步长 step，第四个参数则是最大窗口长度。

上面所有的语句只是定义了窗口，类似 DataStream API 中的窗口分配器。在 SQL 中，窗口的完整调用，还需要配合聚合操作和其他操作。我们将在 11.5 节详细讲解窗口的聚合。

11.5 聚合查询

在 SQL 中，一个很常见的功能就是对某一列的多条数据做一个合并统计，得到一个或多个结果值；比如求和、最大最小值、平均值等，这种操作叫作聚合查询。Flink 中的 SQL 是流处理与标准 SQL 结合的产物，所以聚合查询也可以分成两种：流处理中特有的聚合（主要指窗口聚合），以及 SQL 原生的聚合查询方式。

11.5.1 分组聚合

SQL 中的聚合主要是通过内置的一些聚合函数来实现的，比如 SUM()、MAX()、MIN()、AVG()以及 COUNT()。它们的特点是对多条输入数据进行计算，得到一个唯一的值，属于"多对一"的转换。比如我们可以通过下面的代码计算输入数据的个数：
```
val eventCountTable = tableEnv.sqlQuery("select COUNT(*) from EventTable")
```
而更多的情况下，我们可以通过 GROUP BY 子句来指定分组的键（key），从而对数据按照某个字段做一个分组统计。例如之前我们举的例子，可以按照用户名进行分组，统计每个用户点击 url 的次数：
```
SELECT user, COUNT(url) as cnt FROM EventTable GROUP BY user
```
这种聚合方式就叫作分组聚合。从概念上讲，SQL 中的分组聚合可以对应 DataStream API 中 keyBy()之后的聚合转换，它们都是按照某个 key 对数据进行了划分，各自维护状态来进行聚合统计的。在流处理中，分组聚合同样是一个持续查询，而且是一个更新查询，得到的是一个动态表；每当流中有一个新的数据到来时，都会导致结果表的更新操作。因此，想要将结果表转换成流或输出到外部系统，必须采用撤回流或更新插入流的编码方式；如果在代码中直接转换成 DataStream 打印输出，需要调用 toChangelogStream()。

247

另外，在持续查询的过程中，用于分组的 key 可能会不断增加，因此计算结果需要维护的状态也会持续增长。为了防止状态无限增长耗尽资源，Flink Table API 和 SQL 可以在表环境中配置状态的生存时间（TTL）：

```
val tableEnv = ...

// 获取表环境的配置
val tableConfig = tableEnv.getConfig();
// 配置状态保持时间
tableConfig.setIdleStateRetention(Duration.ofMinutes(60))
```

或者也可以直接设置配置项 table.exec.state.ttl：

```
val tableEnv = ...
val configuration = tableEnv.getConfig().getConfiguration()
configuration.setString("table.exec.state.ttl", "60 min")
```

这两种方式是等效的。需要注意，配置 TTL 有可能会导致统计结果不准确，这其实是以牺牲正确性为代价换取了资源的释放。

此外，在 Flink SQL 的分组聚合中同样可以使用 DISTINCT 进行去重的聚合处理。可以使用 HAVING 对聚合结果进行条件筛选，还可以使用 GROUPING SETS（分组集）设置多个分组情况分别统计。这些语法跟标准 SQL 中的用法一致，这里就不再详细展开了。

可以看到，分组聚合既是 SQL 原生的聚合查询，也是流处理中的聚合操作，这是实际应用中最常见的聚合方式。当然，使用的聚合函数一般都是系统内置的，如果希望实现特殊需求也可以进行自定义。关于自定义函数（UDF），我们将在第 11.7 节中详细介绍。

11.5.2 窗口聚合

在流处理中，往往需要将无限数据流划分成有界数据集，这就是所谓的"窗口"。在 11.4.3 节中已经介绍了窗口的声明方式，这相当于 DataStream API 中的窗口分配器，只是明确了窗口的形式以及数据如何分配。而窗口具体的计算处理操作，在 DataStream API 中还需要窗口函数来进行定义。

在 Flink 的 Table API 和 SQL 中，窗口的计算是通过窗口聚合来实现的。与分组聚合类似，窗口聚合也需要调用 SUM()、MAX()、MIN()、COUNT()一类的聚合函数，通过 GROUP BY 子句来指定分组的字段。只不过发生窗口聚合时，需要将窗口信息作为分组 key 的一部分定义出来。在 Flink 1.12 版本之前，是直接把窗口自身作为分组 key 放在 GROUP BY 之后的，所以也叫分组窗口聚合（参见 11.4.3 节）；而 1.13 版本开始使用了"窗口表值函数"，窗口本身返回的是一张表，所以窗口会出现在 FROM 后面，GROUP BY 后面的则是窗口新增的字段 window_start 和 window_end。

比如，我们将 11.4.3 节中分组窗口的聚合，用窗口 TVF 重新实现一下：

```
val result = tableEnv.sqlQuery(
                "SELECT " +
                    "user, " +
                    "window_end AS endT, " +
                    "COUNT(url) AS cnt " +
                "FROM TABLE( " +
                    "TUMBLE( TABLE EventTable, " +
                    "DESCRIPTOR(ts), " +
                    "INTERVAL '1' HOUR)) " +
                "GROUP BY user, window_start, window_end "
            )
```

这里我们以 ts 作为时间属性字段、基于 EventTable 定义了 1 小时的滚动窗口，希望统计出每小时每个用户点击 url 的次数。用来分组的字段是用户名 user，以及表示窗口的 window_start 和 window_end。而 TUMBLE()是表值函数，所以得到的是一个表，我们的聚合查询就是在这个 Table 中进行的。这就是 11.3.3 节中窗口聚合的实现方式。

Flink SQL 目前提供了滚动窗口 TUMBLE()、滑动窗口 HOP()和累积窗口三种表值函数。在具体应用中，我们还需要提前定义好时间属性。下面是一段窗口聚合的完整代码，以累积窗口为例：

```scala
package com.atguigu.chapter11

import com.atguigu.chapter05.Event
import org.apache.flink.streaming.api.scala._
import org.apache.flink.table.api.Expressions.$
import org.apache.flink.table.api.bridge.scala.StreamTableEnvironment

object CumulateWindowExample {
  def main(args: Array[String]): Unit = {
    val env = StreamExecutionEnvironment.getExecutionEnvironment
    env.setParallelism(1)
    // 读取数据源，并分配时间戳、生成水位线
    val eventStream = env
      .fromElements(
        Event("Alice", "./home", 1000L),
        Event("Bob", "./cart", 1000L),
        Event("Alice", "./prod?id=1", 25 * 60 * 1000L),
        Event("Alice", "./prod?id=4", 55 * 60 * 1000L),
        Event("Bob", "./prod?id=5", 3600 * 1000L + 60 * 1000L),
        Event("Cary", "./home", 3600 * 1000L + 30 * 60 * 1000L),
        Event("Cary", "./prod?id=7", 3600 * 1000L + 59 * 60 * 1000L)
      )
      .assignAscendingTimestamps(_.timestamp)
    // 创建表环境
    val tableEnv = StreamTableEnvironment.create(env)
    // 将数据流转换成表，并指定时间属性
    val eventTable = tableEnv.fromDataStream(
      eventStream,
      $("user"),
      $("url"),
      $("timestamp").rowtime().as("ts")
    )
    // 为方便在 SQL 中引用，在环境中注册表 EventTable
    tableEnv.createTemporaryView("EventTable", eventTable);
    // 设置累积窗口，执行 SQL 统计查询
    val result = tableEnv
      .sqlQuery(
        "SELECT " +
          "user, " +
          "window_end AS endT, " +
          "COUNT(url) AS cnt " +
          "FROM TABLE( " +
          "CUMULATE( TABLE EventTable, " + // 定义累积窗口
          "DESCRIPTOR(ts), " +
          "INTERVAL '30' MINUTE, " +
```

```
            "INTERVAL '1' HOUR)) " +
            "GROUP BY user, window_start, window_end "
        )
        tableEnv.toDataStream(result).print()
        env.execute()
    }
}
```

这里我们使用了统计周期为 1 小时、累积间隔为 30 分钟的累积窗口。可以看到，代码的架构和处理逻辑与 11.3.2 节中的实现完全一致，只是将滚动窗口 TUMBLE()换成了累积窗口 CUMULATE()。代码执行结果如下：

```
+I[Alice, 1970-01-01T00:30, 2]
+I[Bob, 1970-01-01T00:30, 1]
+I[Alice, 1970-01-01T01:00, 3]
+I[Bob, 1970-01-01T01:00, 1]
+I[Bob, 1970-01-01T01:30, 1]
+I[Cary, 1970-01-01T02:00, 2]
+I[Bob, 1970-01-01T02:00, 1]
```

与分组聚合不同，窗口聚合不会将中间聚合的状态输出，只会最后输出一个结果。我们可以看到，所有数据都是以 INSERT 操作追加到结果动态表中的，因此输出每行前面都有+I 的前缀。所以窗口聚合查询都属于追加查询，没有更新操作，代码中可以直接用 toDataStream()将结果表转换成流。

具体来看，上面代码输入的前三条数据属于第一个半小时的累积窗口，其中 Alice 的访问数据有两条，Bob 的访问数据有 1 条，所以输出了两条结果[Alice, 1970-01-01T00:30, 2]和[Bob, 1970-01-01T00:30, 1]。而之后又到来的一条 Alice 访问数据属于第二个半小时范围，同时也属于第一个 1 小时的统计周期，所以会在之前两条的基础上进行叠加，输出[Alice, 1970-01-01T00:30, 3]，而 Bob 没有新的访问数据，因此依然输出[Bob, 1970-01-01T00:30, 1]。从第二个小时起，数据属于新的统计周期，就全部从零开始重新计数了。

相比之前的分组窗口聚合，Flink 1.13 版本的窗口表值函数聚合有更强大的功能。除了应用简单的聚合函数、提取窗口开始时间和结束时间，窗口 TVF 还提供了一个 window_time 字段，用于表示窗口中的时间属性。这样就可以方便地进行窗口的级联和计算了。另外，窗口 TVF 还支持 GROUPING SETS，极大地扩展了窗口的应用范围。

基于窗口的聚合，是流处理中聚合统计的一个特色，也是与标准 SQL 最大的不同。在实际项目中，很多统计指标其实都是基于时间窗口来进行计算的，所以窗口聚合是 Flink SQL 中非常重要的功能。基于窗口 TVF 的聚合未来也会有更多功能的扩展支持，比如窗口 Top N、会话窗口、窗口联结等。

11.5.3　开窗聚合

在标准 SQL 中还有另外一类比较特殊的聚合方式，可以针对每一行计算一个聚合值。比如说，我们以每一行数据为基准，计算它之前 1 小时内所有数据的平均值，也可以计算它之前 10 个数的平均值。就好像是在每一行上打开了一扇窗户、收集数据进行统计一样，这就是所谓的开窗函数。开窗函数的聚合与之前两种聚合有本质的不同：分组聚合、窗口 TVF 聚合都是"多对一"的关系，将数据分组之后每组只会得到一个聚合结果。而开窗函数是对每行都要做一次开窗聚合，因此聚合之后表中的行数不会有任何减少，是一个"多对多"的关系。

与标准 SQL 中一致，Flink SQL 中的开窗函数也是通过 OVER 子句来实现的，所以有时开窗聚合也叫作 OVER 聚合。基本语法如下：

```
SELECT
    <聚合函数> OVER (
```

```
        [PARTITION BY <字段1>[, <字段2>, ...]]
        ORDER BY <时间属性字段>
        <开窗范围>),
    ...
FROM ...
```

这里 OVER 关键字前面是一个聚合函数，它会应用在后面 OVER 定义的窗口上。在 OVER 子句中主要有以下几个部分。

（1）PARTITION BY（可选）。

用来指定分区的键，类似于 GROUP BY 的分组，这部分是可选的。

（2）ORDER BY。

OVER 窗口是基于当前行扩展出的一段数据范围，选择的标准可以基于时间，也可以基于数量。无论是哪种定义，数据都应该是以某种顺序排列好的，而表中的数据本身是无序的。所以在 OVER 子句中必须用 ORDER BY 明确地指出数据基于那个字段排序。在 Flink 的流处理中，目前只支持按照时间属性的升序排列，所以这里 ORDER BY 后面的字段必须是定义好的时间属性。

（3）开窗范围。

对于开窗函数而言，还必须要指定开窗的范围，也就是到底要扩展多少行来做聚合。这个范围是由 BETWEEN <下界> AND <上界> 来定义的，也就是"从下界到上界"的范围。目前支持的上界只能是 CURRENT ROW，也就是定义一个"从之前某一行到当前行"的范围，所以一般的形式为：

```
BETWEEN ... PRECEDING AND CURRENT ROW
```

前面我们提到，开窗选择的范围可以基于时间，也可以基于数据的数量。所以开窗范围还应该在两种模式之间做出选择：范围间隔和行间隔。

（4）范围间隔。

范围间隔以 RANGE 为前缀，就是基于 ORDER BY 指定的时间字段来选取一个范围，一般指当前行时间戳之前的一段时间。例如，开窗范围选择当前行之前 1 小时的数据：

```
RANGE BETWEEN INTERVAL '1' HOUR PRECEDING AND CURRENT ROW
```

（5）行间隔。

行间隔以 ROWS 为前缀，就是直接确定要选多少行，由当前行出发向前选取就可以了。例如，开窗范围选择当前行之前的 5 行数据（最终聚合会包括当前行，所以一共 6 条数据）：

```
ROWS BETWEEN 5 PRECEDING AND CURRENT ROW
```

下面是一个具体示例：

```
SELECT user, ts,
    COUNT(url) OVER (
        PARTITION BY user
        ORDER BY ts
        RANGE BETWEEN INTERVAL '1' HOUR PRECEDING AND CURRENT ROW
    ) AS cnt
FROM EventTable
```

这里我们以 ts 作为时间属性字段，对 EventTable 中的每行数据都选取它之前 1 小时的所有数据进行聚合，统计每个用户访问 url 的总次数，并重命名为 cnt。最终将表中每行的 user，ts 以及扩展出 cnt 提取出来。

可以看到，整个开窗聚合的结果，是对每一行数据都有一个对应的聚合值，因此就像将表中扩展出了一个新的列一样。由于聚合范围上界只能到当前行，新到的数据一般不会影响之前数据的聚合结果，所以结果表只需要不断插入（INSERT）即可。执行上面 SQL 得到的结果表，可以用 toDataStream() 直接转换成流打印输出。

开窗聚合与窗口聚合（窗口 TVF 聚合）本质上是不同的，不过也有一些相似之处：它们都是在无界的数据流上划定了一个范围，截取出有限数据集进行聚合统计；这其实都是"窗口"的思路。事实上，在 Table

API 中确实就定义了两类窗口：分组窗口和开窗窗口。而在 SQL 中，也可以用 WINDOW 子句来在 SELECT 外部单独定义一个 OVER 窗口：

```
SELECT user, ts,
  COUNT(url) OVER w AS cnt,
  MAX(CHAR_LENGTH(url)) OVER w AS max_url
FROM EventTable
WINDOW w AS (
  PARTITION BY user
  ORDER BY ts
  ROWS BETWEEN 2 PRECEDING AND CURRENT ROW)
```

上面的 SQL 中定义了一个选取之前 2 行数据的 OVER 窗口，并重命名为 w。接下来可以基于它调用多个聚合函数，扩展出更多的列并提取出来。比如这里除了统计 url 的个数，还统计了 url 的最大长度：首先用 CHAR_LENGTH()函数计算出 url 的长度，再调用聚合函数 MAX()进行聚合统计。这样，我们就可以方便重复引用定义好的 OVER 窗口了，大大增强了代码的可读性。

11.5.4　应用实例——Top N

灵活使用各种类型的窗口以及聚合函数，可以实现不同的需求。一般的聚合函数，比如 SUM()、MAX()、MIN()、COUNT()等，往往只是针对一组数据聚合得到一个唯一的值。所谓开窗 OVER 聚合的"多对多"模式，也是针对每行数据都进行一次聚合才得到了多行的结果，对于每次聚合计算实际上得到的还是唯一的值。而有时我们可能不仅需要统计数据中的最大/最小值，还希望得到前 N 个最大/最小值。这时每次聚合的结果就不是一行，而是 N 行了。这就是经典的"Top N"应用场景。

Top N 聚合字面意思是"最大 N 个"，这只是一个泛称，它不仅包括查询最大的 N 个值还包括查询最小的 N 个值的场景。

理想的状态下，我们应该有一个 TOPN()聚合函数，调用它对表进行聚合就可以得到想要选取的前 N 个值了。不过仔细一想就会发现，这个聚合函数并不容易实现：对于每一次聚合计算，都应该有多行数据输入，并得到 N 行结果输出，这是一个真正意义上的"多对多"转换。这种函数相当于把一个表聚合成了另一个表，所以叫作表聚合函数。表聚合函数的抽象比较困难，目前只有窗口 TVF 有能力提供直接的 Top N 聚合，不过也尚未实现。

所以目前在 Flink SQL 中没有能够直接调用的 Top N 函数，而是提供了稍微复杂些的变通实现方法。

1. 普通 Top N

在 Flink SQL 中，是通过 OVER 聚合和一个条件筛选来实现 Top N 的。具体来说，是通过将一个特殊的聚合函数 ROW_NUMBER()应用到 OVER 窗口上，统计出每一行排序后的行号，作为一个字段提取出来，然后再用 WHERE 子句筛选行号小于等于 N 的那些行返回。

基本语法如下：

```
SELECT ...
FROM (
   SELECT ...,
     ROW_NUMBER() OVER (
     [PARTITION BY <字段1>[, <字段1>...]]
        ORDER BY <排序字段1> [asc|desc][, <排序字段2> [asc|desc]...]
   ) AS row_num
   FROM ...)
WHERE row_num <= N [AND <其他条件>]
```

这里的 OVER 窗口定义与之前的介绍基本一致，目的就是利用 ROW_NUMBER()函数为每一行数据聚合得到一个排序后的行号。行号重命名为 row_num，并在外层的查询中以 row_num <= N 作为条件进行筛选，就可以得到根据排序字段统计的 Top N 结果了。

需要对关键字额外做一些说明，如下所示。

- WHERE。

用来指定 Top N 选取的条件，这里必须通过 row_num <= N 或者 row_num < N + 1 指定一个排名结束点（rank end），以保证结果有界。

- PARTITION BY。

是可选的，用来指定分区的字段，这样我们就可以针对不同的分组分别统计 Top N 了。

- ORDER BY。

指定了排序的字段，才能进行前 N 个最大/最小的选取。每个字段排序后可以用 asc 或者 desc 来指定排序规则：asc 为升序排列，取出的就是最小的 N 个值。desc 为降序排序，对应的就是最大的 N 个值。默认情况下为升序，asc 可以省略。

细心的读者可能会发现，在之前介绍的 OVER 窗口时可知，目前 ORDER BY 后面只能跟时间字段，并且只支持升序，这里怎么又可以任意指定字段进行排序了呢？

这是因为 OVER 窗口目前并不完善，不过针对 Top N 这样一个经典应用场景，Flink SQL 专门用 OVER 聚合做了优化实现。所以只有在 Top N 的应用场景中，OVER 窗口 ORDER BY 后才可以指定其他排序字段。而要想实现 Top N，就必须按照上面的格式进行定义，否则 Flink SQL 的优化器将无法正常解析。目前 Table API 中并不支持 ROW_NUMBER() 函数，所以也只有 SQL 中这一种通用的 Top N 实现方式。

另外要注意，Top N 的实现必须写成上面的嵌套查询形式。这是因为行号 row_num 是内部子查询聚合的结果，不可能在内部作为筛选条件，只能放在外层的 WHERE 子句中。

下面是一个具体的示例，我们统计每个用户的访问事件中，按照字符长度排序的前两个 url：

```sql
SELECT user, url, ts, row_num
FROM (
  SELECT *,
    ROW_NUMBER() OVER (
    PARTITION BY user
        ORDER BY CHAR_LENGTH(url) desc
) AS row_num
  FROM EventTable)
WHERE row_num <= 2
```

这里我们以用户来分组，以访问 url 的字符长度作为排序的字段，降序排列后用聚合统计出每一行的行号，这样就相当于在 EventTable 基础上扩展出了一列 row_num。而后筛选出行号小于等于 2 的所有数据，就得到了每个用户访问的长度最长的两个 url。

需要特别说明的是，这里的 Top N 聚合是一个更新查询。新数据到来后，可能会改变之前数据的排名，所以会有更新（UPDATE）操作。这是 ROW_NUMBER() 聚合函数的特性决定的。因此，如果执行上面的 SQL 得到结果表，需要调用 toChangelogStream() 才能转换成流打印输出。

2. 窗口 Top N

除了直接对数据进行 Top N 的选取，我们也可以针对窗口来做 Top N。

例如电商行业，实际应用中往往有这样的需求：统计一段时间内的热门商品。这就需要先开窗口，在窗口中统计每个商品的点击量；然后将统计数据收集起来，按窗口进行分组，并按点击量大小降序排序，选取前 N 个作为结果返回。

我们已经知道，Top N 聚合本质上是一个表聚合函数，这和窗口表值函数有天然的联系。尽管如此，想要基于窗口 TVF 实现一个通用的 Top N 聚合函数还是比较麻烦的，目前 Flink SQL 尚不支持。不过我们同样可以借鉴之前的思路，使用 OVER 窗口统计行号来实现。

具体来说，可以先做一个窗口聚合，将窗口信息 window_start、window_end 连同每个商品的点击量一并返回，这样就得到了聚合的结果表，包含了窗口信息、商品和统计的点击量。接下来就可以像一般的 Top N 那样定义 OVER 窗口了，按窗口分组，按点击量排序，用 ROW_NUMBER()统计行号并筛选前 N 行就可以得到结果。所以窗口 Top N 的实现就是窗口聚合与 OVER 聚合的结合使用。

下面是一个案例的代码实现。由于用户访问事件 Event 中没有商品相关信息，因此我们统计的是每小时内有最多访问行为的用户，取前两名，相当于是一个每小时活跃用户的查询。

```scala
package com.atguigu.chapter11

import com.atguigu.chapter05.Event
import org.apache.flink.streaming.api.scala._
import org.apache.flink.table.api.Expressions.$
import org.apache.flink.table.api.bridge.scala.StreamTableEnvironment

object WindowTopNExample {
  def main(args: Array[String]): Unit = {
    val env = StreamExecutionEnvironment.getExecutionEnvironment
    env.setParallelism(1)
    // 读取数据源，并分配时间戳、生成水位线
    val eventStream = env
      .fromElements(
        Event("Alice", "./home", 1000L),
        Event("Bob", "./cart", 1000L),
        Event("Alice", "./prod?id=1", 25 * 60 * 1000L),
        Event("Alice", "./prod?id=4", 55 * 60 * 1000L),
        Event("Bob", "./prod?id=5", 3600 * 1000L + 60 * 1000L),
        Event("Cary", "./home", 3600 * 1000L + 30 * 60 * 1000L),
        Event("Cary", "./prod?id=7", 3600 * 1000L + 59 * 60 * 1000L)
      )
      .assignAscendingTimestamps(_.timestamp)
    // 创建表环境
    val tableEnv = StreamTableEnvironment.create(env)
    // 将数据流转换成表，并指定时间属性
    val eventTable = tableEnv.fromDataStream(
      eventStream,
      $("user"),
      $("url"),
      $("timestamp").rowtime().as("ts")
      // 将 timestamp 指定为事件时间，并命名为 ts
    )
    // 为方便在 SQL 中引用，在环境中注册表 EventTable
    tableEnv.createTemporaryView("EventTable", eventTable)
    // 定义子查询，进行窗口聚合，得到包含窗口信息、用户以及访问次数的结果表
    val subQuery =
      "SELECT window_start, window_end, user, COUNT(url) as cnt " +
        "FROM TABLE ( " +
        "TUMBLE( TABLE EventTable, DESCRIPTOR(ts), INTERVAL '1' HOUR )) " +
        "GROUP BY window_start, window_end, user "
    // 定义 Top N 的外层查询
    val topNQuery =
      "SELECT * " +
```

```
            "FROM (" +
            "SELECT *, " +
            "ROW_NUMBER() OVER ( " +
         "PARTITION BY window_start, window_end " +
            "ORDER BY cnt desc " +
            ") AS row_num " +
         "FROM (" + subQuery + ")) " +
         "WHERE row_num <= 2"
      // 执行 SQL 得到结果表
      val result = tableEnv.sqlQuery(topNQuery)
      tableEnv.toDataStream(result).print()
      env.execute()
   }
}
```

这里为了提升代码的可读性,我们将 SQL 拆分成窗口聚合的内部子查询和套用 Top N 模板的外层查询。

(1) 首先基于 ts 时间字段定义 1 小时滚动窗口,统计 EventTable 中每个用户的访问次数,重命名为 cnt。为了方便后面排序,我们将窗口信息 window_start 和 window_end 也提取出来,与 user 和 cnt 一起作为聚合结果表中的字段。

(2) 套用 Top N 模板,对窗口聚合的结果表中每行数据进行 OVER 聚合统计行号。这里以窗口信息进行分组,按访问次数 cnt 进行排序,并筛选行号小于等于 2 的数据,就可以得到每个窗口内访问次数最多的前两个用户了。

运行结果如下:
+I[1970-01-01T00:00, 1970-01-01T01:00, Alice, 3, 1]
+I[1970-01-01T00:00, 1970-01-01T01:00, Bob, 1, 2]
+I[1970-01-01T01:00, 1970-01-01T02:00, Cary, 2, 1]
+I[1970-01-01T01:00, 1970-01-01T02:00, Bob, 1, 2]

可以看到,第一个 1 小时窗口中,Alice 有 3 次访问排名第一,Bob 有 1 次访问排名第二。而第二小时内,Cary 以 2 次访问占据活跃榜首,Bob 仍以 1 次访问排名第二。由于窗口的统计结果只会最终输出一次,所以排名也是确定的,这里结果表中只有插入操作。也就是说,窗口 Top N 是追加查询,可以直接用 toDataStream()将结果表转换成流打印输出。

11.6 联结查询

按照数据库理论,关系型表的设计至少需要满足第三范式(3NF),表中的列都直接依赖于主键,这样就可以避免数据冗余和更新异常。例如商品的订单信息,我们会保存在一个"订单表"中,而这个表中只有商品 id,详情则需要到"商品表"按照 id 去查询;这样的好处是当商品信息发生变化时,只要更新商品表即可,而不需要在订单表中对这个商品的所有订单进行修改。不过这样一来,我们就无法从一个单独的表中提取所有想要的数据了。

在标准 SQL 中,可以将多个表连接合并起来,从中查询出想要的信息;这种操作就是表的联结。在 Flink SQL 中,同样支持各种灵活的联结(join)查询,操作的对象是动态表。

在流处理中,动态表的 join 对应着两条数据流的 join 操作。与上一节的聚合查询类似,Flink SQL 中的联结查询大体上也可以分为两类:SQL 原生的联结查询方式和流处理中特有的联结查询。

11.6.1 常规联结查询

常规联结是 SQL 中原生定义的 join 方式，是最通用的一类联结操作。它的具体语法与标准 SQL 的联结完全相同，通过关键字 JOIN 来联结两个表，后面用关键字 ON 来指明联结条件。按照习惯，我们一般以"左侧"和"右侧"来区分联结操作的两个表。

在两个动态表的联结中，任何一侧表的插入或更改操作都会让联结的结果表发生改变。例如，如果左侧有新数据到来，那么它会与右侧表中所有之前的数据进行联结合并，右侧表之后到来的新数据也会与这条数据连接合并。所以，常规联结查询一般是更新查询。

与标准 SQL 一致，Flink SQL 的常规联结也可以分为内联结和外联结，区别在于结果中是否包含不符合联结条件的行。目前仅支持"等值条件"作为联结条件，也就是关键字 ON 后面必须是判断两表中字段相等的逻辑表达式。

1. 等值内联结（INNER Equi-JOIN）

内联结用 INNER JOIN 来定义，会返回两表中符合联结条件的所有行的组合，也就是所谓的笛卡儿积。目前仅支持等值联结条件。

例如之前提到的订单表（定义为 Order）和商品表（定义为 Product）的联结查询，就可以用以下 SQL 实现：

```sql
SELECT *
FROM Order
INNER JOIN Product
ON Order.product_id = Product.id
```

这里是一个内联结，联结条件是订单数据的 product_id 和商品数据的 id 相等。由于订单表中出现的商品 id 一定会在商品表中出现，因此这样得到的联结结果表就包含了订单表 Order 中所有订单数据对应的详细信息。

2. 等值外联结（OUTER Equi-JOIN）

与内联结类似，外联结也会返回符合联结条件的所有行的笛卡儿积。另外，还可以将某一侧表中找不到任何匹配的行也单独返回。Flink SQL 支持左外联结、右外联结和全外联结，分别表示会将左侧表、右侧表以及双侧表中没有任何匹配的行返回。例如，订单表中未必包含了商品表中的所有 id，为了将那些没有任何订单的商品信息也查询出来，我们就可以使用右外联结。当然，外联结查询目前也仅支持等值联结条件。具体用法如下：

```sql
SELECT *
FROM Order
LEFT JOIN Product
ON Order.product_id = Product.id

SELECT *
FROM Order
RIGHT JOIN Product
ON Order.product_id = Product.id

SELECT *
FROM Order
FULL OUTER JOIN Product
ON Order.product_id = Product.id
```

这部分知识与标准 SQL 中是完全一样的，这里不再赘述。

11.6.2 间隔联结查询

在 8.3 节中，我们曾经学习过 DataStream API 中的双流 join，包括窗口联结和间隔联结。两条流的 join 就对应着 SQL 中两个表的 join，这是流处理中特有的联结方式。目前 Flink SQL 还不支持窗口联结，而间隔联结则已经实现。

间隔联结返回的同样是符合约束条件的两条中数据的笛卡儿积。只不过这里的"约束条件"除了常规的联结条件，还多了一个时间间隔的限制。具体语法有以下要点：

- 两表的联结。

间隔联结不需要用 JOIN 关键字，直接在 FROM 后将要联结的两表列出来就可以，用逗号分隔。这与标准 SQL 中的语法一致，表示一个交叉联结，会返回两表中所有行的笛卡儿积。

- 联结条件。

联结条件用 WHERE 子句来定义，用一个等值表达式描述。交叉联结之后再用 WHERE 进行条件筛选，效果跟内联结 INNER JOIN …… ON ……非常类似。

- 时间间隔限制。

我们可以在 WHERE 子句中，联结条件后用 AND 追加一个时间间隔的限制条件。做法是提取左右两侧表中的时间字段，然后用一个表达式来指明两者需要满足的间隔限制。具体定义方式有下面三种，这里分别用 ltime 和 rtime 表示左右表中的时间字段：

（1）ltime = rtime。
（2）ltime >= rtime AND ltime < rtime + INTERVAL '10' MINUTE。
（3）ltime BETWEEN rtime - INTERVAL '10' SECOND AND rtime + INTERVAL '5' SECOND。

判断两者相等，这是最强的时间约束，要求两表中数据的时间必须完全一致才能匹配。一般情况下，我们还是会放宽一些，给出一个时间间隔。间隔的定义可以使用<, <=, >=, >这一类的关系不等式，也可以用 BETWEEN ... AND ...这样的表达式。

例如，我们现在除了订单表，还有一个发货表，要求在收到订单后四个小时内发货。那么我们就可以用一个间隔联结查询，把所有订单与它对应的发货信息连接合并在一起返回。

```
SELECT *
FROM Order o, Shipment s
WHERE o.id = s.order_id
AND o.order_time BETWEEN s.ship_time - INTERVAL '4' HOUR AND s.ship_time
```

在流处理中，间隔联结查询只支持具有时间属性的仅追加表。

那么对于有更新操作的表，又该怎么办呢？除了间隔联结，Flink SQL 还支持时间联结，这主要是针对版本表而言的。所谓版本表，就是记录了数据随着时间推移版本变化的表，可以理解成一个更新日志，它就是具有时间属性、还会进行更新操作的表。当我们联结某个版本表时，并不是把当前的数据连接合并起来就行了，而是希望能够根据数据发生的时间，找到当时的"版本"。这种根据更新时间提取当时的值进行联结的操作，就叫作时间联结。由于这部分内容涉及版本表的定义，我们就不详细展开了，感兴趣的读者可以查阅官网资料。

11.7 函数

在 SQL 中，我们可以把一些数据的转换操作包装起来，嵌入到 SQL 查询中统一调用，这就是函数（Functions）。

Flink 的 Table API 和 SQL 同样提供了函数的功能。两者在调用时略有不同：Table API 中的函数是通过数据对象的方法调用来实现的,而 SQL 则是直接引用函数名称,传入数据作为参数。例如,要把一个字符串 str 转换成全大写的形式,Table API 的写法是调用 str 这个 String 对象的 upperCase()方法:

```
str.upperCase();
```

而 SQL 中的写法就是直接引用 UPPER()函数,将 str 作为参数传入:

```
UPPER(str)
```

由于 Table API 是内嵌在编程语言中的,很多方法需要在类中额外添加,因此扩展功能比较麻烦,目前支持的函数比较少。而且 Table API 也不如 SQL 的通用性强,所以一般情况下较少使用。下面我们主要介绍 Flink SQL 中函数的使用。

Flink SQL 中的函数可以分为两类:一类是 SQL 中内置的系统函数,直接通过函数名调用即可,能够实现一些常用的转换操作,比如之前我们用到的 COUNT()、CHAR_LENGTH()、UPPER()等。另一类则是用户自定义函数(UDF),需要在表环境中注册才能使用。接下来我们就对这两类函数分别进行介绍。

11.7.1 系统函数

系统函数也叫内置函数,是在系统中预先实现好的功能模块。我们可以通过固定的函数名直接调用,实现想要的转换操作。Flink SQL 提供了大量的系统函数,几乎支持所有的标准 SQL 中的操作,这为我们使用 SQL 编写流处理程序提供了极大得便利。

Flink SQL 中的系统函数又主要可以分为两大类:标量函数和聚合函数。

1. 标量函数

"标量"是指只有数值大小、没有方向的量。所以标量函数指的就是只对输入数据做转换操作、返回一个值的函数。这里的输入数据对应在表中,一般就是一行数据中 1 个或多个字段,因此这种操作有点像流处理转换算子中的 map。另外,对于一些没有输入参数、直接可以得到唯一结果的函数,也属于标量函数。

标量函数是最常见、也最简单的一类系统函数,数量非常庞大,很多在标准 SQL 中也有定义。所以我们这里只对一些常见类型列举部分函数,做一个简单概述,具体应用可以查看官网的完整函数列表。

(1)比较函数。

比较函数其实就是一个比较表达式,用来判断两个值之间的关系,返回一个布尔类型的值。这个比较表达式可以是用 <、>、= 等符号连接两个值,也可以是用关键字定义的某种判断。例如:

- value1 = value2:判断两个值相等。
- value1 <> value2:判断两个值不相等。
- value IS NOT NULL:判断 value 不为空。

(2)逻辑函数。

逻辑函数就是一个逻辑表达式,也就是用与(AND)、或(OR)、非(NOT)将布尔类型的值连接起来,也可以用判断语句(IS、IS NOT)进行真值判断;返回的还是一个布尔类型的值。例如:

- boolean1 OR boolean2:布尔值 boolean1 与布尔值 boolean2 取逻辑或。
- boolean IS FALSE:判断布尔值 boolean 是否为 false。
- NOT boolean:布尔值 boolean 取逻辑非。

(3)算术函数。

进行算术计算的函数,包括用算术符号连接的运算和复杂的数学运算。例如:

- numeric1 + numeric2:两数相加。
- POWER(numeric1, numeric2):幂运算,取数 numeric1 的 numeric2 次方。
- RAND():返回(0.0, 1.0)区间内的一个 double 类型的伪随机数。

(4) 字符串函数。

进行字符串处理的函数。例如：

- string1 || string2：两个字符串的连接。
- UPPER(string)：将字符串 string 转为全部大写。
- CHAR_LENGTH(string)：计算字符串 string 的长度。

(5) 时间函数。

进行与时间相关操作的函数。例如：

- DATE string：按格式"yyyy-MM-dd"解析字符串 string，返回类型为 SQL Date。
- TIMESTAMP string：按格式"yyyy-MM-dd HH:mm:ss[.SSS]"解析，返回类型为 SQL timestamp。
- CURRENT_TIME：返回本地时区的当前时间，类型为 SQL time（与 LOCALTIME 等价）。
- INTERVAL string range：返回一个时间间隔。string 表示数值；range 可以是 DAY，MINUTE，DAT TO HOUR 等单位，也可以是 YEAR TO MONTH 这样的复合单位。如"2 年 10 个月"可以写成：INTERVAL '2-10' YEAR TO MONTH。

2. 聚合函数

聚合函数是以表中多个行作为输入，提取字段进行聚合操作的函数，会将唯一的聚合值作为结果返回。聚合函数应用非常广泛，不论分组聚合、窗口聚合还是开窗聚合，对数据的聚合操作都可以用相同的函数来定义。

标准 SQL 中常见的聚合函数 Flink SQL 都是支持的，目前也在不断扩展，为流处理应用提供更强大的功能。例如：

- COUNT(*)：返回所有行的数量，统计个数。
- SUM([ALL | DISTINCT] expression)：对某个字段进行求和操作。默认情况下省略了关键字 ALL，表示对所有行求和；如果指定 DISTINCT，则会对数据进行去重，每个值只叠加一次。
- RANK()：返回当前值在一组值中的排名。
- ROW_NUMBER()：对一组值排序后，返回当前值的行号，与 RANK()的功能相似。

其中，RANK()和 ROW_NUMBER()一般用在 OVER 窗口中，在 11.5.4 节实现 Top N 的过程中起到了非常重要的作用。

11.7.2 自定义函数

系统函数尽管庞大，也不可能涵盖所有的功能；如果有系统函数不支持的需求，我们就需要用自定义函数（User-Defined-Function，UDF）来实现了。事实上，系统内置函数仍然在不断扩充，如果我们认为自己实现的自定义函数足够通用、应用非常广泛，也可以在项目跟踪工具 JIRA 上向 Flink 开发团队提出议题，请求将新的函数添加到系统函数中。

Flink 的 Table API 和 SQL 提供了多种自定义函数的接口，以抽象类的形式定义。当前 UDF 主要有以下几类：

- 标量函数：将输入的标量值转换成一个新的标量值。
- 表函数：将标量值转换成一个或多个新的行数据，也就是扩展成一个表。
- 聚合函数：将多行数据里的标量值转换成一个新的标量值。
- 表聚合函数：将多行数据里的标量值转换成一个或多个新的行数据。

1. 整体调用流程

要想在代码中使用自定义的函数，我们需要首先自定义对应 UDF 抽象类的实现，并在表环境中注册这个函数，然后就可以在 Table API 和 SQL 中调用了。

（1）注册函数。

注册函数时需要调用表环境的 createTemporarySystemFunction()方法，传入注册的函数名以及 UDF 类的 Class 对象：

```
// 注册函数
tableEnv.createTemporarySystemFunction("MyFunction", class of [MyFunction])
```

我们自定义的 UDF 类叫作 MyFunction，它应该是上面四种 UDF 抽象类中某一个的具体实现，在环境中将它注册为名为 MyFunction 的函数。

这里 createTemporarySystemFunction()方法的意思是创建了一个"临时系统函数"，所以 MyFunction 函数名是全局的，可以当作系统函数来使用；我们也可以用 createTemporaryFunction()方法，注册的函数就依赖于当前的数据库和目录了，所以这就不是系统函数，而是目录函数，它的完整名称应该包括所属的 database 和 catalog。

一般情况下，我们直接用 createTemporarySystemFunction()方法将 UDF 注册为系统函数就可以了。

（2）使用 Table API 调用函数。

在 Table API 中，需要使用 call()方法来调用自定义函数：

```
tableEnv.from("MyTable").select(call("MyFunction", $("myField")))
```

call()方法有两个参数：一个是注册好的函数名 MyFunction，另一个则是函数调用时本身的参数。这里我们定义 MyFunction 在调用时，需要传入的参数是 myField 字段。

此外，在 Table API 中也可以不注册函数，直接用内联的方式调用 UDF：

```
tableEnv.from("MyTable").select(call(SubstringFunction.class, $("myField")))
```

区别只是在于 call()方法第一个参数不再是注册好的函数名，而直接就是函数类的 Class 对象了。

（3）在 SQL 中调用函数。

当我们将函数注册为系统函数后，在 SQL 中的调用就与内置系统函数完全一样了：

```
tableEnv.sqlQuery("SELECT MyFunction(myField) FROM MyTable")
```

可见，SQL 的调用方式更加方便，我们后续依然会以 SQL 为例介绍 UDF 的用法。

接下来我们对不同类型的 UDF 进行展开介绍。

2. 标量函数

自定义标量函数可以把 0 个、1 个或多个标量值转换成一个标量值，它对应的输入是一行数据中的字段，输出则是唯一的值。所以从输入和输出表中行数据的对应关系看，标量函数是"一对一"的转换。

要想实现自定义的标量函数，我们需要自定义一个类来继承抽象类 ScalarFunction，并实现名为 eval()的求值方法。标量函数的行为取决于求值方法的定义，它必须是公有的，而且名字必须是 eval。求值方法 eval()可以重载多次，任何数据类型都可以作为求值方法的参数和返回值类型。

这里需要特别说明的是，ScalarFunction 抽象类中并没有定义 eval()方法，所以我们不能直接在代码中重写，但 Table API 的框架底层又要求了求值方法必须命名为 eval()。这是 Table API 和 SQL 目前还显得不够完善的地方，未来的版本应该会有所改进。

ScalarFunction 及其他所有的 UDF 接口，都在 org.apache.flink.table.functions 包中。

下面我们来看一个具体的例子。我们实现一个自定义的哈希函数 HashFunction，用来求传入对象的哈希值。

```
class HashFunction extends ScalarFunction {
  // 接受任意类型输入，返回 INT 型输出
  def eval(@DataTypeHint(inputGroup = InputGroup.ANY) o: AnyRef) : Int ={
    o.hashCode()
  }
}
```

```
// 注册函数
tableEnv.createTemporarySystemFunction("HashFunction",classOf[HashFunction])

// 在 SQL 里调用注册好的函数
tableEnv.sqlQuery("SELECT HashFunction(myField) FROM MyTable")
```

这里我们自定义了一个 ScalarFunction，实现了 eval()求值方法，将任意类型的对象传入，得到一个 Int 类型的哈希值返回。当然，具体的求哈希操作就省略了，直接调用对象的 hashCode()方法即可。

另外注意，由于 Table API 在对函数进行解析时需要提取求值方法参数的类型引用，所以我们用 DataTypeHint(inputGroup = InputGroup.ANY)对输入参数的类型做了标注，表示 eval 的参数可以是任意类型。

3. 表函数

跟标量函数一样，表函数的输入参数也可以是 0 个、1 个或多个标量值。不同的是，它可以返回任意多行数据。"多行数据"事实上就构成了一个表，所以"表函数"可以认为就是返回一个表的函数，这是一个"一对多"的转换关系。之前我们介绍过的窗口 TVF，本质上就是表函数。

类似地，要实现自定义的表函数，需要自定义类来继承抽象类 TableFunction，内部必须要实现的也是一个名为 eval 的求值方法。与标量函数不同的是，TableFunction 类本身是有一个泛型参数 T 的，这就是表函数返回数据的类型。而 eval()方法没有返回类型，内部也没有 return 语句，是通过调用 collect()方法来发送想要输出的行数据的。多么熟悉的感觉——回忆一下 DataStream API 中的 FlatMapFunction 和 ProcessFunction，它们的 flatMap 和 processElement 方法也没有返回值，也是通过 out.collect()来向下游发送数据的。

我们使用表函数，可以对一行数据得到一个表，这和 Hive 中的 UDTF 非常相似。那对于原来输入的整张表来说，又该得到什么呢？一个简单的想法是，就让输入表中的每一行，与它转换得到的表进行联结，然后拼成一个完整的大表，这就相当于对原来的表进行了扩展。在 Hive 的 SQL 语法中，提供了侧向视图（lateral view，也叫横向视图）的功能，可以将表中的一行数据拆分成多行。Flink SQL 也有类似的功能，是用 LATERAL TABLE 语法来实现的。

在 SQL 中调用表函数，需要使用 LATERAL TABLE(<TableFunction>)来生成扩展的"侧向表"，然后与原始表进行联结。这里的 join 操作可以是直接做交叉联结，在 FROM 后用逗号分隔两个表即可，也可以是以 ON TRUE 为条件的左联结（LEFT JOIN）。

下面是表函数的一个具体示例。我们实现了一个分隔字符串的函数 SplitFunction，可以将一个字符串转换成(字符串，长度)的二元组。

```
// 注意这里的类型标注，输出是 Row 类型，Row 中包含两个字段：word 和 length。
@FunctionHint(output = new DataTypeHint("ROW<word STRING, length INT>"))
class SplitFunction extends TableFunction[Row] {

  def eval(str: String) {
    str.split(" ").foreach(s => collect(Row.of(s, Int.box(s.length))))

  }
}

// 注册函数
tableEnv.createTemporarySystemFunction("SplitFunction",classOf[SplitFunction])

// 在 SQL 里调用注册好的函数
// 1. 交叉联结
tableEnv.sqlQuery(
```

```
  "SELECT myField, word, length " +
  "FROM MyTable, LATERAL TABLE(SplitFunction(myField))")
// 2. 带 ON TRUE 条件的左联结
tableEnv.sqlQuery(
  "SELECT myField, word, length " +
  "FROM MyTable " +
  "LEFT JOIN LATERAL TABLE(SplitFunction(myField)) ON TRUE")

// 重命名侧向表中的字段
tableEnv.sqlQuery(
  "SELECT myField, newWord, newLength " +
  "FROM MyTable " +
  "LEFT JOIN LATERAL TABLE(SplitFunction(myField)) AS T(newWord, newLength) ON TRUE")
```

这里我们直接将表函数的输出类型定义成了 ROW，这就是得到的侧向表中的数据类型，每行数据转换后也只有一行。我们分别用交叉联结和左联结两种方式在 SQL 中进行了调用，还可以对侧向表的中字段进行重命名。

4. 聚合函数（Aggregate Functions）

用户自定义聚合函数（User-Defined-AGGregate Function，UDAGG）会把一行或多行数据（也就是一个表）聚合成一个标量值。这是一个标准的"多对一"的转换。

聚合函数的概念我们之前已经接触过多次，如 SUM()、MAX()、MIN()、AVG()、COUNT()都是常见的系统内置聚合函数。而如果有些需求无法直接调用系统函数解决，我们就必须自定义聚合函数来实现功能了。

自定义聚合函数需要继承抽象类 AggregateFunction。AggregateFunction 有两个泛型参数<T, ACC>，T 表示聚合输出的结果类型，ACC 则表示聚合的中间状态类型。

Flink SQL 中的聚合函数的工作原理如下所示。

（1）首先，需要创建一个累加器（Accumulator），用来存储聚合的中间结果。这与 DataStream API 中的 AggregateFunction 非常类似，累加器就可以看作一个聚合状态。调用 createAccumulator()方法可以创建一个空的累加器。

（2）对于输入的每一行数据，都会调用 accumulate()方法来更新累加器，这是聚合的核心过程。

（3）当所有的数据都处理完后，通过调用 getValue()方法来计算并返回最终的结果。

所以，每个 AggregateFunction 都必须实现以下几个方法。

- createAccumulator()。

这是创建累加器的方法。没有输入参数，返回类型为累加器类型 ACC。

- accumulate()。

这是进行聚合计算的核心方法，每来一行数据都会被调用。它的第一个参数是确定的，就是当前的累加器，类型为 ACC，表示当前聚合的中间状态。后面的参数则是聚合函数调用时传入的参数，可以有多个，类型也可以不同。这个方法主要是更新聚合状态，所以没有返回类型。需要注意的是，accumulate()与之前的求值方法 eval()类似，也是底层架构要求的，必须为 public，方法名必须为 accumulate，且无法直接 override，只能手动实现。

- getValue()。

这是得到最终返回结果的方法。输入参数是 ACC 类型的累加器，输出类型为 T。

在遇到复杂类型时，Flink 的类型推导可能会无法得到正确的结果。所以 AggregateFunction 也可以专门对累加器和返回结果的类型进行声明，这是通过 getAccumulatorType()和 getResultType()两个方法来指定的。

除了上面的方法，还有几个方法是可选的。这些方法有些可以让查询更加高效，有些是在某些特定场景下必须要实现的。比如，如果是对会话窗口进行聚合，merge()方法就是必须要实现的，它会定义累加器的合并操作，而且这个方法对一些场景的优化也很有用。而如果聚合函数用在 OVER 窗口聚合中，就必须实现 retract()方法，保证数据可以进行撤回操作。resetAccumulator()方法则是重置累加器，这在一些批处理场景中会比较有用。

AggregateFunction 的所有方法都必须是公有的，不能是静态的，而且名字必须与上面写的完全一样。createAccumulator、getValue、getResultType，以及 getAccumulatorType 这几个方法是在抽象类 AggregateFunction 中定义的，可以 override。而其他则都是底层架构约定的方法。

下面举例说明。在常用的系统内置聚合函数中，可以用 AVG()来计算平均值。如果我们现在希望计算的是某个字段的"加权平均值"，又该怎么做呢？系统函数里没有现成的实现，所以只能自定义一个聚合函数 WeightedAvg 来计算了。

比如我们要从学生的分数表 ScoreTable 中计算每个学生的加权平均分。为了计算加权平均值，应该从输入的每行数据中提取两个值作为参数：要计算的分数值 score，以及它的权重 weight。而在聚合过程中，累加器需要存储当前的加权总和 sum，以及目前数据的个数 count。这可以用一个二元组来表示，也可以单独定义一个类 WeightedAvgAccumulator，里面包含 sum 和 count 两个属性，用它的对象实例来作为聚合的累加器。

具体代码如下：

```scala
// 累加器类型定义
case class WeightedAvgAccumulator(var sum: Long = 0L, var count: Int = 0)

// 自定义聚合函数，输出为长整型的平均值，累加器类型为 WeightedAvgAccumulator
class WeightedAvg extends AggregateFunction[java.lang.Long, WeightedAvgAccumulator> {


    override def createAccumulator(): WeightedAvgAccumulator = {
        WeightedAvgAccumulator()    // 创建累加器
    }


    override def getValue(acc: WeightedAvgAccumulator): java.lang.Long = {
        if (acc.count == 0) {
            null    // 防止除数为0
        } else {
            acc.sum / acc.count    // 计算平均值并返回
        }
    }

    // 累加计算方法，每来一行数据都会调用
    def accumulate(acc: WeightedAvgAccumulator, iValue: java.lang.Long, iWeight: Int) {
        acc.sum += iValue * iWeight
        acc.count += iWeight
    }
}

// 注册自定义聚合函数
tableEnv.createTemporarySystemFunction("WeightedAvg", classOf[WeightedAvg])
// 调用函数计算加权平均值
val result = tableEnv.sqlQuery(
    "SELECT student, WeightedAvg(score, weight) FROM ScoreTable GROUP BY student"
```

)

聚合函数的 accumulate()方法有三个输入参数。第一个是 WeightedAvgAccum 类型的累加器，另外两个则是函数调用时输入的字段：要计算的值 Ivalue 和对应的权重 Iweight。这里我们并不考虑其他方法的实现，只要有必须的三个方法就可以了。

需要注意的是，目前 Table API 中的 UDF 只支持 Java 数据类型，所以我们需要将聚合返回值类型定义为 java.lang.Long。

5. 表聚合函数

用户自定义表聚合函数可以把一行或多行数据（也就是一个表）聚合成另一张表，结果表中可以有多行多列。很明显，这就像表函数和聚合函数的结合体，是一个"多对多"的转换。

自定义表聚合函数需要继承抽象类 TableAggregateFunction。TableAggregateFunction 的结构和原理与 AggregateFunction 非常类似，同样有两个泛型参数<T, ACC>，用一个 ACC 类型的累加器来存储聚合的中间结果。聚合函数中必须实现的三个方法，在 TableAggregateFunction 中也必须对应实现。

（1）createAccumulator()。

创建累加器的方法，与 AggregateFunction 中用法相同。

（2）accumulate()。

聚合计算的核心方法，与 AggregateFunction 中用法相同。

（3）emitValue()。

所有输入行处理完成后，输出最终计算结果的方法。这个方法对应着 AggregateFunction 中的 getValue() 方法，区别在于 emitValue 没有输出类型，而输入参数有两个：第一个是 ACC 类型的累加器，第二个则是用于输出数据的收集器 out，它的类型为 Collect<T>。所以很明显，表聚合函数输出数据不是直接 return，而是调用 out.collect()方法，调用多次就可以输出多行数据了；这一点与表函数非常相似。另外，emitValue() 在抽象类中也没有定义，无法 override，必须手动实现。

表聚合函数得到的是一张表；在流处理中做持续查询，应该每次都会把这个表重新计算输出。如果输入一条数据后，只是对结果表里一行或几行进行了更新，这时我们重新计算整个表、全部输出显然就不够高效了。为了提高处理效率，TableAggregateFunction 还提供了一个 emitUpdateWithRetract()方法，它可以在结果表发生变化时，以撤回（retract）老数据、发送新数据的方式增量地进行更新。如果同时定义了 emitValue()和 emitUpdateWithRetract()两个方法，在进行更新操作时会优先调用 emitUpdateWithRetract()。

表聚合函数相对比较复杂，它的一个典型应用场景就是 Top N 查询。比如我们希望选出一组数据排序后的前两名，这就是最简单的 TOP-2 查询。没有现成的系统函数，那么我们就可以自定义一个表聚合函数来实现这个功能。在累加器中应该能够保存当前最大的两个值，每当来一条新数据就在 accumulate()方法中进行比较更新，最终在 emitValue()中调用两次 out.collect()将前两名数据输出。

具体代码如下：

```scala
// 聚合累加器的类型定义，包含最大的第一和第二两个数据
case class Top2Accumulator(
  var first: Integer,
  var second: Integer
)

// 自定义表聚合函数，查询一组数中最大的两个，返回值为(数值，排名)的二元组
class Top2 extends TableAggregateFunction[Tuple2[Integer, Integer],
Top2Accumulator] {


    override def createAccumulator(): Top2Accumulator = {
```

```
    Top2Accumulator(
      Integer.MIN_VALUE,
      Integer.MIN_VALUE
    )
}

// 每来一个数据调用一次，判断是否更新累加器
def accumulate(acc: Top2Accumulator, value: Integer): Unit = {
  if (value > acc.first) {
    acc.second = acc.first
    acc.first = value
  } else if (value > acc.second) {
    acc.second = value
  }
}

// 输出(数值，排名)的二元组，输出两行数据
def emitValue(acc: Top2Accumulator, out: Collector[Tuple2[Integer, Integer]]): Unit = {
  if (acc.first != Integer.MIN_VALUE) {
    out.collect(Tuple2.of(acc.first, 1))
  }
  if (acc.second != Integer.MIN_VALUE) {
    out.collect(Tuple2.of(acc.second, 2))
  }
}
}
```

同样，表聚合函数的输出值也需要是 Java 类型，所以这里的 Tuple2 并不是 Scala 自带的二元组，而是 Flink 实现的 Java 二元组类型：

```
import org.apache.flink.api.java.tuple.Tuple2
```

目前，SQL 中没有直接使用表聚合函数的方式，所以需要使用 Table API 的方式来调用：

```
// 注册表聚合函数函数
tableEnv.createTemporarySystemFunction("Top2", classOf[Top2])

// 在 Table API 中调用函数
tableEnv.from("MyTable")
  .groupBy($("myField"))
  .flatAggregate(call("Top2", $("value")).as("value", "rank"))
  .select($("myField"), $("value"), $("rank"))
```

这里使用了 flatAggregate()方法，它就是专门用来调用表聚合函数的接口。对 MyTable 中数据按 myField 字段进行分组聚合，统计 value 值最大的两个，并将聚合结果的两个字段重命名为 value 和 rank，之后就可以使用 select()将它们提取出来了。

11.8 SQL 客户端

有了 Table API 和 SQL，我们就可以使用熟悉的 SQL 来编写查询语句进行流处理了。不过，这种方式还是将 SQL 语句嵌入 Java/Scala 代码中进行的。写完代码后，如果想要提交作业还需要使用工具进行打包。这都给 Flink 的使用设置了门槛，如果不是 Java/Scala 程序员，即使是非常熟悉 SQL 的工程师恐怕也

会望而生畏。

基于这样的考虑，Flink 为我们提供了一个工具来进行 Flink 程序的编写、测试和提交，这个工具叫作"SQL 客户端"。SQL 客户端提供了一个命令行交互界面，我们可以在里面非常容易地编写 SQL 进行查询，就像使用 MySQL 一样。整个 Flink 应用编写、提交的过程全变成了写 SQL，不需要写一行 Java/Scala 代码。

具体使用流程如下：

（1）首先启动本地集群。

```
./bin/start-cluster.sh
```

（2）启动 Flink SQL 客户端。

```
./bin/sql-client.sh
```

SQL 客户端的启动脚本同样位于 Flink 的 bin 目录下。默认的启动模式是 embedded，也就是说客户端是一个嵌入在本地的进程，这是目前唯一支持的模式。未来会支持连接到远程 SQL 客户端的模式。

（3）设置运行模式。

启动客户端后，就进入了命令行界面，这时就可以开始写 SQL 了。一般我们会在开始前对环境做一些设置，比较重要的就是运行模式。

首先是表环境的运行时模式，有流处理和批处理两个选项。默认为流处理：

```
Flink SQL> SET 'execution.runtime-mode' = 'streaming';
```

其次是 SQL 客户端的"执行结果模式"，主要有 table、changelog、tableau 三种，默认为 table 模式：

```
Flink SQL> SET 'sql-client.execution.result-mode' = 'table';
```

table 模式就是最普通的表处理模式，结果会以逗号分隔每个字段；changelog 则是更新日志模式，会在数据前加上"+"（表示插入）或"-"（表示撤回）的前缀；而 tableau 则是经典的可视化表模式，结果会是一个虚线框的表格。

此外，我们还可以做一些其他可选的设置，比如之前提到的空闲状态生存时间（TTL）：

```
Flink SQL> SET 'table.exec.state.ttl' = '1000';
```

除了在命令行进行设置，我们也可以直接在 SQL 客户端的配置文件 sql-cli-defaults.yaml 中进行各种配置，甚至还可以在这个 yaml 文件里预定义表、函数和 catalog。关于配置文件的更多用法，大家可以查阅官网的详细说明。

（4）执行 SQL 查询。

接下来就可以愉快地编写 SQL 语句了，这跟操作 MySQL、Oracle 等关系型数据库没什么区别。

简单聚合示例如下所示：

```
Flink SQL> CREATE TABLE EventTable(
>   user STRING,
>   url STRING,
>   `timestamp` BIGINT
> ) WITH (
>   'connector' = 'filesystem',
>   'path'      = 'events.csv',
>   'format'    = 'csv'
> );

Flink SQL> CREATE TABLE ResultTable (
>   user STRING,
>   cnt BIGINT
> ) WITH (
>   'connector' = 'print'
> );
```

```
Flink SQL> INSERT INTO ResultTable SELECT user, COUNT(url) as cnt FROM EventTable
  GROUP BY user;
```

这里我们直接用 DDL 创建两张表，注意需要有 WITH 定义的外部连接。一张表叫作 EventTable，是从外部文件 events.csv 中读取数据的，这是输入数据表。另一张叫作 ResultTable，连接器为"print"，其实就是标准控制台打印，当然就是输出表了。所以接下来就可以直接执行 SQL 查询，并将查询结果 INSERT 写入结果表中。

在 SQL 客户端中，每定义一个 SQL 查询，就会把它作为一个 Flink 作业提交到集群上执行。所以通过这种方式，我们可以快速地对流处理程序进行开发测试。

11.9 连接到外部系统

在 Table API 和 SQL 编写的 Flink 程序中，可以在创建表时用 WITH 子句指定连接器，这样就可以连接到外部系统进行数据交互了。

架构中的 TableSource 负责从外部系统中读取数据并转换成表，TableSink 则负责将结果表写入外部系统。在 Flink 1.13 的 API 调用中，已经不去区分 TableSource 和 TableSink，我们只要建立到外部系统的连接并创建表即可，Flink 自动会从程序的处理逻辑中解析出它们的用途。

Flink 的 Table API 和 SQL 支持了各种不同的连接器。当然，最简单的其实就是上一节中提到的连接到控制台打印输出：

```
CREATE TABLE ResultTable (
user STRING,
cnt BIGINT
 WITH (
'connector' = 'print'
 );
```

这里只需要在 WITH 中定义 connector 为 print 就可以了。而对于其他的外部系统，则需要增加一些配置项。下面我们就分别进行讲解。

11.9.1 Kafka

Kafka 的 SQL 连接器可以从 Kafka 的主题读取数据转换成表，也可以将表数据写入 Kafka 的主题。换句话说，创建表时，如果指定连接器为 Kafka，则这个表既可以作为输入表，也可以作为输出表。

1. 引入依赖

想要在 Flink 程序中使用 Kafka 连接器，需要引入如下依赖：

```
<dependency>
  <groupId>org.apache.flink</groupId>
  <artifactId>flink-connector-kafka_${scala.binary.version}</artifactId>
  <version>${flink.version}</version>
</dependency>
```

这里我们引入的 Flink 和 Kafka 的连接器，与之前 DataStream API 中引入的连接器是一样的。如果想在 SQL 客户端里使用 Kafka 连接器，还需要下载对应的 jar 包，保存在 lib 目录下。

另外，Flink 为各种连接器提供了一系列的表格式，比如 CSV、JSON、Avro、Parquet 等。这些表格式定义了底层存储的二进制数据和表的列之间的转换方式，相当于表的序列化工具。对于 Kafka 而言，CSV、JSON、Avro 等主要格式都是支持的。

根据 Kafka 连接器中配置的格式，我们可能需要引入对应的依赖支持。以 CSV 为例：

```xml
<dependency>
  <groupId>org.apache.flink</groupId>
  <artifactId>flink-csv</artifactId>
  <version>${flink.version}</version>
</dependency>
```

由于 SQL 客户端中已经内置了 CSV、JSON 的支持，因此使用时无须专门引入。而对于没有内置支持的格式（如 Avro），则仍然要下载相应的 jar 包。关于连接器的格式细节详见官网说明，我们后面就不再讨论了。

2. 创建连接到 Kafka 的表

创建一个连接到 Kafka 的表，需要在 CREATE TABLE 的 DDL 中，在 WITH 子句里指定连接器为 Kafka，并定义必要的配置参数。

下面是一个具体示例：

```sql
CREATE TABLE KafkaTable (
  `user` STRING,
  `url` STRING,
  `ts` TIMESTAMP(3) METADATA FROM 'timestamp'
) WITH (
  'connector' = 'kafka',
  'topic' = 'events',
  'properties.bootstrap.servers' = 'localhost:9092',
  'properties.group.id' = 'testGroup',
  'scan.startup.mode' = 'earliest-offset',
  'format' = 'csv'
)
```

这里定义了 Kafka 连接器对应的主题，Kafka 服务器，消费者组 ID，消费者起始模式以及表格式。需要特别说明的是，在 KafkaTable 的字段中有一个 ts，它的声明中用到了 METADATA FROM，表示一个元数据列，它是由 Kafka 连接器的元数据"timestamp"生成的。这里的 timestamp 其实就是 Kafka 中数据自带的时间戳，我们把它直接作为元数据提取出来，转换成一个新的字段 ts。

3. Upsert Kafka

正常情况下，Kafka 作为保持数据顺序的消息队列，读取和写入都应该是流式的数据，对应在表中就是仅追加模式。如果我们要将有更新操作（比如分组聚合）的结果表写入 Kafka，就会因为 Kafka 无法识别撤回或更新插入消息而导致异常。

为了解决这个问题，Flink 专门增加了一个更新插入 Kafka 连接器。这个连接器支持以更新插入的方式向 Kafka 的 topic 中读写数据。

具体来说，Upsert Kafka 连接器处理的是更新日志流。如果作为 TableSource，连接器会将读取到的 topic 中的数据(key, value)，解释为对当前 key 的数据值的更新（update），也就是查找动态表中 key 对应的一行数据，将 value 更新为最新的值。因为是 Upsert 操作，所以如果没有 key 对应的行，那么也会执行插入操作。另外，如果遇到 value 为空（null），连接器就把这条数据理解为对相应 key 那一行的删除操作。

如果作为 TableSink，Upsert Kafka 连接器会将有更新操作的结果表，转换成更新日志流。如果遇到插入或者更新后的数据，对应的是一个添加消息，那么就直接正常写入 Kafka 主题；如果是删除或者更新前的数据，对应是一个撤回消息，那么就把 value 为空的数据写入 Kafka。由于 Flink 是根据键的值对数据进行分区的，这样就可以保证同一个 key 上的更新和删除消息都会落到同一个分区中。

下面是一个创建和使用 Upsert Kafka 表的例子：

```sql
CREATE TABLE pageviews_per_region (
```

```sql
  user_region STRING,
  pv BIGINT,
  uv BIGINT,
  PRIMARY KEY (user_region) NOT ENFORCED
) WITH (
  'connector' = 'upsert-kafka',
  'topic' = 'pageviews_per_region',
  'properties.bootstrap.servers' = '...',
  'key.format' = 'avro',
  'value.format' = 'avro'
);

CREATE TABLE pageviews (
  user_id BIGINT,
  page_id BIGINT,
  viewtime TIMESTAMP,
  user_region STRING,
  WATERMARK FOR viewtime AS viewtime - INTERVAL '2' SECOND
) WITH (
  'connector' = 'kafka',
  'topic' = 'pageviews',
  'properties.bootstrap.servers' = '...',
  'format' = 'json'
);

-- 计算 pv、uv 并插入 upsert-kafka 表中
INSERT INTO pageviews_per_region
SELECT
  user_region,
  COUNT(*),
  COUNT(DISTINCT user_id)
FROM pageviews
GROUP BY user_region;
```

这里我们从 Kafka 表 pageviews 中读取数据，统计每个区域的 PV（全部浏览量）和 UV（对用户去重），这是一个分组聚合的更新查询，得到的结果表会不停地更新数据。为了将结果表写入 Kafka 的 pageviews_per_region 主题，我们定义了一个 Upsert Kafka 表，它的字段中需要用 PRIMARY KEY 来指定主键，并且在 WITH 子句中分别指定 key 和 value 的序列化格式。

11.9.2 文件系统

另一类非常常见的外部系统是文件系统。Flink 提供了文件系统的连接器，支持从本地或者分布式的文件系统中读写数据。这个连接器是内置在 Flink 中的，所以使用它并不需要额外引入依赖。

下面是一个连接到文件系统的示例：

```sql
CREATE TABLE MyTable (
  column_name1 INT,
  column_name2 STRING,
  ...
  part_name1 INT,
  part_name2 STRING
```

```
) PARTITIONED BY (part_name1, part_name2) WITH (
  'connector' = 'filesystem',           -- 连接器类型
  'path' = '...',    -- 文件路径
  'format' = '...'                      -- 文件格式
)
```

这里在 WITH 前使用了 PARTITIONED BY 对数据进行了分区操作。文件系统连接器支持对分区文件的访问。

11.9.3　JDBC

关系型数据表本身就是 SQL 最初应用的地方，所以我们也会希望能直接向关系型数据库中读写表数据。Flink 提供的 JDBC 连接器可以通过 JDBC 驱动程序（driver）向任意的关系型数据库读写数据，比如 MySQL、PostgreSQL、Derby 等。

作为 TableSink 向数据库写入数据时，运行的模式取决于创建表的 DDL 是否定义了主键。如果有主键，那么 JDBC 连接器就将以更新插入（Upsert）模式运行，可以向外部数据库发送按照指定键的更新和删除操作；如果没有定义主键，那么就将在追加模式下运行，不支持更新和删除操作。

1. 引入依赖

想要在 Flink 程序中使用 JDBC 连接器，需要引入如下依赖：

```
<dependency>
    <groupId>org.apache.flink</groupId>
    <artifactId>flink-connector-jdbc_${scala.binary.version}</artifactId>
    <version>${flink.version}</version>
</dependency>
```

此外，为了连接到特定的数据库，我们还要引入相关的驱动器依赖，比如 MySQL：

```
<dependency>
    <groupId>mysql</groupId>
    <artifactId>mysql-connector-java</artifactId>
    <version>5.1.38</version>
</dependency>
```

这里引入的 MySQL 驱动器的版本是 5.1.38，读者可以依据自己的 MySQL 版本来进行选择。

2. 创建 JDBC 表

创建 JDBC 表的方法与前面 Upsert Kafka 大同小异。下面是一个具体示例：

```
-- 创建一张连接到 MySQL 的表
CREATE TABLE MyTable (
  id BIGINT,
  name STRING,
  age INT,
  status BOOLEAN,
  PRIMARY KEY (id) NOT ENFORCED
) WITH (
  'connector' = 'jdbc',
  'url' = 'jdbc:mysql://localhost:3306/mydatabase',
  'table-name' = 'users'
);

-- 将另一张表 T 的数据写入 MyTable 表中
INSERT INTO MyTable
SELECT id, name, age, status FROM T;
```

这里创建表的 DDL 中定义了主键，所以数据会以 Upsert 模式写入 MySQL 表中；而到 MySQL 的连接，是通过 WITH 子句中的 url 定义的。要注意写入 MySQL 中真正的表名称是 users，而 MyTable 是注册在 Flink 表环境中的表。

11.9.4 Elasticsearch

Elasticsearch 作为分布式搜索分析引擎，在大数据应用中有非常多的场景。Flink 提供的 Elasticsearch 的 SQL 连接器只能作为 TableSink，可以将表数据写入 Elasticsearch 的索引。Elasticsearch 连接器的使用与 JDBC 连接器非常相似，写入数据的模式同样是由创建表的 DDL 中是否有主键定义决定的。

1. 引入依赖

想要在 Flink 程序中使用 Elasticsearch 连接器，需要引入对应的依赖。具体的依赖与 Elasticsearch 服务器的版本有关，对于 Elasticsearch 6.x 版本引入依赖如下：

```xml
<dependency>
  <groupId>org.apache.flink</groupId> <artifactId>flink-connector-elasticsearch6_${scala.binary.version}</artifactId>
  <version>${flink.version}</version>
</dependency>
```

对于 Elasticsearch 7 以上的版本，引入的依赖则是：

```xml
<dependency>
  <groupId>org.apache.flink</groupId> <artifactId>flink-connector-elasticsearch7_${scala.binary.version}</artifactId>
  <version>${flink.version}</version>
</dependency>
```

2. 创建连接到 Elasticsearch 的表

创建 Elasticsearch 表的方法与 JDBC 表基本一致。下面是一个具体示例：

```sql
-- 创建一张连接到 Elasticsearch 的表
CREATE TABLE MyTable (
  user_id STRING,
  user_name STRING
  uv BIGINT,
  pv BIGINT,
  PRIMARY KEY (user_id) NOT ENFORCED
) WITH (
  'connector' = 'elasticsearch-7',
  'hosts' = 'http://localhost:9200',
  'index' = 'users'
);
```

这里定义了主键，所以会以更新插入模式向 Elasticsearch 写入数据。

11.9.5 HBase

作为高性能、可伸缩的分布式列存储数据库，HBase 在大数据分析中是一个非常重要的工具。Flink 提供的 HBase 连接器支持面向 HBase 集群的读写操作。

在流处理场景下，连接器作为 TableSink 向 HBase 写入数据时，采用的始终是更新插入模式。也就是说，HBase 要求连接器必须通过定义的主键来发送更新日志。所以在创建表的 DDL 中，我们必须要定义行键字段，并将它声明为主键；如果没有用 PRIMARY KEY 子句声明主键，连接器会默认把 rowkey 作为主键。

1. 引入依赖

想要在 Flink 程序中使用 HBase 连接器，需要引入对应的依赖。目前 Flink 只对 HBase 1.4.x 版本和 HBase 2.2.x 版本提供了连接器支持，而引入的依赖也应该与具体的 HBase 版本有关。对于 HBase 1.4 版本引入依赖如下：

```xml
<dependency>
  <groupId>org.apache.flink</groupId>
  <artifactId>flink-connector-hbase-1.4_${scala.binary.version}</artifactId>
  <version>${flink.version}</version>
</dependency>
```

对于 HBase 2.2 版本，引入的依赖如下：

```xml
<dependency>
  <groupId>org.apache.flink</groupId>
  <artifactId>flink-connector-hbase-2.2_${scala.binary.version}</artifactId>
  <version>${flink.version}</version>
</dependency>
```

2. 创建连接到 HBase 的表

由于 HBase 并不是关系型数据库，因此转换为 Flink SQL 中的表会稍有一些麻烦。在 DDL 创建出的 HBase 表中，所有的列族都必须声明为 ROW 类型，在表中占据一个字段；而每个 family 中的列则对应着 ROW 里的嵌套字段。我们不需要将 HBase 中所有的 family 和 qualifier 都在 Flink SQL 的表中声明出来，只要把那些在查询中用到的声明出来就可以了。

除了所有 ROW 类型的字段（对应着 HBase 中的 family），表中还应有一个原子类型的字段，它就会被识别为 HBase 的 rowkey。在表中这个字段可以任意取名，不一定非要叫 rowkey。

下面是一个具体示例：

```sql
-- 创建一张连接到 HBase 的表
CREATE TABLE MyTable (
 rowkey INT,
 family1 ROW<q1 INT>,
 family2 ROW<q2 STRING, q3 BIGINT>,
 family3 ROW<q4 DOUBLE, q5 BOOLEAN, q6 STRING>,
 PRIMARY KEY (rowkey) NOT ENFORCED
) WITH (
 'connector' = 'hbase-1.4',
 'table-name' = 'mytable',
 'zookeeper.quorum' = 'localhost:2181'
);

-- 假设表 T 的字段结构是 [rowkey, f1q1, f2q2, f2q3, f3q4, f3q5, f3q6]
INSERT INTO MyTable
SELECT rowkey, ROW(f1q1), ROW(f2q2, f2q3), ROW(f3q4, f3q5, f3q6) FROM T;
```

我们将另一张 T 中的数据提取出来，并用 ROW() 函数来构造出对应的 column family，最终写入 HBase 中名为 mytable 的表。

11.9.6 Hive

Apache Hive 作为一个基于 Hadoop 的数据仓库基础框架，可以说已经成为进行海量数据分析的核心组件。Hive 支持类 SQL 的查询语言，可以用来方便地对数据进行处理和统计分析，而且基于 HDFS 的数据存储有着非常好的可扩展性，是存储分析超大量数据集的唯一选择。Hive 的主要缺点在于查询的延迟很高，几乎成了离线分析的代言人。而 Flink 的特点就是实时性强，所以 Flink SQL 与 Hive 的结合势在必行。

Flink 与 Hive 的集成比较特别。Flink 提供了 Hive 目录功能，允许使用 Hive 的元存储来管理 Flink 的元数据。这带来的好处体现在以下两个方面。

（1）Metastore 可以作为一个持久化的目录，因此使用 HiveCatalog 可以跨会话存储 Flink 特定的元数据。这样一来，我们在 HiveCatalog 中执行创建 Kafka 表或者 ElasticSearch 表，就可以把它们的元数据持久化存储在 Hive 的 Metastore 中；对于不同的作业会话就不需要重复创建了，直接在 SQL 查询中重用即可。

（2）使用 HiveCatalog，Flink 可以作为读写 Hive 表的替代分析引擎。这样一来，在 Hive 中进行批处理会更加高效；与此同时，也有了连续在 Hive 中读写数据、进行流处理的能力，这也使得实时数据仓库成为了可能。

HiveCatalog 被设计为"开箱即用"，与现有的 Hive 配置完全兼容，我们不需要做任何的修改与调整就可以直接使用。注意只有 Blink 的计划器提供了 Hive 集成的支持，所以需要在使用 Flink SQL 时选择 Blink planner。下面我们就来看一下与 Hive 集成的具体步骤。

1. 引入依赖

Hive 各版本特性变化比较大，所以使用时需要注意版本的兼容性。目前 Flink 支持的 Hive 版本包括以下几种。

- Hive 1.x：1.0.0~1.2.2。
- Hive 2.x：2.0.0~2.2.0，2.3.0~2.3.6。
- Hive 3.x：3.0.0~3.1.2。

目前 Flink 与 Hive 的集成程度在持续加强，支持的版本信息也会不停变化和调整，大家可以关注官网的更新信息。

由于 Hive 是基于 Hadoop 的组件，因此我们首先需要提供 Hadoop 的相关支持，在环境变量中设置 HADOOP_CLASSPATH：

```
export HADOOP_CLASSPATH=`hadoop classpath`
```

在 Flink 程序中可以引入以下依赖：

```xml
<!-- Flink 的 Hive 连接器-->
<dependency>
  <groupId>org.apache.flink</groupId>
  <artifactId>flink-connector-hive_${scala.binary.version}</artifactId>
  <version>${flink.version}</version>
</dependency>


<!-- Hive 依赖 -->
<dependency>
    <groupId>org.apache.hive</groupId>
    <artifactId>hive-exec</artifactId>
    <version>${hive.version}</version>
</dependency>
```

建议不要把这些依赖打包到结果 jar 文件中，而是在运行时的集群环境中为不同的 Hive 版本添加不同的依赖支持。具体版本对应的依赖关系，可以查询官网说明。

2. 连接到 Hive

在 Flink 中连接 Hive，是通过在表环境中配置 HiveCatalog 来实现的。需要说明的是，配置 HiveCatalog 本身并不需要限定使用哪个 planner，不过对 Hive 表的读写操作只有 Blink 的 planner 才支持。所以一般我们需要将表环境的 planner 设置为 Blink。

下面是代码中配置 Catalog 的示例：
```
val settings = EnvironmentSettings.newInstance.useBlinkPlanner.build()
val tableEnv = TableEnvironment.create(settings)

val name            = "myhive"
val defaultDatabase = "mydatabase"
val hiveConfDir     = "/opt/hive-conf"

// 创建一个 HiveCatalog，并在表环境中注册
val hive = new HiveCatalog(name, defaultDatabase, hiveConfDir)
tableEnv.registerCatalog("myhive", hive)

// 使用 HiveCatalog 作为当前会话的 catalog
tableEnv.useCatalog("myhive")
```
当然，我们也可以直接启动 SQL 客户端，用 CREATE CATALOG 语句直接创建 HiveCatalog：
```
Flink SQL> create catalog myhive with ('type' = 'hive', 'hive-conf-dir' = '/opt/hive-conf');
[INFO] Execute statement succeed.

Flink SQL> use catalog myhive;
[INFO] Execute statement succeed.
```

3. 设置 SQL 方言

我们知道，Hive 内部提供了类 SQL 的查询语言，不过语法细节与标准 SQL 会有一些出入，相当于 SQL 的一种方言。为了提高与 Hive 集成时的兼容性，Flink SQL 提供了一个非常有趣且强大的功能：可以使用方言来编写 SQL 语句。换句话说，我们可以直接在 Flink 中写 Hive SQL 来操作 Hive 表，这无疑给我们的读写处理带来了极大的方便。

Flink 目前支持两种 SQL 方言的配置：default 和 hive。所谓的 default 就是 Flink SQL 默认的 SQL 语法了。我们需要先切换到 Hive 方言，然后才能使用 Hive SQL 的语法。具体设置可以分为 SQL 和 Table API 两种方式。

（1）SQL 中设置。

我们可以通过配置 table.sql-dialect 属性来设置 SQL 方言：
```
set table.sql-dialect=hive;
```
当然，我们可以在代码中执行上面的 SET 语句，也可以直接启动 SQL 客户端来运行。如果使用 SQL 客户端，我们还可以在配置文件 sql-cli-defaults.yaml 中通过 configuration 模块来设置：
```
execution:
  planner: blink
  type: batch
  result-mode: table

configuration:
  table.sql-dialect: hive
```
（2）Table API 中设置。

另外一种方式就是在代码中，直接使用 Table API 获取表环境的配置项来进行设置：
```
// 配置 hive 方言
tableEnv.getConfig().setSqlDialect(SqlDialect.HIVE)
// 配置 default 方言
tableEnv.getConfig().setSqlDialect(SqlDialect.DEFAULT)
```

4. 读写 Hive 表

有了 SQL 方言的设置，我们就可以很方便地在 Flink 中创建 Hive 表并进行读写操作了。Flink 支持以批处理和流处理模式向 Hive 中读写数据。在批处理模式下，Flink 会在执行查询语句时对 Hive 表进行一次性读取，在作业完成时将结果数据向 Hive 表进行一次性写入。而在流处理模式下，Flink 会持续监控 Hive 表，在新数据可用时增量读取，也可以持续写入新数据并增量式地让它们可见。

更灵活的是，我们可以随时切换 SQL 方言，从其他数据源（例如，Kafka）读取数据、经转换后再写入 Hive。下面是以纯 SQL 形式编写的一个示例，我们可以启动 SQL 客户端来运行：

```sql
-- 设置 SQL 方言为 hive，创建 Hive 表
SET table.sql-dialect=hive;
CREATE TABLE hive_table (
  user_id STRING,
  order_amount DOUBLE
) PARTITIONED BY (dt STRING, hr STRING) STORED AS parquet TBLPROPERTIES (
  'partition.time-extractor.timestamp-pattern'='$dt $hr:00:00',
  'sink.partition-commit.trigger'='partition-time',
  'sink.partition-commit.delay'='1 h',
  'sink.partition-commit.policy.kind'='metastore,success-file'
);

-- 设置 SQL 方言为 default，创建 Kafka 表
SET table.sql-dialect=default;
CREATE TABLE kafka_table (
  user_id STRING,
  order_amount DOUBLE,
  log_ts TIMESTAMP(3),
  WATERMARK FOR log_ts AS log_ts - INTERVAL '5' SECOND    -- 定义水位线
) WITH (...);

-- 将 Kafka 中读取的数据经转换后写入 Hive
INSERT INTO TABLE hive_table
SELECT user_id, order_amount, DATE_FORMAT(log_ts, 'yyyy-MM-dd'),
DATE_FORMAT(log_ts, 'HH')
FROM kafka_table;
```

这里我们创建 Hive 表时设置了通过分区时间来触发提交的策略。将 Kafka 中读取的数据经转换后写入 Hive，这是一个流处理的 Flink SQL 程序。

11.10 本章总结

在本章中，我们从一个简单示例入手，由浅入深地介绍了 Flink Table API 和 SQL 的用法。由于这两套 API 底层原理一致，而 Table API 功能不够完善、应用不够方便，实际项目开发往往写 SQL 居多。因此，本章内容是以 Flink SQL 的各种功能特性为主线贯穿始终，对 Table API 只做原理性讲解。

11.2 节主要介绍 Table API 和 SQL 的基本用法，有了这部分知识，就可以写出完整的 Flink SQL 程序了。11.3 节深入讲解了表和 SQL 在流处理中的一些核心概念，比如动态表和持续查询，更新查询和追加查询等；这些知识或许对于应用逻辑没有太大帮助，然而却是深入理解流式处理架构的关键，也是从程序员向着架构师迈进的路上必须跨越的门槛。11.4～11.6 节主要介绍 Flink SQL 中的高级特性：窗口、聚合查询

和联结查询，在这一部分中标准 SQL 语法和 Flink 的 DataStream API 彼此渗透融合，在流处理中使用 SQL 查询的特色体现得淋漓尽致；另外，这几节也是对 SQL 和 DataStream API 知识的一个总结。11.7 节详细讲解了函数的用法，这部分主要是一个知识扩展，实际应用的场景较少，一般只需要知道系统函数的用法就够了。11.8 节、11.9 节介绍了 SQL 客户端工具和外部系统的连接器，内容相对比较简单，主要侧重于实际应用场景。

  本章内容较多，如果仅以快速应用为目的，读者可以主要浏览 11.1 节、11.2 节、11.4 节、11.5 节、11.9 节的内容；当然如果精力充沛，还是建议完整通读，并在官网详细浏览相关资料。Table API 和 SQL 是 Flink 最上层的应用接口，目前尚不完善，但发展非常迅速，每个小版本都会有底层优化和功能扩展。未来，Flink SQL 将会是最为高效、最为普遍的开发手段，我们应该时刻保持跟进，随着框架的发展完善不断提升自己的技术能力。

第12章

Flink CEP

在 Flink 的学习过程中，从基本原理和核心层 DataStream API 到底层的处理函数，再到应用层的 Table API 和 SQL，我们已经掌握了 Flink 编程的各种手段，可以应对实际应用开发的各种需求了。

在大数据分析领域，一大类需求就是诸如 PV、UV 这样的统计指标，我们往往可以直接写 SQL 搞定；对于比较复杂的业务逻辑，SQL 中可能没有对应功能的内置函数，那么我们也可以使用 DataStream API，利用状态编程来进行实现。不过在实际应用中，还有一类需求是要检测以特定顺序先后发生的一组事件，进行统计或报警提示，这就比较麻烦了。例如，网站做用户管理，可能需要检测"连续登录失败"事件的发生，这是个组合事件，其实就是"登录失败"和"登录失败"的组合；电商网站可能需要检测用户"下单支付"行为，这也是组合事件，"下单"事件之后一段时间内又会有"支付"事件到来，还包括了时间上的限制。

类似的多个事件的组合，我们把它叫作"复杂事件"。对于复杂事件的处理，由于涉及事件的严格顺序，有时还有时间约束，我们很难直接用 SQL 或者 DataStream API 来完成。于是只好放大招——派底层的处理函数上阵了。处理函数确实可以搞定这些需求，不过对于非常复杂的组合事件，我们可能需要设置很多状态、定时器，并在代码中定义各种条件分支（if-else）逻辑来处理，复杂度会非常高，很可能会使代码失去可读性。怎样处理这类复杂事件呢？Flink 为我们提供了专门用于处理复杂事件的库——CEP，可以让我们更加轻松地解决这类棘手的问题。这在企业的实时风险控制中有非常重要的作用。

本章我们就来了解一下 Flink CEP 的用法。

12.1 基本概念

在写代码之前，我们首先需要了解一些基本概念，这要从 CEP 的基本定义和特点说起。

12.1.1 CEP 是什么

CEP 是"复杂事件处理（Complex Event Processing）"的缩写；而 Flink CEP，就是 Flink 实现的一个用于复杂事件处理的库（library）。

那么到底什么是"复杂事件处理"呢？就是可以在事件流里，检测到特定的事件组合并进行处理，比如"连续登录失败"，或者"订单支付超时"等。

具体的处理过程是，把事件流中的一个个简单事件，通过一定的规则匹配组合起来，这就是"复杂事件"；然后基于满足规则的一组组复杂事件进行转换处理，得到想要的结果进行输出。

总结起来，复杂事件处理的流程可以分成三个步骤：
（1）定义一个匹配规则。
（2）将匹配规则应用到事件流上，检测满足规则的复杂事件。
（3）对检测到的复杂事件进行处理，得到结果进行输出。

如图 12-1 所示，输入的是不同形状的事件流，我们可以定义一个匹配规则：在圆形后面紧跟着三角形。那么将这个规则应用到输入流上，就可以检测到三组匹配的复杂事件。它们构成了一个新的"复杂事件流"，流中的数据就变成了一组组的复杂事件，每个数据都包含了一个圆形和一个三角形。接下来，我们就可以针对检测到的复杂事件，经过处理后，输出一个提示或报警信息。

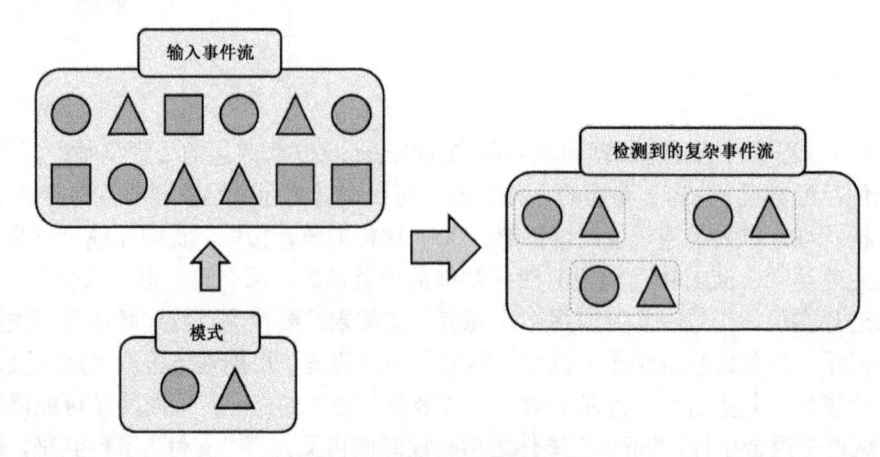

图 12-1　复杂事件模式匹配

所以，CEP 是针对流处理而言的，分析的是低延迟、频繁产生的事件流。其主要目的是在无界流中检测出特定的数据组合，让我们有机会掌握数据中重要的高阶特征。

12.1.2　模式

对于 CEP 第一步定义的匹配规则，我们可以把它叫作"模式"（Pattern）。模式的定义主要是两部分内容：
（1）每个简单事件的特征。
（2）简单事件之间的组合关系。

当然，我们也可以进一步扩展模式的功能。比如，匹配检测的时间限制；每个简单事件是否可以重复出现；对于事件可重复出现的模式，遇到一个匹配后是否跳过后面的匹配等。

所谓"事件之间的组合关系"，一般就是定义"谁后面接着是谁"，也就是事件发生的顺序，我们把它叫作"近邻关系"。可以定义严格的近邻关系，也就是两个事件之间不能有任何其他事件；也可以定义宽松的近邻关系，即只要前后顺序正确即可，中间可以有其他事件。另外，还可以反向定义，也就是"谁后面不能跟着谁"。

CEP 做的事其实就是在流上进行模式匹配。根据模式的近邻关系条件不同，可以检测连续的事件或不连续但先后发生的事件；模式还可能有时间的限制，如果在设定时间范围内没有满足匹配条件，就会导致模式匹配超时。

Flink CEP 为我们提供了丰富的 API，可以实现上面关于模式的所有功能，这套 API 就叫作模式 API。关于 Pattern API，我们将在 12.3 节中详细介绍。

12.1.3 应用场景

CEP 主要用于实时流数据的分析处理。CEP 可以帮助在复杂的、看似不相关的事件流中找出那些有意义的事件组合，进而可以接近实时地分析判断、输出通知信息或报警。这在企业项目的风控管理、用户画像和运维监控中，都有非常重要的应用。

（1）风险控制。

设定一些行为模式，可以对用户的异常行为进行实时检测。当一个用户行为符合了异常行为模式，比如短时间内频繁登录并失败、大量下单却不支付（刷单），就可以向用户发送通知信息，或是进行报警提示、由人工进一步判定用户是否有违规操作的嫌疑。这样就可以有效地控制用户个人和平台的风险。

（2）用户画像。

利用 CEP 可以用预先定义好的规则，对用户的行为轨迹进行实时跟踪，从而检测出具有特定行为习惯的一些用户，做出相应的用户画像。基于用户画像可以进行精准营销，即对行为匹配预定义规则的用户实时发送相应的营销推广；这与目前很多企业所做的精准推荐原理是一样的。

（3）运维监控。

对于企业服务的运维管理，可以利用 CEP 灵活配置多指标、多依赖来实现更复杂的监控模式。

CEP 的应用场景非常丰富。很多大数据框架，如 Spark、Samza、Beam 等都提供了不同的 CEP 解决方案，但没有专门的库。而 Flink 提供了专门的 CEP 库用于处理复杂事件，可以说是目前 CEP 的最佳解决方案。

12.2 快速上手

了解了什么是 CEP，接下来我们就可以在代码中进行调用，尝试用 Flink CEP 来实现具体的需求了。

12.2.1 需要引入的依赖

想要在代码中使用 Flink CEP，需要在项目的 pom 文件中添加相关依赖：

```xml
<dependency>
  <groupId>org.apache.flink</groupId>
  <artifactId>flink-cep-scala_${scala.binary.version}</artifactId>
  <version>${flink.version}</version>
</dependency>
```

为了精简和避免依赖冲突，Flink 会保持尽量少的核心依赖。所以核心依赖中并不包括任何的连接器和库，这里的库就包括了 SQL、CEP 以及 ML 等。所以如果想要在 Flink 集群中提交运行 CEP 作业，应该向 Flink SQL 那样将依赖的 jar 包放在 /lib 目录下。

从这个角度来看，Flink CEP 和 Flink SQL 一样，都是最顶层的应用级 API。

12.2.2 一个简单实例

接下来我们考虑一个具体的需求：检测用户行为，如果连续三次登录失败，就输出报警信息。很显然，这是一个复杂事件的检测处理，我们可以使用 Flink CEP 来实现。

我们首先定义数据的类型。这里的用户行为不再是之前的访问事件 Event 了，所以应该单独定义一个登录事件样例类。具体实现如下：

```
case class LoginEvent(userId: String, ipAddress: String, eventType: String, timestamp: Long)
```

接下来就是业务逻辑的编写。Flink CEP 在代码中主要通过 Pattern API 来实现。之前我们已经介绍过，CEP 的主要处理流程分为三步，对应到 Pattern API 中就是：

（1）定义一个模式。
（2）将 Pattern 应用到 DataStream 上，检测满足规则的复杂事件，得到一个 PatternStream。
（3）对 PatternStream 进行转换处理，将检测到的复杂事件提取出来，包装成报警信息输出。

具体代码实现如下：

```scala
package com.atguigu.chapter12

import org.apache.flink.cep.PatternSelectFunction
import org.apache.flink.cep.scala.CEP
import org.apache.flink.cep.scala.pattern.Pattern
import org.apache.flink.streaming.api.scala._

import java.util

object LoginFailDetect {
  def main(args: Array[String]): Unit = {
    val env = StreamExecutionEnvironment.getExecutionEnvironment
    env.setParallelism(1)
    // 获取登录事件流，并提取时间戳、生成水位线
    val stream = env
      .fromElements(
        LoginEvent("user_1", "192.168.0.1", "fail", 2000L),
        LoginEvent("user_1", "192.168.0.2", "fail", 3000L),
        LoginEvent("user_2", "192.168.1.29", "fail", 4000L),
        LoginEvent("user_1", "171.56.23.10", "fail", 5000L),
        LoginEvent("user_2", "192.168.1.29", "success", 6000L),
        LoginEvent("user_2", "192.168.1.29", "fail", 7000L),
        LoginEvent("user_2", "192.168.1.29", "fail", 8000L)
      )
      .assignAscendingTimestamps(_.timestamp)
      .keyBy(_.userId)

    // 1. 定义 Pattern，连续三个登录失败事件
    val pattern = Pattern
      .begin[LoginEvent]("first")    // 以第一个登录失败事件开始
      .where(_.eventType.equals("fail"))
      .next("second")    // 接着是第二个登录失败事件
      .where(_.eventType.equals("fail"))
      .next("third")    // 接着是第三个登录失败事件
      .where(_.eventType.equals("fail"))
    // 2. 将 Pattern 应用到流上，检测匹配的复杂事件，得到一个 PatternStream
    val patternStream = CEP.pattern(stream, pattern)
    // 3. 将匹配到的复杂事件选择出来，然后包装成字符串报警信息输出
    patternStream
      .select(new PatternSelectFunction[LoginEvent, String] {
        override def select(map: util.Map[String, util.List[LoginEvent]]): String = {
          val first = map.get("first").get(0)
          val second = map.get("second").get(0)
```

```
                val third = map.get("third").get(0)
                first.userId + " 连续三次登录失败！登录时间: " + first.timestamp + ", " + second.timestamp +
", " + third.timestamp
            }
        })
        .print("warning")
    env.execute()
  }
}
```

在上面的程序中，模式中的每个简单事件，都会用一个.where()方法来指定一个约束条件，指明每个事件的特征，这里就是 eventType 为 "fail"。

而模式里表示事件之间的关系时，使用了 next() 方法。next 是 "下一个" 的意思，表示紧挨着、中间不能有其他事件（比如登录成功），这是一个严格近邻关系。第一个事件用 begin()方法表示开始。所有这些"连接词"都可以有一个字符串作为参数，这个字符串就可以认为是当前简单事件的名称。所以我们如果检测到一组匹配的复杂事件，里面就会有连续三个登录失败事件，它们的名称分别叫作"first""second"和"third"。

在第三步处理复杂事件时，调用了 PatternStream 的 select()方法，传入一个 PatternSelectFunction 对检测到的复杂事件进行处理。而检测到的复杂事件，会放在一个 Map 中；PatternSelectFunction 内 select()方法有一个类型为 Map<String, List<LoginEvent>>的参数 map，里面就保存了检测到的匹配事件。这里的 key 是一个字符串，对应着事件的名称，而 value 是 LoginEvent 的一个列表，匹配到的登录失败事件就保存在这个列表里。最终我们提取 userId 和三次登录的时间戳，包装成字符串输出一个报警信息。

运行代码可以得到结果如下：

```
warning> user_1 连续三次登录失败！登录时间：2000, 3000, 5000
```

可以看到，user_1 连续三次登录失败被检测到了；而 user_2 尽管也有三次登录失败，但中间有一次登录成功，所以不会被匹配到。

12.3 模式 API

Flink CEP 的核心是复杂事件的模式匹配。Flink CEP 库中提供了 Pattern 类，基于它可以调用一系列方法来定义匹配模式，这就是所谓的模式 API。模式 API 可以让我们定义各种复杂的事件组合规则，用于从事件流中提取复杂事件。在上节中我们已经对模式 API 有了初步的认识，接下来就对其中的一些概念和用法进行展开讲解。

12.3.1 个体模式

在 12.1.2 节中我们已经知道，模式其实就是将一组简单事件组合成复杂事件的"匹配规则"。由于流中事件的匹配是有先后顺序的，因此一个匹配规则就可以表达成先后发生的一个个简单事件，按顺序串联组合在一起。

这里的每一个简单事件并不是任意选取的，也需要有一定的条件规则；所以我们就把每个简单事件的匹配规则，叫作"个体模式"（Individual Pattern）。

1. 基本形式

在 12.2.2 节中，每一个登录失败事件的选取规则，都是一个个体模式。比如：

```
.begin[LoginEvent]("first")        // 以第一个登录失败事件开始
```

```
        .where(_.eventType.equals("fail"))
```
或者后面的：
```
.next("second")      // 接着是第二个登录失败事件
        .where(_.eventType.equals("fail"))
```

这些都是个体模式。个体模式一般都会匹配接收一个事件。

每个个体模式都以一个"连接词"开始定义的，如 begin、next 等，这是 Pattern 对象的一个方法，返回的还是一个 Pattern。这些"连接词"方法有一个 String 类型参数，这就是当前个体模式唯一的名字，比如这里的"first""second"。在之后检测到匹配事件时，就会以这个名字来指代匹配事件。

个体模式需要一个"过滤条件"，用来指定具体的匹配规则。这个条件一般是通过调用 where()方法来实现的，具体的过滤逻辑则通过传入的 SimpleCondition 内的 filter()方法来定义。

另外，个体模式可以匹配接收一个事件，也可以接收多个事件。这听起来有点奇怪，一个单独的匹配规则可能匹配到多个事件吗？这是可能的，我们可以给个体模式增加一个量词，就能够让它进行循环匹配，接收多个事件。接下来我们就对量词和条件进行展开说明。

2. 量词

个体模式后面可以跟一个"量词"，用来指定循环的次数。从这个角度分类，个体模式可以包括"单例模式"和"循环模式"。默认情况下，个体模式是单例模式，匹配接收一个事件；当定义了量词之后，就变成了循环模式，可以匹配接收多个事件。

在循环模式中，对同样特征的事件可以匹配多次。比如我们定义个体模式为"匹配形状为三角形的事件"，再让它循环多次，就变成了"匹配连续多个三角形的事件"。注意这里的"连续"，只要保证前后顺序即可，中间可以有其他事件，所以是"宽松近邻"关系。

在 Flink CEP 中，可以使用不同的方法指定循环模式，主要有以下几种。

（1）oneOrMore。

匹配事件出现一次或多次，假设 a 是一个个体模式，a.oneOrMore 表示可以匹配 1 个或多个 a 的事件组合。我们有时会用 a+来简单表示。

（2）times（times）。

匹配事件发生特定次数，例如 a.times(3)表示 aaa。

（3）times（fromTimes，toTimes）。

指定匹配事件出现的次数范围，最小次数为 fromTimes，最大次数为 toTimes。例如 a.times(2, 4)可以匹配 aa，aaa 和 aaaa。

（4）greedy。

只能用在循环模式后，使当前循环模式变得"贪心"，也就是总是尽可能多地去匹配。例如 a.times(2, 4).greedy，如果出现了连续 4 个 a，那么会直接把 aaaa 检测出来进行处理，其他任意 2 个 a 是不算匹配事件的。

（5）optional。

使当前模式成为可选的，也就是说可以满足这个匹配条件，也可以不满足。

对于个体模式来说，后面所有可以添加的量词如下：

```
// 匹配事件出现 4 次
pattern.times(4)

// 匹配事件出现 4 次，或者不出现
pattern.times(4).optional

// 匹配事件出现 2, 3 或者 4 次
pattern.times(2, 4)
```

```
// 匹配事件出现 2, 3 或者 4 次, 并且尽可能多地匹配
pattern.times(2, 4).greedy

// 匹配事件出现 2, 3, 4 次, 或者不出现
pattern.times(2, 4).optional

// 匹配事件出现 2, 3, 4 次, 或者不出现; 并且尽可能多地匹配
pattern.times(2, 4).optional.greedy

// 匹配事件出现 1 次或多次
pattern.oneOrMore

// 匹配事件出现 1 次或多次, 并且尽可能多地匹配
pattern.oneOrMore.greedy

// 匹配事件出现 1 次或多次, 或者不出现
pattern.oneOrMore.optional

// 匹配事件出现 1 次或多次, 或者不出现, 并且尽可能多地匹配
pattern.oneOrMore.optional.greedy

// 匹配事件出现 2 次或多次
pattern.timesOrMore(2)

// 匹配事件出现 2 次或多次, 并且尽可能多地匹配
pattern.timesOrMore(2).greedy

// 匹配事件出现 2 次或多次, 或者不出现
pattern.timesOrMore(2).optional

// 匹配事件出现 2 次或多次, 或者不出现, 并且尽可能多地匹配
pattern.timesOrMore(2).optional.greedy
```

正是因为个体模式可以通过量词定义为循环模式,一个模式能够匹配到多个事件,所以之前代码中事件的检测接收才会用 Map 中的一个列表来保存。而之前代码中没有定义量词,都是单例模式,所以只会匹配一个事件,每个 List 中也只有一个元素:

```
val first = map.get("first").get(0)
```

3. 条件

对于每个个体模式,匹配事件的核心在于定义匹配条件,也就是选取事件的规则。Flink CEP 会按照这个规则对流中的事件进行筛选,判断是否接受当前的事件。

对于条件的定义,主要是通过调用 Pattern 对象的 where()方法来实现的,主要可以分为简单条件、迭代条件、组合条件、终止条件几种类型。此外,也可以调用 Pattern 对象的 subtype()方法来限定匹配事件的子类型。接下来我们就分别进行介绍。

(1) 限定子类型。

调用 subtype()方法可以为当前模式增加子类型限制条件。例如:

```
pattern.subtype(classOf[SubEvent])
```

这里的 SubEvent 是流中数据类型 Event 的子类型。这时,只有当事件是 SubEvent 类型时,才可以满足当前模式 pattern 的匹配条件。

(2) 简单条件。

简单条件是最简单的匹配规则，只根据当前事件的特征来决定是否接受它。这在本质上其实就是一个过滤操作。

代码中我们为 where()方法传入一个 SimpleCondition 的实例作为参数。SimpleCondition 表示"简单条件"的抽象类，内部有一个 filter()方法，唯一的参数就是当前事件。所以 SimpleCondition 可以当作 FilterFunction 来使用。

下面是一个具体示例：

```
pattern.where(_.user.startsWith("A"))
```

这里我们要求匹配事件的 user 属性以"A"开头。

(3) 迭代条件。

简单条件只能基于当前事件做判断，能够处理的逻辑比较有限。在实际应用中，我们可能需要将当前事件跟之前的事件做对比，才能判断出要不要接受当前事件。这种需要依靠之前事件来做判断的条件，就叫作迭代条件。

在 Flink CEP 中，提供了 IterativeCondition 抽象类。这其实是更加通用的条件表达，查看源码可以发现，where()方法本身要求的参数类型就是 IterativeCondition；而之前的 SimpleCondition 是它的一个子类。

在 IterativeCondition 中同样需要实现一个 filter()方法，不过与 SimpleCondition 中不同的是，这个方法有两个参数：除了当前事件，还有一个上下文 Context。调用这个上下文的 getEventsForPattern()方法，传入一个模式名称，就可以拿到这个模式中已匹配到的所有数据了。

下面是一个具体示例：

```
middle.oneOrMore
    .where((value, ctx) => {
      lazy val sum = ctx.getEventsForPattern("middle").map(_.amount).sum
      value.user.startsWith("A") && sum + value.amount < 100
})
```

上面代码中当前模式名称叫作"middle"，这是一个循环模式，可以接受事件发生一次或多次。在下面的迭代条件中，我们通过 ctx.getEventsForPattern("middle")获取当前模式已经接受的事件，计算它们的数量之和；再加上当前事件中的数量，如果总和小于 100，就接受当前事件，否则就不匹配。当然，在迭代条件中我们也可以基于当前事件做出判断，比如代码中要求 user 必须以 A 开头。最终我们的匹配规则就是：事件的 user 必须以 A 开头；并且循环匹配的所有事件 amount 之和必须小于 100。这里的 Event 与之前定义的样例类不同，增加了 amount 属性。

可以看到，迭代条件能够获取已经匹配的事件，如果自身又是循环模式（比如量词 oneOrMore），那么两者结合就可以捕获自身之前接收的数据，据此来判断是否接受当前事件。这个功能非常强大，我们可以由此实现更加复杂的需求，比如可以要求"只有大于之前数据的平均值，才接受当前事件"。

另外，迭代条件中的上下文 Context 也可以获取到时间相关的信息，比如事件的时间戳和当前的处理时间。

(4) 组合条件。

如果一个个体模式有多个限定条件，又该怎么定义呢？

最直接的想法是，可以在简单条件或者迭代条件的.filter()方法中，增加多个判断逻辑。可以通过 if-else 的条件分支分别定义多个条件，也可以直接在 return 返回时给一个多条件的逻辑组合（与、或、非）。不过这样会让代码变得臃肿，可读性降低。更好的方式是独立定义多个条件，然后在外部把它们连接起来，构成一个组合条件。

最简单的组合条件，就是 where()后面再接一个 where()。因为前面提到过，一个条件就像是一个 filter 操作，所以每次调用 where()方法都相当于做了一次过滤，连续多次调用就表示多重过滤，最终匹配的事件自然就会同时满足所有条件。这相当于是多个条件的逻辑与（AND）。

而多个条件的逻辑或（OR），则可以通过 where()后加一个 or()来实现。这里的 or()方法与 where()一样，传入一个 IterativeCondition 作为参数，定义一个独立的条件；它和之前 where()定义的条件只要满足一个，当前事件就可以成功匹配。

当然，子类型限定条件也可以和其他条件结合起来，成为组合条件，如下所示：

```
pattern.subtype(classOf[SubEvent])
    .where(subEvent => … /* some condition */)
```

这里可以看到，SimpleCondition 的泛型参数也变成了 SubEvent，所以匹配出的事件既满足子类型限制，又符合过滤筛选的简单条件；这也是一个逻辑与的关系。

（5）终止条件。

对于循环模式而言，还可以指定一个"终止条件"（Stop Condition），表示遇到某个特定事件时当前模式就不再继续循环匹配了。

终止条件的定义是通过调用模式对象的 until()方法来实现的，同样传入一个 IterativeCondition 作为参数。需要注意的是，终止条件只与 oneOrMore 或者 oneOrMore.optional 结合使用。因为在这种循环模式下，我们不知道后面还有没有事件可以匹配，只好把之前匹配的事件作为状态缓存起来继续等待，这样的等待无穷无尽；如果一直等下去，缓存的状态会越来越多，最终将耗尽内存。所以这种循环模式必须有个终点，当 until()指定的条件满足时，循环终止，这样就可以清空状态释放内存了。

12.3.2 组合模式

有了定义好的个体模式，就可以尝试按一定的顺序把它们连接起来，定义一个完整的复杂事件匹配规则了。这种将多个个体模式组合起来的完整模式，就叫作组合模式，为了与个体模式区分，有时也叫作模式序列。

一个组合模式有以下形式：

```
val pattern = Pattern
    .begin[Event]("start").where(...)
        .next("next").where(...)
        .followedBy("follow").where(...)
        ...
```

可以看到，组合模式确实就是一个"模式序列"，是用诸如 begin()、next()、followedBy()等表示先后顺序的"连接词"将个体模式串连起来得到的。在这样的语法调用中，每个事件匹配的条件是什么、各个事件之间谁先谁后、近邻关系如何都定义得一目了然。每一个"连接词"方法调用之后，得到的都仍然是一个 Pattern 的对象。所以从 Java 对象的角度看，组合模式与个体模式是一样的都是 Pattern。

1. 初始模式

所有的组合模式，都必须以一个"初始模式"开头；而初始模式必须通过调用 Pattern 的静态方法 begin()来创建。如下所示：

```
val start = Pattern.begin[Event]("start")
```

这里我们调用 Pattern 的 begin()方法创建了一个初始模式。传入的 String 类型的参数就是模式的名称；而 begin 方法需要传入一个类型参数，这就是模式要检测流中事件的基本类型，这里我们定义为 Event。调用的结果返回一个 Pattern 的对象实例。Pattern 有两个泛型参数，第一个就是检测事件的基本类型 Event，与 begin 指定的类型一致；第二个则是当前模式里事件的子类型，由子类型限制条件指定。

2. 近邻条件

在初始模式之后，我们就可以按照复杂事件的顺序追加模式，组合成模式序列了。模式之间的组合是通过一些"连接词"方法实现的，这些连接词指明了先后事件之间有着怎样的近邻关系，这就是所谓的近邻条件（Contiguity Condition，也叫连续性条件）。

Flink CEP 中提供了三种近邻关系：

（1）严格近邻（Strict Contiguity）。

如图 12-2 所示，匹配的事件严格地按顺序一个接一个出现，中间不会有任何其他事件。代码中对应的就是 Pattern 的 next()方法，名称上就能看出来，"下一个"自然就是紧挨着的。

（2）宽松近邻（Relaxed Contiguity）。

如图 12-2 所示，宽松近邻只关心事件发生的顺序，而放宽了对匹配事件的"距离"要求，也就是说两个匹配的事件之间可以有其他不匹配的事件出现。代码中对应 followedBy()方法，很明显这表示"跟在后面"就可以，不需要紧紧相邻。

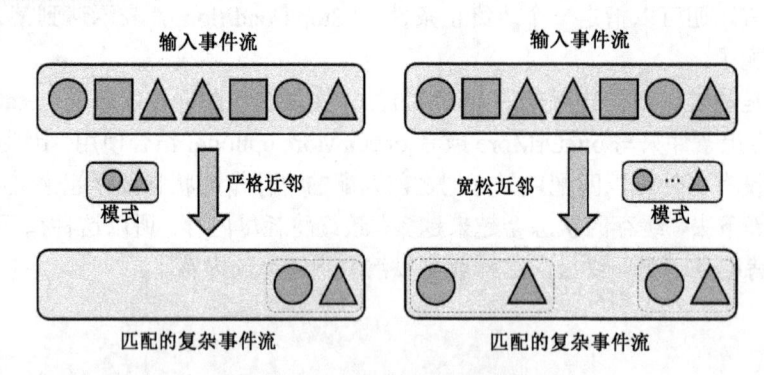

图 12-2　严格近邻和宽松近邻

（3）非确定性宽松近邻（Non-Deterministic Relaxed Contiguity）。

这种近邻关系更加宽松。所谓"非确定性"是指可以重复使用之前已经匹配过的事件。这种近邻条件下匹配到的不同复杂事件，可以以同一个事件作为开始，所以匹配结果一般会比宽松近邻更多，如图 12-3 所示。

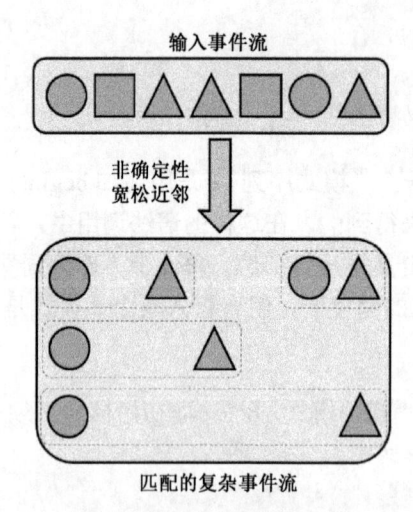

图 12-3　非确定性宽松近邻

从图 12-2 和图 12-3 中可以看到，我们定义的模式序列中有两个个体模式：一是"选择圆形事件"；二是"选择三角形事件"。这时它们之间的近邻条件就会导致匹配出的复杂事件有所不同。很明显，严格近邻由于条件苛刻，匹配的事件最少；宽松近邻可以匹配不紧邻的事件，匹配结果会多一些；而非确定性宽松近邻条件最为宽松，可以匹配到最多的复杂事件。

3. 其他限制条件

除了上面提到的 next()、followedBy()、followedByAny() 可以分别表示三种近邻条件，我们还可以用否定的 "连接词" 来组合个体模式。主要包括以下两种：

（1）notNext()。

表示前一个模式匹配到的事件后面，不能紧跟着某种事件。

（2）notFollowedBy()。

表示前一个模式匹配到的事件后面，不会出现某种事件。这里需要注意，由于 notFollowedBy() 是没有严格限定的；流数据不停地到来，我们永远不能保证之后 "不会出现某种事件"。所以一个模式序列不能以 notFollowedBy() 结尾，这个限定条件主要用来表示 "两个事件中间不会出现某种事件"。

另外，Flink CEP 中还可以为模式指定一个时间限制，这是通过调用 .within() 方法实现的。方法传入一个时间参数，这是模式序列中第一个事件到最后一个事件之间的最大时间间隔，只有在这期间成功匹配的复杂事件才是有效的。一个模式序列中只能有一个时间限制，调用 .within() 的位置不限；如果多次调用则会以最小的那个时间间隔为准。

下面是模式序列中所有限制条件在代码中的定义：

```
// 严格近邻条件
val strict = start.next("middle").where(...)

// 宽松近邻条件
val relaxed = start.followedBy("middle").where(...)

// 非确定性宽松近邻条件
val nonDetermin = start.followedByAny("middle").where(...)

// 不能严格近邻条件
val strictNot = start.notNext("not").where(...)

// 不能宽松近邻条件
val relaxedNot = start.notFollowedBy("not").where(...)

// 时间限制条件
middle.within(Time.seconds(10))
```

4. 循环模式中的近邻条件

之前我们讨论的都是模式序列中的限制条件，主要用来指定前后发生的事件之间的近邻关系。而循环模式虽说是个体模式，却也可以匹配多个事件；这些事件之间自然也会有近邻关系的讨论。

在循环模式中，近邻关系同样有三种：严格近邻、宽松近邻以及非确定性宽松近邻。对于定义了量词（如 oneOrMore、times()）的循环模式，默认内部采用的是宽松近邻。也就是说，当循环匹配多个事件时，它们中间是可以有其他不匹配事件的；相当于用单例模式分别定义、再用 followedBy() 连接起来。这就解释了在 12.2.2 节的示例代码中，为什么我们检测连续三次登录失败用了三个单例模式来分别定义，而没有直接指定 times(3)：因为我们需要三次登录失败必须是严格连续的，中间不能有登录成功的事件，而 times() 默认是宽松近邻关系。

不过把多个同样的单例模式组合在一起，这种方式还是显得有些笨拙了。连续三次登录失败看起来不太复杂，如果要检测连续 100 次登录失败呢？显然使用 times() 是更明智的选择。不过它默认匹配事件之间是宽松近邻关系，我们可以通过调用额外的方法来改变这一点。

（1）consecutive()。

为循环模式中的匹配事件增加严格的近邻条件，保证所有匹配事件是严格连续的。也就是说，一旦中间出现了不匹配的事件，当前循环检测就会终止。这起到的效果与模式序列中的 next()一样，需要与循环量词 times()、oneOrMore 配合使用。

于是，12.2.2 节中检测连续三次登录失败的代码可以改成：

```scala
// 1. 定义 Pattern, 登录失败事件, 循环检测 3 次
val pattern = Pattern
       .begin[LoginEvent]("fails")
       .where(_.eventType.equals("fail")).times(3).consecutive()
```

这样显得更加简洁；而且即使要扩展到连续 100 次登录失败，也只需要改动一个参数而已。不过这样一来，后续提取匹配事件的方式也会有所不同，我们将在 12.4.2 节继续讲解。

（2）allowCombinations()。

除了严格近邻，也可以为循环模式中的事件指定非确定性宽松近邻条件，表示可以重复使用已经匹配的事件。这需要调用 allowCombinations()方法来实现，实现的效果与 followedByAny()相同。

12.3.3 模式组

一般来说，代码中定义的模式序列，就是我们在业务逻辑中匹配复杂事件的规则。不过在有些非常复杂的场景中，可能需要划分多个"阶段"，每个"阶段"又有一连串的匹配规则。为了应对这样的需求，Flink CEP 允许我们以"嵌套"的方式来定义模式。

之前在模式序列中，我们用 begin()、next()、followedBy()、followedByAny()等"连接词"来组合个体模式，这些方法的参数就是一个个体模式的名称；而现在它们可以直接以一个模式序列作为参数，就将模式序列又一次连接组合起来了。这样得到的就是一个模式组。

在模式组中，每一个模式序列就被当作某一阶段的匹配条件，返回的类型是一个 GroupPattern。而 GroupPattern 本身是 Pattern 的子类；所以个体模式和组合模式能调用的方法，比如 times()、oneOrMore、optional 之类的量词，模式组一般也是可以用的。

在代码中的应用如下所示：

```scala
// 以模式序列作为初始模式
val start = Pattern.begin(
  Pattern.begin[Event]("start_start").where(...)
       .followedBy("start_middle").where(...)
)

// 在 start 后定义严格近邻的模式序列，并重复匹配两次
val strict = start.next(
  Pattern.begin[Event]("next_start").where(...)
       .followedBy("next_middle").where(...)
).times(2)

// 在 start 后定义宽松近邻的模式序列，并重复匹配一次或多次
val relaxed = start.followedBy(
  Pattern.begin("followedby_start")[Event].where(...)
       .followedBy("followedby_middle").where(...)
).oneOrMore

//在 start 后定义非确定性宽松近邻的模式序列，可以匹配一次，也可以不匹配
val nonDeterminRelaxed = start.followedByAny(
  Pattern.begin[Event]("followedbyany_start").where(...)
       .followedBy("followedbyany_middle").where(...)
).optional
```

12.3.4 匹配后跳过策略

在 Flink CEP 中，由于存在循环模式和非确定性宽松近邻，同一个事件有可能会重复利用，被分配到不同的匹配结果中。这样会导致匹配结果规模增大，有时会显得非常冗余。当然，非确定性宽松近邻条件，本来就是为了放宽限制、扩充匹配结果而设计的，所以我们主要针对循环模式来考虑匹配结果的精简。

之前已经讲过，如果对循环模式增加了 greedy 的限制，那么就会"尽可能多地"匹配事件，这样就可以砍掉那些子集上的匹配了。不过这种方式还是略显简单粗暴，如果我们想要精确控制事件的匹配应该跳过哪些情况，就需要制定另外的策略了。

在 Flink CEP 中，提供了模式的匹配后跳过策略，专门用来精准控制循环模式的匹配结果。这个策略可以在 Pattern 的初始模式定义中，作为 begin() 的第二个参数传入：

```
Pattern.begin("start", AfterMatchSkipStrategy.noSkip())
    .where(...)
        ...
```

匹配后跳过策略 AfterMatchSkipStrategy 是一个抽象类，它有多个具体的实现，可以通过调用对应的静态方法来返回对应的策略实例。这里我们配置的是不做跳过处理，这也是默认策略。

下面我们举例来说明不同的跳过策略。例如，我们要检测的复杂事件模式为：开始是用户名为 a 的事件（简写为事件 a，下同），可以重复一次或多次；然后跟着一个用户名为 b 的事件，a 事件和 b 事件之间可以有其他事件（宽松近邻）。用简写形式可以直接写作："a+ followedBy b"。在代码中定义 Pattern 如下：

```
Pattern.begin[Event]("a").where(_.user.equals("a")).oneOrMore
    .followedBy("b").where(_.user.equals("b"))
```

如果输入事件序列"a a a b"，这里为了区分前后不同的 a 事件，可以记作"a1 a2 a3 b"，那么应该检测到 6 个匹配结果：(a1 a2 a3 b)、(a1 a2 b)、(a1 b)、(a2 a3 b)、(a2 b)、(a3 b)。如果在初始模式的量词 oneOrMore 后加上 .greedy 定义为贪心匹配，那么结果就是：(a1 a2 a3 b)、(a2 a3 b)、(a3 b)，每个事件作为开头只会出现一次。

接下来我们讨论不同跳过策略对匹配结果的影响。

（1）不跳过（NO_SKIP）。

通过代码调用 AfterMatchSkipStrategy.noSkip() 选择不跳过策略。这是默认策略，所有可能的匹配都会输出。所以这里会输出完整的 6 个匹配。

（2）跳至下一个（SKIP_TO_NEXT）。

通过代码调用 AfterMatchSkipStrategy.skipToNext() 选择跳至下一个策略。找到一个 a1 开始的最大匹配之后，跳过 a1 开始的所有其他匹配，直接从下一个 a2 开始匹配，a2 也这样跳过其他匹配。最终得到（a1 a2 a3 b）、(a2 a3 b)、(a3 b)，可以看到，这种跳过策略跟使用 greedy 效果是相同的。

（3）跳过所有子匹配（SKIP_PAST_LAST_EVENT）。

通过代码调用 AfterMatchSkipStrategy.skipPastLastEvent() 跳过所有子匹配。找到 a1 开始的匹配（a1 a2 a3 b）之后，直接跳过所有 a1 直到 a3 开头的匹配，相当于把这些子匹配都跳过了。最终得到（a1 a2 a3 b），这是最为精简的跳过策略。

（4）跳至第一个（SKIP_TO_FIRST[a]）。

通过代码调用 AfterMatchSkipStrategy.skipToFirst("a") 选择跳至第一个策略，这里传入一个参数，指明跳至哪个模式的第一个匹配事件。找到 a1 开始的匹配（a1 a2 a3 b）后，跳到以最开始一个 a（也就是 a1）为开始的匹配，相当于只留下 a1 开始的匹配。最终得到（a1 a2 a3 b）、(a1 a2 b)、(a1 b)。

（5）跳至最后一个（SKIP_TO_LAST[a]）。

通过代码调用 AfterMatchSkipStrategy.skipToLast("a") 跳至最后一个策略，同样传入一个参数，指明跳至哪个模式的最后一个匹配事件。找到 a1 开始的匹配（a1 a2 a3 b）后，跳过所有 a1、a2 开始的匹配，跳到以最后一个 a（也就是 a3）为开始的匹配。最终得到（a1 a2 a3 b），（a3 b）。

12.4 模式的检测处理

Pattern API 是 Flink CEP 的核心，也是最复杂的一部分。不过利用 Pattern API 定义好模式还只是整个复杂事件处理的第一步，接下来还需要将模式应用到事件流上、检测提取匹配的复杂事件并定义处理转换的方法，最终得到想要的输出信息。

12.4.1 将模式应用到流上

将模式应用到事件流上的代码非常简单，只要调用 CEP 类的静态方法 pattern()，将数据流和模式作为两个参数传入就可以了。最终得到的是一个 PatternStream：

```
val inputStream = ...
val pattern = ...

val patternStream = CEP.pattern(inputStream, pattern)
```

这里的 DataStream，也可以通过 keyBy 进行按键分区得到 KeyedStream，接下来对复杂事件的检测就会针对不同的 key 单独进行了。

模式中定义的复杂事件，发生是有先后顺序的，这里"先后"的判断标准取决于具体的时间语义。默认情况下采用事件时间语义，那么事件会以各自的时间戳进行排序；如果是处理时间语义，那么所谓先后就是数据到达的顺序。对于时间戳相同或是同时到达的事件，我们还可以在 CEP.pattern() 中传入一个比较器作为第三个参数，用来进行更精确的排序：

```
// 可选的事件比较器
val comparator = ...
val patternStream = CEP.pattern(input, pattern, comparator)
```

得到 PatternStream 后，接下来要做的就是对匹配事件的检测处理了。

12.4.2 处理匹配事件

基于 PatternStream 可以调用一些转换方法，对匹配的复杂事件进行检测和处理，并最终得到一个正常的 DataStream。这个转换的过程与窗口的处理类似：将模式应用到流上得到 PatternStream，就像在流上添加窗口分配器得到 WindowedStream；而之后的转换操作，就像定义具体处理操作的窗口函数，对收集到的数据进行分析计算，得到结果进行输出，最后回到 DataStream 的类型来。

PatternStream 的转换操作主要可以分成两种：简单便捷的选择提取操作和更加通用、更加强大的处理操作。与 DataStream 的转换类似，具体实现也是在调用 API 时传入一个函数类：选择操作传入的是一个 PatternSelectFunction，处理操作传入的则是一个 PatternProcessFunction。

1. 匹配事件的选择提取

处理匹配事件最简单的方式，就是从 PatternStream 中直接把匹配的复杂事件提取出来，包装成想要的信息输出，这个操作就是选择。

（1）PatternSelectFunction。

代码中基于 PatternStream 直接调用 select() 方法，传入一个 PatternSelectFunction 作为参数。

```
val patternStream = CEP.pattern(inputStream, pattern)
```

```
val result = patternStream.select(new MyPatternSelectFunction)
```

这里的 **MyPatternSelectFunction** 是 PatternSelectFunction 的一个具体实现。PatternSelectFunction 是 Flink CEP 提供的一个函数类接口，它会将检测到的匹配事件保存在一个 Map 里，对应的 key 就是这些事件的名称。这里的"事件名称"就对应着在模式中定义的每个个体模式的名称；而个体模式可以是循环模式，一个名称会对应多个事件，所以最终保存在 Map 里的 value 就是一个事件的列表（List）。

下面是 **MyPatternSelectFunction** 的一个具体实现：

```
class MyPatternSelectFunction extends PatternSelectFunction[Event, String]{

    override def select(pattern: Map[String, List[Event]] ): String = {
      val startEvent = pattern.get("start").get(0)
      val middleEvent = pattern.get("middle").get(0)
      startEvent.toString + " " + middleEvent.toString
    }
}
```

PatternSelectFunction 里需要实现一个 select()方法，这个方法每当检测到一组匹配的复杂事件时都会调用一次。它以保存了匹配复杂事件的 Map 作为输入，经自定义转换后得到输出信息返回。这里我们假设之前定义的模式序列中，有名为"start"和"middle"的个体模式，于是可以通过这个名称从 Map 中选择提取出对应的事件。注意，调用 Map 的 get(key)方法后得到的是一个事件的 List；如果个体模式是单例的，那么 List 中只有一个元素，直接调用 get(0)就可以把它取出。

当然，如果个体模式是循环的，List 中就有可能有多个元素了。例如，我们在 12.3.2 节中对连续登录失败检测的改进，我们可以将匹配到的事件包装成 String 类型的报警信息输出，代码如下：

```
import java.util

// 1. 定义 Pattern，登录失败事件，循环检测 3 次
val pattern = Pattern
        .begin[LoginEvent]("fails")
        .where(_.eventType.equals("fail")).times(3).consecutive()

// 2. 将 Pattern 应用到流上，检测匹配的复杂事件，得到一个 PatternStream
val patternStream = CEP.pattern(stream, pattern)

// 3. 将匹配到的复杂事件选择出来，然后包装成报警信息输出
patternStream
        .select(new PatternSelectFunction[LoginEvent, String] {

            override def select(map:util.Map[String, util.List[LoginEvent]]): String = {
                // 只有一个模式，匹配到了 3 个事件，放在 List 中
                val first = map.get("fails").get(0)
                val second = map.get("fails").get(1)
                val third = map.get("fails").get(2);
                first.userId + " 连续三次登录失败！登录时间：" + first.timestamp + ", " + second.timestamp + ", " + third.timestamp
            }
        })
        .print("warning")
```

我们定义的模式序列中只有一个循环模式 fails，它会将检测到的 3 个登录失败事件保存到一个列表中。所以第三步处理匹配的复杂事件时，我们从 map 中获取模式名 fails 对应的事件，拿到的是一个 List，从中按位置索引依次获取元素就可以得到匹配的三个登录失败事件。

运行程序进行测试，会发现结果与之前完全一样。

（2）PatternFlatSelectFunction。

此外，PatternStream 还有一个类似的方法是 flatSelect()，传入的参数是一个 PatternFlatSelectFunction。从名字上就能看出，这是 PatternSelectFunction 的"扁平化"版本；内部需要实现一个 flatSelect()方法，它与之前 select()的区别就在于没有返回值，而是多了一个收集器参数 out，通过调用 out.collet()方法就可以实现多次发送输出数据了。

例如上面的代码第 3 步可以写成：

```scala
// 3. 将匹配到的复杂事件选择出来，然后包装成报警信息输出
patternStream.flatSelect(new PatternFlatSelectFunction[LoginEvent, String] {

  override def flatSelect(map: util.Map[String, util.List[LoginEvent]],
      out: Collector[String]):Unit = {
    val first = map.get("fails").get(0)
    val second = map.get("fails").get(1)
    val third = map.get("fails").get(2)
    out.collect(first.userId + " 连续三次登录失败！登录时间：" + first.timestamp + ", " + second.timestamp + ", " + third.timestamp)
  }
}).print("warning")
```

可见 PatternFlatSelectFunction 使用更加灵活，完全能够覆盖 PatternSelectFunction 的功能，这和 FlatMapFunction 与 MapFunction 的区别是一样的。

2. 匹配事件的通用处理（process）

自 1.8 版本之后，Flink CEP 引入了对于匹配事件的通用检测处理方式，那就是直接调用 PatternStream 的 process()方法，传入一个 PatternProcessFunction。这看起来就像是我们熟悉的处理函数，它也可以访问一个上下文，进行更多的操作。

所以 PatternProcessFunction 的功能更加丰富、调用更加灵活，可以完全覆盖其他接口，是目前官方推荐的处理方式。事实上，PatternSelectFunction 和 PatternFlatSelectFunction 在 CEP 内部执行时也会被转换成 PatternProcessFunction。

我们可以使用 PatternProcessFunction 将之前的代码的第 3 步重写如下：

```scala
// 3. 将匹配到的复杂事件选择出来，然后包装成报警信息输出
patternStream.process(new PatternProcessFunction[LoginEvent, String] {

  override def processMatch(map: util.Map[String, util.List[LoginEvent]] , ctx: Context,
      out: Collector[String]): Unit ={
    val first = map.get("fails").get(0)
    val second = map.get("fails").get(1)
    val third = map.get("fails").get(2)
    out.collect(first.userId + " 连续三次登录失败！登录时间：" + first.timestamp + ", " + second.timestamp + ", " + third.timestamp)
  }
}).print("warning")
```

可以看到，PatternProcessFunction 中必须实现一个 processMatch()方法；这个方法与之前的 flatSelect()类似，只是多了一个上下文 Context 参数。利用这个上下文可以获取当前的时间信息，比如事件的时间戳或者处理时间；还可以调用 output()方法将数据输出到侧输出流。侧输出流的功能是处理函数的一大特性，我们已经非常熟悉。而在 CEP 中，侧输出流一般被用来处理超时事件将在 12.4.3 节详细讨论。

12.4.3 处理超时事件

复杂事件的检测结果一般只有两种：要么匹配，要么不匹配。检测处理的过程具体如下：

（1）如果当前事件符合模式匹配的条件，就接受该事件，保存到对应的 Map 中。

（2）如果在模式序列定义中，当前事件后面还应该有其他事件，就继续读取事件流进行检测；如果模式序列的定义已经全部满足，那么就成功地检测到了一组匹配的复杂事件，调用 PatternProcessFunction 的 processMatch()方法进行处理。

（3）如果当前事件不符合模式匹配的条件，就丢弃该事件。

（4）如果当前事件破坏了模式序列中定义的限制条件，比如不满足严格近邻要求，那么当前已检测的一组部分匹配事件都被丢弃，重新开始检测。

不过在有时间限制的情况下，需要考虑的问题会有一点特别。比如我们用.within()指定了模式检测的时间间隔，超出这个时间当前这组检测就应该失败了。然而这种"超时失败"跟真正的"匹配失败"不同，它其实是一种"部分成功匹配"。因为只有在开头能够正常匹配的前提下，没有等到后续的匹配事件才会超时。所以往往不应该直接丢弃，而是要输出一个提示或报警信息。这就要求我们有能力捕获并处理超时事件。

1. 使用 PatternProcessFunction 的侧输出流

在 Flink CEP 中，提供了一个专门捕捉超时的部分匹配事件的接口，叫作 TimedOutPartialMatchHandler。这个接口需要实现一个 processTimedOutMatch()方法，可以将超时的、已检测到的部分匹配事件放在一个 Map 中，作为方法的第一个参数；方法的第二个参数则是 PatternProcessFunction 的上下文 Context。所以这个接口必须与 PatternProcessFunction 结合使用，对处理结果的输出则需要利用侧输出流来进行。

代码中的调用方式如下：

```
class MyPatternProcessFunction extends PatternProcessFunction[Event, String] with TimedOutPartialMatchHandler[Event] {
    // 正常匹配事件的处理

    override def processMatch(match: Map[String, List<Event]] , ctx: Context, out: Collector [String]) throws Exception{
        ...
    }

    // 超时部分匹配事件的处理
    Override def processTimedOutMatch(match: Map[String, List[Event]], ctx: Context): Unit {
        val startEvent = match.get("start").get(0)
        val outputTag = new OutputTag[Event]("time-out")
        ctx.output(outputTag, startEvent)
    }
}
```

我们在 processTimedOutMatch()方法中定义了一个输出标签（OutputTag）。调用 ctx.output()方法，就可以将超时的部分匹配事件输出到标签所标识的侧输出流了。

2. 使用 PatternTimeoutFunction

上文提到的 PatternProcessFunction 通过实现 TimedOutPartialMatchHandler 接口扩展出了处理超时事件的能力，这是官方推荐的做法。此外，Flink CEP 中也保留了简化版的 PatternSelectFunction，它无法直接处理超时事件，不过我们可以通过调用 PatternStream 的 select()方法时多传入一个 PatternTimeoutFunction 参数来实现这一点。

PatternTimeoutFunction 是早期版本中用于捕获超时事件的接口。它需要实现一个 timeout()方法，同样会将部分匹配的事件放在一个 Map 中作为参数传入，此外还有一个参数是当前的时间戳。提取部分匹配事件进行处理转换后，可以将通知或报警信息输出。

由于调用 select() 方法后会得到唯一的 DataStream，所以正常匹配事件和超时事件的处理结果不应该放在同一条流中。正常匹配事件的处理结果会进入转换后得到的 DataStream，而超时事件的处理结果则会进入侧输出流。这个侧输出流需要另外传入一个侧输出标签来指定。

所以最终我们在调用 PatternStream 的 select() 方法时需要传入三个参数：侧输出流标签、超时事件处理函数 PatternTimeoutFunction、匹配事件提取函数 PatternSelectFunction。下面是一个代码中的调用方式：

```scala
// 定义一个侧输出流标签，用于标识超时侧输出流
val timeoutTag = new OutputTag[String]("timeout");

// 将匹配到的，和超时部分匹配的复杂事件提取出来，然后包装成提示信息输出
val resultStream = patternStream
.select(timeoutTag,
    // 超时部分匹配事件的处理
    new PatternTimeoutFunction[Event, String] {
        override def timeout(pattern: Map[String, List[Event]], timeoutTimestamp: Long): String {
            val event = pattern.get("start").get(0)
            "超时: " + event.toString()
        }
    },
    // 正常匹配事件的处理
    new PatternSelectFunction[Event, String] {
      override def select(pattern: Map[String, List[Event]] ): String{
...
        }
    }
)

// 将正常匹配和超时部分匹配的处理结果流打印输出
resultStream.print("matched")
resultStream.getSideOutput(timeoutTag).print("timeout")
```

这里需要注意的是，在超时事件处理的过程中，从 Map 里只能取到已经检测到匹配的那些事件；如果取可能未匹配的事件并调用它对象方法，则可能会报空指针异常（NullPointerException）。另外，超时事件处理的结果进入侧输出流，正常匹配事件的处理结果进入主流，两者的数据类型可以不同。

3. 应用实例

接下来我们看一个具体的应用场景。

在电商平台中，最终创造收入和利润的是用户下单购买的环节。用户下单的行为可以表明用户对商品的需求，但在现实中，并不是每次下单都会被用户立刻支付。当拖延一段时间后，用户支付的意愿会降低。所以为了让用户更有紧迫感从而提高支付转化率，同时也为了防范订单支付环节的安全风险，电商网站往往会对订单状态进行监控，设置一个失效时间（如 15 分钟），如果下单后一段时间仍未支付，订单就会被取消。

首先定义出要处理的数据类型。我们面对的是订单事件，主要包括用户对订单的创建（下单）和支付两种行为。因此可以定义样例类 OrderEvent 如下，其中属性字段包括用户 ID、订单 ID、事件类型（操作类型）以及时间戳。

```scala
case class OrderEvent(userId: String, orderId: String, eventType: String, timestamp: Long)
```

当前需求的重点在于对超时未支付的用户进行监控提醒，也就是需要检测有下单行为、但 15 分钟内

没有支付行为的复杂事件。在下单和支付之间，可以有其他操作（比如对订单的修改），所以两者之间是宽松近邻关系。可以定义 Pattern 如下：

```scala
val pattern = Pattern
    .begin[OrderEvent]("create")
    .where(_.eventType.equals("create"))
    .followedBy("pay")
    .where(_.eventType.equals("pay"))
    .within(Time.minutes(15))    // 限制在 15 分钟之内
```

很明显，我们重点要处理的是超时的部分匹配事件。对原始的订单事件流按照订单 id 进行分组，然后检测每个订单的"下单-支付"复杂事件，如果出现超时事件需要输出报警提示信息。

整体代码实现如下：

```scala
package com.atguigu.chapter12

import org.apache.flink.cep.functions.{PatternProcessFunction, TimedOutPartialMatchHandler}
import org.apache.flink.cep.scala.CEP
import org.apache.flink.cep.scala.pattern.Pattern
import org.apache.flink.streaming.api.scala._
import org.apache.flink.streaming.api.windowing.time.Time
import org.apache.flink.util.Collector

import java.util

object OrderTimeoutDetect {
  def main(args: Array[String]): Unit = {
    val env = StreamExecutionEnvironment.getExecutionEnvironment
    env.setParallelism(1)
    // 获取订单事件流，并提取时间戳、生成水位线
    val stream = env
      .fromElements(
        OrderEvent("user_1", "order_1", "create", 1000L),
        OrderEvent("user_2", "order_2", "create", 2000L),
        OrderEvent("user_1", "order_1", "modify", 10 * 1000L),
        OrderEvent("user_1", "order_1", "pay", 60 * 1000L),
        OrderEvent("user_2", "order_3", "create", 10 * 60 * 1000L),
        OrderEvent("user_2", "order_3", "pay", 20 * 60 * 1000L)
      )
      .assignAscendingTimestamps(_.timestamp)
      .keyBy(_.orderId) // 按照订单 id 分组

    val pattern = Pattern
      .begin[OrderEvent]("create")
      .where(_.eventType.equals("create"))
      .followedBy("pay")
      .where(_.eventType.equals("pay"))
      .within(Time.minutes(15))

    val patternStream = CEP.pattern(stream, pattern)

    val payedOrderStream = patternStream.process(new
```

```
        OrderPayPatternProcessFunction)

        payedOrderStream.print("payed")
        payedOrderStream.getSideOutput(new
        OutputTag[String]("timeout")).print("timeout")

        env.execute()
    }

    class OrderPayPatternProcessFunction extends
        PatternProcessFunction[OrderEvent, String] with
        TimedOutPartialMatchHandler[OrderEvent] {
      override    def    processMatch(map:    util.Map[String,    util.List[OrderEvent]],    context:
PatternProcessFunction.Context, collector: Collector[String]): Unit = {
        val payEvent = map.get("pay").get(0)
        collector.collect("订单 " + payEvent.orderId + " 已支付！")
      }

      override def processTimedOutMatch(map: util.Map[String,
      util.List[OrderEvent]], context: PatternProcessFunction.Context): Unit = {
        val createEvent = map.get("create").get(0)
        context.output(new OutputTag[String]("timeout"), "订单 " +
        createEvent.orderId + " 超时未支付！用户为: " + createEvent.userId)
      }
    }
}
```

运行代码，控制台打印结果如下：

```
payed> 订单 order_1 已支付！
payed> 订单 order_3 已支付！
timeout> 订单 order_2 超时未支付！用户为: user_2
```

分析测试数据可以很直观地发现，订单 1 和订单 3 都在 15 分钟进行了支付，订单 1 中间的修改行为不会影响结果；而订单 2 未能支付，因此侧输出流输出了一条报警信息。且同一用户可以下多个订单，最后的判断只是基于同一订单做出的。这与我们预期的效果完全一致。用处理函数进行状态编程，结合定时器也可以实现同样的功能，但明显 CEP 的实现更加方便，也更容易迁移和扩展。

12.4.4 处理迟到数据

CEP 主要处理的是先后发生的一组复杂事件，所以事件的顺序非常关键。前面已经说过，事件先后顺序的具体定义与时间语义有关。如果是处理时间语义，那么比较简单，只要按照数据处理的系统时间算就可以了；而如果是事件时间语义，需要按照事件自身的时间戳来排序。这就有可能出现时间戳大的事件先到、时间戳小的事件后到的现象，也就是所谓的"乱序数据"或"迟到数据"。

在 Flink CEP 中沿用了通过设置水位线延迟来处理乱序数据的做法。当一个事件到来时，并不会立即做检测匹配处理，而是先放入一个缓冲区（buffer）。缓冲区内的数据，会按照时间戳由小到大排序；当一个水位线到来时，就会将缓冲区中所有时间戳小于水位线的事件依次取出，进行检测匹配。这样就保证了匹配事件的顺序和事件时间的进展一致，处理的顺序就一定是正确的。这里水位线的延迟时间，也就是事件在缓冲区等待的最大时间。

这样又会带来另一个问题：水位线延迟时间不可能保证将所有乱序数据完美包括进来，总会有一些事件延迟比较大，以至于等它到来的时候水位线早已超过了它的时间戳。这时之前的数据都已处理完毕，这样的"迟到数据"就只能被直接丢弃了——这与窗口对迟到数据的默认处理一致。

我们自然想到，如果不希望迟到数据丢掉，应该也可以借鉴窗口的做法。Flink CEP 同样提供了将迟到事件输出到侧输出流的方式：我们可以基于 PatternStream 直接调用 sideOutputLateData()方法，传入一个 OutputTag，将迟到数据放入侧输出流另行处理。代码中调用方式如下：

```
val patternStream = CEP.pattern(input, pattern)

// 定义一个侧输出流的标签
val lateDataOutputTag = new OutputTag[String]("late-data")

val result = patternStream
    .sideOutputLateData(lateDataOutputTag)         // 将迟到数据输出到侧输出流
    .select(
        // 处理正常匹配数据
        new PatternSelectFunction[Event, ComplexEvent] {...}
    )

// 从结果中提取侧输出流
val lateData = result.getSideOutput(lateDataOutputTag)
```

可以看到，整个处理流程与窗口非常相似。经处理匹配数据得到结果数据流之后，可以调用 getSideOutput()方法来提取侧输出流，捕获迟到数据进行额外处理。

12.5　CEP 的状态机实现

Flink CEP 中对复杂事件的检测，关键在模式的定义。我们会发现 CEP 中模式的定义方式比较复杂，而且与正则表达式非常相似：正则表达式在字符串上匹配符合模板的字符序列，而 Flink CEP 则是在事件流上匹配符合模式定义的复杂事件。

前面我们分析过 CEP 检测处理的流程，可以认为检测匹配事件的过程中会有"初始（没有任何匹配）""检测中（部分匹配成功）""匹配成功""匹配失败"等不同的"状态"。随着每个事件的到来，都会改变当前检测的"状态"；而这种改变跟当前事件的特性有关、也跟当前所处的状态有关。这样的系统，其实就是一个状态机。这也正是正则表达式底层引擎的实现原理。

所以 Flink CEP 的底层工作原理其实与正则表达式是一致的，是一个"非确定有限状态自动机"（Nondeterministic Finite Automaton，NFA）。NFA 的原理涉及较多数学知识，我们这里不做详细展开，而是用一个具体的例子来说明一下状态机的工作方式，以更好地理解 CEP 的原理。

我们回顾一下 12.2.2 节中的应用案例，检测用户连续三次登录失败的复杂事件。用 Flink CEP 中的 Pattern API 可以很方便地把它定义出来。如果我们现在不用 CEP，而是用 DataStream API 和处理函数来实现，应该怎么做呢？

这里需要设置状态，并根据输入的事件不断更新状态。当然因为这个需求不是很复杂，我们也可以用嵌套的 if-else 条件判断将它实现，不过这样做的代码可读性和扩展性都会很差。更好的方式，就是实现一个状态机。

如图 12-4 所示，即为状态转移的过程，从初始状态出发，遇到一个类型为 fail 的登录失败事件，就开始进入部分匹配的状态。目前只有一个 fail 事件，我们把当前状态记作 S1。基于 S1 状态，如果继续遇到 fail 事件，那么就有两个 fail 事件，记作 S2。基于 S2 状态如果再次遇到 fail 事件，那么就找到了一组匹配的复杂事件，把当前状态记作 Matched，就可以输出报警信息了。需要注意的是，报警完毕，需要立即重置状态回

S2；因为如果接下来再遇到 fail 事件，就又满足了新的连续三次登录失败，需要再次报警。

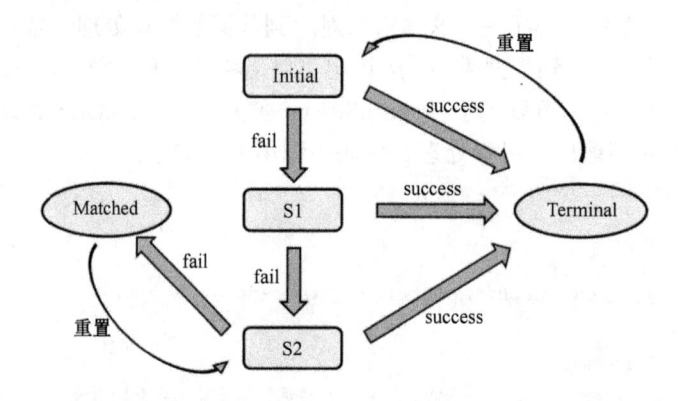

图 12-4　状态转移图

而不论是初始状态，还是 S1、S2 状态，只要遇到类型为 success 的登录成功事件，就会跳转到结束状态，记作 Terminal。此时当前检测完毕，之前的部分匹配应该全部清空，所以需要立即重置状态到 Initial，重新开始下一轮检测。所以这里我们真正参与状态转移的，其实只有 Initial、S1、S2 三个状态，Matched 和 Terminal 是为了方便我们做其他操作（比如输出报警、清空状态）的"临时标记状态"，不等新事件到来马上就会跳转。

完整代码如下：

```scala
package com.atguigu.chapter12

import org.apache.flink.api.common.functions.RichFlatMapFunction
import org.apache.flink.api.common.state.ValueStateDescriptor
import org.apache.flink.streaming.api.scala._
import org.apache.flink.util.Collector

object NFAExample {
  def main(args: Array[String]): Unit = {
    val env = StreamExecutionEnvironment.getExecutionEnvironment
    env.setParallelism(1)

    val stream = env.fromElements(
      LoginEvent("user_1", "192.168.0.1", "fail", 2000L),
      LoginEvent("user_1", "192.168.0.2", "fail", 3000L),
      LoginEvent("user_2", "192.168.1.29", "fail", 4000L),
      LoginEvent("user_1", "171.56.23.10", "fail", 5000L),
      LoginEvent("user_2", "192.168.1.29", "success", 6000L),
      LoginEvent("user_2", "192.168.1.29", "fail", 7000L),
      LoginEvent("user_2", "192.168.1.29", "fail", 8000L)
    )
      .keyBy(_.userId)

    val alertStream = stream.flatMap(new StateMachineMappter)

    alertStream.print("warning")

    env.execute()
  }
```

```scala
class StateMachineMappter extends RichFlatMapFunction[LoginEvent, String] {
  lazy val currentState = getRuntimeContext.getState(
    new ValueStateDescriptor[State]("state", classOf[State])
  )

  override def flatMap(value: LoginEvent, out: Collector[String]): Unit = {
    if (currentState.value() == null) {
      currentState.update(Initial)
    }
    val nextState = transition(currentState.value(), value.eventType)
    nextState match {
      case Matched => out.collect(value.userId + " 连续三次登录失败")
      case Terminal => currentState.update(Initial)
      case _ => currentState.update(nextState)
    }
  }
}

case class LoginEvent(userId: String, ipAddress: String, eventType: String, timestamp: Long)

sealed trait State
case object Initial extends State
case object Terminal extends State
case object Matched extends State
case object S1 extends State
case object S2 extends State

def transition(state: State, event: String): State = {
  (state, event) match {
    case (Initial, "success") => Terminal
    case (Initial, "fail") => S1
    case (S1, "fail") => S2
    case (S2, "fail") => Matched
    case (Terminal, "fail") => S2
    case (S1, "success") => Terminal
    case (S2, "success") => Terminal
  }
}
```

运行代码，可以看到输出与之前 CEP 的实现是完全一样的。显然，如果所有的复杂事件处理都自己设计状态机来实现是非常烦琐的，而且中间逻辑非常容易出错。所以 Flink CEP 将底层 NFA 全部实现好并封装起来，这样我们处理复杂事件时只要调上层的 Pattern API 即可，无疑大大降低了代码的复杂度，提高了编程的效率。

12.6 本章总结

Flink CEP 是 Flink 对复杂事件处理提供的强大而高效的应用库。本章中我们从一个简单的应用实例出发，详细讲解了 CEP 的核心内容——Pattern API 和模式的检测处理，并以案例说明了对超时事件和迟到数据的处理。最后进行了深度扩展，举例讲解了 CEP 的状态机实现，这部分大家可以只做原理了解，不要求完全实现状态机的代码。

CEP 在实际生产中有非常广泛的应用。对于大数据分析而言，应用场景主要可以分为统计分析和逻辑分析。企业的报表统计、商业决策都离不开统计分析，这部分需求在目前企业的分析指标中占了很大的比重，实时的流数据统计可以通过 Flink SQL 方便地实现。而逻辑分析可以进一步细分为风险控制、数据挖掘、用户画像、精准推荐等各个应用场景，如今对实时性要求也越来越高，Flink CEP 就可以作为对流数据进行逻辑分析、进行实时风控和推荐的有力工具。

所以 DataStream API 和处理函数是 Flink 应用的基石，而 SQL 和 CEP 就是 Flink 大厦顶层扩展的两大工具。Flink SQL 也提供了与 CEP 相结合的模式识别语句——MATCH_RECOGNIZE，可以支持在 SQL 语句中进行复杂事件处理。尽管目前还不完善，不过相信随着 Flink 的进一步发展，Flink SQL 和 CEP 将对程序员更加友好，功能也将更加强大，全方位实现大数据实时流处理的各种应用需求。

反侵权盗版声明

　　电子工业出版社依法对本作品享有专有出版权。任何未经权利人书面许可，复制、销售或通过信息网络传播本作品的行为；歪曲、篡改、剽窃本作品的行为，均违反《中华人民共和国著作权法》，其行为人应承担相应的民事责任和行政责任，构成犯罪的，将被依法追究刑事责任。

　　为了维护市场秩序，保护权利人的合法权益，我社将依法查处和打击侵权盗版的单位和个人。欢迎社会各界人士积极举报侵权盗版行为，本社将奖励举报有功人员，并保证举报人的信息不被泄露。

举报电话：（010）88254396；（010）88258888

传　　真：（010）88254397

E-mail：　dbqq@phei.com.cn

通信地址：北京市万寿路 173 信箱
　　　　　电子工业出版社总编办公室

邮　　编：100036